高等职业教育园林专业新形态教材

花卉生产与经营

主　编　宋　阳　邓正正

副主编　王　冲　张　影　郝海平

参　编　孙立鹏　王春艳　侯　佳　汤慧敏
　　　　赵殿洲　刘增生　杜海龙

主　审　吴建平　王喜艳

北京理工大学出版社

BEIJING INSTITUTE OF TECHNOLOGY PRESS

内容提要

本书根据企业行业职业岗位任职能力的要求，以花卉园艺师职业标准为依据，从企业生产实际角度构建教学内容体系，突出培养学生的职业能力和创新创业意识。本书共包括六个项目，分别是花卉栽培设施及环境调控、花卉繁殖、盆花生产、切花生产、草花生产、花卉生产经营与销售。每个项目又根据市场需求选择典型工作任务加以阐述。项目的实施过程融入企业的要素，引进企业新设备、新技术及运行和管理模式，严格按照生产实际完成课程项目。

本书可作为高等院校园林、园艺专业教学用书，也可作为中等职业学校园林类专业师生参考用书以及职业技能培训用书。

图书在版编目（CIP）数据

花卉生产与经营 / 宋阳，邓正正主编. --北京：北京理工大学出版社，2024.3（2024.10重印）
ISBN 978-7-5763-3775-4

Ⅰ. ①花… Ⅱ. ①宋… ②邓… Ⅲ. ①花卉—观赏园艺 Ⅳ. ①S68

中国国家版本馆CIP数据核字（2024）第070991号

责任编辑： 王梦春　　**文案编辑：** 杜　枝
责任校对： 周瑞红　　**责任印制：** 王美丽

出版发行 / 北京理工大学出版社有限责任公司
社　　址 / 北京市丰台区四合庄路 6 号
邮　　编 / 100070
电　　话 / （010）68914026（教材售后服务热线）
（010）63726648（课件资源服务热线）
网　　址 / http：//www.bitpress.com.cn

版 印 次 / 2024 年 10 月第 1 版第 2 次印刷
印　　刷 / 河北鑫彩博图印刷有限公司
开　　本 / 787 mm × 1092 mm　1/16
印　　张 / 21
字　　数 / 472 千字
定　　价 / 59.80 元

前言

PREFACE

党的二十大报告提出，全面推进乡村振兴，发展乡村特色产业，拓宽农民增收致富渠道。花卉产业是推动现代农业经济发展的重要引擎，本书的编写将助推农业产业提质增效，为花卉产业高质量发展增添动力。

本书在“工学结合，理实一体化”课程设计理念指导下，通过课程项目、任务教学设计加强对高职学生创新创业能力的培养，为企业、社会输送具有可持续发展能力的高素质技能型人才而进行课程改革编写。本书在编写过程中以职业岗位标准为基础，以花卉生产实际项目、任务为载体，根据课程特点，从利于学生未来就业、创业实际需求出发，整合本课程教学内容，形成本书的知识框架，并力求体现“实际、实践、实用”的原则。将理论知识与技能知识相融合，理论课与实践课融为一体，重点突出学生在花卉生产过程中实践技能的培养和提高。

本书由辽宁生态工程职业学院宋阳、邓正正担任主编；辽宁生态工程职业学院王冲、张影，天津东信国际花卉有限公司郝海平担任副主编；大连花卉苗木绿化工程有限公司孙立鹏、天津东信花卉有限公司王春艳、内蒙古农业大学职业技术学院侯佳、广东农工商职业技术学院汤慧敏、国营朝阳贾家店农场林业站赵殿洲、朝阳县林业和草原局刘增生、大连花卉苗木绿化工程有限公司杜海龙担任参编。具体编写分工为：课程导入由宋阳、郝海平编写；项目三总论及项目三子项目一中的任务一~任务四、任务八，项目三子项目二中的任务一、任务三~任务五，项目三子项目四中的任务四，项目四子项目一中的任务二由宋阳编写；项目二、项目三子项目三中的任务二，项目三子项目四中的任务三，项目四子项目一中的任务五~任务八，项目四子项目二中的任务一~任务三，项目四子项目三中的任务三由邓正正编写；项目三子项目三中的任务一、任务三，项目四子项目一中的任务一、任务三、任务四，项目四子项目三中的任务一和任务二由王冲编写；项目一、项目三子项目四中的任务一、任务二由张影编写；项目四总论及项目六由郝海平编写；项目三子项目一中的任务六，项目五总论及项目五中的任务五、任务六由孙立鹏编写；项目三子项目一中的任务五和项目三子项目二中的任务二由王春艳编写；项目五中的任务一由侯佳编写；项目五中的任务三由汤慧敏编写；项目三子项目一中的任务七和项目五中的任务四由杜海龙编写；项目四子项目三中的任务四由赵殿洲编写；项目五中的任务二由刘增生编写；全书的统稿、修改工作由宋阳、邓正正完成；邓正正负责全书的图片编辑与处理。天津东信国际花卉有限公司副总经理吴建平和辽宁生态工程职业学院王喜艳担任主审。

本书编写过程中得到胖龙园艺技术有限公司张志军、沈阳何氏花艺君子兰苑何世忠、海南东方市雨朵花卉有限责任公司佟根的多方指导和建议，在此一并表示感谢。

本书在编写过程中参考借鉴了大量图书、资料和相关网站图片，在此一并表示衷心的感谢！

由于时间仓促和编者水平有限，疏漏与不当之处在所难免，敬请各位读者批评指正。

编　者

本书配套彩图

目录
CONTENTS

一、我国花卉产业发展现状和趋势

（一）我国花卉产业发展现状

我国花卉产业从无到有，从小到大。改革开放以来，我国花卉产业得到迅猛发展，正在由传统单一的花卉种植业向花卉加工业和花卉服务业延伸，形成了较为完整的现代花卉产业链，由传统的简易设施向规模化、智能化植物工厂转变，生产管理过程由人工操作向智慧化精准管控转变，花卉产业借助数字变革和“互联网 +”技术，实现产业技术的飞跃。我国的花卉种植面积逐步增加，销售额持续攀升，我国已经成为世界最大的花卉生产中心、重要的花卉消费国和进出口贸易国；其次，我国花卉品种、产值不断提升，花卉生产结构持续优化。随着智慧花卉生产技术的发展及普及，规模化、标准化、智能化与专业化的花卉生产企业增多。

1. 品种区域化格局和地区特色品种基本形成

我国花卉经过几十年的发展，以云南、北京、上海、广东、四川、河北为重点鲜切花生产区域，以广州、上海、北京、河北、山东为主盆花生产区域，以山东、江苏、浙江、四川、河南、河北、广东、福建、海南为主观赏苗木生产区域，以江苏、广东、浙江、福建、四川为主盆景生产区域，以四川、云南、上海、辽宁、陕西、甘肃为主种球、种苗生产区域的品种区域化格局基本形成。

在地区特色品种建设方面，近年成果显著。全国最大的兰花种植基地在翁源，兰花种植面积达 3.5 万亩，年产值超过 30 亿元。月季、榆叶梅和地柏等是沭阳的优势品种，2021 年“沭阳月季”“桑墟榆叶梅”“沭阳地柏”等成功获批国家地理标志商标（产品）。云南的鲜切花在业界广受好评，有“全国 10 枝鲜切花 7 枝产自云南”的说法。

2. 栽培面积及贸易额稳步增长

我国花卉产业历经恢复、发展、转型等不同阶段，种植规模不断扩大，品质优化，产值持续攀升，国际贸易不断增加，已经形成了现代花卉产业格局，发展势头良好。

截至 2023 年年初，花卉种植面积达 159 万公顷，销售额为 2 200 亿元，与 2011 年相比分别增长了 52.8% 和 102.1%。主流花卉品类显示，2022 年全国蝴蝶兰盆栽产量 6 500 万株，红掌盆栽总产量为 4 000 万盆，仙客来、丽格海棠、长寿花、白掌等小盆栽产销量总体上涨。

花卉进出口贸易方面，2023 年我国花卉进出口贸易额为 7.1 亿美元，其中出口额为 4.38 亿美元，进口额为 2.72 亿美元，同比增长 15.95%。我国花卉进口的 7 个类别中，种球、鲜切花、盆花（景）和庭院植物的进口额占进口总额的 90% 以上，其中种球和鲜切花进口额占比 83.18%。

我国花卉出口主要集中在盆花（景）和庭院植物、鲜切花、鲜切枝（叶）、种苗 4 个类别，出口额占 2023 年花卉总出口额的 94.20%。出口目的地为越南、韩国、日本、泰国等 119 个国家（地区），其中越南是最具市场潜力的出口目的地。

3. 农业新质生产力显著提升花卉生产的科技含量

建设智能化温室，应用机械化、信息化手段生产，开展标准化生产技术研发，生产高质量产品，开展育种和新品种市场推广，建设高标准工厂化育苗基地。在花卉生产中普及应用机器人、物联网、自动化、5G 技术等农业新质生产力，可提高花卉产业科技水平，已成为国内大中型花卉企业、专业科研院校、温室设备开发商的共识。

4. 花卉产业向规模化、专业化、标准化和品牌化迈进

我国花卉生产方式逐步向规模化、专业化方向转变，形成了国有、民营、个体、合资、独资齐头并进、竞相发展的势头。广东省花卉业已逐步形成相对集中连片的花卉生产基地和“公司 + 农户 + 市场”的产业结构，并构筑了广州芳村 - 番禺 - 顺德 - 中山 - 珠海近百公里长的花卉长廊，从而使全省的花卉生产形成了一定的规模。山东青州形成了黄楼镇花卉片区、城区花卉种植区、东高镇花卉种植区、王坟镇花卉苗木区和云门山花卉种植区，花木种植面积达 5 万多亩（1 亩 =666.67 m^2），销售网络覆盖全国 20 多个省（自治区、直辖市），是北方重要的花木集散中心。江苏已逐步形成设施盆花、苗木盆景、反季节切花、观赏乔木等几大专业花卉生产区，总面积达 30 多万亩，江苏还建立了一批新兴特色花卉基地，使该省花卉生产的专业化和规模化水平得到很大提高。我国主要花卉产品显示出区域优势和企业优势，国内形成了一些全国知名区域品牌，如辽宁君子兰、永福杜鹃、漳州水仙、庆城兰花、洛阳牡丹、天津菊花、河北仙客来等，同时出现了天津大顺宝莲灯、浙江虹越铁线莲、福建连城兰花等知名品牌。

5. 花卉全国性流通体系基本形成

据统计，2021 年规模以上花卉市场数量为 16 个，花卉市场摊位数量为 21 034 个。根据资源、区位、交通、市场、信息等特点，在重要区域培育形成了一批国家级花卉市场，如昆明斗南花卉市场、广州芳村花卉世界、广东陈村花卉大世界、山东青州盆花市场，同时在北京、郑州、武汉、上海、武汉、长沙等重点中心城市形成大的花卉集散地和批发市场，从而形成了辐射全国的线下流通体系。

相比线下流通体系，线上销售流通体系起步较晚，但是近年来，花商、花店主开通抖音账号，重新经营淘宝店铺，开启直播卖货等电商平台加快了花卉产业转型升级，丰富了销售方式。2013 年全国鲜花电商交易额达 12.1 亿元，到 2016 年已达到 73.7 亿元，2020 年达到 720.6 亿元，2022 年达到 1 086.8 亿元，2023 年达到 1 279.1 亿元，线上销售

发展迅猛。至此，国内线下批发、拍卖、连锁超市、花店市场零售、鲜花速递、网上交易等互联的销售流通网络初具规模，花卉产品市场体系基本形成。

（二）我国花卉产业发展趋势

党的二十大报告提出，“必须坚持科技是第一生产力、人才是第一资源、创新是第一动力”，“高质量发展是全面建设社会主义现代化国家的首要任务”。花卉产业坚持科技创新，以美丽中国建设为重要载体，大力推进美丽中国、乡村振兴等新时代国家战略，为全面开创现代花卉业发展新局面提供了重要战略机遇期。在我国花卉产业规模稳步发展、生产格局基本形成的条件下，未来花卉种质创新加速，生产数字赋能，智慧生产得到加强，花卉市场体系逐步形成，花卉文化日益繁荣。

1. 重视种质资源保护与利用，加速种质创新与推广

我国是世界上观赏植物种质资源最丰富的国家之一，花卉种质资源的保护利用和品种创新始终是我国花卉研究和产业发展的主题，在今后很长时间内，种质资源的保护利用及种质创新仍然是我国花卉产业发展的重点。

我国是花卉资源大国，观赏植物种质资源丰富，达113科，当今世界上的许多名花，如梅花、牡丹、菊花、百合、山茶和杜鹃等都原产于我国，品种多达数百个，为产业科研、提高品质、丰富品种奠定了资源基础。一些有花卉育种研发实力的单位，根据自身的资源优势和育种目标建立了种质资源圃，如中国农业大学和昆明杨月季园艺有限公司共同建立了月季种质资源圃30亩，保存种质资源400余种，其中包括野生资源43种。南京农业大学和中国农业大学联手，在南京和北京建立了菊花种质资源圃，总面积近60余亩，保存菊花种质1 600余份。云南省农科院和中国农科院蔬菜花卉所联手分别在云南和北京建立了百合资源圃，保存百合资源近600种。此外，在浙江杭州建立了茶花资源圃，在福建漳州建立了水仙资源圃，在山东菏泽、河南洛阳建立了牡丹资源圃，在广东建立了兰花资源圃等。这些资源圃的建立不仅有效保护了品种，而且为花卉科研提供了丰富的种质资源。

在资源挖掘方面，月季、菊花、梅花、牡丹、杜鹃等多种花卉资源的观赏和农艺性状资源挖掘取得很大的进展。如中国农业大学与云南省农业科学院花卉研究所从46种野生资源中选出3个极端耐低温的材料（大花香水、毛叶川滇蔷薇和长尖叶蔷薇）。随着资源挖掘利用的深入，具有自主产权的新品种总数显著上升，成绩斐然。

林业授权植物新品种中，木本观赏植物数量最多，占比达六成。其中，蔷薇属植物新品种授权量最大，达711件，占授权总量的20.89%；芍药属、杨属和杜鹃花属也较多。

在鲜切花主产区云南，以大宗商品玫瑰为例，自主研发新品种的公司和科研院所包括云南云秀花卉有限公司、昆明杨月季园艺有限责任公司等10余家。杨月季公司培育出国内第一个具有自主知识产权的切花玫瑰品种“冰清”，锦科花卉公司以培育新、奇、特的高产高抗玫瑰鲜切花品种为目标培育出10余个新品种，云秀花卉公司研发的玫瑰新品种推广面积已达上千亩。

在自主培育的盆花新品种中，蝴蝶兰、红掌、国兰居多，且表现不俗。广州花卉研究中心从2009年推出第一个自育品种“彩霞”红掌，到2016年推出爆款品种“小娇”

红掌，目前已有 7 个品种获得国家新品种权证书，走在了国内红掌育种的前列。

丰富的植物新品种离不开育种企业、科研单位的贡献，也与各地激励政策息息相关。

2018 年，福建省对获得授权的草本和木本花卉品种，每个品种分别给予 10 万元和 20 万元奖励；2021 年又推出多项省级科技支撑产业发展政策。政策施行以来，福建省共有 187 个花卉品种获得国家植物新品种权，是政策施行前的 4.7 倍。

2021 年，海南省政府发布《海南省促进知识产权发展的若干规定（修订）》。规定提出，成功申请一件植物新品种权，给予 10 万元资助。

2. 花卉产业信息化水平逐步提升，高质量发展趋势明显

随着农业新质生产力的推广应用，以及《关于推进花卉业高质量发展的指导意见》的推出，国内花卉产业高质量发展步伐将越来越快，以物联网、云计算、大数据、5G 等技术为载体的农业新质生产力将更多应用于花卉产业。

精准化栽培逐渐成为趋势和潮流。优质花卉主要依赖设施生产，各地根据地域差异采用了不同的设施：南方主要采用塑料大棚，北方多采用节能型日光温室。花卉的精准化栽培主要体现在对设施环境的精准化监测、控制以及对肥水的精准化控制。国家农业综合开发园区主体公司——天津市东信花卉有限公司在 60 万平方米的智能温室中，利用农业物联网技术，建立了气象环境监测和调控系统、水肥一体化灌溉系统、迷雾系统、补光系统等，实现了宝莲灯、火鸟蕉、凤梨、竹芋、蝴蝶兰等重要盆花的光照、温度、水分、肥料等精准化控制。兰花、凤梨、红掌等重要盆花的种苗已经实现了规模化生产，生产技术基本成熟。例如上海种业集团公司建有生产基地 8 个，占地 360 公顷，拥有世界一流智能化温室 23 公顷，形成了红掌、凤梨、一品红、百合、郁金香、香石竹种苗及菊花种苗等花卉优势产品，工厂化育苗和组培苗年生产能力分别达到 5 000 万株和 1 000 万株。

3. 产业布局逐步优化，花卉产业链进一步延伸趋势明显

随着国内花卉生产面积的不断扩大，先进花卉生产技术的不断提高，消费者对产品质量的要求越来越高，我国花卉生产结构也将进一步优化，淘汰低端产能，促进花卉生产向专业化、规模化、机械化、特色化发展，将形成一批花卉生产龙头企业。

除发展传统花卉种植业外，花卉产业还将进一步向外延伸，在生态修复、观光旅游、休闲康养、膳食文化、医药保健、科普教育等领域有所发展，实现一、二、三产业融合发展。

4. 加强花卉标准体系建设，强化产品质量提升

为了提高盆栽花卉质量，促进花卉流通和出口，标准化生产已经成为趋势。我国花卉产业走向标准化、品牌化已成为行业共识。以中国花卉协会为代表的行业主管部门开始组织科研院校、专业企业编写制定花卉相关的各项标准体系；以东信花卉等大中型企业为代表的花卉企业开始推进企业标准化生产技术规程的总结推广，并通过提升设施设备水平、开展生产技术试验、提升生产管理水平等多项措施保障产品质量。随着中国花卉标准化工作的推进及产品质量的提升，中国花卉产品和中国花卉企业在国际花卉市场上的竞争力也将增强。

全国花卉标准化技术委员会于 2005 年 9 月成立，在国家标准委和国家林业局科技

司的重视和支持下，认真组织开展了全国花卉标准化工作调查。2021年第三届全国花卉标准技术委员会成立，并审议通过了《全国花卉标准体系》(以下简称《体系》)。《体系》涉及基础通用、种质资源、栽培技术、质量等级、行业服务等标准类别。《体系》的形成和推进为花卉产业现代化发展提供了坚实保障。

云南是全球第二大鲜切花交易中心，过去几年，“云花”未能推行市场认可的标准，没有统一的分级包装，产品质量参差不齐，出口受到多方面限制。2018年，斗南花卉市场对鲜切花实行标准化运作，从鲜切花采收时间、时机、要求和质量控制等方面提出了更严格的要求，促使“云花”名气全面提升。

5. 国家和政府出台激励政策支持花卉产业发展趋势明显

为了引导花木产业发展，各地政府纷纷出台了土地优惠政策。有的采用降低土地租金的办法吸引投资企业，有的通过延长土地使用期促进花木产业持续发展。四川省成都市在土地优惠政策中明确提出：投资3 000万元以上的农业产业化项目用地可优先解决；新投资农业产业化项目缴纳的土地出让金，可按收支两条线原则，全额予以返还；另外，对连续3年达标以及土地营运面积达到1 000亩以上的，政府还将给予一次性奖励。

设施补贴是各地政府引导花农发展设施栽培、提高花卉品质的又一项惠农措施。对于温室、大棚的设施补贴，各地政府也因地制宜。有的地区政府出资建好温室后，以低廉的价格租赁给种植户；有的地区采用政府与企业共建温室设施的模式。另外，在宁夏、贵州、山东、北京、上海等地区，当地政府还纷纷出台了企业、农户自建温室大棚，政府给予相应补贴的方式。一些地区还推出了种苗、种球补贴政策，以及税收政策的优惠和减免，极大地激发了种植者的积极性。

党的二十大报告提出，要全面推进乡村振兴。坚持农业农村优先发展，加快建设农业强国，强化农业科技和装备支撑，发展设施农业，发展乡村特色产业。

2022年中央一号文件指出，推进智慧农业发展，促进信息技术与农机农艺融合应用。

2022年11月，国家林业和草原局、农业农村部联合印发《关于推进花卉业高质量发展的指导意见》，明确今后一个时期我国花卉产业高质量发展的指导思想、基本原则、发展目标、主要任务和保障措施。

2023年1月中央一号文件《中共中央 国务院关于做好2023年全面推进乡村振兴重点工作的意见》提出，要发展现代设施农业，实施设施农业现代化提升行动，加快发展蔬菜集约化育苗中心。

(三) 国内花卉产业存在的问题

1. 科研、教学与生产脱节，科技成果转化能力有待加强

我国主要商品花卉品种、栽培基质、自动化控制设备等主要依赖进口，花卉种质资源开发利用不足，科研、教学与生产脱节现象仍然存在，花卉产品精细加工技术应用能力不强。最近几年，我国虽然育种水平有了提高，拥有自主知识产权，但市场畅销的花卉新品种仍然较少，技术落后，成果转化率低，市场上占主导地位的品种仍然是国外品种。

蝴蝶兰、大花蕙兰、红掌、凤梨等市场畅销的盆栽花卉基本上是从国外或我国台湾地区引进的，受市场欢迎的新品种培育研发方面依然是个薄弱环节，严重制约了花卉产业的发展。除了新品种匮乏之外，新技术的研发和推广也存在滞后问题，影响了花卉品质的提升。

我国是重要的花卉资源大国，但对于现有资源的遗传背景研究少，评价体系不健全，育种效率低，育种应用基础研究薄弱，如我国原产花卉起源与分类研究，优异种质的评价、挖掘与保护等均缺乏系统研究导致种质资源创新、新品种培育的预见性、选择的准确性以及育种进程等方面受到了限制，以致品种的自主创新能力弱。

2. 产业结构不合理，产品同质现象严重，规模种植效益不高

我国智能温室占比仍然较低，大多数温室较为落后，不具备机械化、自动化生产条件；生产技术和经营管理方式相对落后，生产技术质量体系不够规范，专业化、标准化、规模化程度较低，花卉产品质量参差不齐，单位面积产值较低，产品出口量低，国际市场竞争力弱。只有个别大中型企业设施先进，利用标准化生产技术，产出高质量商品。

花卉产业结构不健全、种植结构不合理、经营管理不规范和服务不到位等问题依然突出，花卉精深加工业起步晚，缺乏新的产业增长点，产品同质化问题严重。花卉标准化、信息化程度低，产业集群的形成与发展缓慢，物流装备技术落后，花卉物流企业发展滞后。

目前，云南省的鲜切花、广东省的绿植和盆花、江浙地区的园林绿化苗木、上海市的切花种苗、海南省的热带切花、辽宁省的种球等已经形成拳头产品和地域特色鲜明的产区。但我国像这样的花卉产区并不多，很多省市依然存在专业化、规模化水平低，“小而全”“大而全”的现象，各地产品结构雷同，特色名牌产品少，“区位品牌”数量不多。

3. 市场不规范，产品销售渠道不健全，低价低质竞争严重

目前，我国花卉市场管理仍处于较低水平，缺乏专业市场管理人才，市场各项服务功能有待进一步完善，花卉销售方式仍以原始方式为主，同时花卉流通体系尚不健全，采收、预冷、分级、捆扎、包装、保鲜、运输、配送、销售等产后处理技术和完整的冷链保障体系还需建设，花卉价格混乱，低价格低质量竞争严重，难以满足国际花卉贸易标准、公开、透明的交易体系。

目前，各地在市场建立、产品质量、环保认证等方面对花卉产业的管理不够规范。花卉市场开办的政府审批手续不健全；流通领域质量监督、检验、认证管理手段不健全，市场竞争无序；随着城市发展的资源供需矛盾加剧，粗放式生产经营方式已不适合现代花卉产业发展，亟须进一步加强产业管理，实现生产模式的转变。

4. 花卉消费市场急需挖掘和引导

引导消费是花卉产业形成和发展的重要前提。我国有 14 亿人口，目前的人均花卉消费不到 200 元。按世界园艺生产者协会公布的统计数据，世界人均年花卉消费额最高的国家瑞士为每年 122 欧元，相当于 1 000 多元人民币，一般消费水平都在 50 欧元，也就是 500 多元人民币。相比之下，我国的花卉消费水平还不高，一方面与各地经济发展水平不均衡有关，另一方面是缺乏市场引导、资源挖掘。

各花卉种植地、集散地和大中型消费城市，根据自身地域特色，结合中国传统文化，深度挖掘花文化，展示花文化历史、花文化艺术，打造引人入胜的生态空间，用鲜花美学引领花卉消费。加强花卉休闲游中人—花互动环节和内容，生产多元化的花文化衍生

品，丰富花文化的内涵，使食花、赏花、用花和在花中休闲走进人们消费日常，开发和提升花卉衍生消费价值。

二、世界花卉产业现状及发展趋势

（一）花卉产业高速发展，生产总量保持上升势头

花卉业是世界各国农业中唯一不受农产品配额限制的产业，世界各国花卉商品生产历史都不长，比较早的荷兰、比利时有两三百年的历史，其余大多数国家仅有五六十年的生产史。第二次世界大战后，花卉产业高速发展，国际花卉市场每年销售额以10%～13%的速度递增，远超世界经济发展速度，花卉产业成为当今世界最具活力产业之一，也成为荷兰、比利时、哥伦比亚等国家的支柱产业。

近年来，随着世界各国对野生花卉种质资源的研究、开发和利用增加，新的品系、品种不断增加，尤其是新、奇、特花卉，如龟背竹类植物变异品种、彩色芋等，功能性花卉，如迷迭香、薰衣草、鼠尾草等，迷你微型办公桌花卉，如景天科、仙人掌科的各种多肉植物上市后受到消费者的青睐，产量与产值逐年递增。

（二）花卉生产向设施化、标准化、规模化和专业化发展

花卉生产趋向设施化、标准化、规模化、专业化。荷兰花卉业现代化发展迅速，现代温室栽培占绝对优势，且普遍专业化，它以4%左右的园艺面积，创造了30亿欧元的产值，占园艺产值的一半。面对花卉市场的激烈竞争，各国的花卉生产纷纷朝着工厂化、专业化的现代化方向发展。随着农业物联网技术的发展及应用，我国的智能化温室面积及智慧生产技术水平获得较大提升。

温室内部运输和切花加工在很大程度上已由计算机控制和由机械操作转为全部采用自动化生产，可分为种苗分级、自动栽苗、自动灌溉、温室环境自动控制、半成品自动分级疏盆、成品自动分级六个过程。植物分级贯穿整个生产过程中，通过多次分级，将不同生长状态植物分为不同级别，相同规格植物采用统一标准的灌溉量和环境条件。一般来说，种植者并不直接销售他们的产品，他们都参加这家或那家花卉拍卖市场，并成为成员。这就使种植者完全解脱出来，集中精力从事生产。这种专业化的生产，细化到专业种植某一种作物或某一种作物的一个品种，实现了品种专一、技术专一、业务专一，使生产达到最大优化，个性化品种、技术也得到不断发展，确保了产品质量一流。

花卉专业化生产形成独特竞争优势，如荷兰的郁金香、月季、菊花、香石竹等，日本的菊花、百合、香石竹、月季，以色列的唐菖蒲、月季，哥伦比亚的香石竹，泰国、新加坡的热带兰等。我国云南的鲜切花月季，已经在专业化的基础上形成了一定的规模和品牌。

（三）生产及市场越来越国际化，服务逐渐社会化

荷兰在花卉生产过程中，其产前、产中、产后各个环节都有专门的服务公司彼此相互衔接，密切配合，其包括专业的园艺设施公司Priva、基质公司Kekkil BVB、种苗公司Anthura、生产者、销售公司荷氏花卉贸易公司等。荷兰的花卉产业链针对各环节进行细分，并且成立专门的服务公司，进行精细化、专业化和社会化服务。

在整个世界花卉市场中，主要花卉生产国（如中国、印度、日本、美国、荷兰等）拥

有观赏性较好的花卉新品种，依靠先进的生产技术发展花卉种苗产业；随着竞争的加剧和生产的细分，各主要花卉生产国逐渐专注于某一种类或某几种种类花卉的生产，从而利用自己的专业性形成竞争优势（图 0-1）。

主要花卉消费国（地区）有美国、欧盟、日本、中国等。中国既是花卉生产大国，也是花卉消费大国，但并非花卉生产强国，中国花卉产业的资源优势尚未转化为产业优势，产品未进入欧盟、美国、日本三个主要消费市场。

主要花卉出口国是荷兰。作为传统花卉生产强国，荷兰是世界花卉生产销售举足轻重的国家，已形成相当成熟的花卉产业链。凭借多种高品质的花卉产品、公开透明的花卉交易制度及顺畅的欧洲交通等优势，荷兰花卉贸易额已达到全球总额的 60% 左右（图 0-2）。

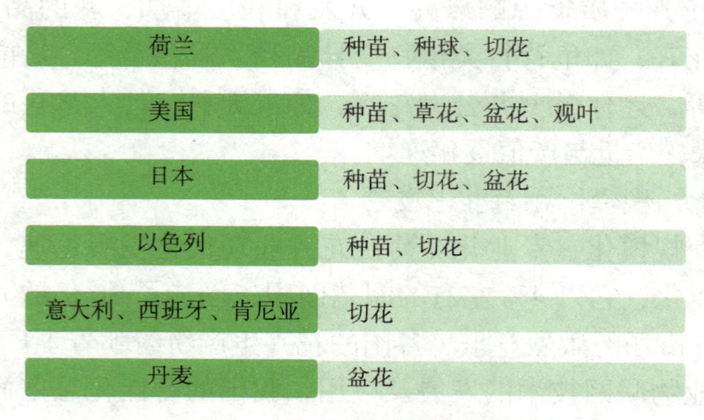

图 0-1　主要花卉生产国产品布局

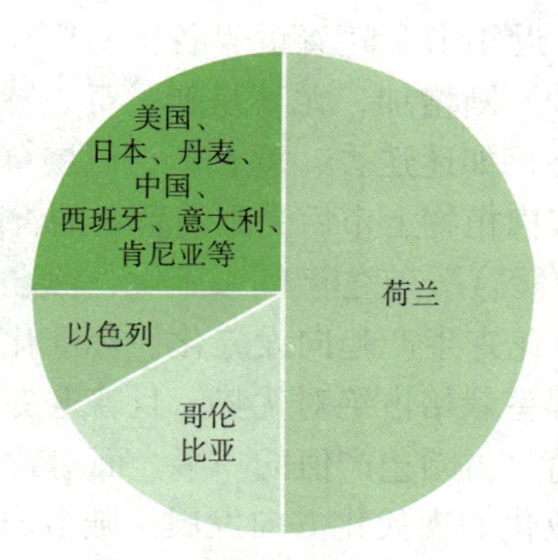

图 0-2　主要花卉出口国

发展中国家哥伦比亚也是先进的花卉生产国，该国的月季、香石竹等切花外销增长较快。

以色列因其先进的温室设施及喷灌、滴灌技术，生产成本低，且空运费用低，产品在国际市场上具有较高竞争力。

随着国际花卉贸易的发展，逐渐形成了四大花卉批发市场：荷兰阿姆斯特丹、美国迈阿密、哥伦比亚波哥大、以色列特拉维夫，它们决定着国际花卉的价格，引导着国际花卉消费与生产潮流。

随着科技的发展和社会的进步，世界花卉生产格局正逐步发生改变，生产日益全球化，日益完善的供销网络、发达的空运业促进花卉远距离外销，形成国际化的花卉市场，如荷兰拍卖市场的鲜花，在 48 h 或 24 h 内可到达法国、美国、英国、日本、意大利等地。新的花卉生产与贸易中心正在形成，中国极有可能成为新的世界花卉贸易中心。

三、花卉智慧生产

（一）花卉智慧生产的概念及特点

1. 花卉智慧生产的概念

花卉智慧生产是农业新质生产力在花卉生产中的集中体现和应用，是利用现代信息技术实现花卉种植、栽培和销售一体化管理的生产模式。该模式集成应用网络、农业物

联网、传感器、视频监控、无线通信、专家智慧平台等技术，实现了花卉生产销售的远程精准监测、控制、操作管理与追溯。

2. 花卉智慧生产的特点

（1）全产业链一体化精细管理。实现了物料使用、成本核算、生产管理、销售和库存等环节一体化管控。可以将管理细化到生产过程中的每个细节，如生产区域、生长阶段、种植批次、肥料、农药、劳动力使用等。

（2）远程监控与操作。可以利用客户端（如手机、平板电脑）等对环境、花卉生长状态等实行精准监测，并且根据具体情况进行生产管理，如增湿、顶喷淋、底部灌溉、调整施肥浓度、打药等操作。

（3）绿色环保，降耗增效。水肥一体化管理系统可实现水肥循环利用、重复利用，从而节约水资源，避免肥料、农药渗漏所造成的农业面源污染；补光系统、环境控制系统和病虫害预警系统可节约煤、电、气等能源。

（4）提升花卉产品的均一性和优质率。根据不同花卉品种的生物学特性，对水肥管理、温度、湿度、光照等环境指标实现精准控制，保证同区域内同一批次花卉生长发育的均一性，提升花卉的成品率和优质率。

（5）前期投入大，从业人员专业素养要求高。智慧生产模式与传统花卉生产方式相比对于花卉生产的基础设施要求高，前期的设施、设备和网络平台构建等方面投入较大，并且投资回报周期长；智慧花卉生产要求生产人员在掌握基本的花卉生产管理技能之外，还需具备一定的计算机、网络和农业物联网等知识，对从业人员的专业素质要求高。

（二）花卉智慧生产常用设备及功能

花卉智慧生产常用设备主要包括信息感知与采集设备、信息传输设备，以及数据统计分析与应用相关设备（表 0-1）。

表 0-1 花卉智慧生产常用设备及功能

设备名称	设备功能及用途
农业物联网总控机房	数字化信息接收、信息处理、信息分析、信息交换等功能，通过传输网络与温室内的各个环境传感器连接，及时反馈数据到计算机终端，并且将数据传送到温室设备终端的控制器上
物联网控制操作平台	人机交互系统，提供管理人员的操作和编程，包括五台总控计算机
HAWE 的 SDF 分级系统	花卉质量和成品率数字化评价系统，对花卉的数量、花色、株高等指标进行界定，可以自动分出等级
HAWE 的物流运输系统	温室物流全自动定位、跟踪、统计、分析软件和硬件设备，成品花卉的运输、配货、临时存储功能，花卉从温室内运出，移至物流缓冲区域，控制此系统可以随时掌握
RFID 包装管理与追溯系统	产品包装、产品质量追溯功能
宽带微波传输基站设备	ZY3019N 无线高带宽一体机，主要用于感知信息的传输与接收
手机、PAD 设备	移动互联网终端设备和应用软件，用于信息查询和远程调控
视频摄像机	KL-IP320-5MP 视频摄像机、数字化信息采集系统，主要用于温室病虫害、植物生长情况监控

续表

设备名称	设备功能及用途
Priva 的温室环控系统	温室环境信息采集、信息传输、信息处理和信息控制系统，是数字化农业的神经中枢，控制或改变温室内的温、光、水、湿等环境指标
温室环境调控和生产设备	室内物流作业设备，包括可移动苗床、升降机、清洗机、移动天车、装盆机、传送带和叉车
	内遮阳、外遮阳系统，分布在 90 个控制区，内保温系统，分布在两层 180 个区
	水肥一体化系统，12 个总容量 9 600 m^3 的蓄水水池、紫外线消毒系统，17 条直径 250 m、长 570 m 的排水管道，灌溉水回收、净化系统，雨水收集系统，潮汐式灌溉苗床系统和控制系统
	温室环境控制终端设备，通风系统、开窗系统、湿帘系统、内循环风扇、地板采暖系统和控制设备、空中加热系统设备
	温室作业设备系统包括顶部喷淋系统、迷雾系统、自动打药系统
	强电控制，4 套强电控制系统，4 套弱电控制系统，温室外顶部配制 2 台气象站连接内部的传感器，对各个系统集中控制
	悬挂链自动化种植系统，提供温室走廊上部空间利用，盆花空中转运、自动化感应浇水、施肥、灌溉水回收等系统
	花卉自动化栽培作业流水线，包括栽培基质的机械破碎、自动混合、自动装填、自动疏盆、幼苗移栽、穴盘装填等设备

1. 花卉数字信息采集系统

花卉数字信息采集系统主要包括设施环境数据监测系统（图 0-3）、气象数据监测系统（图 0-4）、视频数据监测系统、花卉生理生态数据监测系统、营养液成分数据监测系统，以及产品分级、运输和销售监测系统。

图 0-3　温度、湿度信息感知和采集设备

图 0-4　户外气象数据感知和采集设备

2. 花卉数字信息传输系统

花卉数字信息传输系统包括数字信息传输网络系统、视频图像信息传输网络系统、花卉产品分级、销售监测网络系统。

3. 花卉数字信息处理与决策系统

花卉数字信息处理与决策系统包括环境综合调控系统、病虫害监控预警系统、营养

液综合管理调控系统、智能管理专家系统和云服务基础设施及平台。

4. 花卉数字信息控制系统

花卉数字信息控制系统包括温室环境控制终端设备，通风系统、开窗系统、湿帘系统、内循环风扇、地板采暖系统和控制设备、空中加热系统设备。

（三）花卉智慧生产管理系统及流程

花卉智慧生产管理系统架构一般分为 4 个层级，分别为花卉数字信息感知与采集系统、花卉数字信息传输系统、花卉数字信息处理与决策系统和花卉数字信息控制系统，如图 0-5 所示。花卉数字信息感知与采集系统包括温室环境信息采集、设备信息采集、生理信息采集和病虫害信息采集 4 个模块；花卉数字信息处理与决策系统包括花卉环境管理系统、花卉生产管理系统和分级包装管理系统；花卉数字信息控制系统，主要是设备自动化控制系统。花卉智慧生产管理拓扑图如图 0-6 所示。

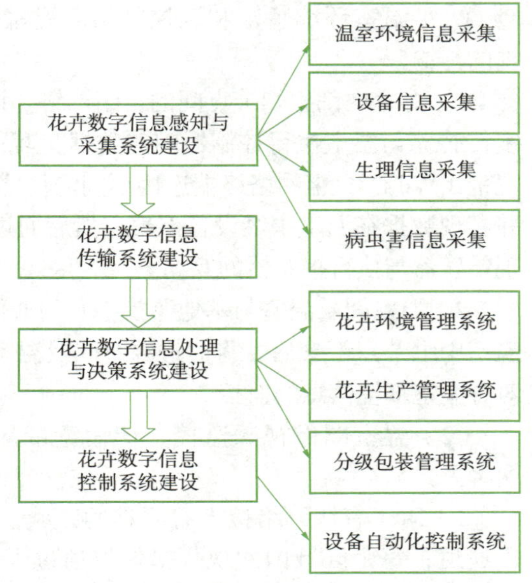

图 0-5　花卉智慧生产管理系统架构

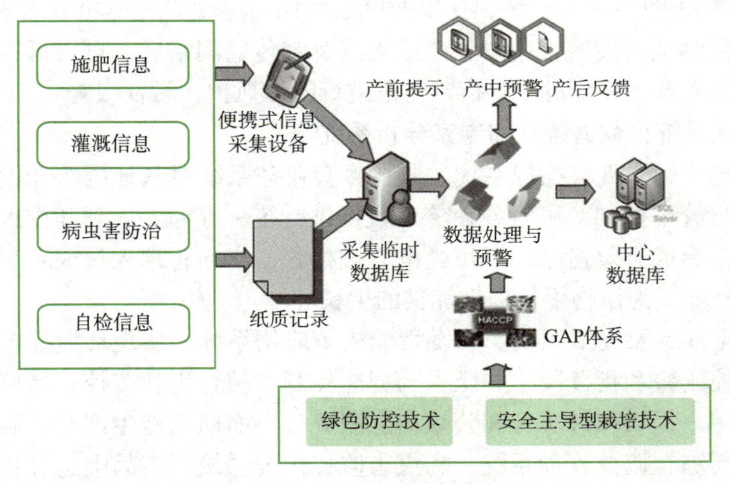

图 0-6　花卉智慧生产管理拓扑图

（四）花卉智慧生产层级系统及功能

1. 信息采集系统：花卉生产和温室环境数据采集

（1）环境信息数字采集系统。设施内温度、湿度、光照、基质水分、pH 值、二氧化碳、烟雾、营养液成分感知；设施外部气象信息的感知和数据采集。

（2）植物生长发育状态视频信息采集系统。叶面温度、叶色变化、病虫害发生、生长速度监控、花发育状况、花卉生长发育与环境相互作用情况的采集。

（3）花卉产品分级及物流销售信息系统。SDF 分级系统，以 RFID 技术为主的标签系统，实现花卉质量可追溯。该系统采集花卉成品率数据、花卉质量数据。

2. 信息传输系统：数字和图像传输网络

（1）温室环境感知和调控网络。温室环境感知和调控网络负责温室环境感知信息数据的传输。

1）温室内部感知节点间的自组网络。该网络主要实现温室传感器数据的采集，以及温室传感器与温室执行控制器间的数据交互；通过基于低功耗个域网协议（ZigBee）和无线宽带（WiFi）自组网络终端连接不同的传感器设备，可以实现对温室内各种数据自动获取，并实现数据在温室中继设备汇聚；然后通过在温室执行控制器设备上安装自组网络终端实现传感器与执行控制器的互动。

2）温室间及温室与基地监控中心的通信网络。温室环境数据通过温室内部自组网络在温室中继节点汇聚后，将通过温室间及温室与基地监控中心的通信网络实现温室监控中心对各温室环境信息的监控。

（2）温室图像视频监控、传输宽带网络。根据实际情况构建有线网络和无线网络两种。

1）对于有线网络接入有困难的区域，建设宽带微波传输基站，搭建视频信息传输专用通道；每个区域内的视频摄像机通过无线宽带，将数据与微波传输基站通信，将图像数据直接传输到基地监控中心。

2）对于有有线网络接入区域，在摄像机数据输出终端安装小功率微波收发设备，将视频数据发送到温室基地监控中心。建成无线宽带传输网络后，可以远程对温室内进行实时或定时视频查看，并可对温室指定区域进行图像抓拍，触发报警、定时录像等功能。

3. 信息处理系统：数据统计和专家分析系统

（1）数据统计、分析与挖掘系统。依托多套业务系统对基地内感知设备、网络和反馈控制设备进行管理控制，可将各种传感数据进行统一存储、处理和挖掘。通过控制系统的智能决策，形成有效指令，以声光电方式报警，指导管理人员或者直接控制调节设施内的小气候环境，为作物生长提供优良的生长环境。

（2）设施花卉专家决策系统。开发智能决策应用系统，实现环境综合调控、病虫害远程诊断、监控预警和指挥决策、肥水药智能控制、植物生长监控、高档花卉安全运输与追溯以及为用户提供软件服务和公众信息服务等。面向基地生产开发温室环境综合调控系统、肥水药综合调控管理系统、病虫害监控预警系统、产品配送过程质量安全监控系统。

4. 信息控制系统：栽培、环控、分级包装自动化控制

（1）生产管理物联网技术。其主要包括病虫害监控预警系统、肥水药综合调控管理系统、温室环境综合调控系统、病虫害监控预警系统。

（2）政府决策、农户技术指导和公众消费物联网技术。其包括联防联控技术应用示范、专家远程指导技术应用示范、设施农业物联网应用集中展示示范。

（3）农业物联网技术云服务平台。其包括基础设施和应用平台两部分。基础设施包括服务器等设备和支持系统运行的软件。软件主要包含两部分，首先是构建具有统一入

口的分布式信息技术（IT）系统，其次是通过虚拟化技术为每个接入用户提供统一的或定制的平台服务。应用平台是由基础设施和软件支撑的功能性服务平台。应用平台的主要功能是为应用系统提供感知数据接入服务、空间数据和非空间数据的访问服务，以及开放的、方便易用的、稳定的部署运行环境，适应设施农业业务的弹性增长，降低部署的成本，实现设施农业物联网的数据高可用性共享、高可靠性交换、Web 服务的标准化访问，避免数据、知识孤岛，方便用户同一管理、集中控制。

（五）基于智慧生产管理系统的花卉排产计划

花卉排产计划的目的是以最低的生产成本产出数量最多、品质最优的花卉产品，本部分内容以红掌品种排产为例进行介绍。

1. 花卉排产计划分析

（1）若无计划生产分析，产品可能会在短期内集中上市，导致销售困难，也可能会使销售旺季时无产品可售，导致整个生产利润降低，如春节前 15 ～ 20 天花卉价格一般是平时的 1.5 ～ 2 倍。不进行生产规划，用工不规律，会使劳动力成本上升。

（2）若有计划生产分析，单位面积（m^2）产出更高，劳动力安排和资金使用效率更高，能充分发挥资金、设施设备和人员的价值。

2. 花卉排产计划的计算方法

花卉生产企业一般根据特定时期或节日制订生产计划，比如新年、情人节、劳动节、中秋节等或者春季、秋季和元旦前后。总体规划完成后可以针对特定时期来进行销售。

（1）实际使用面积。实际进行生产种植的净生产区域。

（2）盆径。品种选择要与盆径相匹配：生长紧凑、叶片小的植株，用 12 cm 或 14 cm 盆径的盆；茎秆较高、植株松散、叶片较大的植株，用 17 cm 盆径的盆。

3. 实际使用面积计算

例如：温室长 104 m，宽 105 m；温室中间通道长 101 m，宽 5 m；每个小生产区域宽度为 8 m；苗床长度 50 m，苗床宽度 1.25 m；每个小区域放 6 张苗床［每个小区域走道的宽度为 8–6 × 1.25=0.5（m）］。

苗床区域面积 = 温室总面积 10 920 m^2– 中间通道面积 505 m^2– 小区域通道的总面积 650 m^2=9 765（m^2）

实际使用面积 = 苗床区域面积 –5% 苗床区域面积，即 9 765 ×（1–5%）=9 276（m^2）。

调整种植密度的方案见表 0-2。

表 0–2　调整种植密度

生长阶段	盆径 /cm	周数	总植株数	植株数	一千植株所占空间比重	一千植株所需空间	每个阶段的空间百分比 /%
阶段 1	9	15	1 000	85	11.8	176.5	6
阶段 2	17	13	1 000	34	29.4	382.2	13
阶段 3	17	13	1 000	20	50	650	22
阶段 4	17	16	1 000	9	111.1	1 778	59

续表

生长阶段	盆径 /cm	周数	总植株数	植株数	一千植株所占空间比重	一千植株所需空间	每个阶段的空间百分比 /%
总周数		57				2 986.7	
注意： 植株数：此表特指每平方米上总株数；一千植株所占空间比重：每一千株所使用的面积（m^2）；一千植株所需空间：每阶段总的使用面积							

每平方米的植株数为 85 株 /m^2。

1 000 株所占用的空间面积 =1 000 ÷ 85 = 11.8（m^2）。

9 cm 盆径植株完成阶段 1 的生长总的空间面积 = 周数 ×1 000 株所占用的空间面积 = 15 × 11.8 = 177（m^2）。

阶段 1 占总生长周期（阶段 1 ～阶段 4）空间的比例为阶段 1 所需空间 ÷ 总生长周期空间，即 177 ÷ 2 986.7 × 100 % = 6%。

4. 全年生产时换盆和稀盆计划

全年生产时换盆和稀盆计划如图 0-7 所示。

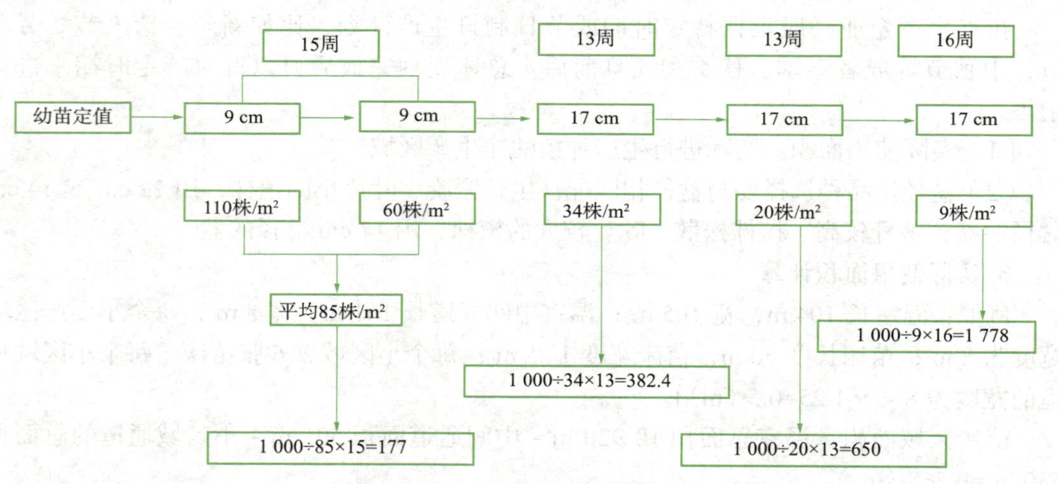

图 0-7　全年生产时换盆和稀盆计划

实际使用面积为 9 276 m^2；周使用面积 = 52 ×9 276 = 482 352（m^2）。

产量 = 482 352 ÷ 2 986.7 ×1 000 = 161 000（株）。

全年（52 周）的使用面积为 482 352 m^2，总产量为 161 000 株，单位面积（包含过道、走道的温室总面积）产量约为 14.7 株。

全年排产计划所计算的单位面积产量是在理想状态下，可以按计划时间尽产尽销，并且在全部设施设备、资金和人员无差错情况下的产量，但实际生产过程中受各种因素的影响，比如市场、设施设备运行故障、气候等，单位面积产量通常偏低，因此排产计划应根据实际情况定期调整。

项目一　花卉栽培设施及环境调控

项目情景

2023年，农业农村部一号文件中提出大力发展现代设施农业。实施全国现代设施农业建设规划，启动设施农业现代化提升行动，推进设施农业提档升级。开展设施农业贷款贴息试点，通过发行地方政府专项债、政策性金融等方式拓宽资金渠道，鼓励将符合条件的项目打捆打包按规定由市场主体实施，撬动金融和社会资本更多投向设施农业。

习近平总书记指出，“要树立大食物观，发展设施农业，构建多元化食物供给体系”，“设施农业大有可为，要发展日光温室、植物工厂和集约化畜禽养殖，推进陆基和深远海养殖渔场建设，拓宽农业生产空间领域”。

国家的重视和政策的扶持使设施农业的未来前景一片光明，为花卉设施生产提供了重要的保证。

花卉栽培设施主要包括温室和塑料棚等增温保温设施以及防虫网、遮阳网、荫棚等防护设施。通过这些设施，可以人为地创造适宜花卉植物生长的小气候环境，扩大花卉植物的栽培区域，调节生长时间，达到周年生产及提高产品质量的目的。花卉生产设施经历了由简单到复杂、由低级到高级的发展过程。花卉生产设施是花卉生产的基础，也是进行花卉生产所需的必要条件。

学习目标

➢ 知识目标

1. 了解常见花卉栽培设施的类型、特点。
2. 掌握各种园艺资材的特点和用途。
3. 掌握栽培设施环境调节控制方法。

➢ 能力目标

1. 能正确使用各种园艺资材并对各种机具及设备进行规范操作。

2. 能根据天气状况、花卉要求调节各种栽培设施的各种环境因子，为花卉生产创造适宜的外部环境。

➢ 素质目标

1. 通过学习环境控制技术，培养学生分析总结问题和提升完善技术的能力。

2. 通过分组完成任务，提高学生竞争意识，培养学生交流、互助、合作和组织能力。

3. 通过生产方案的实施，锻炼学生独立发现、分析和解决突发问题的能力。

任务一 花卉栽培设施

任务描述

花卉生产设施是花卉栽培中最重要的、应用最广泛的栽培设备。本任务主要完成日光温室的设计与建造、塑料大棚的设计与建造、冷床和温床的设计与建造以及设施栽培容器的使用和设施生产常用的农用机具的使用。要求各学习小组能根据生产环境的实际情况完成各栽培设施的设计，能根据此设计进行图纸的绘制，能结合图纸的结构和相关参数完成花卉生产设施的建造以及保护地花卉实际生产任务选择适合的园艺机具并熟练使用。

环保效应

花卉栽培设施能够控制温度、光照、水分、通风等环境因素，为花卉的生长发育提供良好的条件，是集约化栽培，实现工厂化生产的必备设施。

材料工具

材料：绘图本、铅笔、橡皮、钢筋、混凝土、竹子、木头、铁丝、塑料薄膜、遮阳网等。

工具：铁锹、耙子、推车、锯子、钢卷尺、钳子、水平尺、人字梯、量角仪、圆规等。

任务要求

本任务学习基于符合温室工程实际工作过程的思想，以学校教学基地或花卉生产企业为支撑，以学习小组或个人为单位，以温室工程建造项目为载体，学生可以在知识储备中掌握完成工作任务所必须掌握的知识，可以通过知识拓展学习与生产任务相关的其他知识进一步拓宽知识面。在任务完成过程中遇到关键技术难题可以扫二维码关联在线

课程或短视频等进行学习。

任务实施

一、日光温室的设计与建造

日光温室的建造流程：场地选择—温室框架—温室角度的设计—保温设计—通风设计—供水设计—加温系统—建造辅助设施—温室图的绘制—土建施工。

视频：日光温室介绍

1. 场地选择

建造温室的场地选择避风向阳的地方，要求地势平坦，水资源充足且水质好，排水畅通，电力充沛，土壤肥沃，适于种植，避开盐碱地和夏湿地，避开有毒的工厂、化肥厂、化工厂、水泥厂等污染严重的厂区。此外，要交通便利，有销售市场。

2. 温室框架

（1）基础。框架结构的组成是基础，它是连接结构与地基的构件，它将风荷载、雪载、作物吊重、构件自重等安全地传递到地基。基础由预埋件和混凝土浇筑而成。塑料薄膜温室基础比较简单。玻璃温室基础较复杂，且必须浇注边墙和端墙的地固梁。

（2）骨架。一类骨架是柱、梁或拱架等，都用矩形钢管、槽钢等制成，经过热浸镀锌防锈蚀处理，具有很好的防锈能力；另一类骨架是门窗、屋顶等，采用铝合金型材，经抗氧化处理，轻便美观，不生锈，密封性好，且推拉开启省力。

（3）排水槽。排水槽又称“天沟”，它的作用是将单栋温室连接成连栋温室，同时起到收集和排放雨（雪）水的作用。

3. 温室角度的设计

（1）温室的角度。温室的角度就是温室斜面与地面的夹角。应依据“合理采光时段”理论选择合理温室角度（冬至日中午温室的采光角）。所谓合理温室角度，就是这个角度能保证在冬至日 10：00—14：00 太阳在温室采光面上投射角都能达到 50° 以上。拱圆形温室的角度由主要进光面决定（图 1-1）。

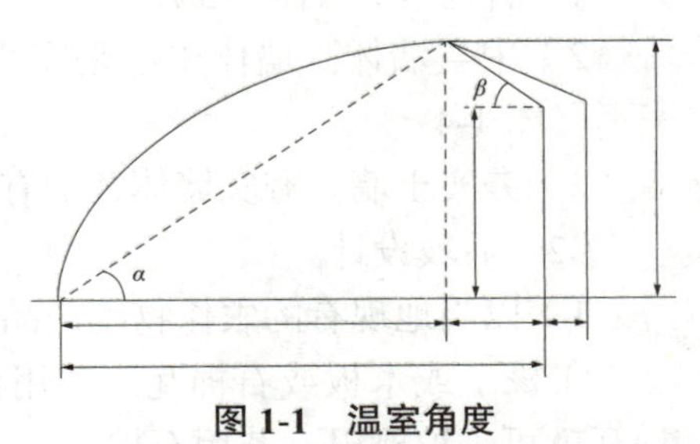

图 1-1 温室角度

（2）温室方位角。温室方位角是指其长方向的法线与正南方向的夹角。一般采用偏西 5° ～ 8° ，可以延长下午的光照时间。

（3）后屋面角。后屋面角指温室后屋面与后墙顶部水平线的夹角。一般认为，后坡仰角以比当地冬至太阳高度角大 7° ～ 8° 为宜。后屋面角度在生产中以 40° ～ 50° 为宜，其原因：第一，后坡仰角大，冬季可增强反射光线，增加温室后部光照；第二，后坡内侧可得到更多阳光辐射热，有利于夜间保温；第三，能增加钢架水平推力，增加温室的稳固性；第四，避免夏天遮阴严重的现象。

$$合理角度 = 23.5+（当地纬度 - 40）\times 0.618 +\alpha_1+\alpha_2+\alpha_3$$

α_1：纬度调节系数。加 1 或减 1，小于 35° 时加 1，大于 50° 时减 1，在 35° ～ 50°

之间不加不减。

α_2：海拔调节系数。海拔每升高 1 000 m 加上 1。

α_3：冬季生产为主加 1，以生产喜温性蔬菜为主。

（4）前后排温室的距离。查冬至 9：00 太阳高度角和温室脊高，确定前后排温室距离。以往计算温室前后距离多以冬至中午太阳高度角为依据，结果上、下午还有很长一段时间遮光，其原因是冬季太阳的高度角和时角的变化导致太阳光线的照射轨迹形成一个向南凹陷的弧形，使太阳光线在一天中的不同时间对地面的照射角度发生变化，尤其是在中午前后，太阳光线几乎垂直照射，而在早晚则呈现较大的角度。这种变化导致太阳光线的照射范围和强度在不同时间有所差异，从而影响了地面上物体的光照情况。为使上午 9：00 就不遮光，那就应该以上午 9：00 太阳高度角和前栋温室脊高为依据，计算前后栋温室的最佳距离（图 1-2）。

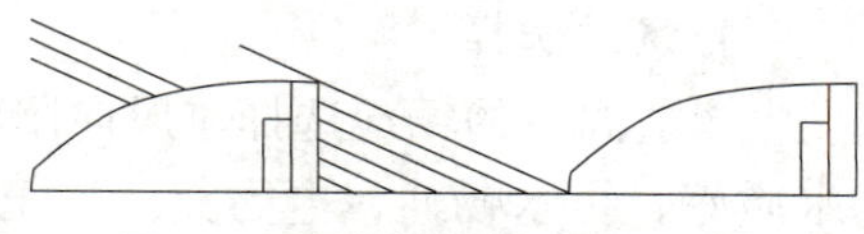

图 1-2 温室间距与阴影的关系

计算公式如下：

$$温室间距=\frac{脊高+0.5}{\tan(H9)\times\cos(A9)}-(后坡投影长+后墙宽)$$

式中 $H9$——冬至 9：00 太阳高度角；

$A9$——冬至 9：00 太阳时角，是 45°。

4. 保温设计

保温设计包括墙体、后坡、密封、透明覆盖物——膜、保温覆盖物——帘子、地下的保温设施。

（1）墙体设计方式。

1）普通墙体（图 1-3）。

2）中空墙体。墙体中心是完全中空的，在墙体中心填充聚苯板或麦秆等（图 1-4）。

3）夯实土墙。夯实墙体并加有土坡（图 1-5）。

（2）后坡设计。

1）以当地现有的农作物副产品作为保温材料，从内到外依次如下（图 1-6）：

①椽子或木板或石棉瓦。若用椽子，必须排密，留的间隙越小越好；若用木板或石棉瓦就可去掉柳巴；若用石棉瓦，一定要用加厚的。

②柳巴。

③炉渣。用炉渣时一定要打实，不能虚虚的。如果加一层高密度聚苯板就可以不用炉渣。

④塑料膜。

⑤水泥。

2）可以直接利用保温板。

3）还可以由炉渣加上水泥、空心砖、充气砖等这种轻质保温材料，但是其价格高，不适合普通农户。

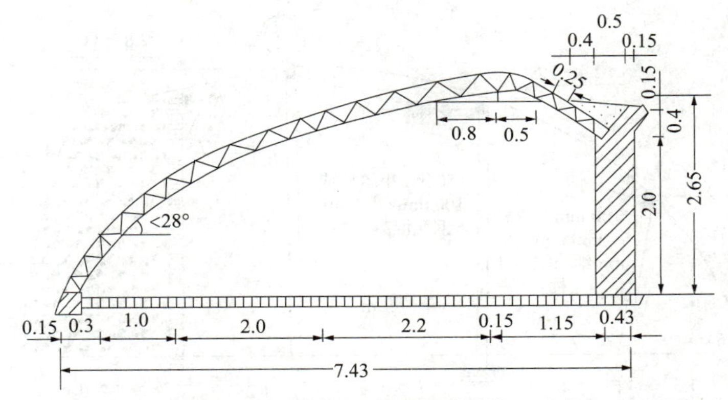

图 1-3　普通墙体日光温室（单位：m）

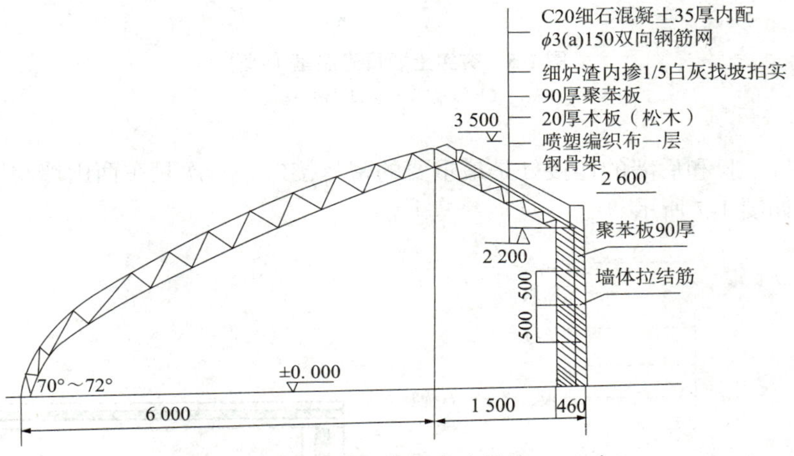

图 1-4　中空墙体日光温室（单位：mm）

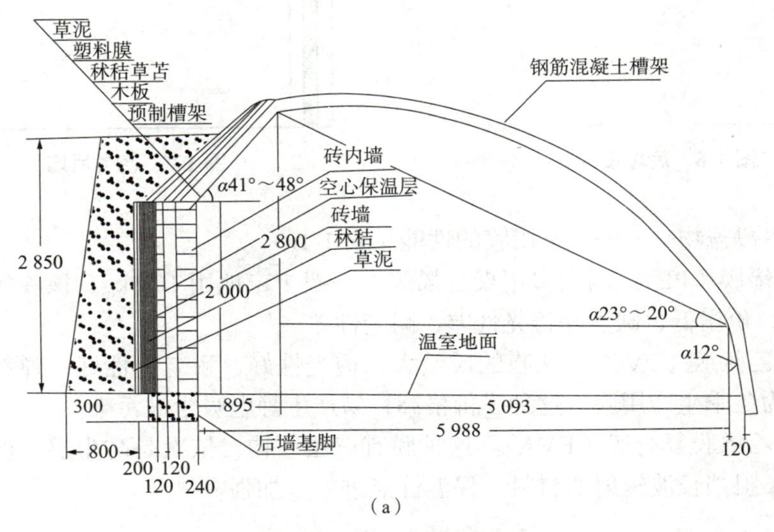

图 1-5　夯实土墙日光温室

（a）中空墙体并加土坡

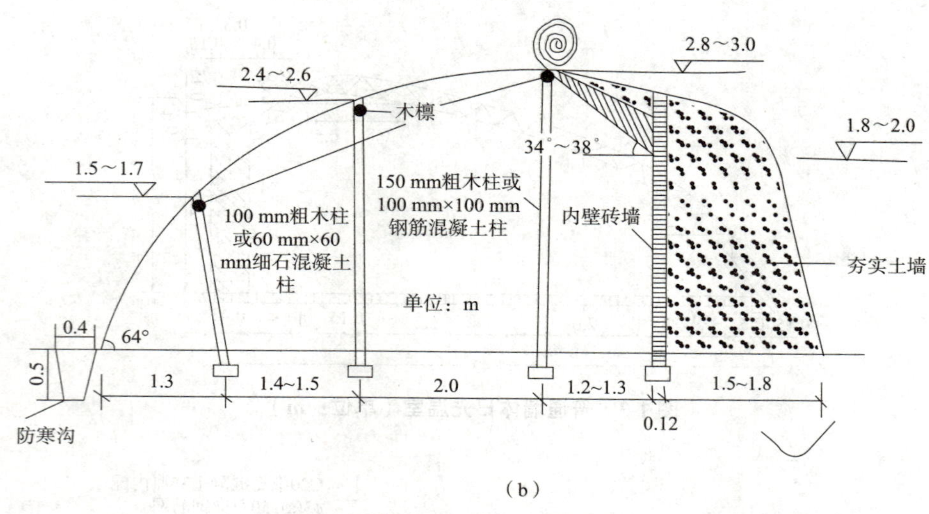

（b）

图 1-5　夯实土墙日光温室（续）

（b）夯实土墙日光温室

（3）密封。膜和后墙的连接处是最重要的密封接口，其次是东西山墙与膜的连接处，温室俯视图如图 1-7 所示。

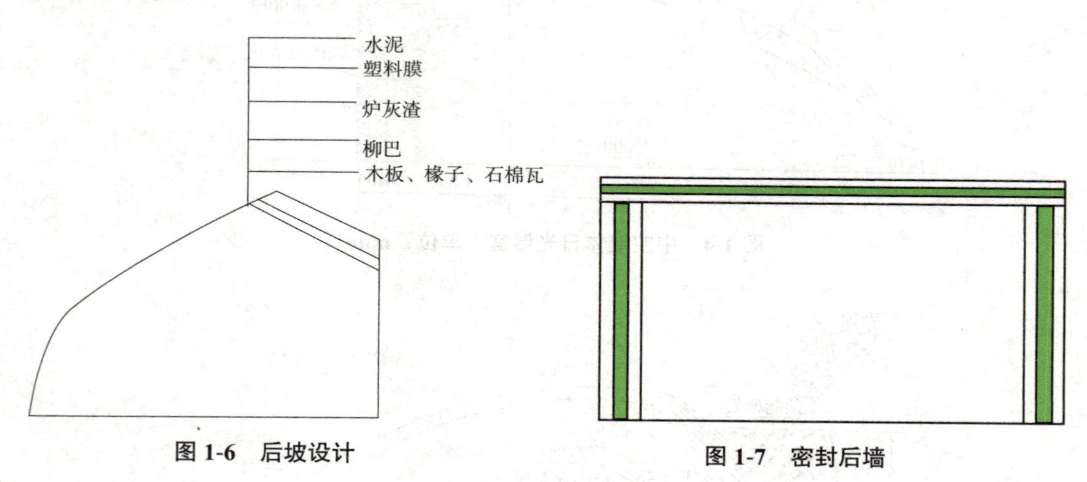

图 1-6　后坡设计

图 1-7　密封后墙

（4）透明覆盖物——膜。常用膜的性能见表 1-1。

1）聚乙烯膜（PE）。国内多用聚乙烯膜，一般 1 亩地用 100 kg。该膜的优点是比重小（质量轻），价格低，缺点是透光性差，耐老性差。

2）聚氯乙烯膜（PVC）。该膜的质量大，透光性好，耐老化性好，弹性强，保温性能好，多作为冬季生产用膜。这种膜价格高，易产生静电吸尘被污染。

3）醋酸乙烯膜复合膜（EVA）。这种膜有三层结构，依次是防尘层、保温层、防滴层，并且加了阻挡长波辐射的材料，保温性能进一步加强。

表 1-1　不同温室覆盖材料性能比较

覆盖材料	普通农膜	多功能膜（一）	多功能膜（二）	玻璃	中空玻璃	聚碳酸酯
厚度	0.08 mm 厚	0.15 mm 厚	双层	4 mm 厚	3+6（空气层）+3 mm	板中空
导热系数 /［kJ/（m²·℃·h）］	29 307.6 ～ 33 494.4	16 747.2 ～ 18 840.6	14 653.8 ～ 16 747.2	23 027.4 ～ 25 120.8	12 562.4 ～ 13 397.8	10 467 ～ 12 562.4
透光率 /%	85 ～ 90	85 ～ 90	75 ～ 80	90 ～ 95	80 ～ 85	85 ～ 90

（5）保温覆盖物——帘子。内蒙古地区常用芦苇、蒲编成的草帘作为保温覆盖物。芦苇结实，保温性好，蒲保温但不结实。草帘的保温性能与帘子的密度、厚度有关。

棉帘的表层用防雨布代替，能够避免帘子发霉、沤烂。帘子用材可以因地制宜，产棉花的地方用棉花，产羊毛的地区用废旧的羊毛，养鸡、鸭的地区还可以用羽毛。

（6）地下的保温设施。在温室的前面挖防寒沟，内部填充粪肥，来保证温室前面的地温和气温，这是早期的做法。现在的做法是：在温室内挖防寒沟，再填充聚苯板（图 1-8）。

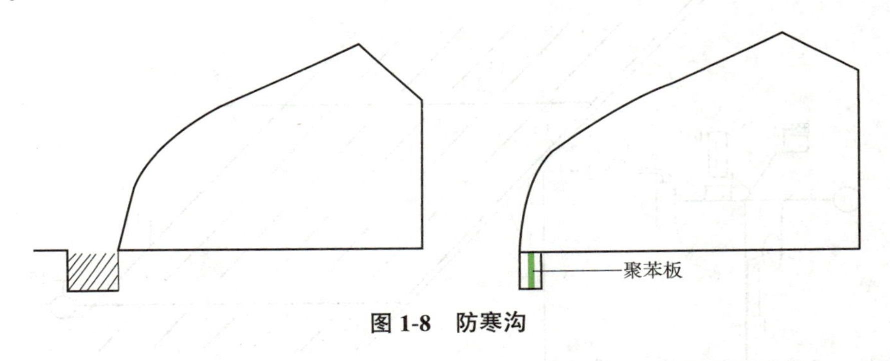

图 1-8　防寒沟

5. 通风设计

（1）后墙放风。后墙的通风孔与前面形成气流，可以穿过温室。这里必须注意通风孔的位置和面积（图 1-9）。具体要求：首先是操作方便；其次通风孔的大小通常是（0.3 ～ 0.4）×（0.3 ～ 0.4）（m^2）；通风口的高度至少在 1 m 左右高的地方，一般在 1.5 m 的地方，可使气流畅通，在气流流动的同时把热量带走，而且不伤及幼苗。

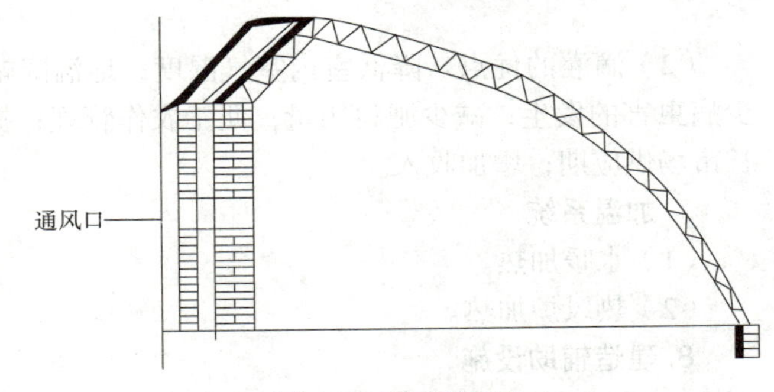

图 1-9　后墙通风口

（2）温室围裙放风。围裙是指侧窗南屋面靠近地面的位置。

（3）屋顶放风。最好的方式是屋顶放风，但是操作不方便，而且放风之后不容易密封。

（4）后坡放风。过去曾经使用后坡放风，但该方法不适用，主要是效果不好，不容易保温，而且操作不方便。

（5）强制通风。强制通风效果明显，但是耗能量大，成本高。

6. 供水设计

水管从中间进入温室，并最好也在中间。滴灌系统，需要有水压，而且水流应均匀，避免一处水大一处水小，中间设水箱能够减小水压的差异。在缺水的地区，每个温室外需配备水池。

（1）设施高效节水灌溉技术的基本要求。保证设施内植物实现定额灌水。保证依其需水要求，遵循灌溉制度，按计划定额灌水。田间水的有效利用系数高，一般不应低于0.90。灌溉水有效利用系数，滴灌不应低于0.90，微喷灌不应低于0.85。保证设施内植物优质、高效、高产和稳产。设施灌水劳动生产率高，灌水所用工日少。设施灌水方法、灌水技术应简单经济，易于实施，便于推广。设施内灌溉系统及装置应投资小，管理运行费用低。图1-10所示为滴灌系统示意图。

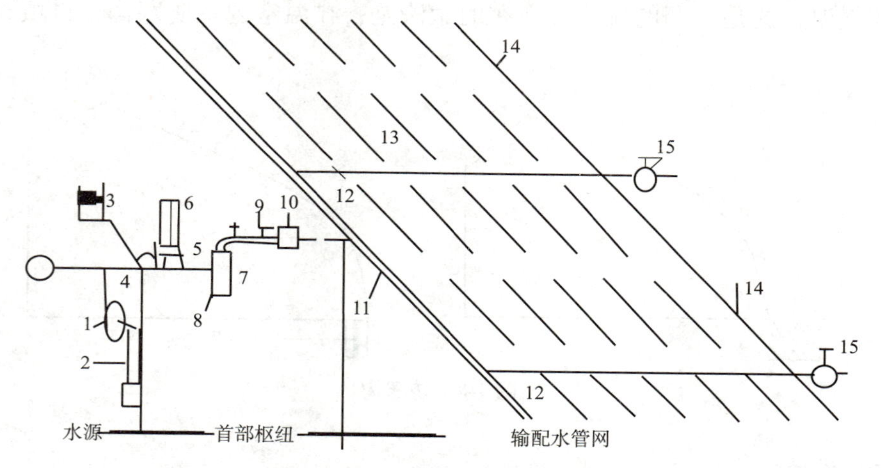

图1-10　滴灌系统设计示意图

1—水泵；2—供水管；3—蓄水池；4—逆止阀；5—压力表；6—施肥罐；7—过滤器；8—排污管；9—阀门；10—水表；11—干管；12—支管；13—毛管；14—灌水器；15—冲洗阀门

（2）滴灌的优点。降低室内室气湿度；地温降幅很小；适时适量补充营养成分；减少病虫害的发生；减少肥料用量；便于农作管理；提高农作物产量；提早供应市场；延长市场供应期；增加收入。

7. 加温系统

（1）水暖加热。

（2）热风炉加热。

8. 建造辅助设施

生产运行中的辅助设施主要有作业间、卷帘机、蓄水池、作业道、输电线路、灌溉设施、照明系统等。

（1）作业间。作业间可建在东、西山墙靠近通道的一侧，其面积根据需要来决定。其可防止冷风直接吹入温室，减少缝隙放热，可作为管理人员的休息室，也可放置工具、贮藏物品等。

（2）卷帘机。卷放草帘、保温被是温室生产中经常而又较繁重的一项工作，耗费工时较多，设置卷帘机可以达到事半功倍的效果。

（3）蓄水池。如果用井水灌溉作物，由于水温低，影响作物根系正常发育。在温室内建造蓄水池，可提高水温。

（4）作业道。作业道要适应温室的整体结构，便于作物管理、采收，便于操作机械设备等，应采用防滑、耐磨的材料铺设。

（5）输电线路。日光温室的照明设施、卷帘机、温床、补光系统、水泵等都需要用电，在建造时，应统一规划和布置输电线路。

（6）灌溉设施。温室内灌溉设施可选择喷灌和滴灌系统，这些设施均应在建温室之前规划。

（7）照明系统。照明系统可以帮助植物生长，提高产量，保证温室内植物的正常生长，所以要综合考虑光照需求、节能环保和生产效率等因素。

9. 温室图的绘制

首先找出 A 点；画出水平线；确定温室角度；画斜线，该斜线是温室的主要受光面；从 A 点向下找到距离 0.8 ～ 1.0 m 的位置 D 点；从 D 点向右量 0.4 ～ 0.5 m，找出温室前面的基点 E 点；从 E 点向左量 6.5 ～ 7.5 m，即温室的跨度，确定为 F 点；从 F 点向右量 1 m（从温室的后面向前量），确定为 G 点，以 G 点垂直向上画虚线交于 C 点；找出 C、A 两点直线的中心点 H 点；从 H 点为垂直向上量 0.3 ～ 0.5 m，画一条短直线为 H_1 点，这段距离直接影响温室的拱高，一般情况 6.5 m 跨度的温室这段高度是 0.3 m、7.5 m 跨度的温室这段高度是 0.5 m；分别连接 AH_1、CH_1，在这两条线段的中点作垂线，使其交于 O 点；以 O 点为圆心，以 OA 线段长为半径作圆，连接 A、H_1、C 点；同时画出另一弧，两条弧相距 0.15 m；以 F 点垂直向上画 1.8 ～ 2.0 的位置 I 点为后墙；连接 I、C 两点即后坡。后坡的长度不超过 1.5 m，后坡的垂直阴影不超过 1 m。因为后坡陡峭，对后墙的压力大，对拱架的推力小，整个设施稳固；而后坡平缓，则对后墙的压力小，对拱架的推力大，拱架容易变形，结构不稳固。后仰角的角度必须大于当地冬至时太阳的高度角，一般情况下后仰角都比较大，在 35° ～ 45°（图 1-11）。

10. 土建施工

（1）墙体施工。

1）土筑墙。土墙可就地取土筑成，只需人工，不用材料投资，保温效果比较好。建造土墙的方法有草泥垛、湿土夯和土坯砌。具体做法大同小异，但土质不同，坚固程度也不一样，有的干打垒可数年不坏。作为后墙的土墙，如果支撑力稍差，特别是被雨水浸湿以后，常发生坍塌现象。为了增加支撑，一般是在主要着力点下砌砖垛或加立柱，有的在墙顶再做混凝土梁。用土坯砌墙时，泥浆要饱满，接口要咬茬，墙的内外必须用泥抹严实，防止透风、漏气等降低保温效果。用草泥垛墙时，一次不要垛得太高，宜分次进行，以防坍塌。

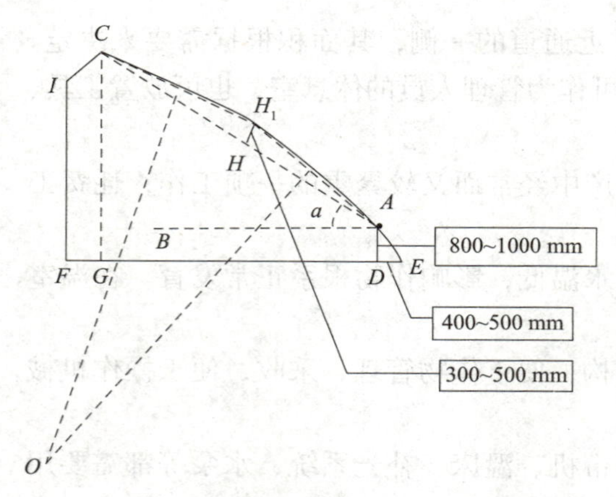

图 1-11　绘制温室图

注：钢架的间距一般是 1 m，畦子宽度正好与钢架的间距相等，压膜线的位置在畦埂上。其间距若为 1.2 m、1.5 m，在操作上不方便，比如，宽度 1.2 m 的畦子不好控制，宽度 1.5 m 的畦子一般做成大小两个畦子。

2）石砌墙。用毛石、河卵石建造墙体时，只要砌筑得法，可以一劳永逸，不像土墙那样容易坍塌。石砌墙里侧抹白灰，外侧培土，这样保温好，还可增强墙体的牢固性。

3）砖砌墙。用砖墙建造的日光温室，主要采用钢筋或钢管骨架，属于永久性温室。现已普遍采用"三七"夹心墙，用水泥砂浆砌筑。后墙顶预留与骨架连接的预埋铁或角钢。后屋面预制板安装完毕后，再砌筑 30 ～ 40 cm 高的女儿墙，以便填充杂草和作物秸秆等保温覆盖物，减小后屋面的坡度，便于在上面行走作业。

（2）骨架的安装。温室骨架结构分为竹木结构、钢木结构、钢结构等形式。由于竹木结构抵御自然灾害能力较差，加之使用期限短，已基本不再采用。钢木结构的温室由于比钢结构的造价低，能抵抗一定的自然灾害，目前仍普遍采用。钢结构温室使用寿命长，抵抗自然灾害能力强，使用面积在逐年增大。

1）钢木结构温室。钢木结构温室由钢骨架及竹竿组成，每间隔 3 m 设置 1 榀由钢管及钢筋焊接的钢骨架，在钢骨架上东西横拉 8 号铁丝。前拱铁丝的间距为 30 ～ 40 cm，后拱铁丝的间距为 15 ～ 20 cm，东西两端固定到山墙外预埋的地锚上，将铁丝拉紧，在每道骨架上固定。然后用竹竿作拱杆，拱杆间距 75 cm，用细铁丝把拱杆拧在各道 8 号铁丝上。

视频：钢骨架结构

2）钢骨架温室。温室骨架有焊接式骨架、装配式骨架、单拱式骨架等几种类型。该类型的温室在室内不设置立柱，方便小型农机具作业。

每间隔 1 m 布置 1 榀骨架，骨架两端与温室基础墙上的预埋件连接；前屋面东西向均匀布置 3 道用 1/2 钢管或钢筋制作的横向拉杆，以保持骨架的稳定；在屋脊设置一道角钢，用于固定薄膜；后屋面的中间设置一道扁钢，用于支撑后屋面板。若骨架的连接固定为焊接方式，要保证焊接质量及焊接后的防腐处理；若采用螺栓铰接装配式骨架要保证连接紧固。

（3）后屋面覆盖。温室后屋面既要保温又要可以上人，故材料需要一定的强度和保温性能。

1）松散材料。在温室的后屋面先铺一层木板或其他具有水平支撑的材料后，在上面铺一层薄膜或油毡用于防水及防止填充物落入温室内，上面再填充珍珠岩、煤渣、土等作为保温材料。填充坡度不宜太陡，以人能够在上面安全行走并能完成拆装薄膜及草帘为宜。填充物表面用防水砂浆抹面。

2）夹心硬质材料。夹心硬质材料指彩钢保温板、GMC 保温板及水泥预制板等。该种材料均可直接铺设在温室骨架上，可用自钻自攻钉将彩钢板固定在温室骨架上；GMC

保温板及水泥预制板直接铺在骨架上，外部用防水砂浆抹面或采用 SBS 防水卷材。

（4）覆盖材料的固定。日光温室普遍采用单层薄膜覆盖，一栋温室的薄膜由三块组成，其目的是为温室留有顶部、底部通风口，固定方式可采用竹竿 + 铁丝及卡槽卡簧方式。

1）烫薄膜。若温室采取人工拨缝通风时，需对薄膜进行封边烫膜处理。在烫薄膜前要分清薄膜的正反面，将尼龙绳放在薄膜一边内侧约 10 cm，把薄膜折回，用电熨斗将两层薄膜烫在一起。

2）铺膜前的准备工作。

①铺薄膜要选择风力小的晴天。

②检查温室骨架上有无坚硬物质，以免刺伤薄膜。

③查压膜线是否充足，挂钩是否牢固。

3）薄膜固定。薄膜固定一般采用由下向上的顺序，上膜压下膜。

①竹竿 + 铁丝固定。将最下边的薄膜有尼龙绳的一端用细铁丝固定在骨架上，下端用土埋实；同样将第二块薄膜的上端用细铁丝固定在骨架上；第三块薄膜无尼龙绳的一端用竹竿卷起，用细铁丝捆牢后，再固定在屋脊上。安装时膜与膜的搭接宽度应不小于 30 cm。将尼龙绳拴在两侧墙上，两侧薄膜同样用竹竿卷起固定在墙上。

②卡槽卡簧固定。在温室的屋脊及下端用自攻钉将卡槽固定在温室骨架上，东西两侧固定在墙的外侧。将最下边的薄膜有尼龙绳的一端用细铁丝固定在骨架上，下端用簧压紧；第二块薄膜的固定与竹竿 + 铁丝的方式相同；第三块薄膜无尼龙绳的一端用卡簧固定。将尼龙绳拉紧拴在侧墙上，再固定薄膜的两端。

③压紧薄膜。薄膜安装完毕后，在温室拱架间用压膜线将薄膜压紧。

（5）温室前屋面保温。温室的前屋面现普遍采用草帘、保温被等保温。

1）草帘保温。

①草帘铺设。草帘分两层摆放，第一层各草帘之间留有半个草帘的空隙，再把第二层草帘压上，上部固定在温室的后屋面上。

②草帘收放。草帘的收放通常采用人工或电动卷帘机两种方式。人工收放，不是浪费日照时间，就是影响保温，且劳动强度大。有条件的最好采用电动卷帘机，其优点是在短时间内完成收放，操作方便，省时省力。

2）保温被保温。

①保温被铺设。保温被从东侧开始铺起，相邻的西侧被压住东侧被，搭接宽度不小于 150 mm。搭接处若有气眼，可用尼龙绳依次串起，若一侧有气眼，一侧有绑扎绳，将绑扎绳从气眼穿过绑扎紧，起到连接保温被的作用。保温被顶部可用角钢或尼龙绳固定在温室后屋面上。

②保温被收放。保温被因块与块之间已连接，不可能实现人工收放，只能采用机械收放。

③电动收放方式。

保温被因质量轻，在不超过 60 m 长的温室可采用侧卷方式，即将卷被电机安装在没有操作间的一侧。在距温室侧墙外侧约 0.3 m、距北墙 2 m 的位置用混凝土做一个预埋基础，将卷被电机伸缩杆连接件与埋件焊接。卷被电机与卷被轴用法兰连接。有卷被电机一侧质量大，在保温被卷起时，保温被卷得比无电机的一端紧，保温被卷筒直径出现大小头现象，故在电机的一侧加上一条窄被，使卷起的被子粗细基本一致。

超过 60 m 的保温被及草帘使用中卷方式。将卷帘机置于长度方向的中间，卷帘机输出轴的两端用法兰盘与卷轴连接，将保温被、草帘固定在卷轴上，电机的悬臂杆支撑点立在温室前沿外侧约 1.8 m 处。在电机行走的路线下铺一块固定保温被或草帘，待卷帘机行至温室顶部后，将固定被人工收起。

二、塑料大棚的设计与建造

以 GZQ10—28 型塑料大棚为例，进行塑料大棚的设计与建造。

1. 塑料大棚设计的基本参数和要求

塑料大棚必须创造适于作物生长发育的综合环境条件，如温度、光照、土壤、肥料、温度等，如果超过作物生长要求的上限或下限，都有碍作物的生长发育，达不到栽培种植的目的。塑料大棚还要保证能获得高额的产量及较好的品质。同时，塑料大棚要便于操作管理，结构牢固，使用耐久。

GZQ10—28 型塑料大棚采用钢管和钢筋焊接做主骨架，水泥柱做支柱，用地锚和钢纹线与主骨架、小竹杆副骨架、塑料棚膜、压膜线共同组成琴弦式网状结构，中间水泥立柱支撑承重，结构牢固，抗风力强，遇降雨时，雨水能顺膜流散，棚膜不形成水包。

（1）场地选择。所选场地地面开阔，背风向阳，四周没有高大树木和建筑物遮阴，土壤肥沃，排灌方便，水质良好，矿化度低，并符合无公害农产品产地环境质量要求，周围无烟尘及有害气体污染，交通方便。

（2）大棚的宽度。宽度又称跨度，从栽培管理和建棚用材两方面考虑，要求做到方便和牢固耐用。宽度一般为 8 ～ 12 m，以 10 m 为宜。10 m 跨大棚遇寒流、低温受冻时边缘效应比例相对较小，有利于各种栽培因素的综合调节。

（3）大棚的高度。大棚高度分脊高和两侧肩高，大棚设计建造时要考虑曲率问题，要求曲率达到 0.15 ~ 0.2 时才能有效地抗风雪和采光。10 m 跨大棚的脊高为 2.8 m，肩高为 1.2 m，曲率为 0.15。

（4）大棚长度。大棚长度一般为 60 ～ 80 m。

（5）棚间距离。集中连片建造大棚，两棚之间要保持 2 m 以上的距离，前后两排距离要保持在 4 m 以上，以利通风、作业和排水。

（6）大棚抗风雪力设计。大棚的雪荷载能力受多种因素影响，如棚体曲率小，则积雪不容易自然滑落，势必加重负荷。大棚雪荷载要求达到 10 ～ 12 kg/m^2。要求一般大棚应能抗 8 级左右大风，8 级大风风速可达 17.2 ～ 20.7 m/s，则风荷载达到 18.3 ～ 26.9 kg/m^2，才能保证棚体安全。

（7）塑料大棚的方位。塑料大棚棚头棚尾取南北向（秋延后南偏西 5° ～ 10° ，春提早可南偏东 5° ～ 10° ），即南北延长，东西两面为受光面。

（8）大棚的通风。通风主要是调节棚内气体成分和温湿度。10 m 跨，一般采用 2 道通风口。通风口设在大棚东西两侧的肩部距地面 1.2 m 高的地方。通风口处棚膜要重叠

15 ～ 20 cm，通风时拉开，不通风时拉合即可。

2. 建造技术

（1）建造前准备。建棚前，在选好的地块上，清除上茬作物根茬进行平整。

（2）制作大棚钢筋主骨架。骨架上弦用 1 寸[①] 国标钢管，下弦用 ϕ12 mm 钢筋，拉花用 ϕ8 mm 钢筋，弦高 20 cm，骨架弧长 12.5 m，主骨架间距为 3 m。

（3）预制水泥立柱。立柱长 3.2 m，横断面为 12 cm × 12 cm，4 根 6 号钢筋做竖筋，间隔为 10 cm，用 10 号铁丝做箍筋，用 C20 混凝土浇筑，距顶部 10 cm 处留一个 ϕ15 mm 的贯通孔。

（4）预制骨架基石。基石规格 24 cm × 24 cm × 20 cm，基石中间预埋一根长 25 cm 的 4 分钢管，钢管露出基石 8 cm。

（5）挖坑埋基石。在选择好的地块南北向挖两行坑，坑深 25 cm，两行坑间距 10 m，东西对齐，每行坑间距为 3 m，南北对齐。立柱坑与对应的主骨架坑在一条线上，立柱坑位于两骨架坑中间，立柱坑坑深 40 cm，每个坑的底部用三合土夯实，然后将预制的骨架基石分别放入南北的骨架基石坑内，并埋好夯实，基石低于地面 5 cm。

（6）立水泥立柱。将预制好的水泥立柱放入立柱坑内，水泥立柱上有一排孔，安放时孔要朝南北方向，便于固定骨架，然后埋实。

（7）立骨架。将焊接好的钢筋骨架立起，两端放在相应骨架基石上，将上弦寸管插入预埋的 4 分钢管上，中间压在水泥立柱上，支柱和骨架要紧密接触。如有缝隙，用楔子加紧，最后用 12# 铁丝穿过水泥柱的孔和骨架固定。

（8）埋棚头、棚尾水泥柱和斜顶柱。在南北两端棚头、棚尾骨架下，中立柱两侧再各埋 3 根水泥立柱，同样将水泥立柱用 12 号钢丝与骨架固定。立柱间距：第一根距中立柱 1 m，第二根距中立柱 2.5 m，第三根距第二根立柱 1.5 m，并在边骨架的内侧用水泥立柱斜顶在与棚内立柱对应的边立柱上，增加棚头棚尾边骨架对钢丝的抗拉力。

（9）埋地锚。在南北棚头、棚尾距边骨架 1.5 m 处，挖宽 40 cm、深 80 cm、长 8 m 的沟，然后用 8 号钢丝，一端绑 3 块 24 cm 的砖，另一端做 ϕ2 cm、长约 90 cm 的拉钩。做好后分别放入沟内，南北两侧各放 30 个。然后埋好夯实，将拉钩露出地面 10 cm 左右。

（10）拉钢绞线。从两侧开始往棚上拉 ϕ2.6 mm 的热镀锌钢丝，共拉 30 道，间距为 40 cm 左右，并将其与地锚连接固定，用紧线机拉紧，每道钢丝和骨架交叉处要用 12 号钢丝固定。

（11）绑小竹杆。每个钢筋骨架间要绑 4 道小竹杆，竹杆长 5 m，三根相连，竹杆与钢丝之间用 16 号钢丝固定，竹杆的头尾都要插到钢丝下，以免划破棚膜。

（12）挖压膜线地锚坑。每两个骨架之间的东西两侧距棚架底边 10 cm 处挖坑，坑深为 40 cm，坑间距为 1.2 m，用 12 号钢丝绑两块砖做好地锚，并埋好。

（13）覆盖棚膜。一般两侧放风采用三块厚度 8 ～ 10 丝（0.08 ～ 0.1 mm）的 EVA 或聚

① 1 寸≈ 3.33 厘米。

乙烯（PE）长寿无滴膜，宽度分别为 10.5 m、1.5 m、1.5 m。其中，1.5 m 膜一侧压边穿入 12 号钢丝或压膜线。覆膜在无风的早晨进行。先上两侧 1.5 m 宽的棚膜，1.5 m 宽膜上边穿钢丝或压膜线，用 14 号钢丝与骨架固定，下边埋入土中 20 cm，将 10.5 m 塑料膜南北两端卷上小竹杆，拉紧后埋入土中。10.5 m 的两边要压在 1.5 m 的膜上，压幅 25 cm 左右。

（14）固定压膜线。棚膜上好后，用压膜线将棚膜压紧并固定在东西两侧的地锚上。

三、冷床与温床的设计与建造

1. 冷床的设计与建造

冷床又称阳畦，由于其建造方便，成本低，技术易于掌握，目前仍是园艺作物早春育苗，特别是在园艺作物保护设施不很发达地区常用的方法之一。

（1）基本结构。冷床由畦心、土框、覆盖物和风障四部分构成。畦心一般宽 1.5 m，长 7 m。土框的后墙高 40 cm，底宽 40 cm 左右，上宽 20 cm；前土墙深 10 ～ 12 cm，东西两边墙宽 30 cm，按南（前）北（后）两墙的高度做成斜坡状。

（2）冷床的建造。建造冷床一般在秋收后冰冻前进行。首先把耕层表土铲在一边留作育苗用。若土太干，需提前 2 ～ 3 天浇水。畦框北墙需上夹板装土打夯，然后用铁锹按尺寸铲修。畦框做成后，在畦框北墙外挖一条沟，沟深 25 ～ 30 cm，挖出的土翻在沟北侧。然后用芦苇、高粱秸或玉米秆等，与畦面成 75° 角，立入沟内，并将土回填到风障基部。为增强其抗风性能，可随秸秆茬花插入数根竹竿或木杆。同时，在风障北面要加披稻草或草苫，再覆以披土并用锹拍实。在风障离后墙顶 1 m 高处加一道腰栏，把风障和披风夹住捆紧。

冷床上的覆盖物分为透明和不透明两层。透明覆盖物多为农用塑料薄膜，一般采用平盖法。即把薄膜覆盖在竹竿支架上，先将北畦墙上的薄膜边缘用泥压好，待播种或分苗后将其余三边封严。在薄膜上边需用尼龙绳或竹竿压牢，以防大风把薄膜刮开。不透明覆盖物主要用蒲席或草苫。

2. 温床的设计与建造

温床是在阳畦的基础上改进的保护地设施，有防寒保温的作用，温床根据其加温方式不同可分为酿热温床、水暖加温温床及电热线加温温床等。

（1）酿热温床。酿热温床利用好气性微生物分解有机物（酿热物）时所产生的热量进行加温（图 1-12）。

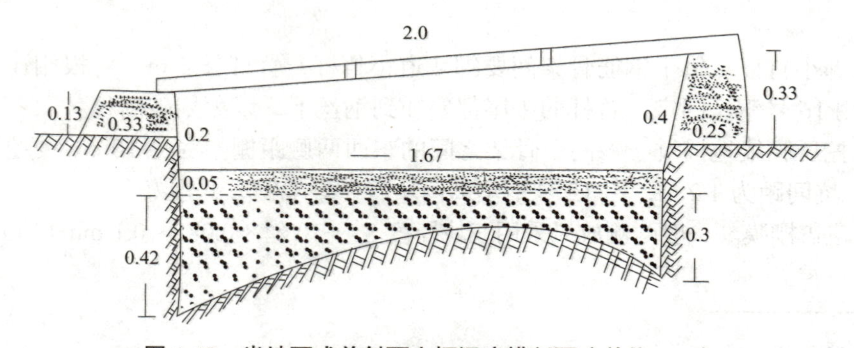

图 1-12　半地下式单斜面土框温床横剖面（单位：m）

1）酿热原理。碳水化合物＋氧气通过微生物的分解，生成二氧化碳＋水＋热量。微生物的繁殖数量决定了酿热温床的温度。

2）影响微生物繁殖的因素。

①碳。碳是微生物分解有机物活动的能量来源。

②氮。氮是构成微生物体内蛋白质的物质。

③氧气。好气性微生物活动的必备条件。

④水分。影响通气。

碳氮比（C/N）在 20 ～ 30 ∶ 1，温度为 10 ℃以上，通气适度，酿热物厚度为 30 cm 左右，含水量 70% 左右时，微生物的繁殖速度最快（表 1-2）。

表 1-2　各种酿热物的碳氮比（C/N）

种类	C/%	N/%	C/N	种类	C/%	N/%	C/N
稻草	42.0	0.60	70	米糠	37.0	1.70	22
大麦秆	47.0	0.60	78	纺织屑	59.2	2.32	23
小麦秆	46.5	0.65	72	大豆饼	50.0	9.00	5.5
玉米秆	43.3	1.67	26	棉籽饼	16.0	5.00	3.2
新鲜厩肥（干）	75.6	2.80	27	牛粪	18.0	0.84	21.5
速成堆肥（干）	56.0	2.60	22	马粪	22.3	1.15	19.4
松落叶	42.0	1.42	30	猪粪	34.3	2.12	16.2
栎落叶	49.0	2.00	24.5	羊粪	28.9	2.34	12.3

3）酿热温床的性能。

①与阳畦相比，酿热温床明显地改善了床内的温度条件。

②加温期间无法调控，因此床内温度明显受外界温度的影响。

③受光不均及四周散热造成床内存在局部温差，即温度北高南低，中部高四周低。

④酿热物发热时间有限，而且前期温度高，后期温度逐渐降低，不适于秋季使用。

⑤床土的厚薄及含水量的多少影响床温。

4）酿热温床的建造。酿热温床是依靠细菌分解酿热物产生热量来提高苗床温度，改善育苗环境，确保育苗成功的一种传统育苗苗床。建造方法是在已扎好风障、做好畦墙的栽培畦内，先用铁锹将表土层起出、堆放。然后在畦内再挖成南深 50 cm、中部凸出、北深 33 cm 的半圆形床坑，挖好后覆盖塑料薄膜、草包等；播种前 10 天左右填酿热物，并先在床坑底层铺垫 4 ～ 5 cm 厚的碎草或麦壳；再将牛粪或厩肥与粉碎好的作物秸秆、树叶等按 3 ∶ 1 的比例混合均匀后填入床坑内，其厚度可与畦面平或低于畦面；在填酿热物时，可每填 1 层，泼 1 次稀人粪尿，以促进细菌活动发热，数天后，床内酿热物的温度升到 50 ～ 60 ℃时，选晴天中午揭开薄膜，将床内酿热物踩实、整平，撒盖 2 ～ 3 cm 厚的土；随后，把事先调制好的培养土填入床内，厚 10 cm 以上，填好培养土后，再踩一遍，并耙平畦面备用。

（2）电热温床。

1）电热温床的结构。电热温床一般应建在温度条件较好的日光温室或加温温室内，面积根据需要选定，一般在 10 m² 左右（1.65 m × 6 m）。

可用隔热层把床土和大地隔开，以减少热量损失。隔热层材料可用稻糠、稻草、麦秸、木屑、马粪等。

在温室内准备建电热温床的位置挖床坑 20 ～ 25 cm 深，按照图 1-13 由下至上的顺序依次添加。

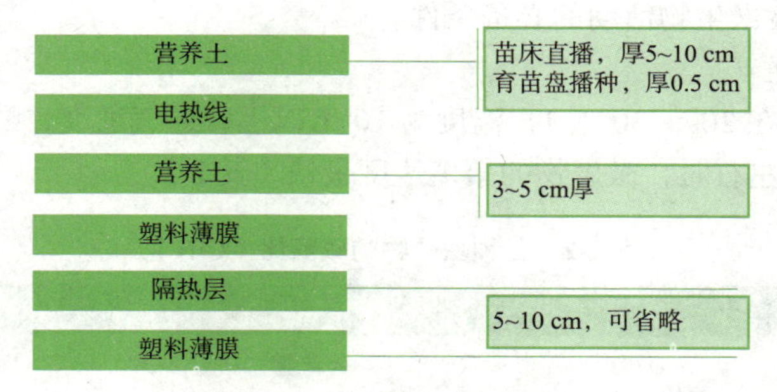

图 1-13　电热温床纵剖面图

2）电热温床的计算公式。

功率的选定：总功率 = 育苗总面积 × 功率密度

功率密度是指单位面积苗床。不同温度的苗床，选择的功率密度不同，可以根据对苗床温度的实际需要参考表 1-3 来选择适合的功率密度。

表 1-3　电热温床功率密度选定参考值（单位：W/m²）

基础地温设定地温	9 ～ 11 ℃	12 ～ 14 ℃	15 ～ 16 ℃	17 ～ 18 ℃
18 ～ 19 ℃	110	95	80	—
20 ～ 21 ℃	120	105	90	80
22 ～ 23 ℃	130	115	100	90
24 ～ 25 ℃	140	125	110	100

地区、季节和应用目的不同，功率密度也不同，表 1-4 所示为各地区冬春季节育苗的功率密度选择，供大家参考。

表 1-4　各地区冬春季节育苗的功率密度选择

地区	华北中部地区		辽宁地区	
育苗时间	春季	冬季	春季	冬季
温室育苗	50 ～ 70	70 ～ 90	70 ～ 90	90 ～ 120
室外小棚、阳畦育苗	80 ～ 100	90 ～ 120	100 ～ 120	130 ～ 140

3）电热线的布设。

电热线根数 = 总功率 / 电热线的额定功率

由于电热线不能截断使用，因此只能取整数。

苗床内布线条数 =（线长 – 苗床宽度）/ 苗床长度

为了方便接线，应使电热线两端的导线处在苗床的同一侧，故布线条数应取偶数。假如最后一趟线不够长，可中途折回。

布线平均间距＝苗床宽度 /（布线条数 – 1）

实际布线间距可根据苗床中温度分布状况作适当调整，如图 1-14 所示，一般中间稀些，两边密些。

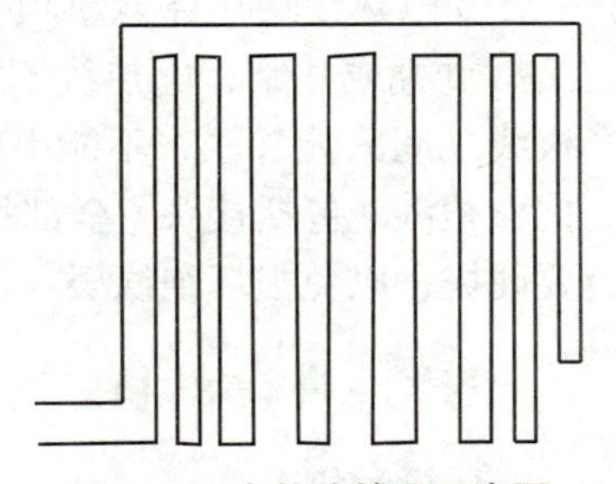

图 1-14　电热线铺设示意图

4）电热线的铺设。按事先计算好的布线间距插 10 cm 长短竹棍，把电热线来回绕在竹棍上，使之紧贴地面并拉直。布线完成后覆土，然后拔出竹棍。

5）电加温设备。

①电热线。电热线分为土壤加温线（地热线）和空气加温线两种，均采用合金材料作电热丝，最好不要混用。

地热线绝缘层采用耐高温聚氯乙烯或聚乙烯注塑，厚度为 0.7 ~ 0.95 mm，是普通导线的 2 ~ 3 倍。

导线和电热线接头处采用高频热压工艺，不漏水，不漏电。电热线的型号不同，功率不同，长度和颜色都不同，相关参数见表 1-5。生产中根据实际的需要选择适合的电热线。

表 1-5　电热线主要技术参数

型号	功率 /W	长度 /m	色标
DV20408	400	60	棕
DV20410	400	100	黑
DV20608	600	80	蓝
DV20810	800	100	黄
DV21012	1 000	120	绿

②控温仪。控温仪主要采用农用控温仪，控温范围为 10 ~ 40 ℃，灵敏度为 ±0.2 ℃。以热敏电阻作测温头，以继电器的触点作输出，仪器本身工作电压为 220 V，最大荷载 2 000 W。

③交流接触器。当电热线总功率大于控温仪额定负载（2 000 W）时，必须加交流接触器，否则控温仪易被烧毁。

交流接触器的工作电压有 220 V 和 380 V 两种，根据供电情况灵活选用。目前采用 CJ10 系列比较好（表 1-6）。

表 1-6　CJ10 系列交流接触器技术参数（220 V）

型号	CJ10-5	CJ10-10	CJ10-20	JD10-40	CJ10-60	CJ10-100	CJ10-150
额定电流 /A	5	10	20	40	60	100	150
最大负载 /kW	1.2	2.2	5.5	11	17	30	43

④电器连接方法。电热线总功率不大于控温仪最大负载时，可将电热线与控温仪直接串联。多根电热线只能并联。电热线总功率超过控温仪的最大负载，应外加交流接触器。大面积育苗使用的电热线很多时，应采用三相四线制供电。

⑤电热线使用注意事项。严禁成卷电热线在空气中通电试验或使用。布线时不得交叉、重叠或扎结；电热线不得接长或剪短使用；所有电热线的使用电压都是 220 V，多根线之间只能并联，不能串联。接入 380 V 三相电源时可用星形接法；使用地热线时应把整根线（包括接头）全部均匀埋入土中，线的两头应放在苗床的同侧；收地热线时不要硬拔，以免损坏绝缘层。

四、花卉栽培机具

1. 播种机

播种机是以作物种子为播种对象的种植机械，用于某类或某种作物的播种。20 世纪 70 年代开始发展的气力排种精密播种机，其排种器（气吸式、气压式或气吹式）利用正压或负压气流按一定的间隔排出一列种子，实现单粒精密穴播。与传统的机械式排种器相比，其具有播量精确、不伤种子等特点。在园艺上，主要应用的是穴盘播种机。根据种子大小、播种量、穴距等要求，选配具有不同孔数和孔径的排种盘，选用适当的传动速比。目前常用的穴盘有 392、288、128、72 穴，根据种子的大小选择不同规格的穴盘。用自动播种机播种省时，省人力，并且基质疏松，播种均匀，节省种子，成苗率高，它是现代化温室不可缺少的自动化设备（图 1-15）。

（a）　（b）　（c）

图 1-15　播种机

（a）滚筒式播种机；（b）气动牵引针式播种机；（c）手持式播种机

2. 装盆机

顾名思义，装盆机是往盆里填土的机器。大部分种植户采用人工定植或浇水，速度慢，效率低。中国结合国情首先在温室花卉生产中发展自动化生产装备系统，待技术成熟后，将温室花卉自动化生产技术推广到温室蔬菜生产中，促进中国温室园艺生产模式的现代化转型（图 1-16）。

图 1-16　装盆机

3. 旋耕机

旋耕机械在农业上已被广泛使用，正逐步发展成为农业机械的一个重要门类。旋耕机主要是用于平整土地。一般是与拖拉机配套使用，其具有碎土能力强、耕后地表平坦

等特点。按其旋耕刀轴的配置方式分为横轴式和立轴式两类。以刀轴水平横置的横轴式旋耕机应用较多。其具有较强的碎土能力，一次作业即能使土壤细碎，土肥掺和均匀，地面平整。一般用于规模较大的塑料大棚（图 1-17）。

图 1-17 旋耕机

4. 打药机

打药机是将液体分散开的一种农机具，是农业施药机械的一种。农用烟雾机适用于森林、苗圃、果园、茶园的病虫害防治，棉花、小麦、水稻、玉米等大田作物及大面积草场的病虫害防治，城市、郊区的园林花木、蔬菜园地和料大棚中植物的病虫害防治。

目前在温室内用的自动打药机有两种，一种可以在地面上来回移动，另一种可以利用温室上空轨道自由活动。

5. 施肥机

传统的施肥机主要由肥料桶、电机、浇水喷头、浇水管组成。当需要浇肥时，将肥料母液于肥料桶中稀释一定的倍数，启动电机开始浇水。这种浇水方式费时、费力，并且不能监测肥料的 EC 和 pH 值。为了浇肥准确，也可以使用水动注肥器（图 1-18）。基于在灌溉施肥系统方面多年的试验与经验，Priva 成功研发出了新一代灌溉施肥系统 Priva NutriFit（图 1-19）。它能有效地控制灌溉水和肥料的混合，是结合现代工业设计理念并富有创造力的混合施肥系统。NutriFit 能准确控制营养液的 EC 和 pH 值，并且当 EC 或 PH 过高或过低时会有报警提示。

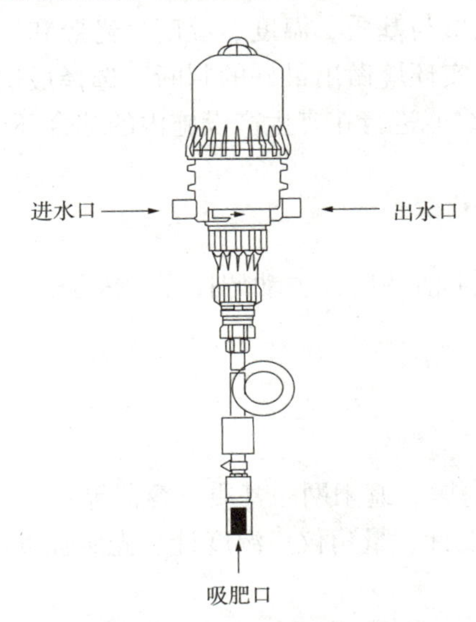

图 1-18 水动注肥器

图 1-19 Priva NutriFit 自动施肥配比机

6. 走动喷水车

走动喷水车（图 1-20）以温室加热管道为轨道，利用控制器可以在温室内自由运转，主要用于植物浇水、打药和增湿。其优点是方便快捷、节省人力。

图 1-20　走动喷水车

任务二　环境调控

任务描述

花卉生产设施生产能够周年全天候进行园艺作物生产，这主要是因为设施环境实现了计算机自动控制，基本上不受自然气候条件下灾害性天气和不良环境条件的影响。因此，设施内的环境调控对花卉能够进行周年生产非常重要。本任务完成花卉生产设施内的环境调控，要进行调控的因子有设施内的土壤与基质、温度、湿度、光照和气体。要求各学习小组能根据任务完成期间设施内的真实环境做出最好的判断，选择最适的环境调节方案，结合各项单一环境因子的调控，最终能进行花卉生产设施内的综合环境调节。

环保效应

在花卉生产设施内，人们根据栽培物种的生活特性，主动调控环境因子，以达到周年生产、提高产量的目的。

材料工具

材料：绘图本、铅笔、杀虫剂、杀菌剂、薄膜、遮阳网、基质、容器等。

工具：园艺铲、园艺剪、铁锹、喷壶、温度计、量角仪、湿度计、光照强度测量仪、皮尺、卷尺等。

任务要求

以学校教学基地或花卉生产企业的实际花卉生产任务为支撑，进行花卉生产设施内的分项环境因子调节，以学习小组或个人为单位，以温室环境调控项目为载体，完成设

施内环境因子调控，学生可以在知识储备中掌握完成工作任务所必须掌握的知识，可以通过知识拓展学习与生产任务相关的其他知识进一步拓宽知识面。在任务完成过程中遇到关键技术难题时可以扫二维码关联在线课程或短视频等学习。

任务实施

一、温度调节

1. 保温

（1）采用双层充气膜或双层聚乙烯板。利用静止空气导热率低来进行透明屋面的保温。

（2）设置保温层。二层、三层保温幕的开发和应用在大型温室的保温中发挥了重要的作用。保温幕材料有薄膜、纤维、纺织材料和非纺织材料（无纺布）以及这些材料的复合体。近年来，北方还有一些地区采用保温被。据调查，这种保温被保温效果极佳。在作内保温层时，一定要保证保温层相对密闭。

2. 加温

冬季生产设施温度低，作物生长缓慢，可通过空气加温、基质加温等方式适当加温。

（1）空气加温。空气加温可通过暖气片、地热、热风炉等设备设施进行。暖气片和地热加温的方式稳定性好，分布均匀，波动小，生产安全可靠，供热负荷大，是北方地区常用的加温方式；热风炉加温效应快，但温度稳定性差。在实际生产中，加温方式要视具体的生产品种特性、当地气候条件、加温成本而定，既可采取单一的方式，也可将多种方式结合使用（图 1-21）。

图 1-21　空气加温器

（2）基质加温。提高基质温度的方法有电热加温和水加温。电热加温使用专用的电热线，埋设和撤除都较方便，热能利用效率高。采用控温器容易实现高精度控制，但耗电多，电热线使用年限短，一般多用于育苗床。水加温是指在每次浇水和喷药之前，用加热棒对灌溉水进行加温，以达到提高水温的目的，进而提高作物生长的速度。

3. 降温措施

夏季设施降温的途径有减少热量的进入和增加热量的散出，如用遮阳网遮阳、透明屋面喷涂涂料（石灰）和通风、喷雾、安装湿帘风机系统等。

（1）遮光降温法。夏季强光、高温是作物生长的限制性因素，可利用遮阳网或遮光幕遮光降温，有外遮光和内遮光两种方式。外遮光是在温室、大棚屋顶外部相距 40 cm 左右的距离处张挂遮光幕，对温室降温很有效，当遮光 20% ～ 30% 时，室温可相应降低 4 ～ 6 ℃。内遮光是指在温室内安装遮阳网来降温。

（2）屋顶面流水降温法。屋顶面形成的流水层可吸收投射到屋面太阳辐射能量的 8% 左右，并可吸热来冷却屋面，室温一般可降低 3 ～ 4 ℃。水质硬的地区需对水质作软化处理后再用。

（3）蒸发冷却法。蒸发冷却法是指空气先经过水的蒸发冷却后再送入室内，达到降温目的。蒸发冷却法有以下三种形式。

1）湿热排风法。在温室进风口内设 10 cm 厚的纸垫窗或棕毛垫窗，不断用水将其淋湿，温室另一端用排风扇抽风，使空气通过湿垫窗冷却后再进入室内。试验证明，湿帘风机降温系统可降低室温 5 ～ 6 ℃。湿帘降温系统的不利之处是：湿帘上会产生污物并滋生藻类，且温室中会产生一定的温度差和湿度差；在湿度大的地区，其降温效果会显著降低（图 1-22）。

（a）　　　　　　　　　　（b）

图 1-22　大型温室的湿帘——风机降温系统

（a）湿帘；（b）排风机

2）细雾降温法。细雾降温法是在室内高处喷以直径小于 0.05 mm 的浮游性细雾，用强制通风气流使细雾蒸发以使全室降温。喷雾适当时室内可均匀降温。此种降温法比湿热排风法的降温效果要好，尤其是对一些观叶植物，因为许多观叶植物会在风扇产生的高温气流的环境里被“烧坏”。注意：喷雾降温只适用于耐高湿的花卉或花卉作物。

3）屋顶喷雾法。屋顶喷雾法是在整个屋顶外面不断喷雾湿润，使屋面温度降至接近室外湿球温度，屋面下冷却了的空气向下对流。

（4）通风。通风是降温的重要手段。自然通风的原则为由小渐大及先中、再顶、最后底部；关闭通风口的顺序则相反。强制通风的原则是空气应远离植株，以减少气流对植物的影响。设置许多小的通风口比少数的几个大通风口要好。冬季可用排气扇向外排气散热，防止冷空气直吹植株，冻伤作物；夏季可用带孔管道将冷风均匀送到植株附近。在通风换气时也可直接向作物喷雾，通过叶面水分的蒸发来降低作物体表的温度。

二、湿度调节

1. 除湿

除湿的目的主要是防止作物沾湿和降低空气湿度，从而调整植株生理状态和抑制病害发生。根据是否使用动力，除湿分为主动除湿和被动除湿两类除湿方法。

（1）主动除湿。主动除湿主要靠加热升温和通风换气（特别是强制通风）来降低室内湿度。热交换型除湿机的工作原理主要是利用热交换器，通过空气中的水蒸气与冷凝液

接触，使水蒸气冷凝成水，从而达到降低空气湿度的目的。在这个过程中，空气通过热交换器时，水蒸气在接触到冷凝液后迅速气化，同时空气中的水分也会随之排出，使室内湿度降低。这种除湿方式有效地消除了室内潮湿问题，保持了室内空气的干燥，从而在早晨日出后消除夜晚在植物体上的结露。

（2）被动除湿。目前较多使用的方法如下。

1）自然通风。通过打开通风窗、揭薄膜、扒缝等通风方式来降低设施内湿度。

2）地面硬化和覆盖地膜。将温室的地面作硬化处理或覆盖地膜，可以减少地表水分蒸发，使空气湿度由 95% ～ 100% 降到 75% ～ 80%，从而减少设施内部空气中水分含量。

3）科学供液。采用滴灌、渗灌、普通灌溉方式，特别是膜下滴灌，可有效减小空气湿度。也可通过减少供液次数、供液量等降低相对湿度。

4）采用吸湿材料。采用吸湿材料，如设施的透明覆盖材料选用无滴长寿膜，二层幕用无纺布，地面铺放稻草、生石灰、氧化硅胶、氯化锂等，用以吸收空气中的湿气或者承接薄膜滴落的水滴，可有效防止空气湿度过高和作物沾湿。

5）喷施防蒸腾剂。喷施防蒸腾剂可减少绝对湿度。

6）植株调整。植株调整有利于株行间通风透光，减少蒸腾量，降低湿度。

2. 加湿

在夏季高温强光下，空气湿度过分干燥，对作物生长不利，严重时会引起植物萎蔫或死亡，尤其是一些要求湿度高的花卉，一般相对湿度低于 40% 时就需要提高湿度。加湿常用的方法是喷雾或地面洒水，所用设备有 103 型三相电动喷雾加湿器、空气洗涤器、离心式喷雾器、超声波喷雾器等。湿帘降温系统也能提高空气湿度。此外，也可通过降低室温或减弱光强来提高相对湿度或降低蒸腾强度。增加浇水次数和浇灌量、减少通风等措施，也会增加空气湿度。

三、光照调节

1. 增强光照

（1）加强设施管理。加强对透明屋面及保温覆盖的管理，经常打扫、清洗，保持屋面透明覆盖材料的高透光率；在保持室温的前提下，不透明内外覆盖物尽量早揭晚盖，以延长光照时间，增加透光率；在温室张挂聚酯镀铝镜面反光幕或玻璃面涂白，以增加光强和光分布的均匀度。

（2）加强栽培管理。调整作物布局，作物合理密植，注意行向（一般南北向为好），扩大行距，缩小株距，摘除秧苗基部的侧枝和老叶，增加群体光透过率。

（3）适时补光。人工补光的目的是调节光周期，称为电照栽培，要求光强较低；或者促进光合作用，补充自然光照的不足，要求光强在补偿点以上。补光有调节花期的日长补光和栽培补光。日长补光是为了抑制或促进作物花芽分化，调节开花期（如菊花），一般只要求几十勒克斯的光照强度。而栽培补光主要是促进作物光合作用，促进作物生长，要求补光强度在 2 000 ～ 3 000 lx，而且要求由一定的光谱组成，最好是具有太阳光的连续光谱，另外还要求光照强度可调节。

2. 根据需要遮光

生产上，在初夏中午前后，当光照过强，温度过高，超过作物的光饱和点，对生育有影响时遮光；在高温季节育苗初期或分苗后缓苗前进行遮光。具体方法如下。

（1）覆盖遮阳物法。可覆盖草苫、草帘、竹帘、遮阳网、普通纱网和不织布等。一般可遮光 50% ～ 55%，降温 3.5 ～ 5.0 ℃，这种方法应用最广泛。

（2）玻璃面涂白或塑料膜抹泥浆法。涂白材料多用石灰水。石灰水喷雾涂白面积 30% ～ 50% 时，一般能减弱室内光照 20% ～ 30%，降温 4 ～ 6 ℃。

（3）流水法。使透明屋顶不断流水，既能遮光，还能吸热。可遮光 25%，降温 4 ℃左右。

四、气体调节

设施内的气体调节主要包括 CO_2 气体的调节和有害气体的调节。

1. 二氧化碳

由于设施内 CO_2 气体的浓度直接影响植物光合作用。因此在 CO_2 气体浓度不能满足植物光合作用时，需要进行 CO_2 气体的调节。

（1）CO_2 气体的调节的方法包括通风换气法、人工施用法。

（2）CO_2 气体的施用时期。CO_2 施用多在每天日出或日出后半小时开始，持续施用 30 min 或 3 ～ 4 h。原则上达到要求的浓度后就停止施用。但是，如果放风，一般在放风前半小时停止施用。 幼苗期施用 CO_2 多在幼苗出土后至 20 ～ 30 d；生产田施用 CO_2 多从果实膨大期开始，施用过早可能会出现徒长。

（3）CO_2 气体的施用原则：晴天多施（1 000 ppm），阴天不施。施用 CO_2 的温室白天要适当增温 1 ～ 2 ℃。适当提高湿度（包括土壤湿度），以利于提高光合作用和加快作物生育。 防止施用 CO_2 后出现早衰。若要停止施用 CO_2，应逐渐降低施用浓度，避免突然停止施用。

2. 有毒气体的防治

（1）氨气（NH_3）和亚硝酸气（NO_2）。NH_3 和 NO_2 主要是在肥料分解过程中产生的，逸出土壤散布到室内空气中，通过叶片的气孔侵入细胞造成危害。主要危害作物的叶片，分解叶绿素。

1）发生条件。

①向碱性土壤施硫铵或向铵态氮含量高的土壤一次过量施用尿素或铵态氮化肥后（10 d 左右），就会有氨气产生。

②施用未腐熟的鸡粪、饼肥等，也会发生氨气危害。

③土壤呈强酸性（pH 值< 5.0）。

④土壤干旱时也容易出现气体危害。

⑤土壤盐分浓度过高（$> 5\,000$ ppm）。

2）防治方法。

①不施用未腐熟的有机肥，应严格禁止在土壤表面追施生鸡粪和在有蔬菜生长的温室发酵生马粪。

②一次追施尿素或铵态氮肥不可过多，并埋入土中。

③注意施肥与灌水相结合。

④一旦发现上述气体危害，应及时通风换气并大量灌水。

⑤发现土壤酸度过大时，可适当施用生石灰和硝化抑制剂。

（2）乙烯（C_2H_4）。

1）发生条件。

①乙烯利及乙烯制品，如有毒的塑料制品，因产品质量不好，在使用过程中经阳光曝晒就可挥发出乙烯气体。

②乙烯利使用浓度过大，也会产生乙烯气体。

2）防治方法。

①注意塑料制品质量。

②不用过大浓度的乙烯利并适当通风 。

（3）其他有毒气体。

1）发生条件。如果园艺设施建在空气污染严重的工厂附近，工厂排出的有毒气体，如氨气、二氧化硫、氯气、氯化氢、氟化氢以及煤烟粉尘、金属飘尘等，都可从外部通过气体交换进入室内，给作物造成危害。

2）防治方法。预防方法是避免在污染严重的工厂附近修建温室大棚等设施。

任务三　花卉花期调控

任务描述

花卉生产在设施内周年生产的基础上，经常使用人工的方法控制花卉的开花时间和开花量，以满足市场对花卉的需要，因此，花卉的花期调控变得尤为重要。本任务主要学习花期调控的意义、花期调控技术的依据和花卉花期调控常用技术。通过本任务的学习，了解花卉花期调控的意义、原理，掌握花卉花期调控的技术方法。掌握花期调控技术，在进行花卉生产时便能够选择最适合的花期调节方法进行花期调控。

环保效应

为了满足市场对花卉的需要，人们可以通过调控环境因素和使用植物生长调节剂来促进或延缓植物开花。

材料工具

材料：肥料（氮肥、磷肥、钾肥等），生长调节剂（赤霉素、生长素、细胞分裂素类、植物生长延缓剂、乙醚、三氯甲烷、乙炔、碳化钙等）。

工具：园艺铲、园艺剪、毛笔、喷壶、薄膜、遮阳网、补光灯、遮光幕。

任务要求

以学校教学基地或花卉生产企业的实际花卉生产任务为支撑，进行设施内花卉的花期调控。以学习小组或个人为单位，以实际花卉生产任务为载体，完成花卉的花期调控。学生可以在知识储备中掌握完成工作任务所必须掌握的知识，可以通过知识拓展学习与生产任务相关的其他知识进一步拓宽知识面。在任务完成过程中，遇到关键技术难题时可以扫二维码关联在线课程或短视频等学习。

任务实施

一、花卉调控的意义

植物的生长发育是一个非常复杂的生命过程，它涉及生物学、遗传学及物理、化学等诸多学科。这一过程受植物内在因子，包括植物激素、酶及维生素等生理活性物质与遗传性等因素的影响，其体内各种代谢变化和生理现象也不同程度地受到外界环境因子，如光照、温度、水分、空气、土壤营养物质等的影响与制约，并且各种因子相互之间也有不同程度的影响与制约。

植物在一定的环境条件下长期生活，产生了对这一环境的适应性。植物体与外界环境形成了一个有机的统一体，并形成了自身的生长发育规律。例如，热带地区的气候特点是高温，昼夜长短几乎相等，因此，热带植物生长发育过程中要求高温，一般在 18 ℃左右开始生长，如王莲在水温达到 30 ～ 35 ℃时才能萌芽，仙人掌可耐 50 ～ 60 ℃的高温，一昼夜中对日照要求约为 12 h。寒带植物一年中绝大多数时间处于寒冷低温状态，因此寒带植物只能在该地区温度较高、日照较长的时间段生长。雪莲在 4 ℃时即能生长，能耐 −30 ～ −20 ℃的低温。温带比较复杂，一年中有春、夏、秋、冬四季之分，四季温度变化差异较大，且春夏季日照较长，秋冬季日照较短。因此，温带植物要求的温度与光照也各异。同一植物在发育的不同阶段，有不同的温度要求。根据花卉的耐寒性，可将花卉分为耐寒花卉、半耐寒花卉与不耐寒花卉。温带植物一般在 10 ℃条件下开始生长。根据对光照的需求，花卉有阳性花卉、阴性花卉及中性花卉之分。根据光周期要求不同，花卉有长日照花卉、短日照花卉及中间日照花卉之分。这也就决定了不同的花卉具有各自的开花季节。

二、确定花期调控技术的依据

1. 光对成花调控技术的依据

光对花的形成起决定性作用。阳性植物只能在阳光充足的条件下才能形成花芽而开花。以水生的荷花为例，在阳光不甚充足的遮阴条件下，叶面舒展肥大，生长旺盛，但往往不开花。即便是阴生花卉，光照不足也形不成花芽。以茶花为例，在花芽分化的夏季，在荫棚下养护，叶色油绿，枝条茂盛，节间较长，形不成花芽。植物只有在充足的阳光下，才能形成较多花芽，这是由于充足的光照可促进光合作用，利于植物体有机营养物的积累，为花的形成打下物质基础，同时可促进细胞分化，以利于花原基的形成。

光周期是诱导花芽形成最有效的外因，它对植物从营养生长到花原基的形成至开花，起决定性的作用。每种植物都需要一定的日照和相应的黑夜的相互交替，诱导花的发生和开放。植物光周期反应并不是全部生命期，因此只需在生殖器官形成以前较短的一段时间内，得到相应的日照长度即可。日照的长短通常是以一昼夜日照长于 12 h 或短于 12 h 而言，实际上并不是简单地以 24 h 计算，而是以光照与黑暗时间长短的比例来决定。光周期对花形成的影响可分几种情况。

（1）长日性花卉。这类花卉大多原产于温带，以每日 24 h 计算，每日日照时数超过 12 h 以上时，才能形成花芽，一般要求日照 14 ～ 16 h。秋播二年生草本花卉，经过冬季低温春化阶段，在春、夏季日照增长的条件下开花，均为长日性花卉。如矢车菊、紫罗兰、美国石竹、福禄考、月见草等，宿根花卉中的鸢尾、金光菊、毛地黄、锥花福禄考、萱草等，球根花卉中的唐菖蒲、晚香玉及木本花卉中的茶花、木槿、珍珠梅等。不同植物的临界日长也不等。临界日长是指成花所需要的极限日照长度。大于此日长时，短日植物形不成花芽，小于此日长时，长日植物形不成花芽。列举几种长日植物的临界日长时数：金光菊的临界日长时数为 10 h，木槿的临界日长时数为 12 ～ 18 h，杜鹃花、山茶、翠菊、矢车菊、金鱼草、麝香百合的临界日长时数为 16 h。栀子的花芽分化与日长无关而花芽的发育需在长日条件下进行。因此，要让栀子花在冬季短日情况下开花，必须进行光照处理，如需在圣诞节开花，可自 9 月 15 日（也就是提前 100 d）起，每日给予 25 ～ 150 W 的光照，距离植株 50 cm，时长 7 ～ 8 h。

（2）短日性花卉。这类植物多分布在低纬度区域，在日照低于 14 h 时，可诱导开花。于早春或秋季短日条件下开花的花卉基本上为短日性花卉。如叶子花、秋菊、一品红、大波斯菊、蟹爪仙人掌、旱金莲等。其临界日长也各异，伽蓝菜、秋海棠的临界日长时数为 12 h，一品红的临界日长时数为 12.5 h，秋菊的临界日长时数为 11 ～ 15 h，蟹爪仙人掌的临界日长时数为 15 h。

（3）日中性植物。这类花卉花芽的形成，对日照长短的反应不大，只要温度适合，即可开花。如倒挂金钟、香石竹、马蹄莲、天竺葵、扶桑、仙客来、紫茉莉、百日草等。

（4）长短日花卉。这类花卉花芽在长日情况下进行分化，而开花则要求短日条件。如翠菊、夜丁香、长寿花、茶梅等。茶梅在日照长的 6 月下旬，日温为 26 ℃、夜温为 15 ℃条件下进行花芽分化，而在 11 月短日条件下开花。

（5）短长日花卉。这类花卉花芽分化在短日条件下进行，而开花则要求长日条件。如瓜叶菊、风铃草等。

（6）中间性花卉。这类花卉只在某特定日照范围内——12 ～ 16 h，才能形成花芽而开花。

（7）两端日照花卉。这类花卉在日照长度小于 12 h 或大于 16 h 时，均能开花。

光谱中对成花最有效的为红光（也有极少数植物是要求蓝光），如对进行黑暗期处理的短日照花卉给予红光，则会失去黑暗处理的作用。植物的茎也可以接受光周期的刺激，但感光最主要的部位是叶片。

大多数开花植物在光照下开花，而昙花则喜在黑暗条件下开花，一般在夜间10—12 h开放。牵牛花只在清晨开花，日照强时则闭合，开花时间仅几小时。合欢、荷花、牡丹、扶桑等花卉均白天开花，傍晚光弱时闭合，半支莲大多品种只能在强光下盛开。这些均属于特殊的光反应。

光周期反应有时也受到温度的影响，如一品红夜温在17～18 ℃时表现为短日性，一旦温度降至12 ℃时，又表现为长日性。圆叶牵牛亦然，在高温下表现为短日性，而在低温下表现为绝对的长日性。

2. 温度对成花调控技术的依据

温度是影响成花的主要环境因素之一。不同的植物，花芽分化与发育所需的温度也不同，有的需高温，有的需低温，归纳起来大致可分为以下几种情况。

（1）高温的影响。高温下进行花芽分化并继续发育而开花的花卉包括以下几种。

1）一年生草本花卉。春夏季播种夏秋季开花的一年生草本花卉，如百日草、凤仙花、鸡冠花、美女樱、向日葵、万寿菊、孔雀草等，播种后种子萌发，当营养生长完成后，在高温的夏季，气温达到24 ℃时进行花芽分化，花芽形成后，在此高温条件下，花芽进而发育开花。

2）高温的夏季进行花芽分化，当年开花的木本花卉。紫薇、木槿、珍珠梅、月季等，春季萌芽后，经夏季高温进行花芽分化进而发育开花。月季、珍珠梅在高温下花芽分化与发育较快，在40～50 d，即可完成花芽分化而开花。

3）高温下进行花芽分化，但必须经过低温阶段而开花的球根花卉。秋季栽植、春季开花的郁金香、风信子、水仙及葡萄风信子等属于这一类。这类花卉在夏季6—9月高温下进行休眠，花芽分化在休眠期进行，但必须经过冬季低温阶段，春季气温转暖时方可开花。郁金香如不经过较长时间的低温阶段，是不会开花的，常会形成盲花。郁金香花芽分化要求20 ℃，花芽伸长最适温为9 ℃。风信子花芽分化需在25～26 ℃，花芽伸长需在13 ℃。中国水仙自田间崛起，放在32 ℃高温条件下4 d，可加速花芽的分化。

4）高温下进行花芽分化，经低温休眠后，气温转暖时开花的木本花卉。春季开花的木本花卉，如牡丹、榆叶梅、桃花、梅花、连翘、樱花、茶花、杜鹃花等，这一类花木，在夏季高温25 ℃以上时进行花芽分化，至秋季气温逐渐下降时，花芽分化基本完成。在冬季低温休眠期，休眠芽接受自然界0 ℃以下低温的影响后，于翌年春季气温转暖时进行花芽发育而开花。牡丹、桃花等落叶灌木要求的低温在0 ℃左右，而常绿的茶花宜经过5～8 ℃的低温，花芽才能很好地发育。茶花花芽分化后，如果继续长时间维持高温，则花芽极易脱落。

（2）低温的影响。

1）经低温诱导进行花芽分化。这一类花卉在生长发育过程中必须经过低温的春化阶段，才能诱导花芽分化。许多越冬的二年生草本花卉及宿根花卉均属于此类。秋播后萌发的种子或幼苗通过冬季低温阶段即可进行花芽分化。一般要求的低温为0～5 ℃，经10～45 d即可通过春化阶段，气温逐渐升高时，花芽即可发育开花。这一类花卉如要在春季播种，夏秋季开花，必须经过人工春化处理。将种子进行低温处理后再播种，可以

使其当年开花，但由于生长期短于秋播生长期，植株相对比较矮小。如不经人工春化处理，有些花卉，如雏菊、金盏花等，虽也能开花，但花朵稀疏，色彩暗淡，观赏价值不高。多年生的鸢尾、芍药也需要经过冬季的低温才能形成较好的花朵。

2）秋季气温下降至相对低的条件下进行花芽分化的木本花灌木。麻叶绣球、太平花、绣线菊等，当夜温在 15 ℃以下时进行花芽分化。绣线菊 10 月上旬开始分化，在当年生枝条的叶腋形成花芽，分化速度较快，11 月中旬即发现小花的雌蕊，接着花粉及胚珠形成。麻叶绣球 10 月上旬开始花芽分化，分化较为缓慢，11 月上旬萼片形成后，至翌年 2 月始出现花瓣，3 月下旬雌蕊形成，而花粉及胚珠要到 4 月才出现，一品红也是在温度下降的 10 月才进行花芽分化。

3）在低温下进行花芽发育的开花灌木及其他花卉。低温除对花芽分化起到一定的作用外，对某些秋季开花植物的花芽发育亦起到一定的作用。如菊花，影响其发育的主要因素是夜温。很多花卉的花芽分化与开花和夜温有密切关系。二年生草本花卉的幼苗必须在夜温降至 0 ～ 10 ℃，受低温的刺激才能开花。瓜叶菊在夜温达 5 ～ 12 ℃时才能开好花，温度过高时，则开花不整齐且花朵稀疏。山茶花当日温达 26 ℃以上、夜温在 15 ℃左右时才能进行花芽分化。

3. 营养物质对成花调控技术的依据

喜阳花卉在阳光充足的地方或向阳面，花芽形成较多，主要是由于阳光充足，促进了光合作用，碳水化合物含量也因此增加，为花芽分化打下了物质基础。有关营养物质对植物生殖生长的影响，很早就有学者克劳斯与克雷比尔进行了研究，并提出了碳氮比学说。

植物营养生长旺盛时，花芽往往不易形成，营养生长适度，进入生殖生长阶段才能形成较多的花芽。氮肥过多，往往促使营养生长过强，影响花芽分化。磷肥可使枝条充实，有利于花芽分化。在对桃的研究中，有人进行了氮、磷浓度的试验，结果表明：在氮素区，花芽数量随着施用氮浓度（0 ～ 160 mg/kg）的增加而减少；在磷素区，花芽数量随着磷酸浓度（0 ～ 160 mg/kg）的增加而增多。有人用柑橘做试验，得到相同的结果。但在有些植物的试验则得到相反的结果，可能由于植物种类、品种、花芽分化期、施肥时间与方法以及肥料的种类不同。在花卉栽培中，在牡丹、杜鹃、桃花、梅花、紫薇等花芽分化期常增施磷酸二氢钾，促进花芽分化，在菊花营养生长后期常增施氮肥，适当施用磷肥，能取得较好的效果。

4. 水分对成花调控技术的依据

水是植物体的重要组成部分，又是植物一切生化反应的介质，植物体内有机质的合成与分解都离不开水。在生产实践中，人们早已认识到水的重要性，并在栽培中不断采取措施保持植物体水分的平衡，使之茁壮成长。

夏季的短期干旱，对高温下进行花芽分化的木本植物花芽的形成常起到有效的作用。在暂时缺水的条件下，能促使植株顶芽提前停止营养生长，转入夏季休眠或半休眠状态，从而分化大量花芽。在梅花、榆叶梅等花卉的栽培中，人们已普遍注意到夏季适当控制水分对开花的重要性。在营养生长后期，该类花卉连续保持 3 ～ 5 d 较干旱的状态，可生成较饱满的花芽。

三、花期调控技术的途径

花卉种类与品种确定后，根据其花芽分化与发育规律，科学地分析出影响其在当地成花的关键性因子，以确定花期控制方案及不同阶段的技术措施，使其按需要时间开花。

1. 光照处理

根据花卉花芽分化与发育对光周期的要求，在长日季节给短日性花卉进行遮光处理，在短日季节给长日性花卉人工补光处理，均可使之提前开花，反之，则可抑制或推迟开花。

（1）增光处理。要求长日性花卉在秋冬季自然光照短的季节开花，应给予人工补光。可以在夜间给予 3 ～ 4 h 光照，采取夜间光照间断的办法，亦可于傍晚加光，延长光照时数。如冬季在温室种植唐菖蒲，辅助光照下亦可开花。对短日性花卉，除自然光照时数外，人工增加光照时数，可推迟花期。如菊花，在 9 月花芽分化前每日给予 6 h 人工辅助光，则可推迟花期，使其延迟至元旦开花。

（2）遮光处理。在长日照季节里，如要求短日性花卉开花，则可采取遮光办法。不同花卉需遮光时数与天数因植物种类与品种而异。为使菊花十一期间开花，待株高 20 ～ 30 cm 时，于 7 月下旬至 8 月上旬开始遮光。一般多遮去傍晚和早上的光，遮光处理一定要严密并连续进行，不可中断，如果有光线透入或遮光间断，则前期处理失败。15 ℃下，不同品种花卉通常需 35 ～ 50 d 形成花蕾。一品红于 7 月下旬开始遮光，每天只给予 8 ～ 9 h 光照，处理 1 个月后可形成花蕾，经 45 ～ 55 d 开花；叶子花经处理后 45 d 可盛开。

（3）光暗颠倒处理。植物对光的反应较敏感，大多数花卉在白天光照条件下开花，而昙花在黑暗的夜间开放，且开花时间较短，仅 2 ～ 3 h。采用光暗倒置的办法，白天给予遮光，使之处于黑夜状态，夜间给予人工光照，使之处于白日条件下，即可使之白天开放。

2. 温度处理

花芽分化与发育需要一定的温度。花芽分化与营养生长的温度并不一定相同，而与发育所需的温度也不一定相同。在花期控制处理上也各不相同。

（1）增温处理。

1）增温促进花芽分化与发育。一些夏季开花的木本植物，花芽着生在当年生枝上，在高温下形成花芽而开花，当气温下降时逐渐停止生长，花芽分化与发育也相继停止，甚至已形成的花蕾也枯萎，如在低温到来之前使其处于高温 25 ℃以上，夜温 18 ℃以上的环境，则可继续生长而开花。如茉莉、双色茉莉、白兰花、龙吐珠等，可自 8 月下旬放入温室，使之萌发新枝进而分化花芽并开花。

2）增温打破休眠期促进成花。冬季休眠的月季，于休眠期给予 15 ～ 25 ℃的高温，加强水肥管理，充分见光，则可打破休眠，发芽生长，新梢顶端逐渐形成花芽而开花。

3）增温促使花芽发育。对高温下已形成花芽在冬季休眠的木本植物，在完成一定阶段的低温（0 ～ 4 ℃）休眠期后，给予适当的高温（15 ～ 25 ℃），可打破休眠，促使其花芽提前发育而开花。花卉因种类、品种的不同，所需温度与处理时间也各异。梅花、迎春在 4 ℃时于春节即可开花。西府海棠、云南素馨、榆叶梅在 15 ～ 20 ℃条件下经

10 ～ 15 d 即可开花。桃花、牡丹需 50 ～ 60 d。加温不可过急，否则只长叶不开花或者开花不整齐。加温期间必须每日在枝干上喷水保持花芽鳞片的潮润。花蕾透色后，宜降温以延长花期。

（2）降温处理。

1）降温延长休眠期，推迟花期。花芽可越冬休眠的耐寒花卉均可用此法，低温期以保持 1 ～ 2 ℃为宜。温度过低，某些不甚耐寒的植物，如云南素馨、夏鹃等易受冻害。温度过高，则梅花、迎春等易于萌动过早。入冷库时间以冬末气温尚未转暖，植株正在休眠期为宜，过迟则早花类植物西府海棠、迎春等易萌芽，萌芽后如再给予低温则易受冻害。低温处理的时间长短依出冷库后自然气温的高低及植物花芽发育所需时间长短而定。如欲使大花萱草、芍药等 9 月中下旬至 10 月上旬开花，可自 2 月中旬至 3 月中旬放入冷库，分别在 8 月中旬至 9 月中旬出冷库。以北京气温而言，一般此期自然界日温为 20 ～ 26 ℃，夜温为 15 ～ 18 ℃，大花萱草宜于 6 月下旬出冷库，芍药、金银花、锦带花宜于 8 月下旬至 9 月初出冷库，榆叶梅、桃花宜于 9 月初出冷库，西府海棠宜于 9 月中旬出冷库，可以根据需要分期分批出库。由于冷库与外界温差较大，且冷库光照强度为 10 ～ 175 lx，与库外光照强度亦有较大差异，因此出冷库尽量选在傍晚或阴雨天，且出库后宜先放在半阴及较凉爽之处，待花芽开始萌动前，每日在植株枝干上喷 2 ～ 4 次水，以保花芽潮润。花芽萌动后可逐渐移至阳光充足处。

杜鹃花、桃花花芽密生，且花期较长，可适当提前几天出库，使植株在用花的日期，全株处于花朵繁茂之时。西府海棠花期较短，升温后易于萌动，且最佳观赏期为花蕾显出粉红色时，花盛开后花色变白，观赏价值较低。综上所述，应较准确地掌握出冷库时间，过早、过迟均不适宜。

2）降温促进花芽发育。低温下进行花芽发育的有桂花、菊花等。但菊花以光照处理进行花期控制较温度处理更有效；桂花在花芽分化完成后，给予低于 18 ℃的夜温，仅 5 ～ 7 d 即可开花。

3）降温抑制花芽的发育，推迟花期。文殊兰、射干（盆栽）花期通常在 8 月中下旬，于 7 月花蕾尚未出现时，给予 14 ℃的低温，则可将花期推迟至 9 月下旬至 10 月上旬。荷花、玉兰正常花期一般在 6 月中下旬，为推迟花期，可在花蕾已长至 6 ～ 8 cm 时，送至冷库，保持 2 ～ 4 ℃的低温，适当抑制花蕾的生长，分别于 9 月上旬及下旬出库，则可推迟至 9 月中旬至 10 月上旬开花。

3. 生长调节剂的应用

应用植物激素和植物生长调节剂是控制观赏植物生长发育的一种有效方法。其优点是用量小，成本低，操作简便；其缺点是应用效果不太稳定，需不断试验以确定使用浓度、时期和次数。目前常用药剂是赤霉素（GA）、矮壮素（CCC）、乙烯利和萘乙酸（NAA）。生长调节剂的作用，一方面是促进花芽分化，另一方面是促进花数的增加和提早花期。

（1）赤霉素。赤霉素的主要应用有如下方面。

1）打破休眠。用 10 ～ 500 mg/L 的 GA 溶液浸泡 24 ～ 48 h，可打破许多观赏植物种子的休眠。球根类、花木类的 GA 处理浓度以 10 ～ 500 mg/L 为宜。例如，10 ～ 500 mg/L

的GA处理过的牡丹芽，4～7 d便可开始萌动。用GA3处理杜鹃，可以代替低温处理，打破休眠。

2）促进花芽分化。赤霉素可代替低温完成春化作用，例如，从9月下旬起，用10～500 mg/L的赤霉素处理紫罗兰2～3次，即可促进开花。9月份，仙客来有花蕾时，将低浓度的赤霉素喷于茎叶的基部，可促进开花，对君子兰、风信子也有同样的效果。500～1 000 mg/kg浓度的GA作用在牡丹、芍药的休眠芽上，几天后芽就萌动。

3）茎伸长。GA对菊花、紫罗兰、金鱼草、报春花、仙客来等有促进花茎伸长的作用，一般于现蕾前后处理效果较好，如果处理时间太迟会引起花梗徒长。

（2）生长素。吲哚丁酸、萘乙酸、2，4-D等生长素类生长调节剂一方面对开花有抑制作用，处理后可推迟一些观赏植物的花期。例如，秋菊在花芽分化前，用50 mg/L NAA每3 d处理1次，一直延续至50 d，即可推迟花期10～14 d。另一方面，由于高浓度生长素能诱导植物体内产生大量乙烯，乙烯又是诱导某些花卉开花的因素，高浓度生长素可促进某些植物开花。例如，生长素类物质可以促进柠檬开花。

（3）细胞分裂素类。细胞分裂素类能促使某些长日照植物在不利日照条件下开花。对某些短日照植物，细胞分裂素处理也有类似效应。有人认为，短日照诱导可能使叶片产生某种信号，传递到根部并促进根尖细胞分裂素的合成，进而向上运输并诱导开花。另外，细胞分裂素还有促进侧枝生长的作用，如能间接增加月季开花数。6-BA是应用最多的细胞分裂素，它可以促进樱花、连翘、杜鹃等开花。6-BA调节开花的处理时期很重要。在花芽分化前营养生长期处理，可增加叶片数目；在临近花芽分化期处理，则多长幼芽；现蕾后处理，则无多大效果。只有在花芽开始分化后处理，才能促进开花。

（4）植物生长延缓剂。丁酰肼、矮壮素、多效唑、嘧啶醇等生长延缓剂可延缓植物营养生长，使叶色浓绿，增加花数，促进开花，已广泛应用于杜鹃、山茶、玫瑰、叶子花、木槿等。例如：用0.25%矮壮素溶液浇灌土壤，可减少天竺葵花的败育，提前开花7 d；用矮壮素处理三角花，可缩短其开花的节数并使其提前开花；在开花前新梢生长期，用1 800～2 300 mg/kg矮壮素喷洒，可使杜鹃提前开花；用1 000 mg/L丁酰肼喷洒杜鹃花蕾，可使其花期延迟10 d左右。

（5）其他化学药剂。乙醚、三氯甲烷、乙炔、碳化钙等也有促进花芽分化的作用。例如：利用0.3～0.5 g/L的乙醚熏蒸处理小苍兰的休眠球茎或某些花灌木的休眠芽24～48 h，能使花期提前数日至数周；碳化钙注入凤梨科植物的筒状叶丛内也能促进花芽分化。

4. 调整繁殖期及栽培管理

掌握花卉的生长发育周期，适时播种、扦插。

（1）调整播种期。春季播种的一年生草本花卉，可自3月中旬至7月上旬陆续在露地播种，其营养生长与开花均在高温条件下进行，如欲提早或推迟花期则宜利用温室繁殖。一般情况下，一年生草本花卉播种后经45～90 d即可开花。可根据不同花卉的生长规律，计算其在不同季节气候条件下自播种到开花所需时间，分批分期播种。例如：一串红的生育期较长，春季晚霜后播种，可于9—10月开花；2—3月在温室育苗，可于8—9月开花；8月播种，入冬后假植、上盆，可于次年4—5月开花。

二年生花卉需在低温下形成花芽和开花。在温度适宜的季节或冬季在温室保护下，可调节播种期，使其在不同时期开花。如紫罗兰，12 月播种，5 月开花；2—5 月播种，则 6—8 月开花；7 月播种，则 2—3 月开花。

（2）调整扦插期。可根据不同花卉自扦插至开花所需气候条件及时间长短及当时的气候条件确定扦插日期。如欲使一串红、藿香蓟等花卉于 4 月下旬至 5 月上旬开花，可于前一年的 11 月下旬至当年的 1 月上旬在温室内扦插，室内日温保持 25 ℃，夜温 20 ℃。如欲使其于 9 月下旬到 10 月上旬开花，则可于 5 月中旬至 6 月中旬扦插。美女樱、孔雀草于 6 月下旬至 7 月上旬扦插，可于 9 月下旬至 10 月上旬开花。

（3）调整栽植期。有些球根花卉可根据其开花习性，分别栽植，使其同时开花。如欲使 9 月下旬至 10 月上旬开花，葱兰可于 3 月下旬栽植，大丽花、荷花可于 5 月上旬栽植，唐菖蒲、晚香玉可于 7 月中旬栽植，美人蕉可于 7 月下旬重新换盆栽植。

（4）修剪与摘心。一些木本开花植物，当营养生长达到一定程度时，只要环境因子适当，即可多次开花。可利用修剪的办法，使之萌发新枝，不断开花，如月季、广东象牙红等。广东象牙红一年可开 3 ～ 4 次花，于欲开花期前 35 d 左右进行修剪即可。将当年生枝条自基部修剪，使自多年生主干萌生新枝，及时加强养护管理，每个剪口可留 2 ～ 3 个枝条，其他萌芽全部剪除，则所留枝条生长健壮，顶芽即可分化为花芽而开花。月季一般修剪后 45 d 左右即可开花。其他宿根花卉，如一支黄花、菊花等亦可用修剪的办法使之二次或多次开花。

摘心一般用于易分枝的草本花卉，如一串红、藿香蓟等，摘心后因季节不同，开花有迟有早。一般摘心后 25 ～ 35 d 即可开花。

（5）剥蕾。剥蕾亦为常用的措施之一。剥除侧蕾可使养分集中，促进主蕾开花；反之，如剥除主蕾，则可利用侧蕾推迟开花。大丽花常用此法控制花期。

（6）干旱处理。梅花、榆叶梅等落叶盆栽花卉，于高温期，其顶芽停止生长，进入夏季休眠或半休眠状态时，花芽分化，此期可以进行干旱处理，使盆中水分控制到最低限度。特别是在多雨的年份，营养生长常常过于旺盛，应进行干旱处理，强迫停止营养生长，以便花芽分化。柑橘类亦可用干旱处理的方法，使叶片呈卷曲状，可促进花芽分化。

（7）施肥。适当施用磷肥，控制氮肥，有利于控制营养生长而促进花芽分化。常用 0.2% 的磷酸二氢钾进行根外追肥，或施于根部，亦可施用马掌、鸡毛水等。在 8 月上中旬，对紫薇花序进行轻度修剪后，每隔 2 ～ 3 d 浇施 1 次 0.2% 磷酸二氢钾，共施 3 ～ 4 次，则有利于开花。

项目二　花卉繁殖

项目情景

我国花卉种质资源丰富，栽培历史悠久，发展花卉业对建设生态文明和美丽中国、满足人民日益增长的美好生活需要具有重要意义。

花卉繁殖是花卉产业的重要环节，花卉的繁殖主要包括有性繁殖和无性繁殖两种。有性繁殖即播种繁殖，无性繁殖包括扦插、嫁接、分生、压条等。本项目主要介绍花卉种子识别与品质检验、播种繁殖、扦插繁殖、嫁接繁殖、分生繁殖和压条繁殖。

学习目标

➢ 知识目标

1. 了解花卉优良种子识别方法及品质检验。
2. 了解播种繁殖的特点及其适用范围。
3. 掌握播种繁殖的方法。
4. 掌握扦插繁殖的方法。
5. 掌握嫁接繁殖的方法。
6. 掌握分生繁殖的方法。
7. 掌握压条繁殖的方法。

➢ 能力目标

1. 会选择优良种子。
2. 能合理运用花卉播种方法。
3. 能正确进行枝插、叶插、根插插穗的修剪及操作。
4. 能正确选择砧木和接穗。

5. 能正确运用嫁接方法进行嫁接。

6. 会根据花卉种类合理选择分生方法。

7. 能掌握压条繁殖技术要领。

➢ 素质目标

1. 通过花卉种子识别、品质检验及繁殖技术学习，培养学生独立获取知识、信息处理、组织管理及创新能力。

2. 通过花卉繁殖任务的实际操作，培养学生的动手实践能力和吃苦耐劳的精神，锻炼学生的体能和耐力。

3. 通过分组合作、按组考核，培养学生的团队意识、合作能力、协调沟通能力、社会适应能力。

任务一 花卉种子识别与品质检验

任务描述

种子是种子植物所特有的繁殖器官。根据种子外部形态特征快速准确识别花卉种子是种子检验人员、种子资源收集和整理等从业人员的一项技能。种子在大小、形状和颜色等方面，因植物种类不同而有较大差异，可以作为识别和鉴定种子质量的依据。花卉种子品质检验是种子生产和经营过程中的重要环节，是监测和控制种子质量的重要手段，也是落实《中华人民共和国种子法》、推行种子标准化的重要保证。

环保效应

种子质量对植物生长发育具有决定性影响。花卉种子识别与品质检验在确保种子质量、提高产品产量、防止伪劣种子流通、保证国家和农户的利益、防止病虫和有毒杂草的传播蔓延、保护生产安全等方面具有重要意义。

材料工具

材料：花卉种子近 50 种。

工具：解剖镜、镊子、培养皿、瓷盘、分析天平、卡径尺。

任务要求

要求学生在种子识别和品质检验过程中能规范操作，准确记录数据。

任务流程

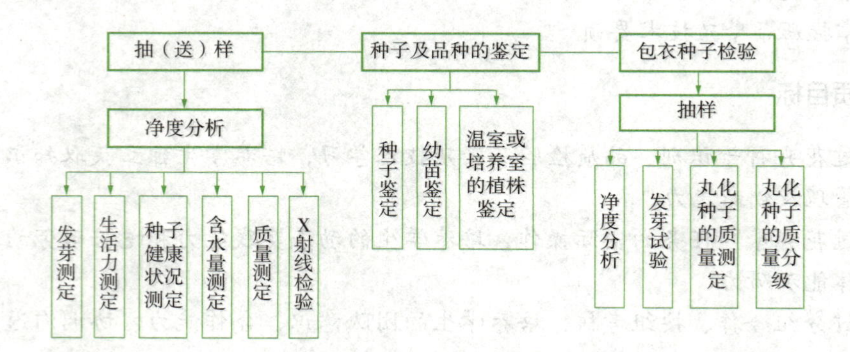

任务实施

一、花卉种子识别

（1）种子形态观察。肉眼观察或借助解剖镜观察各种花卉种子外部形态，并对相似的种子进行比较。

（2）选取常见的50种花卉种子，绘制并描述每一类种子的外观特征，包括种子大小、色泽、形状及其他识别特征（表2-1）。

表2-1　花卉种子形态识别特征

花卉种类	测定项目				
	千粒重/g	色泽	形状	附着物	其他特征

二、花卉种子品质检验

种子品质检验是指对种子的播种品质进行检验。品质好的种子，发芽率高，播种后出苗整齐，幼苗生长茁壮，是培育丰产壮苗的重要条件。为了提高种子质量，保障供应育苗所需的优良种子，避免人力、物力的浪费，必须进行种子品质的检验。2008年7月14日，中华人民共和国农业部发布了《花卉检验技术规范》，并于2008年8月10日起实施。该规范由7个系列标准（基本规则、切花检验、盆花检验、盆栽观叶植物检验、花卉种子检验、种苗检验、种球检验）构成。其中规定了花卉种子检验包括抽样、净度

分析、其他植物种子数目测定、发芽试验、生活力的生物化学测定、种子健康测定、种及品种鉴定、水分测定、质量测定、包衣种子检验的基本规则和技术要求。

1. 抽样

抽样是抽取有代表性的、数量能满足检验需要的样品，其中某个成分存在的概率仅仅取决于该成分在该种批中出现的水平。

（1）样品量。种子批是指同一来源、同一品种、同一年度、同一时期收获和质量基本一致、在规定数量之内的种子。

种子批的最大质量、送检样品质量（此样品不包括留副样，如果要留副样则要加倍，其中水分测定 20 g 要密封包装）、净度分析测定样品质量，参见《1996 国际种子检验规程》的规定，见附录表 A.1 的规定。

含水量测定的最低送验量：需磨碎的种子为 100 g；其他种子为 50 g；特小种子（大于 500 粒 /g）至少达到 5 g。

种及品种的鉴定：需种子 1 000 粒。

所有其他测定：至少达到附录表 A.1 所规定的最低送验量，对小种子批（种批质量小于或等于附录表 A.1 所规定最大批量的 1%）其送验样品至少达到附录表 A.1 规定的净度分析试验样品的质量。

（2）抽样方法。花卉种子在送检之前，要经过初次样品、混合样品、送检样品和测定样品 4 次样品的抽取过程。

初次样品是从种批的一个抽样点上取得的少量样品。遵从随机原则，从每个取样的容器中，或从容器的各个部位，或从散装大堆的各个部位扦取质量大体上相等的初次样品。对于不易流动的黏滞性种子，可徒手取得初次样品。

混合样品是从一个种批中抽取的全部大体等量的初次样品合并混合而成的样品。

送检样品是送交检验机构的样品，可以是整个混合样品，也可以是从中随机分取一部分，但数量不得少于附录表 A.1 规定的最低量。

测定样品是从送检样品中分取，供作某项品质测定用的样品。

取得送检样品和测定样品的方法有四分法和分样器法。

1）四分法。将种子均匀地倒在光滑清洁的桌面上，略呈正方形。两手各拿一块分样板，从两侧略微提高地把种子拨到中间，使种子堆成长方形，再将长方形两端的种子拨到中央，这样重复 3 ～ 4 次，使种子混拌均匀。将混拌均匀的种子铺成正方形，大粒种子厚度不超过 10 cm，中粒种子厚度不超过 5 cm，小粒种子厚度不超过 3 cm。用分样板沿对角线把种子分成四个三角形，将对顶的两个三角形的种子装入容器中备用，取余下的两个对顶三角形的种子再次混合，按前法继续分取，直至取得略多于送检样品或测定样品所需数量为止。

2）分样器法。分样器法适用于种粒小、流动性大的种子。分样前先将送检样品或测定样品通过分样器（图 2-1），使种子分成质量大约相等的两份。两份种子质量相差不超过两份种子平均重的 5% 时，可以认为分样器是正确的，可以使用；如超过 5%，应调整分样器。

分样时先将送检样品或测定样品通过分样器三次，使种子充分混合后再分取样品，取其中的一份继续用分样器分取，直到种子缩减至略多于测定样品的需要量为止。

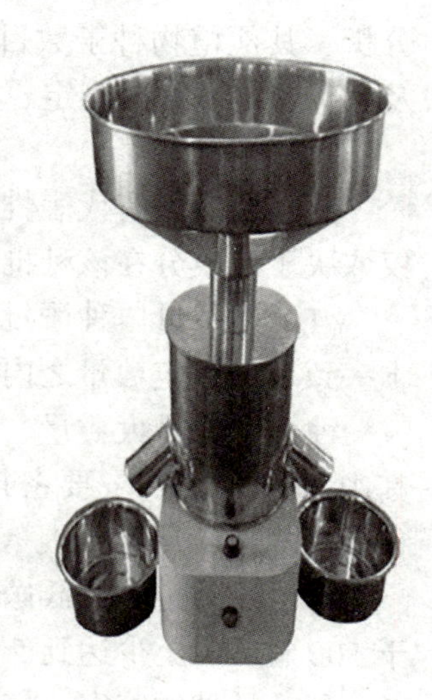
图 2-1　种子分样器

2. 测定样品

（1）净度分析。种子净度即种子清洁干净的程度，是指测定样品中纯净种子占测定后样品各成分重量总和的百分数。净度是花卉种子播种品质的主要指标之一，净度越高，种子品质越好。种子净度也是确定播种量和划分种子品质等级的重要依据。将测定样品分成纯净种子、其他植物种子和夹杂物三个组成部分，并测定各部分的质量百分率。

1）送检样品称重。将送检样品倒在台秤上称重，记录送检样品质量 M。再将送检样品（或至少是净度分析试样质量的 10 倍的种子）倒在光滑的木盘中，挑出与供检种子在大小或质量上明显不同且影响结果的重型混杂物（如土块、小石块或小粒种子中混有大粒种子等），在天平上称重，记录重型混杂物的质量 m；并将重型混杂物分别称出其他植物种子质量 m_1、杂质质量 m_2。m_1 与 m_2 的质量之和应等于 m。

净度分析除种粒大的至少为 500 粒外，其他树种通常要求至少含有纯净种子 2 500 粒。送检样品中混有较大的或多量的夹杂物时，要在样品称重后，分取测定样品前，进行必要的清理并称重。用经过初步清理后的送检样品分取测定样品进行净度测定。净度分析可用规定的一个测定样品（一个全样品），或至少是这个质量一半的两个各自独立分取的测定样品（两个“半样品”）。必要时也可以是两个全样品。为使百分数可以计算到一位小数，样品的总体及其各个组成成分的称量精度要求见表 2-2。

表 2-2　净度分析样品的总体积各个组成成分的称量精度

测定样品重 /g（全样品或“半样品”）	称量至小数位数（全样品或“半样品”及其组成）
1.000 以下	4
1.000 ～ 9.999	3
10.00 ～ 99.99	2
100.0 ～ 999.9	1
1 000 或 1 000 以上	0

全样品的原重减去净度分析后纯净种子、其他植物种子和夹杂物的质量和，其差值不得大于原重的 5%，否则需要重做。

用两个“半样品”时，每份“半样品”各自将所有成分的质量相加，如果同原质量的差距超过原质量的 5%，需要分析两个“半样品”。分别计算两个“半样品”或两个全样品每种成分的质量，占各成分质量之和的百分率，并按规定检查两份全样品、两份“半样品”每个成分分析结果之间的差异是否超过容许差异。

2）分离。测定样品称重后，按照表 2-2 要求的精确度称量，填入表 2-3 中。

表 2-3　净度分析记录表

树种：__________　　　　　　　　样品号：__________　　　　　样品情况：__________

测试地点：____

环境条件：室内温度__________℃　　　　　　　　　　　　　　湿度__________%

测试仪器：名称__________　　　　　　　　　　　　　　　　　编号__________

方法	试样重 /g	纯净种子重 /g	其他植物种子重 /g	夹杂物重 /g	总重 /g	净度 %	备注
	实际差距			容许差距			

本次测定：有效□　　　　　　　　　　测定人__________

　　　　　无效□　　　　　　　　　　校核人__________

　　　　　　　　　　　　　　　　　　测定日期______年______月______日

3）结果计算。

$$测定样品的净度（\%）=［（M-m）/M］\times 100$$

$$送检样品净度（\%）=（送检样品除去大型杂质后的质量 / 送检样品重）\times 100$$

$$净度（\%）= 送检样品净度 \times 测定样品净度$$

其他植物种子的质量百分数和夹杂物的质量百分数的计算方法与纯净种子质量百分数（即净度）的计算方法相同。

净度分析中，各个成分应计算到两位小数，在质量检验证书上填写时按 GB/T 8170 修约到一位小数。成分少于 0.05% 的填报为“微量”，若成分为 0 用“—0.0—”表示。测定样品各成分总和必须为 100%。

（2）发芽测定。种子发芽力是指种子在适宜条件下发芽并长成正常植株的能力，通常用发芽势和发芽率表示。种子发芽势是指种子发芽初期正常发芽种子数占供试种子数的百分率。发芽势高，表示种子活力强，发芽整齐一致。种子发芽率是指在发芽试验终期全部正常发芽种子数占供试种子数的百分率。种子发芽率高，则表示有生活力的种子多，播种后出苗数多。

1）数取测定样品。测定样品从净度分析所得的、经过充分混拌的纯净种子中按照随机原则提取。可以用四分法将纯净种子区分为 4 份，从每份中随机数取 25 粒组成 100 粒，共取 4 个 100 粒，即为 4 次重复。也可以用数粒器提取 4 次重复。种粒大的，或者怀疑种子带有病菌的，可以将 100 粒的每个重复以 50 粒或 25 粒为一组，以组为单位在发芽床上排放，由这样的 2 个组或 4 个组组成 1 次重复，使种粒之间有足够的距离。

2）选用发芽床。各种花卉的适宜发芽床已在附录表 A.2 中做了规定。通常小粒种子选用纸床，大粒种子选用砂床或纸间，中粒种子选用纸床、砂床均可。土壤或其他介质不宜用作初次试验的发芽床。

3）置床培养。将数取的种子均匀地排在湿润的发芽床上，粒与粒之间应保持一定的距离。在培养器具上贴上标签，按附录表 A.2 规定的条件进行培养。发芽期间要经常检查温度、水分和通气状况。如有发霉的种子，应取出冲洗，严重发霉的，应更换发芽床。

4）控制发芽条件。

①水分和通气控制。发芽床的用水不应含有杂质。水的 pH 值应在 6.0 ～ 7.5。如果当地的水质不符合要求，可以使用蒸馏水或去离子水。种子的供水量取决于受检种子的特性、发芽床的性质以及发芽盒的种类。砂床加水量为其饱和含水量的 60% ～ 80%；纸床吸足水分后，沥去多余水即可；如用土壤作发芽床，加水至手握土黏成团，用手指轻轻一压就碎为宜。发芽期间发芽床必须始终保持湿润。

置床的种子要保持通气良好，但不能使发芽床过度失水而影响萌发。

②温度控制。附录表 A.2 列出了花卉种子发芽的适宜温度，因设备性能而产生的温度变化不能超过 ±1 ℃。为发芽种子提供光照时不能使温度发生波动。当规定用变温时，通常应保持低温 16 h 及高温 8 h。温度的转换最好在 3 h 内逐渐完成，休眠性种子可以在 1 h 内完成。周末或节假日不能按要求转换温度时，应使发芽环境保持在较低的那个温度水平上。

③光照控制。大多数花卉种子可在光照下发芽，除非证实某个花卉种子的发芽会受到光抑制。在 24 h 内应给予 8 h 的光照，使幼苗长势良好，不容易遭受微生物侵害，也便于评定。施加的光指的是不含或极少含远红光的冷白色荧光，光照度 750 ～ 1 250 lx。对于变温发芽的种子，是在给予高温的那个 8 h 内提供光照。

5）幼苗鉴定。

①测定持续时间。各花卉种子发芽测定的持续时间在附录表 A.1 中以末次记数的天数表示，自置床之日起算，不包括预处理的时间。

如果测定样品在规定时间里发芽的种粒不多，可以适当延长测定时间。延长的时间最多不应超过规定时间的 1/2。如果在规定的结束时间之前样品已经充分发芽，且后期连续 3 d 每天的发芽粒数不超过各重复供试种子粒数的 1%，则该次测定可以提前结束。

②鉴定。每株幼苗都必须按规定的标准进行鉴定。鉴定要在主要构造已发育到一定时期进行。根据种的不同，测定中绝大部分幼苗应达到子叶从种皮中伸出、初生叶展开、叶片从胚芽鞘中伸出。

在计数过程中，发育良好的正常幼苗应从发芽床中拣出，对可疑或损伤、畸形或腐坏的幼苗，通常到末次计数。

一个多苗种子单位常能生出两株或几株正常幼苗，都记为一株正常幼苗。

6）重新测定。有下列情况之一时应重新布置测定。

①怀疑是休眠干扰测定结果时，可以仍采用附录表 A.1 的发芽条件，但选用一种或几种解除休眠的方法重新布置一次或同时布置几次测定，将其中最好的结果作为测定结果填报，并注明所用方法。

②如果病毒或真菌、细菌蔓延干扰测定结果，可以使用砂床或土床重新布置一次或同时布置几次测定。必要时还可加大种粒间的距离。将所得的最好结果作为测定结果填报，并注明所用方法。

③难以评定的幼苗数量较多而干扰测定结果时，可以仍按附录表 A.1 的发芽条件，

用砂床或土床重新布置一次或同时布置几次测定。将所得的最好结果作为测定结果填报，并注明所用方法。

④如果测定条件、幼苗评定或计数明显有误，应当按原用方法重新测定，并填报重新测定的结果。

⑤如果其他不明因素使各重复间的最大差距超过表 2-4 中规定的容许误差，应当提取测定样品用原定方法重新测定。如果第一次和第二次的测定结果一致，即两次测定结果之差不超过表中规定的最大容许差距，则以两次测定的平均数作为测定结果填报。如果两次测定结果不一致，即它们的差异超过表中规定的最大容许差距，应当仍用同样的测定方法布置第三次测定。以三次测定中相互一致的两次的平均数作为测定结果填报。

表 2-4　发芽测定容许差距

（同一发芽试验 4 次重复间的最大容许误差，2.5% 显著水平的两次测定）

平均发芽率		最大容许误差
50% 以上	50% 以下	
99	2	5
98	3	6
97	4	7
96	5	8
95	6	9
93 ~ 94	7 ~ 8	10
91 ~ 92	9 ~ 10	11
89 ~ 90	11 ~ 12	12
87 ~ 88	13 ~ 14	13
84 ~ 86	15 ~ 17	14
81 ~ 83	18 ~ 20	15
78 ~ 80	21 ~ 23	16
73 ~ 77	24 ~ 28	17
67 ~ 72	29 ~ 34	18
56 ~ 66	35 ~ 45	19
51 ~ 55	46 ~ 50	20

表 2-5 给出了发芽测定记录表。

表 2-5　发芽测定记录表

编号：________

树种：________　样品号：________　样品情况：________　测试地点：________

环境条件：室内温度________℃　湿度________%　测试仪器：名称________编号________

预处理：________________　置床日期：________　测定条件：________

正常幼苗数									不正常幼苗数	未萌发粒分析							
项目	样品重/g	初次计数					末次记数	合计		新鲜粒	死亡粒	硬粒	空粒	无胚粒	涩粒	虫害粒	合计
日期																	

续表

项目		正常幼苗数								不正常幼苗数	未萌发粒分析							
项目		样品重/g	初次计数					末次记数	合计		新鲜粒	死亡粒	硬粒	空粒	无胚粒	涩粒	虫害粒	合计
重复	1																	
	2																	
	3																	
	4																	
平均																		

7）测定结果的计算。花卉种子在同一发芽测定试验中 4 次重复正常幼苗百分率都在最大容许误差内，则其平均数即发芽百分率。不正常幼苗、新鲜不发芽种子、硬实和死种子的百分率按 4 次重复平均数计算。正常幼苗、不正常幼苗和未发芽种子百分率的总和必须为 100，平均数百分率修约到最近似的整数，修约 0.5 进入最大值中。

（3）生活力测定。种子生活力是指种子发芽的潜在能力或种胚所具有的生命力。通过种子生活力测定，能快速估测种子样品的生活力，特别是休眠种子样品的生活力。

1）材料和试剂。

①材料：花卉种子。

②试剂：使用氯化（或溴化）四唑的水溶液，浓度随树种不同略有差异。如果所使用的蒸馏水的 pH 值不在 6.5 ～ 7.5 范围内，可将四唑溶于缓冲溶液。缓冲溶液的配制方法如下：溶液 a：在 1 000 mL 水中溶解 9.078 g 磷酸二氢钾（KH_2PO_4）；溶液 b：在 1 000 mL 水中溶解 11.876 g 磷酸氢二钠（$Na_2HPO_4 \cdot 2H_2O$）或 9.472 g 磷酸氢二钠（Na_2HPO_4）。

取溶液 a 2 份和溶液 b 3 份混合，配成缓冲溶液。在该缓冲溶液里溶解准确数量的四唑盐，以获得正确的浓度。例如，每 100 mL 缓冲溶液中溶入 1 g 四唑盐即得 1% 浓度的溶液。最好随配随用，剩余的溶液可在短期内贮藏于 1 ～ 5 ℃的低温黑暗环境下。

2）测定样品。从净度测定后的纯净种子随机数取 100 粒种子作为一个重复，共取 4 个重复。

3）种子预处理。

①去除种皮。为了软化种皮，便于剥取种仁，要对种子进行预处理。较易剥掉种皮的种子，可用始温 30 ～ 45 ℃的水浸种 24 ～ 48 h，每日换水；硬粒的种子可用始温 80 ～ 85 ℃的水浸种，搅拌并自然冷却，浸种 24 ～ 72 h，每日换水。种皮致密坚硬的种子，可用 98% 的浓硫酸浸种 20 ～ 180 min，充分冲洗，再用水浸种 24 ～ 48 h，每日换水。

②刺伤种皮。豆科的许多树种，种子具有不透性种皮，可在胚根附近刺伤种皮或削去部分种皮，但不要伤胚。

③切除部分种子。为使四唑溶液均匀浸透，可将浸种后的种子在胚根相反的较宽一端横切 1/3 或纵切，但不能穿过胚。或者从大粒种子中切取大约 1 cm^2 包括胚根、胚轴和部分子叶（或胚乳）的方块。

4）染色。胚和胚乳均需进行染色鉴定。预处理时发现的空粒、腐烂粒和病虫害粒，属无生活力种子，记入表中。剥种仁要细心，勿使胚损伤。剥出的种仁先放入盛有清水或垫有湿纱布或湿滤纸的器皿中，待全部剥完后再一起放入四唑溶液中，使溶液淹没种仁，上浮者要压沉。置黑暗处，保持 30 ～ 35 ℃，染色时间因树种和条件而异。染色结束后，沥去溶液，用清水冲洗，将种仁摆在铺有湿滤纸的发芽皿中，保持湿润，以备鉴定。

5）鉴定。根据染色的部位、染色面积的大小和同组织健壮程度有关的染色程度，逐粒判断种子的生活力。通过鉴定，将种子评为有生活力和无生活力两类。一般鉴定原则是：凡是胚的主要结构及有关活营养组织染成有光泽的鲜红色，且组织状态正常的，为有生活力的种子；凡是胚的主要构造局部不染色或染色成异常的颜色和光泽，并且活营养组织部染色成无光泽的淡红色或灰白色，且组织已软腐或异常、虫蛀、损伤、腐烂的，为死种子。

6）结果计算和表示。测定结果以有生活力种子的百分率表示，分别计算各个重复的百分率，重复间最大容许差距与发芽测定相同（见附录表 A.2）。如果各重复中最大值与最小值没有超过容许误差范围，就用各重复的平均数作为该次测定的生活力。如果各个重复间的最大差距超过表规定的容许误差，与发芽测定同样处理。计算结果按 GB/T 8170 修约至整数，在质量检验证书上填报。

表 2-6 给出了生活力测定记录表。

表 2-6　生活力测定记录表

编号：________

树种：________　样品号：________　样品情况：________

染色剂：________　浓度：________

测试地点：________________

环境条件：室内温度________℃　湿度________%　测试仪器：名称________编号________

重复	测定种子粒数	种子解剖结果				进行染色粒数	染色结果				平均生活力 /%	备注
		腐烂粒	涩粒	病虫害粒	空粒		无生活力		有生活力			
							%	粒数	%	粒数		
1												
2												
3												
4												
平均												

（4）种子健康状况测定。种子健康状况主要是指是否携带病原菌，如真菌、细菌、病毒以及害虫。

1）方法。

①直观检查。将测定样品放在白纸、白瓷盘或玻璃板上，挑出菌核、霉粒、虫瘿、活虫及病虫伤害的种子，分别计算病虫害感染度。如挑出的菌核、虫瘿、活虫数量多时，

应分别统计。

②种子中荫蔽害虫的检查。在送检样品中，随机抽取测定样品 200 粒或 100 粒，选用下列方法进行测定。

a. 剖开法：切开种子检查。

b. 染色法：用高锰酸钾等化学药品染色检查。

c. 比重法：利用饱和食盐水或其他药液的浮力检查。

d. X 射线透视检查。

③如需测定种子病害原因或携带的病原体，可用适当倍数的显微镜直接检查。有条件的，可进行洗涤检查和分离培养检查。

2）结果计算。

$$\text{病虫害感染度（\%）}=\frac{\text{霉粒数}+\text{病害粒数}}{\text{测定样品粒数}}\times 100$$

$$\text{虫害感染度（\%）}=\frac{\text{虫害粒数}}{\text{测定样品粒数}}\times 100$$

（5）含水量测定。样品含水量是指将种子样品烘干所失去的质量，用这个质量占样品原始质量的百分率表示。种子水分按其特性分为自由水和束缚水。

自由水是生物化学的介质，存在于种子表面和细胞间隙内，具有一般水的特性，可作为溶剂，100 ℃沸点，0 ℃结冰，易蒸发出去。因此在种子水分测定前，应防止这种水分的丧失。样品接受后应立即测定，如不能则须放置于 5 ℃左右的冰箱中，测定处理样品时，取样、磨碎、称重等操作过程要迅速，以时间不超过 2 min 为宜。

束缚水与种子内的亲水胶体（如淀粉、蛋白质等物质）牢固结合，不能在细胞间隙中自由流动，不易受外界环境条件影响。在水分测定时，必须设法使这部分水分全部蒸发出去，才能获得准确的结果。

种子水分测定的方法有低恒温烘干法、高温烘干法和高水分种子预先烘干法。

所用仪器有恒温烘箱及其附件（包括样品盒和干燥器）、分析天平、筛子。

1）低恒温烘干法和高温烘干法。

①送检样品。送检样品要充分混合，用匙在样品罐内搅拌，并将原样品容器的口对准另一个同样大小的空容器口，把种子在两个容器中往返倾倒。每个测定样品按四分法或分样器法取得，样品暴露在空气中的时间应尽可能地缩短。

②测定样品。测定应取两份独立分取的重复样品，根据所用样品盒直径的大小，每份样品重量为：直径小于 8 cm 的样品盒，取 4 ～ 5 g；直径等于或大于 8 cm 的样品盒，取 10 g。

③切片。大粒种子以种及皮坚硬的种子（如豆科），每个种粒应当切成小片。粒径等于或大于 15 mm 的种子应切成 4 或 5 片。

④称取试样 2 份（放于预先烘干的样品盒内称重），每份 4.5 ～ 5.0 g，并加盖。

⑤打开样品盒盖，将试样放于盒底，迅速放入电烘箱内，距温度传感器水平位置，迅速关闭箱门。

⑥等到温度计显示烘箱回升到工作温度时（需 10 ～ 15 min）开始计时。高温 130 ～ 133 ℃，用时 1 ～ 4 h；低温 103 ～ 105 ℃，用时 17 h ± 1 h。

⑦烘干结束后，关闭电源，打开烘箱门，迅速把铝盒盖盖好，此时要用手套，并在烘箱内完成，避免样品暴露在空气中时间过长。

⑧把铝盒放入干燥器中冷却至室温，30 ～ 40 min 后，取出铝盒称重。

⑨结果计算。

$$种子水分（\%）=\frac{M_2-M_3}{M_2-M_1}\times 100$$

式中 M_1——样品盒和盖重；

M_2——盒 + 盖 + 样品烘（前）质量；

M_3——盒 + 盖 + 样品烘（后）质量。

两次测定的结果误差不得超过 0.2%，最后保留一位小数。否则需重新进行两次测定。

2）高水分种子预先烘干法。如果豆类和油料种子水分超过 17%，必须采用高水分种子预先烘干法。

①称取两个预备样品，每个样品至少称取 25 g ± 0.2 mg，放入已称过质量的样品盒（直径 8 ～ 10 cm）内，在 70 ℃的烘箱中预烘 2 ～ 5 h，使水分降至 17% 以下，取出后置于干燥器内冷却，称重。

②将预烘过的种子切片，称取测定样品，用低恒温烘干法或高恒温烘干法测定含水量。

③结果计算。

$$种子含水量（\%）=S_1+S_2-\frac{S_1\times S_2}{100}$$

式中 S_1——第一次失去的水分（%）；

S_2——第二次失去的水分（%）。

（6）质量测定。主要测定送检样品每 1 000 粒种子的质量。

1）测定样品。以净度分析后的全部纯净种子作为测定样品。

2）对整个测定样品计数并称重。将整个测定样品通过数粒器数清种子粒数。也可人工计数。将计数后的测定样品称重（g），小数的位数与净度分析相同。

3）按重复计数并称重。用手或数粒器，从测定样品中随机数取 8 个重复，每个重复 100 粒，各重复分别称重（g），小数的位数与净度分析相同。

4）结果计算。根据整个测定样品的粒数和质量换算出 1 000 粒种子的质量。

按重复计数并称重各个重复的质量，将 8 个或 8 个以上的各个重复 100 粒的质量换算成 1 000 粒种子的质量，即 $10\times\overline{x}$。

（7）X 射线检验。X 射线检验以 X 射线图像可见的形态特征为依据，是为区分饱满种子、空瘪种子、虫害种子和机械损伤种子而提供的一种无损的快速检测方法。

1）方法。

①将胶片或相纸装入暗盒或暗袋，或者使用本身已带包装的胶片或相纸。

②射线检验。采用 4 个重复，每个重复 100 粒种子，都从纯净种子中随机提取。X 射线检验的种子可以是即将用于发芽测定的种子。

③使用托板（也可以不用托板），将种子均匀地排放在胶片或相纸上面。

④在胶片或相纸上摆放铅字或不透 X 射线的其他标记物，以便区分样品。

⑤曝光。为了生成最佳图像，不同的 X 射线机可能要求各不相同的曝光时间和电压组合。树种不同，组合也不同。为了得到最佳结果，每当使用新的材料或采用新的射线机时，应当就曝光时间、电压和曝光量先做试验。

⑥冲洗胶片或相纸。相纸通常是用快速显影剂来显影的，这种快速显影剂可以在数秒钟内显出影像。胶片则必须在暗室显影。

2）图像判读。根据射线图像显示的内部结构将种子归类。

①饱满粒：具有发芽所需的各种基本组织的种子或果实。

②空粒：所含种子组织小于 50% 的种子或果实。

③虫害粒：内含成虫、幼虫、虫粪或有其他迹象表明遭受过虫害足以影响种子发芽能力的种子或果实。

④机械损伤粒：皮壳开裂或破损的饱满粒。

3）结果报告。

检验结果以饱满粒、空粒、虫害粒和机械损伤粒的百分率表示，填报形式如下：

X 射线检验结果：

饱满粒占________%；

空粒占________%；

虫害粒占________%；

机械损伤粒占________%。

3. 种及品种的鉴定

根据种或栽培品种的不同，可采用种子、幼苗或较成熟的植株进行鉴定。种子和标准样品的种子进行比较；幼苗和植株与同期邻近种植在相同环境条件下，处于同一发育阶段的标准样品生长的幼苗和植株进行比较。

（1）种子鉴定。

1）试验样品。从送检样品中随机抽取不少于 400 粒种子。检验时设重复，每个重复 100 粒。

2）测定。测定种子形态特征时，如有必要可借助适宜的放大仪器进行观察。测定种子色泽时，可在白天自然光下或特定广谱（如紫外光）下进行观察。测定化学特性时，可用适当的试剂处理种子，并记录每粒种子的反应。

（2）幼苗鉴定。

1）试验样品量。从送检样品中随机抽取不少于 400 粒种子。检验时设重复，每个重复 100 粒。

2）测定。种子放在适宜的发芽床上进行培养。当幼苗长到适宜的阶段时，对全部或部分幼苗进行鉴定。在测定染色体倍数时，切开根尖或其他组织，处理后在显微镜下进行鉴定。

（3）温室或培养室的植株鉴定。

1）试验样品量。所播种子至少能长成 100 株植株。

2）测定。种子播种于适宜的容器内，并满足鉴定性状发育所需要的环境条件。当植物达到适宜的发育阶段时，对每一株的主要性状进行观察和记载。

（4）田间小区植株鉴定。

1）试验样品量。所播种子至少能长成 200 株植株。

2）测定。每个样品至少播种 2 个重复小区，并保证每个小区有大约相等的成苗植株。重复应布置在不同地块或同一地块的不同位置。行间和株间应有足够的距离，使所要鉴定的性状能充分发育。在整个生长期间，特别是幼苗期和成熟期，要进行观察，并记载与标准样品的差异。凡可以看出是属于另外的种或栽培品种或异常植株的均应记数和记载。

（5）结果计算。首先要确保重复间的差异为随机误差，如果重复间的最大值和最小值的差距没有超过规定的容许误差范围，就用各重复的平均数作为该次测定的发芽率，否则进行重新测定。计算公式为：

$$X=\frac{n}{N}\times 100$$

式中　X——种子纯度（%）；

n——种或品种的种子数（幼苗或植株）；

N——测定种子数（幼苗或植株）。

其他种或品种或变异植株数量，均以其所占测定种子数或植株数量的百分率表示。精确到 1%。

4. 包衣种子检验

包衣种子泛指采用某种方法将其他非种子材料包裹在种子外面的各种处理的种子，包括丸化种子、包膜种子、种子带和种子毯等。

包衣种子检验包括抽样、净度分析、发芽试验、丸化种子的质量测定和丸化种子的大小分级等。

（1）抽样。

1）抽样量。送验样品量不应少于表 2-7、表 2-8 的规定。

表 2-7　丸化种子的样品大小（丸粒数）

测定项目	送验样品不应少于	试验样品不应少于
净度分析（包括植物种的鉴定）	7 500	2 500
重量测定	7 500	1 000
发芽试验	7 500	400
其他植物种子数测定	10 000	7 500
其他植物种子数测定（包膜种子和种子颗粒）	25 000	25 000
大小分级	10 000	2 000

表 2-8　种子带的样品大小（粒数）

测定项目	送验样品不应少于	试验样品不应少于
种的鉴定	2 500	100
发芽试验	2 500	400
净度分析	2 500	2 500
其他植物种子数测定	10 000	7 500

2）抽样方法。同花卉种子抽样方法。

（2）净度分析。将测定样品分成净丸粒、未丸化种子及杂质三种成分，并测定各成分的质量百分率。

1）种的鉴定。从经净度分析后的净丸粒部分中取出 100 粒丸粒，除去丸化物质，然后测定每粒种子所属的植物种。丸化物质可冲洗掉或在干燥情况下除去。对于种子带，同样取出 100 粒种子，进行种子真实性的鉴定。鉴定方法同“3.（2）”。

2）检测。按照抽样量规定取得试验样品并称重。净度分析可用规定丸粒数的一个试验样品，或单独分取至少为这一数量一半的两个次级样品进行。然后将试验样品按净丸粒、未丸化种子及杂质三种成分，分别称量。

3）结果计算。分别计算净丸粒、未丸化种子及杂质的质量百分率。

（3）发芽试验。应从经净化分析后的净丸粒部分中取出丸粒来进行丸化种子的发芽试验。丸粒置于发芽床上，应保持接收时的状态（即不经冲洗或浸泡）。种子带的发芽试验在带上进行，不用从制带物质中取下种子或经过任何方法的预处理。

1）测定。测定同“2.（2）”。

2）结果计算。丸化种子发芽率的计算结果以产生正常幼苗丸粒数的百分率表示。种子带或种子毯以每米或每平方米产生的正常幼苗数表示。

（4）丸化种子的质量测定。从净丸粒种子中取一定数量的种子，称其质量并换算成每 1 000 粒种子的质量。测定同“2.（6）”。

（5）丸化种子的大小分级。经丸粒大小的筛选分析，测定丸化种子在某规定大小分级范围内的百分率。

1）送验样品量。供大小分级测定的送验样品至少达到 250 g，并应放在密闭的容器里送去检验。

2）仪器。圆孔套筛，包括筛孔直径比种子大小规定的下限值小 0.25 mm 的筛子一个、筛孔直径比种子大小规定的上限值大 0.25 mm 的筛子一个、筛孔直径在被检种子大小范围内以相差 0.25 mm 为等分的筛子若干个。

3）检测。供测定的两份试验样品各约 50 g（不小于 45 g，不大于 55 g）。每个试验样品须经筛选分析，将筛下的各部分称重，保留两位小数。各部分的质量以占总质量的百分率表示，保留一位小数。

4）结果计算。两份试验样品在规定分级范围内的百分率总和的差异不超过 1.5%，测定结果用两份试验样品的平均数表示。如果测定结果超过这一允许差距，则应再分析 50 g 的样品，直到两份分析结果处在允许差距范围内。

5. 优良种子应具备的条件

优良种子是花卉栽培成功的重要保证，优良种子应具有以下条件。

（1）品种纯正。品种纯正的种子是顺利进行花卉生产任务的基础和保证。花卉种子形状各异，通过种子的形状可以确认品种，如弯月形（金盏菊）、地雷形（紫茉莉）、鼠粪形（一串红）、肾形（鸡冠花）、卵形（金鱼草）、椭圆形（四季秋海棠）等。在种子采收、处理去杂、晾干、装袋储存整个过程中，要标明品种、处理方法、采收日期、储藏温度、储藏地点等，以确保品种正确无误。

（2）发育充实。优良的种子具有很高的饱满度，发育已完全成熟，播种后具有较高的发芽势和发芽率。这类种子常常籽粒大而饱满，含水量低，种子色泽深沉，种皮光亮。通常情况下：大粒种子，千粒重 10 g，如牵牛花、紫茉莉、旱金莲等；中粒种子，千粒重 1 g，如一串红、金盏菊、万寿菊等；小粒种子，千粒重 0.5 g，如鸡冠花、石竹、翠菊、金鸡菊等；微粒种子，千粒重 0.1 g，如矮牵牛、虞美人、半枝莲等。

（3）富有生活力。种子成熟后，随时间的推移，生活力逐日下降。新采收的种子比陈旧种子的发芽率及发芽势均高，所培育的幼苗多生长强健。

（4）无病虫害。种子是传播病害及虫害的重要媒介，因此，要建立种子检疫及检验制度，以防止各种病虫害的传播。一般而言，种子无病虫害，幼苗也健康。

任务二　播种繁殖

任务描述

播种繁殖是利用植物的有性后代——种子，对其进行一定的处理和培育，使其萌发、生长、发育，成为新的一代苗木个体。用种子播种繁殖所得的苗木称为播种苗或实生苗。园艺树木的种子体积较小，采收、贮藏、运输、播种等都比较简单，可以在较短的时间内培育出大量的苗木或嫁接繁殖用的砧木，因而在园林苗圃中占有极其重要的地位。

环保效应

种子植物的种子可以长时间存储而不失去生命力。它们可以在干燥、低温的条件下保存多年甚至几百年，等待适宜的时机发芽和生长。这使种子植物能够在环境变化或灾难之后重新建立种群。

材料工具

材料：花卉种子、浓硫酸、氢氧化钠、赤霉素等。

工具：盛种子容器、育苗盘、穴盘等。

任务要求

1. 会选择优良种子。
2. 会贮藏花卉种子。
3. 掌握种子发芽条件。

任务流程

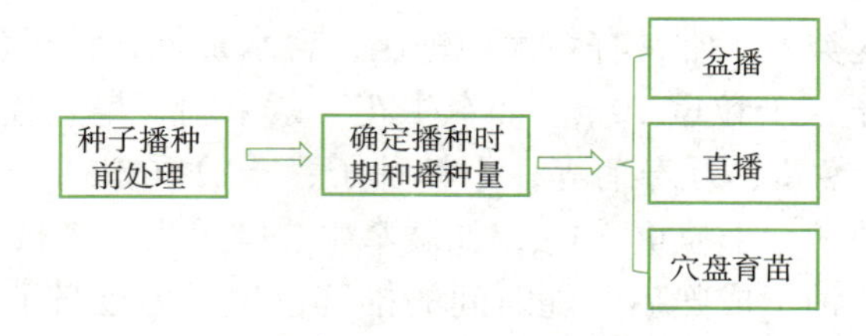

任务实施

一、播种繁殖的概念及特点

播种繁殖是利用植物的有性后代——种子，对其进行一定的处理和培育，使其萌发、生长、发育，成为新的一代苗木个体。播种繁殖是花卉生产中最常用的繁殖方法之一。凡是能采收到种子的花卉均可进行播种繁殖。播种繁殖的特点：种子细小，质轻，采收、贮存、运输、播种均较简便；繁殖系数高，短时间内可以产生大量幼苗；实生幼苗生长势旺盛，寿命长。对母株的性状不能全部遗传，易丧失优良种性，F_1代植株种子必然发生性状分离。

二、花卉种子的寿命及贮藏方法

1. 花卉种子的寿命

种子和一切生命体一样，有一定的生命期限，即寿命。种子寿命的终结以发芽力的丧失为标志。生产上一般将一批种子发芽率降低到原发芽率的 50% 时的时间判定为种子的寿命。但观赏栽培和育种中，有时只要可以得到种苗，即使发芽率很低，也界定为种子有寿命。了解花卉种子的寿命，无论在花卉栽培，还是在种子贮藏、采收、交换和种质保存上都有重要意义。可以通过控制种子贮存时的生理状态和贮存环境条件来延缓种子劣变的进程。低温干燥保存的种子寿命往往比常温未干燥保存的种子寿命高出十倍甚至数十倍。

（1）影响种子寿命的主要内在因素。在相同的外界条件下，花卉种子寿命长短存在着天然差别（表 2-9），这是花卉的遗传基因决定的。种子采收时的状态和质量不同，寿命也不同，成熟、饱满、无病虫的种子寿命较长。

表 2-9 自然条件下常见花卉种子的寿命

名称	年限 / 年	名称	年限 / 年	名称	年限 / 年	名称	年限 / 年
牵牛	3	木樨草	3 ～ 4	三色堇	2	金鱼草	3 ～ 4
鸢尾	2	旱金莲	3 ～ 5	百日菊	3	美人蕉	3 ～ 4
报春	2 ～ 5	洋石竹	2	飞燕草	1	百合	2
茑萝	4 ～ 5	美女樱	3 ～ 5	紫菀	1	矮牵牛	3 ～ 5
雏菊	2 ～ 3	扶郎花	1	向日葵	3 ～ 4	福禄考	1

种子含水量是影响种子保存寿命的重要因子，种子采收处理后的含水量对种子寿命影响很大。不同的贮存方法和条件都有一个安全含水量值，过高或过低都会降低种子寿命。不同花卉种子，其寿命又有差异，如飞燕草的种子，在一般贮藏条件下，寿命为 2 年，而在充分干燥后密封于 –15 ℃的条件下，18 年后仍保持 54% 的发芽率。另外，一些花卉的种子，如牡丹、芍药、王莲等，过度干燥时即迅速失去发芽力。常规贮存时，大多数种子含水量以保持在 5% ～ 8% 为宜。

（2）影响种子寿命的环境条件。

1）空气湿度。高湿环境不利于种子寿命延长，因为种子具有吸收空气中水分的能力，从而使种子含水量增大。对多数花卉种子来说，干燥贮藏时，相对湿度维持在 30% ～ 60% 为宜。

2）温度。低温可以抑制种子的呼吸作用，延长其寿命。干燥种子在低温条件下，能较长时间保持生活力。多数花卉种子在干燥密封后，于 1 ～ 5 ℃的低温下可以贮存较长时间，在高温多湿的条件下贮藏，则发芽率降低。

3）氧气。氧气可促进种子的呼吸作用，降低氧气含量能延长种子的寿命。将种子贮藏于其他气体中，可以减弱氧的作用。多项试验表明，不同花卉种类的种子贮藏于氢气、氮气、一氧化碳中，其效果各不相同，但均优于空气中。

空气湿度常和环境温度共同发生作用影响种子寿命。低温干燥有利于种子贮存。多数草花种子经过充分干燥，贮藏在低温下可以延长寿命。试验证明，充分干燥的花卉种子，对低温和高温的耐受力提高，即使温度增高，因水分不足，仍可阻止其生理活动，减少贮藏物质的消耗。值得注意的是，多数花卉类种子，在比较干燥的条件下，容易丧失发芽力。而且花卉种子不应长时间暴露于强烈日光下，否则会影响发芽力及寿命。

2. 花卉种子的贮藏方法

种子采收后首先要进行整理。通常先晒干或阴干，脱粒后，放在通风阴凉处，使种子充分干燥，将含水量降到安全贮藏范围内。晾晒时避免种子在阳光下暴晒。此后要去杂去壳，清除各种附着物。种子处理好后即可贮藏。种子贮藏的原则是降低呼吸作用，减少养分消耗，保持活力，延长寿命。一般来说，干燥、密闭、低温的环境都可抑制呼吸作用，因此多数花卉种子适宜低温干藏。

（1）自然干燥贮藏法。自然干燥贮藏法主要适用于耐干燥的一二年生草本花卉种子，经过阴干或晒干后装入纸袋中，放在通风干燥的室内贮藏。

（2）干燥密封贮藏法。将上述充分干燥的种子，装入瓶罐中密封起来贮藏。

（3）低温干燥密封贮藏法。将上述充分干燥密封的种子存放在 1 ～ 5 ℃的低温环境中贮藏，这样能很好地保持花卉种子的生活力。

三、种子发芽条件

花卉种子只有在水分、温度、氧气和光照等外界条件适宜时才能顺利发芽生长。对于休眠种子来说，还得首先打破休眠。

1. 水分

花卉种子萌发首先需要吸收充足的水分。种子吸水后，开始膨胀使种皮破裂，种子呼吸强度加大，其内部各种酶的活动也随之旺盛起来，储存在种子内部的蛋白质、脂肪、淀粉等即行分解，转化成可被吸收利用的营养物质，输送到胚，以保证胚的生长发育，幼芽也随之萌出。不同花卉种子的吸水能力不尽相同，因此播种期不同种子对水分需求量也不相同。

此外，对于一些种皮较厚、种皮坚硬、吸水困难的种子（通称硬实种子），如牡丹、牵牛花、美人蕉、香豌豆，通常要在播种前把种子浸在 70 ℃的温水中 5 min，或用小刀进行刻破、挫伤等预处理，以保证播种后能顺利吸水正常发芽，如美人蕉、芍药、香豌豆等。万寿菊、千日红等种皮外被绒毛的花卉，播种前最好先去除绒毛或直接播种在蛭石里，以促进吸水，保证萌发。

2. 温度

花卉种子萌发的适宜温度依种类及原产地的不同而异。通常，原产地的温度越高，种子萌芽所要求的温度也越高（表 2-10）。发芽适温：温带植物在 10 ～ 15 ℃，亚热带、热带植物在 25 ～ 30 ℃。一般花卉种子萌芽适温要比生育适温高出 3 ～ 5 ℃。

表 2-10　部分观赏植物种子贮藏时间和发芽率与环境的关系

花卉名称	贮藏时间（月）		最低温度		最适温度		最高温度		光依赖性
	＜ 3 ℃	＜ 10 ℃	温度 /℃	发芽率 /%	温度 /℃	发芽率 /%	温度 / ℃	发芽率 %	
翠菊	＞ 52	41			25	84 ～ 98 4 ～ 6			不敏感
文竹	24	12	10	4 ～ 13 33 ～ 37	20 ～ 25	85 ～ 96 15 ～ 21	35	69 ～ 96 16 ～ 25	不敏感
长寿花	18	12			20	89 ～ 95 7 ～ 16	30 ～ 35	4 ～ 15 18 ～ 11	需光
荷包花	4	4	10	28 ～ 37 15 ～ 16	15	82 ～ 94 9 ～ 11	30	3 ～ 55 17 ～ 31	不敏感
仙客来	52	52	10	16 ～ 18 51 ～ 54	25	88 ～ 98 11 ～ 13	30	16 ～ 33 41 ～ 48	嫌光
紫罗兰	52	41			20	83 ～ 99 4 ～ 7			需光
百日草	41	41			20 ～ 25	81 ～ 100 4 ～ 5			不敏感
半边莲	35	35	10	49 ～ 67 22 ～ 25	20	81 ～ 91 4 ～ 6	35	35 ～ 60 6 ～ 7	不敏感

续表

花卉名称	贮藏时间（月）		最低温度		最适温度		最高温度		光依赖性
	< 3 ℃	< 10 ℃	温度 /℃	发芽率 /%	温度 /℃	发芽率 /%	温度 /℃	发芽率 /%	
金鱼草	> 52	13			20	60 ～ 99 14 ～ 21	35	4 ～ 12	不敏感
万寿菊	> 52	> 52	10	58 ～ 62 9 ～ 10	20	83 ～ 90 4 ～ 5	35	60 ～ 76 5 ～ 7	不敏感

3. 氧气

没有充足的氧气，种子内部的生理代谢活动就不能顺利进行，因此种子萌发必须有足够的氧气，这就要求大气中含氧充足，播种基质透气性良好。当然，水生花卉种子萌发所需的氧气量是很少的。

4. 光照

大多数花卉的种子萌发对光不敏感，只要有足够的水分、适宜的温度和一定的氧气，都可以发芽。但有些花卉种子萌发受光照影响。依种子发芽对光的依赖性不同，可将其分为以下两种。

（1）需光种子。这类种子常常是小粒的，靠近土壤表面才能发芽，在那里幼苗能很快出土并开始进行光合作用。这类种子没有从深层土中伸出的能力，因此在播种时覆土要薄，如报春花、毛地黄、瓶子草类等。

（2）嫌光种子。这种类型的种子在光照下不能萌发或萌发受到光的抑制。如黑种草、雁来红等，需要覆盖黑布或提供暗室等为种子萌发创造条件。

四、播种前种子处理

种子处理可以促进种子早发育，出苗整齐，应根据各种园艺植物种子的大小、种皮的厚薄、本身的不同性状，采用不同的处理方法。种子处理的方式有浸种催芽、挫伤种皮或剥壳、化学药剂处理、层积处理等。

1. 浸种催芽

浸种是使种子在短期吸足萌动所需全部水量的一种技术处理措施。浸种时间的长短取决于种粒的大小和种子吸水的快慢。用温水浸种较冷水好，时间也短。如冷水浸种，以不超过一昼夜为好。一般在种子膨胀后即可将其捞出装入小布袋内，保持潮湿，进行催芽，至种子萌动时，即行播种。催芽是在浸种的基础上，人工控制适宜的温湿度和供应充足的氧气，使种子露白发芽的措施。

2. 挫伤种皮或剥壳

种皮厚硬的种子，种皮坚硬，不易透水、透气，发芽困难，如荷花、美人蕉等，可在种子近脐处将种皮挫伤，用温水浸泡后再播种，可促进发芽。果壳坚硬不易发芽的种子，如黄花夹竹桃等，需剥去果壳后再播种。

3. 化学药剂处理

化学药剂处理又称为药剂浸种，用强酸强碱（如浓硫酸或氢氧化钠）处理种子，可软化种皮，改善种皮的通透性，再用清水洗净后播种。处理的时间为几分钟到几小时，因种皮的坚硬程度及透性强弱而异。注意所选用药剂、浓度、浸泡时间及浸后种子的清洗。

牡丹种子具有上胚轴休眠的特性，秋播当年只生出幼根，必须经过冬季低温阶段，上胚轴才能在春季伸出土面。若用 50 ℃温水浸种 24 h，埋于湿沙中，在 20 ℃条件下，约 30 d 生根，把生根的种子用 50 ～ 100 μL/L 赤霉素涂抹胚轴，或用溶液浸泡 24 h，10 ～ 15 d 就可长出茎来。有上胚轴休眠现象的花卉种子还有芍药、日本百合等。

大花牵牛的种子用赤霉素处理，代替低温处理。播种前用 10 ～ 25 μL/L 赤霉素溶液浸种，可以促其发芽。另外，种皮坚硬的芍药、美人蕉可以用 2% ～ 3% 的盐酸或浓盐酸浸种到种皮柔软，用清水洗净后再播种。

4. 层积处理

把花卉种子分层埋入湿润的素沙里，一层种子一层湿沙堆积，在室外经冬季冷冻，种子休眠即被破除。层积处理也可在控温条件下完成。层积处理后将种子取出，筛去沙土，或直接播种，或催芽后再播。层积处理的适温为 1 ～ 10 ℃，多数植物以 3 ～ 5 ℃为宜。一般植物种子需层积处理 1 ～ 6 个月。如杜鹃、榆叶梅需 30 ～ 40 d，海棠需 50 ～ 60 d，桃、李、梅等需 70 ～ 90 d，蜡梅、白玉兰需 3 个月以上。

五、播种时期和播种量

1. 播种时期

播种时期根据播种时间可分为春播和秋播。一年生草花大多为不耐寒花卉，多在春季播种。我国江南地区在 3 月中旬至 4 月上旬播种。二年生草花大多为耐寒花卉，多在秋季播种。江南多在 10 月上旬至 10 月下旬播种，冬季入温床或冷床越冬。宿根花卉的播种期因耐寒力强弱而异。耐寒性宿根花卉一般春播秋播均可，或种子成熟后即播。

有些花卉种子含水分多，生命力短，不耐贮藏，失水分后容易丧失发芽力，应随采随播。如君子兰、四季海棠等。热带和亚热带花卉的种子及部分盆栽花卉的种子，常年处于恒温状态，种子随时成熟，如果温度合适或设施生产，种子随时萌发，可周年播种，如中国兰花、热带兰花等。

2. 播种量

播种量都是根据发芽的失败、生育中途预估苗的损失而定。一般倾向于多播一些，但目前育种技术进步了，苗的损失也少了，播种量也变经济了。可根据种子的大小、发芽率计算花卉必要的播种量。通常根据花卉种子千粒重，将播种量折算为种子质量，即播种量为播种的克数。

六、播种方法

1. 盆播

采用盆口较大的浅盆或浅木箱进行花卉的播种繁殖称为盆播。此法常用于温室花卉等需要精细播种和养护管理的花卉。

（1）苗盆准备。一般播种盆深 10 cm，直径 30 cm，底部有 5 ～ 6 个排水孔。新盆播种前需淬火去碱，旧盆要洗刷清洁后进行消毒，晾干待用。

（2）盆土准备。苗盆底部的排水孔采用瓦片或纱网覆盖，盆底铺 2 cm 厚粗粒河砂和细粒石子，以利排水，上层装入过筛消毒的播种培养土，颠实、刮平即可播种。营养土以富含有机质的砂壤土为宜，一般可选用腐叶土、河砂、园土，其用量为 1 ∶ 2 ∶ 1，也可根据种子大小调整营养土比例，或选用不同配方的泥炭、蛭石和珍珠岩为基质。

（3）播种。小粒、微粒种子掺土后撒播（四季海棠、蒲包花、瓜叶菊、报春花等），大粒种子点播。播后用细筛视种子大小覆土，用木板轻轻压实。微粒种子覆土要薄，以不见种子为度。

根据花卉种类、耐移栽程度、应用途径可选择撒播、条播或点播的播种方式。

1）撒播法。撒播法即将种子均匀播撒于播种苗床。撒播法操作简单，省工，出苗量大，占地面积小。但播种不均匀，幼苗常因拥挤而发生徒长，也易发生病虫害，在后期管理中除草较为困难。此法适用于种子量大而出苗容易或小粒种子的花卉类型，如鸡冠花、翠菊、金鸡菊、三色堇、虞美人、石竹等。为了使撒播均匀，通常在种子内拌入 3 ～ 5 倍的细砂或细碎的泥土。撒播时，为使种子易与苗床表土密切接触，可在播前先行对苗床灌水，然后再进行播种。

2）条播法。条播法即种子成条播种的方法。条播管理方便，通风透光好，有利于幼苗生长。其缺点为出苗量不及撒播法。此法常用于中粒种子的花卉类型，如一串红、金盏菊、万寿菊、文竹、天门冬等。

3）点播法。点播法也称穴播，按照一定的行距和株距，进行开穴播种，一般每穴播种 2 ～ 4 粒。点播用于大粒种子播种。此法幼苗生长最为健壮，但出苗量少，常用于直播栽培的露地花卉等类型，如紫茉莉、牡丹、芍药、牵牛花、金莲花、君子兰等。

（4）播种深度及覆土。播种的深度也是覆土的厚度。播种后，应使种子与土壤紧密结合，便于其吸收水分而发芽，因而要将苗床面压实，用喷洒的形式浇水，保持土壤墒情。一般覆土深度为种子直径的 2 ～ 3 倍，大粒种子宜厚，小粒种子宜薄。通常大粒种子覆土深度为种子厚度的 3 倍左右，细小粒种子以不见种子为宜，最好用 0.3 cm 孔径的筛子筛土。覆土完毕后，在床面上覆盖芦帘或稻草，然后用细孔喷壶充分喷水，每日 1 ～ 2 次，保持土壤润湿。干旱季节，可在播种前充分灌水，待水分充分渗入土中再播种覆土。如此可保持土壤湿润时间较长，又可避免多次灌水致使土面板结。

（5）播种后的管理中需注意的几个问题。

1）保持苗床的湿润，初期给水要偏多，以保证种子吸水膨胀的需要，发芽后适当减少，以土壤湿润为宜，不能使苗床有过干过湿现象。

2）播种后，如果温度过高或光照过强，要适当遮阳，避免地面出现“封皮”现象，影响种子出土。

3）播种后期根据发芽情况，适当拆除遮阳物，逐步见阳光。

4）当真叶出土后，根据苗的稀密程度及时间苗，去掉纤细弱苗，留下壮苗，充分见阳光“蹲苗”。

5）间苗后需立即浇水，以免留苗因根部松动而死亡，当长出 1 ～ 2 片真叶时用细眼喷壶浇水，当长出 3 ～ 4 片叶时可分盆移栽。

（6）浇水。盆播给水采用盆底浸水法。将播种盆浸到水槽里，下面垫一倒置空盆，以通过苗盆的排水孔向上渗透水分，至盆面湿润后取出。浸盆后用玻璃和报纸覆盖盆口，防止水分蒸发和阳光照射。夜间将玻璃掀去，使之通风透气，白天再盖好。

盆播种子出苗后立即掀去覆盖物，拿到通风处，逐步见阳光。可继续用盆底浸水法给水。

2. 直播

对一些不耐移栽的花卉，如牵牛、虞美人、霞草等，直接播种到园林中的花坛、花境应用地，不再移植。播种后进行适当的覆盖遮阴，以防止蒸发过快，使土壤始终保持湿润，促进种子萌发。对于小粒种子，播种后如基质变干，最好能用喷雾器喷水，切不可采用洒水法。待种子发芽后，逐渐增强光照，及时间苗。

3. 穴盘育苗

穴盘育苗是采用一次成苗的容器进行种子播种及无土栽培的育苗技术，是目前国内外工厂化专业育苗采用的最重要的栽培手段，也是花卉苗木生产中的现代产业化技术。市场上穴盘的种类比较多，一般有72穴、128穴、288穴、392穴等（图2-2）。根据所育的品种、计划培育成品苗的大小选用大小适宜的穴盘。

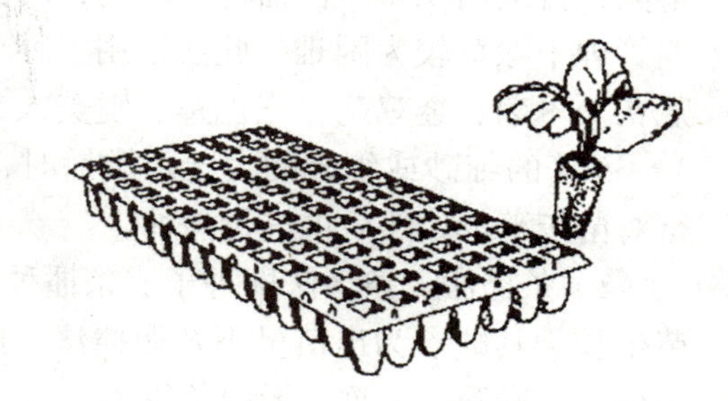

图 2-2　穴盘及穴盘苗

穴盘育苗播种采用机械或人工播种，基质主要有泥炭土、蛭石、珍珠岩等。一穴一粒种子，种子发芽率要求在98%以上。花卉生产中大量播种时，常配有加温设备，可以准确地控制温度、湿度和光照，为种子萌发创造最佳条件。播种后将穴盘移入发芽室，待出苗后移入温室。花苗长到一定大小时移栽到大一号的穴盘中，一直到出售或应用。

成果评价

序号	考核内容	考核标准	参考分值/分
1	情感态度及团队合作	准备充分，学习方法多样，积极主动配合教师和小组共同完成任务	2
2	资料收集与整理	能够广泛查阅、收集和整理与花卉播种繁殖有关的资料，能够对任务完成过程中的问题进行分析并予以解决	2
3	制订播种繁殖花卉生产技术方案	根据生理学、栽培学、苗圃学、花卉学、病虫害防治学等多学科知识，制订科学合理、可操作性强的花卉播种繁殖生产技术方案	2
4	播种技术及苗期管理	现场操作规范、正确	2
5	工作记录和总结报告	有完成全部工作的工作记录，书面整洁；总结报告结果正确，体会深刻；上交及时	2
		合计	10

任务三 扦插繁殖

任务描述

扦插繁殖是指切取植物的茎、叶、根的一部分，插入生根介质，利用营养器官的再生能力或分生机能，使其生根或发芽，成为独立植株的繁殖方法。扦插繁殖的植株比播种繁殖苗生长快，开花时间早，短时间能育成多数较大幼苗，保持原有品种特性。扦插苗无主根，根系较播种苗弱，多为浅根。不易产生种子或播种繁殖不容易出苗的花卉常用这种方法繁殖。

环保效应

植株扦插成活与环境因素有关，适宜的光照、湿度、透气性能等有助于促进生根。

材料工具

材料：花卉扦插材料、蛭石、珍珠岩、砻糠灰、沙、萘乙酸、吲哚乙酸、吲哚丁酸等。

工具：喷雾设备、枝剪等。

任务要求

1. 能正确进行叶插操作。
2. 能正确进行枝插操作。
3. 能正确进行根插操作。

任务流程

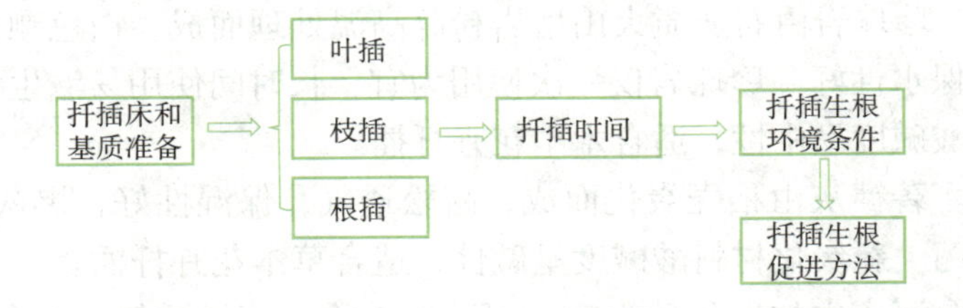

任务实施

一、扦插床的类型和扦插基质

1. 扦插床的类型及准备

（1）温室插床。在温室内作地面插床或台面插床，若有加温通风和遮阳降温喷水条件，可常年扦插使用。北方气候干燥，可采用温室地面插床。根据温室面积，南北向设置床面，长 10 ～ 12 m，宽 1.2 ～ 1.5 m，下挖深度 0.5 m 作通风道，上铺硬质网状支撑物及扦插基质，这种插床保温保湿效果好，生根快。南方气候湿润，采用台面插床，南北走向。地面以上 50 cm 处用砖砌成宽 1.2 ～ 1.5 m 培养槽状，床面留有排水孔。这种插床有利于下部通风透气，生根快而多。

（2）全光喷雾扦插床。全光喷雾扦插床为自动控制环境湿度的扦插床。插床底可装置电热线及自动控制仪器，使扦插床保持一定温度。插床上安装自动喷雾装置，按要求进行间歇喷雾，在增加空气湿度的同时降低温度，减少蒸发和呼吸作用。插床上无遮阴覆盖，充分利用太阳光照，叶片照常进行光合作用。利用这种设备可加速扦插生根，成活率大大提高。

（3）露地扦插床。枝插、根插的某些花卉品种也可以在露地进行，依季节不同，在露地设置扦插床大量繁殖，可以覆盖临时塑料棚或荫棚，加装喷雾设备，以利成活。少量繁殖时也可以扣瓶扦插、大盆密插，并配合遮阴（图 2-3）。

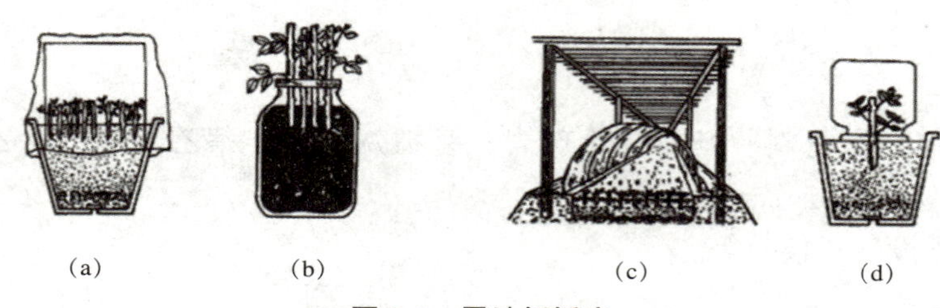

图 2-3　露地扦插床

（a）露地床插；（b）扣瓶扦插；（c）大盆密插；（d）暗瓶水插

2. 扦插基质准备

用作扦插的材料应具有保温、保湿、疏松、透气、洁净、酸碱度呈中性、成本低、便于运输等特点。常见的扦插基质有蛭石、珍珠岩、砻糠灰、河砂等。

（1）蛭石。蛭石是一种含金属元素的云母矿物，经高温制成，黄褐色片状，疏松透气，保水性好，酸碱度呈微酸性，适合木本、草本花卉扦插。

（2）珍珠岩。珍珠岩由石灰质火山熔岩粉碎高温处理而成，白色颗粒状，疏松透气，质地轻，保温、保水性好。珍珠岩仅一次使用为宜，长时间使用易滋生病菌，颗粒变小，透气性变差。其酸碱度呈中性，适合木本花卉扦插。

（3）砻糠灰。砻糠灰由稻壳炭化而成，疏松透气，保湿性好，黑灰色吸热性好，经高温炭化不含病菌。新炭化材料酸碱度呈碱性，适合草本花卉扦插。

（4）河砂。取河床中的冲积砂为宜。河砂质地重，疏松透气，不含病虫菌，酸碱度呈中性，适宜草本花卉扦插。

二、扦插的类型和方法

扦插的类型有叶插、枝插和根插等形式。

1. 叶插

叶插即采用花卉叶片或者叶柄作插穗的扦插方法。叶插用于能自叶上发生不定芽及不定根的种类。凡能进行叶插的花卉大多具有粗壮的叶柄、叶脉或肥厚之叶片。叶插须选取发育充实的叶片，在生长环境良好的繁殖床内进行，以维持适宜的温度及湿度，获得良好的效果。

（1）全叶插。全叶插以完整叶片作为插穗。全叶插可分为平置法和直插法。

1）平置法。将切去叶柄的叶片平置于基质上，以铁针或竹针固定，保持叶背与基质紧密接触，保持较高的空气湿度，一个月左右从叶缘或叶脉处生长出幼小的植株。例如：大叶落地生根从叶缘处产生幼小植株；彩纹秋海棠自叶片基部或叶脉处产生植株（图 2-4）。

（a）　　　　（b）

图 2-4　全叶插（平置法）（引自《花卉园艺》张守玉主编）

（a）刻伤叶脉；（b）生出新芽

2）直插法。直插法也称叶柄插法，将叶柄插入基质中，叶片立于基质上，一段时间后从叶柄的基部就会长出不定根和芽，如大岩桐进行叶插时，首先在叶柄基部产生小块茎，之后产生根与芽。用此法繁殖的花卉还有非洲紫罗兰、豆瓣绿、虎尾兰等。

（2）叶片插。叶片插用于叶脉发达、切伤后易生根的花卉。蟆叶海棠扦插时，先剪除叶柄，叶片边缘过薄处亦可适当剪去一部分，以减少水分蒸发，将叶片上的主脉、支脉间隔切断数处，平铺在插床面上，使叶片与基质密切接触，并用竹枝或透光玻璃固定，能在主脉、支脉切伤处生根。落地生根可由叶缘处生根发芽，可将叶缘与基质紧密接触。将虎尾兰一个叶片切成数块（每块上应具有一段主脉和侧脉）分别进行扦插，使每块叶片基部形成愈伤组织，再长成一个新植株。

（3）叶芽插。剪取一芽带一叶作为插穗，芽下附有小盾形茎片，插入基质后露出芽尖，如橡皮树、天竺葵等。

2. 枝插

采用花卉枝条作插穗的扦插方法叫作枝插。根据不同的植物和不同的生长季节，枝插分为顶梢插、茎插和芽插。

（1）顶梢插。一般在生长季节选用植物的嫩梢进行扦插。此法生根较快，成活率也高，如菊花、一串红、万寿菊等。

（2）茎插。茎插是选取植物的一部分茎段进行扦插，又分绿枝插和硬枝插。

1）绿枝插又称嫩枝插、软枝插，在树木生长季节，剪取未木质化或半木质化的新梢作插穗。此法易生根，可缩短育苗期，但技术要求较高，应注意保持空气和土壤湿度。花谢 1 周左右，选取腋芽饱满、叶片发育正常、无病害的枝条，剪成 10 ～ 15 cm 的小段，上剪口在芽上方 1 cm 左右，下剪口在基部芽下 0.3 cm，切面要平滑，也可以剪成其他形状。枝条上部保留 2 ～ 4 枚叶片，以便进行光合作用制造营养促进生根。插床基质为蛭石或砻糠。插穗插入前先用相当粗细的木棒插一孔洞，避免插穗基部插入时撕裂皮层，插入插穗的 1/2 或 2/3 部分，保留叶片的 1/2，喷水压实。绿枝插的花卉有月季、大叶黄杨、小叶黄杨、女贞、桂花等。仙人掌与多肉多浆植物剪枝后应放在通风处干燥几日，待伤口稍有愈合状再扦插，否则易引起腐烂。一般在当地雨季来临时进行，最好在早晨随采随插。

2）硬枝插以一二年生成熟休眠枝作为插穗，多在秋季落叶后至春季萌芽前进行。采集生长健壮、无病虫害的枝条，取中段有饱满芽的部分，剪成含 3 ～ 5 个芽、长约 15 cm 的小段。上剪口在芽上方 1 cm 左右，下剪口在基部芽下 0.3 cm，并削成斜面。插床基质为壤土或砂壤土，开沟将插穗斜埋于基质中成垄形，覆盖顶部芽，喷水压实。春插可浅些，秋插可深些。

有些难以扦插成活的花卉可采用带踵插、锤形插、泥球插等。该法适用于木本花卉紫荆、海棠类（图 2-5）。

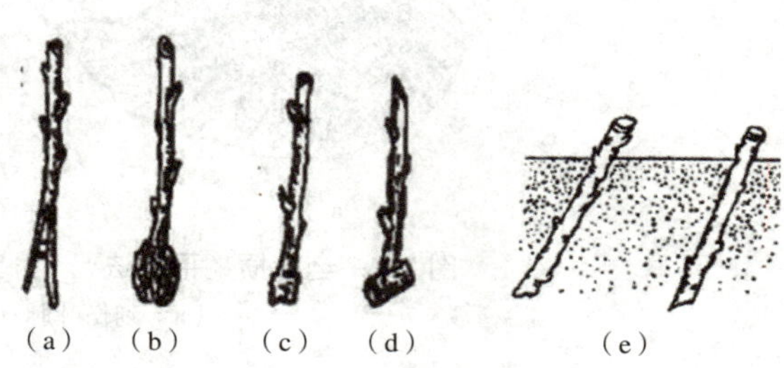

图 2-5 硬枝插

（a）加石子；（b）泥球插；（c）带踵插；（d）锤形插；（e）硬枝插

（3）芽插。芽插是利用花卉的芽作插穗的扦插方法。取 2 cm 长、枝上有较成熟芽（带叶片）的枝条作插穗，芽的对面略削去皮层，将插穗的枝条露出基质面，可在茎部表皮破损处愈合生根，腋芽萌发成为新植株，如橡皮树、虎尾兰等（图 2-6）。

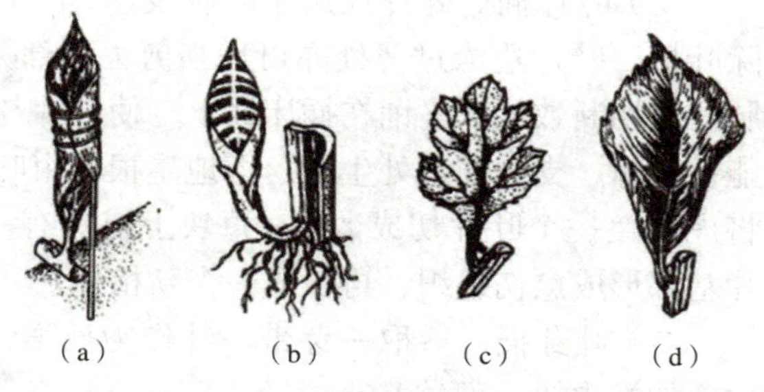

图 2-6 芽插（引自《花卉园艺》，章守玉主编）

（a）橡皮树；（b）虎尾兰；（c）菊花；（d）八仙花

3. 根插

根插是用花卉的根作插穗的扦插方法，适于用带根芽的肉质根花卉，如牡丹、芍药、月季、补血草等。结合分株将粗壮的根剪成 5 ～ 10 cm 左右 1 段，全部埋入插床基质或顶梢露出土面，注意上下方向不可颠倒。某些小草本植物的根，可剪成 3 ～ 5 cm 的小段，然后用撒播的方法撒于床面后覆土即可。如蓍草、宿根福禄考等（图 2-7）。

三、扦插的时间

花卉扦插繁殖以生长期扦插为主。但在温室条件下，花卉可全年保持生长状态，不论草本或木本花卉均可随时进行扦插，但花卉种类不同，各有其最适时期。

图 2-7 根插（引自《花卉园艺》，章守玉主编）

一些宿根花卉的茎插，从春季发芽后至秋季生长停止前均可进行。在露地苗床或冷床中进行时，夏

季 7—8 月雨季期间为最适时期。多年生花卉作一二年生栽培的种类，如一串红、金鱼草、三色堇、美女樱、藿香蓟等，为保持优良品种的性状，也可扦插繁殖。

多数木本花卉宜在雨季扦插，此时空气湿度较大，插条叶片不易萎蔫，有利成活。

四、扦插生根的环境条件

1. 温度

不同种类的花卉，要求不同的扦插温度。大多花卉种类适宜扦插生根的温度为 15 ～ 20 ℃，嫩枝扦插的温度宜在 20 ～ 25 ℃，热带花卉植物可在 25 ～ 30 ℃。当插床基质温度（地温）高于气温 3 ～ 6 ℃时，可促进插条先生根后发芽，成活率高。

2. 湿度

插穗生根前，保持水分平衡，插床环境要保持较高空气湿度。一般插床基质含水量控制在 50% ～ 60%，插床保持空气相对湿度为 80% ～ 90%。

3. 光照

绿枝扦插带叶片，便于在阳光下进行光合作用，促进碳水化合物的合成，提高生根率。由于叶片表面积大，阳光充足，温度升高，导致插条萎谢，在扦插初期要适当遮阳，当根系大量生出后，逐渐加强光照。

4. 空气

插条在生根过程中需进行呼吸，尤其是当插穗愈伤组织形成后，新根发生时呼吸作用增强，降低插床中的含水量，保持湿润状态，适当通风提高氧气的供应量。

五、扦插生根促进方法

1. 生根激素

花卉繁殖中常用的生根激素促进剂可有效促进插穗早生根、多生根。常见的种类有萘乙酸（NAA）、吲哚乙酸（IAA）、吲哚丁酸（IBA）等。它们都为生长素，可刺激植物细胞扩大伸长，促进植物形成层细胞的分裂而生根。吲哚丁酸效果最好，萘乙酸成本低。促根剂的应用浓度要在一定范围内，过高会抑制生根，过低不起作用。一般情况下，NAA、IBA 的使用浓度，草本花卉为 10 ～ 50 mg/kg，木本花卉为 100 ～ 200 mg/kg，水溶液浸泡 24 h。

2. 物理处理法

（1）环状剥皮。环状剥皮适用于较难生根的树种。在生长期间对插穗下端进行环状剥皮，使养分累积于环剥部分的下端，一段时间后在此处剪取插穗扦插，使花卉较易生根。

（2）软化处理。软化处理适用于一部分木本植物。在剪穗前，先在剪切部分进行遮光处理，变白软化后预先给予生根环境和刺激，促进根原组织的形成。用不透水的黑纸或黑布，在新梢顶端缠绕数圈，新梢继续生长到适宜长度时，自遮光部分剪下扦插。

六、扦插后的管理

扦插后的管理较为重要，也是扦插成活的关键之一。扦插管理需注意的问题如下。

（1）土温要高于气温。北方的硬枝插、根插搭盖小拱棚，防止冻害；调节土壤墒情，提高土温，促进插穗基部愈伤组织的形成。土温高于气温 3 ～ 5 ℃最适宜。

（2）保持较高的空气湿度。扦插初期，硬枝插、绿枝插、嫩枝插和叶插的插穗无根，靠自身平衡水分，需 90% 的相对空气湿度。气温上升后，及时遮阳，防止插穗蒸发失水，影响成活。

（3）光照由弱到强。扦插后，逐渐增加光照，加强叶片的光合作用，尽快产生愈伤组织而生根。

（4）及时通风透气。随着根的发生，应及时通风透气，以增加根部的氧气，促使快生根、多生根。

成果评价

序号	考核内容	考核标准	参考分值 / 分
1	情感态度及团队合作	准备充分，学习方法多样，积极主动配合教师和小组共同完成任务	1
2	资料收集与整理	能够广泛查阅、收集和整理与花卉扦插繁殖有关的资料，能够对任务完成过程中的问题进行分析并予以解决	2
3	制订花卉扦插繁殖的生产技术方案	根据生理学、栽培学、苗圃学、花卉学、病虫害防治学等多学科知识，制订科学合理、可操作性强的花卉扦插繁殖技术方案	3
4	花卉扦插技术及管理	现场操作规范、正确	3
5	工作记录和总结报告	有完成全部工作的工作记录，书面整洁；总结报告结果正确，体会深刻；上交及时	1
合计			10

任务四　嫁接繁殖

任务描述

嫁接繁殖是将一种植物的枝、芽移接到另一植株根、茎上，使之长成新的植株的繁殖方法。用于嫁接的枝条称为接穗，用于嫁接的芽称为接芽，被嫁接的植株称为砧木，接活的苗称为嫁接苗。它的特点是：保持品种的优良性状；增加品种抗性，提高适应能力；提早开花结果；改变原生产株形；繁殖量少，操作烦琐，技术难度大。

环保效应

植物嫁接可以增强植物适应环境的能力。通过嫁接，可以将适应干旱的植物与适应湿润的植物组合在一起，从而形成一种新的植物体，它们可以更好地适应不同的环境。

材料工具

材料：砧木、接穗等。

工具：枝剪、利刀等。

任务要求

1. 会选择砧木和接穗。
2. 掌握不同的嫁接技术。

任务流程

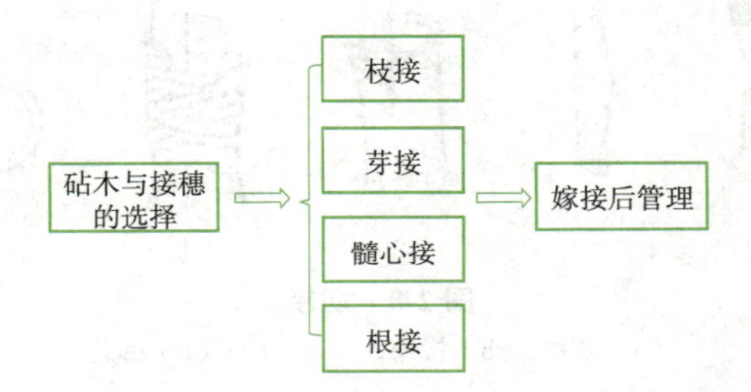

任务实施

一、砧木与接穗的选择

1. 砧木的选择

砧木与接穗有良好的亲和力；砧木适应本地区的气候、土壤条件，根系发达，生长健壮；能够为接穗的生长、开花、寿命提供良好的基础；对病虫害、旱涝、地温、大气污染等有较好的抗性；能满足生产上的需要，如矮化、乔化、无刺等；以一二年生实生苗为好。

2. 接穗的选择

应从品种优良、特性强的植株上采集接穗；枝条生长充实，色泽鲜亮光洁，芽体饱满，取枝条的中间部分，过嫩不成熟，过老基部芽体不饱满；春季嫁接采用一年生的枝，生长期芽接和嫩枝接采用当年生的枝。

二、嫁接技术

嫁接的方法有很多，要根据花卉种类、嫁接时期、气候条件选择不同的嫁接方法。嫁接时，嫁接技术对嫁接苗的成活影响很大。嫁接操作应牢记“齐、平、快、紧、净”五字要诀，齐是指砧木与接穗形成层必须对齐，平是指砧木与接穗的切面要平整光滑，快是指操作动作要迅速，紧是指砧木和接穗的切面必须紧密地结合在一起，净是指砧穗切面保持清洁，不要被泥土污染。花卉栽培中常用的是枝接、芽接、髓心接和根接等。

1. 枝接

以枝条为接穗的嫁接方法称为枝接。常见枝接方法有切接、劈接和靠接。

（1）切接。切接一般在春季3—4月份进行。选定砧木，离地10～12 cm处水平截去上部，在横切面一侧用嫁接刀纵向下切2 cm左右，稍带木质部，露出形成层。将选定的接穗截取5～8 cm的一段，其上具2～3个芽，将下部削成2 cm左右的楔形，在其背侧末端斜削一刀，插入砧木，使它们的形成层相互对齐，用麻线或塑料膜带扎紧，不能松动。碧桃、红叶桃等可用此方法嫁接（图2-8）。

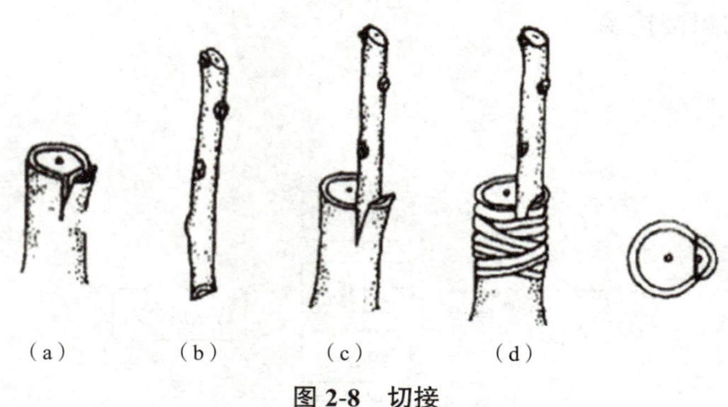

图2-8　切接

（a）砧木；（b）接穗；（c）嵌合；（d）绑扎

（2）劈接。劈接一般在春季3—4月份进行。在砧木离地10～12 cm处，截去上部，然后在砧木横切面中央，用嫁接刀纵向下切3～5 cm，接穗枝条长5～8 cm，保留2～3个芽，下端削成楔形，插入切口，对准形成层，用塑料带扎紧即可。菊花中大立菊的栽培嫁接，杜鹃花、榕树、金橘的高头换接都用此嫁接方法（图2-9）。

（3）靠接。靠接用于嫁接不易成活的花卉。靠接在温度适宜的生长季节进行，在高温期最好。先将靠接的两株植株移置一处，各选定一个粗细相当的枝条，在靠近部位削出相等长的削面，削面要平整，深至近中部。使两枝条的削面形成层紧密结合，至少对准一侧形成层，然后用塑料膜带扎紧，待愈合成活后，将接穗自接口下方剪离母体，并截去砧木接口以上的部分，则成一株新苗，如用小叶女贞作砧木嫁接桂花、大叶榕树嫁接小叶榕树、代代嫁接香园或佛手等（图2-10）。

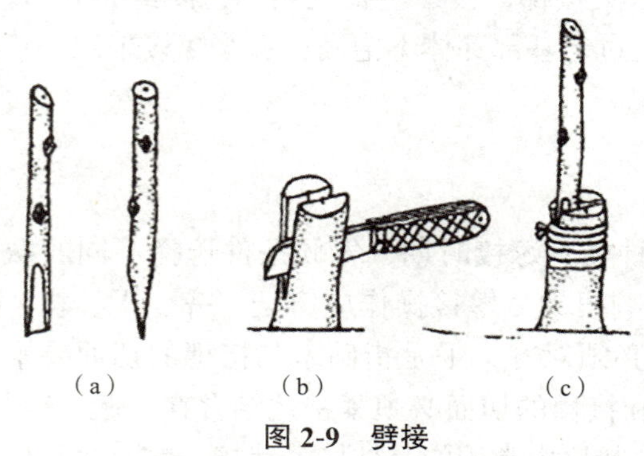

图2-9　劈接

（a）接穗；（b）砧木劈开；（c）插接、蜡封

图2-10　靠接

2. 芽接

芽接是以芽为接穗的嫁接方法。常见的芽接方法包括 T 字形芽接和嵌芽接等。

（1）T 字形芽接。选枝条中部饱满的侧芽作接芽，剪去叶片，保留叶柄，在接芽上方 5 ～ 7 mm 处横切一刀，深达木质部，然后在接芽下方 1 cm 向芽的位置削去芽片，芽片呈盾形，连同叶柄一起取下。在砧木的一侧横切一刀，深达木质部，再从切口中间向下纵切一刀，长 3 cm，使其成 T 字形，用芽接刀轻轻把皮剥开，将盾形芽片插入 T 字形口内，紧贴形成层，将剥开的皮层合拢，包住芽片，用塑料膜带扎紧，露出芽及叶柄。

T 字形芽接或嵌芽接后 7 d 左右，当触动接芽上的叶柄能自然脱落，并且芽片皮色正常，说明嫁接已成活。如果芽片皮色不发绿，说明没嫁接成活。可换方向补接 1 次。

（2）嵌芽接。在砧穗不易离皮时用此方法。在芽上方 0.5 ～ 1 cm 处斜切一刀，稍带部分木质部，长 1.5 cm 左右，再在芽下方 0.5 ～ 0.8 cm 处斜切 1 刀，取下芽片，接着在砧木适当部位切与芽片大小相应的切口，并将切开的部分切取上端 1/3 ～ 1/2，留下大部分芽片，将芽片插入切口，对齐形成层，芽片上端露一点砧木皮层，用塑料膜带扎紧（图 2-11）。

3. 髓心接

接穗和砧木以髓心愈合而成的嫁接方法称作髓心接，一般用于仙人掌类花卉。在温室内一年四季均可进行。

（1）仙人球嫁接。先将仙人球砧木上面切平，外缘削去一圈皮肉，平展露出仙人球的髓心。将另一个仙人球基部也削成一个平面，然后砧木和接穗平面切口对接在一起，中间髓心对齐，用细绳连盆一块绑扎固定，放半阴干燥处，1 周内不浇水。保持一定的空气湿度，防止伤口干燥。待成活拆去扎线，拆线后 1 周可移到阳光下进行正常管理。

（2）蟹爪兰嫁接。蟹爪兰嫁接是以仙人掌为砧木、蟹爪兰为接穗的髓心嫁接。将培养好的仙人掌上部平削去 1 cm，露出髓心部分。蟹爪兰接穗要采集生长成熟、色泽鲜绿肥厚的 2 ～ 3 节分枝，在基部 1 cm 处两侧都削去外皮，露出髓心。在肥厚的仙人掌切面的髓心左右切 1 刀，再将插穗插入砧木髓心挤紧，用仙人掌针刺将髓心穿透固定。髓心切口处用溶解蜡滴封平，避免水分进入切口。1 周内不浇水。保持一定的空气湿度，当蟹爪兰嫁接成活后移到阳光下进行正常管理（图 2-12）。

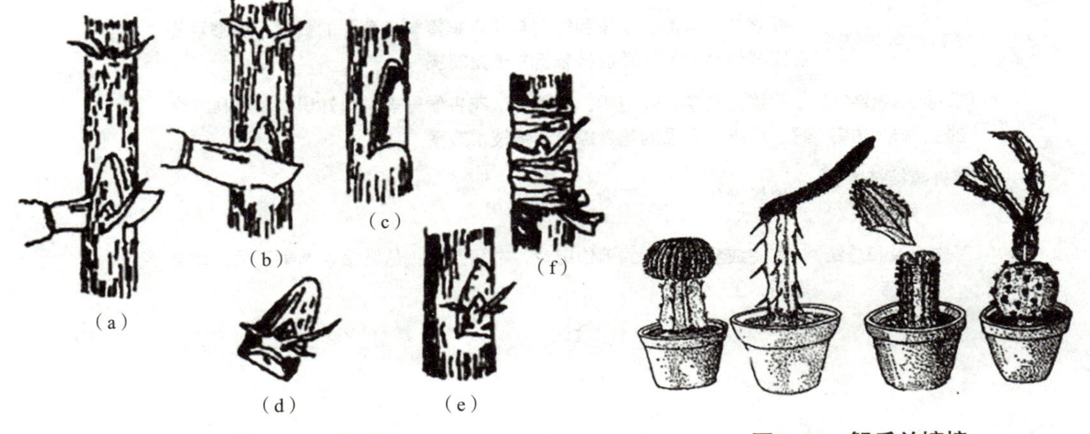

图 2-11　嵌芽接

（a）削芽；（b）、（c）切贴；（d）芽片；（e）接合；（f）绑扎

图 2-12　蟹爪兰嫁接

4. 根接

根接是以根为砧木的嫁接方法。肉质根的花卉用此方法嫁接。牡丹根接在秋天温室内进行。以牡丹枝为接穗，芍药根为砧木，按劈接的方法将两者嫁接成一株，嫁接处扎紧放入湿砂堆埋住，露出接穗接受光照，保持空气湿度，30 d 成活后即可移栽（图 2-13）。

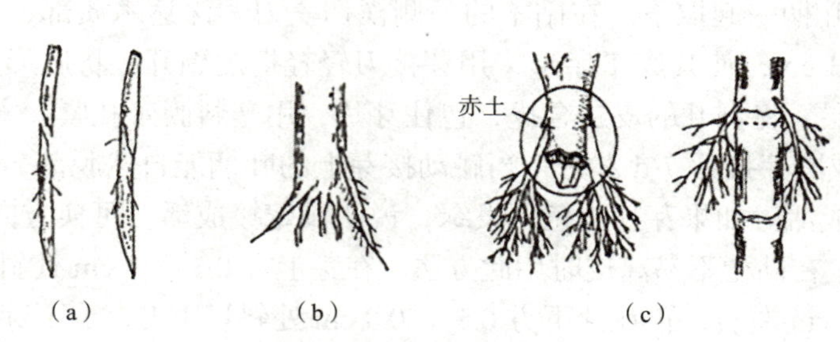

图 2-13　根接

（a）接穗；（b）砧木；（c）接苗

三、嫁接后管理需注意的几个问题

（1）无论按哪种方法嫁接，嫁接后的温度、空气湿度、光照、水分都要正常管理，不能忽视任一方面，以保证花卉嫁接的成活率。

（2）嫁接后要及时地检查成活程度，如果没有嫁接成活，应及时补接。

（3）嫁接成活后及时松绑塑料膜带，长时间缢扎影响植株的生长发育。

（4）保证营养能集中供应给接穗，及时剥除砧木上萌芽和接穗上的萌芽，可多次进行，根蘖由基部剪除。

成果评价

序号	考核内容	考核标准	参考分值 / 分
1	情感态度及团队合作	准备充分，学习方法多样，积极主动配合教师和小组共同完成任务	1
2	资料收集与整理	能够广泛查阅、收集和整理与花卉嫁接繁殖有关的资料，能够对任务完成过程中的问题进行分析并予以解决	2
3	制订花卉嫁接繁殖的生产技术方案	根据生理学、栽培学、苗圃学、花卉学等多学科知识，制订科学合理、可操作性强的花卉嫁接繁殖技术方案	3
4	花卉嫁接技术及管理	现场操作规范、正确	3
5	工作记录和总结报告	有完成全部工作的工作记录，书面整洁；总结报告结果正确，体会深刻；上交及时	1
		合计	10

任务五　分生繁殖和压条繁殖

任务描述

分生繁殖是将植物的幼小植株（吸芽、珠芽）萌蘖芽、变态茎与母株切割分离另行栽培成独立植株的繁殖方法。常利用植物的吸芽、株芽、变态茎（包括走茎、匍匐茎、攀缘茎、根状茎、球茎、鳞茎、块茎）营养器官。压条繁殖包括普通压条、波状压条、壅土压条、高空压条等。

环保效应

春季开花的植物多在秋季分株，秋季开花的植物多在春季分株。秋季分株应在植物的地上部分进入休眠而根系仍未停止活动时进行；春季分株应在早春土壤解冻后至萌芽前进行；温室花卉分株可结合进出房和换盆进行。

材料工具

材料：植物材料等。

工具：利刀等。

任务要求

1. 能根据实际情况选择分株方式。
2. 能根据实际情况选择分球方式。
3. 会压条繁殖。

任务流程

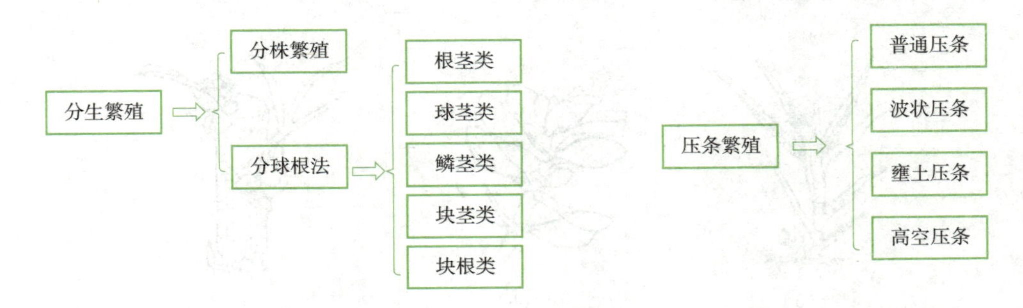

任务实施

一、分生繁殖

1. 分株繁殖

将丛生花卉由根部分开，成为独立植株的方法称为分株繁殖，一般在春季分盆期和秋天移栽期进行，如大花蕙兰、玉簪等。易产生萌蘖的木本花卉（如玫瑰、牡丹、芍药、大叶黄杨、贴梗海棠等），以及草本花卉（如菊花、玉簪、萱草、中国兰花、紫菀、蜀葵、非洲菊等）都采用分株的方法进行繁殖。

（1）分株的时间。分株要在一般花木落叶以后到萌发以前的休眠期进行，分株时更要保护好根系。根系不破裂、不损伤，株苗才容易成活。

1）落叶花木类。落叶花木类植物分株应在休眠期进行，即早春和秋季，南方可在秋季落叶后进行，但芍药应在秋季分株。优点：一是花木入冬还能长出一些新根，冬季枝梢也不易抽干；二是对花卉翌年开花影响较小；三是可以减轻春忙季节劳力紧张状况。

2）常绿花木类。常绿花木类多在春暖之前进行分株。

（2）分株的方法。

1）露地花木类。将母本从土内挖出，多带根系，将株丛用利刀或斧头分劈成几丛。有些萌蘖力强的灌木和藤本植物，在母株的四周常萌发出许多幼小的株丛，分株时不必挖掘出来，只挖掘分蘖苗另栽即可，如金银花、凌霄等，但需在花圃地内培育 1 年。

2）盆栽花卉。盆栽多用于多年生草花，可以采用以下几种方式繁殖（图 2-14）。

①走茎繁殖。走茎是变态茎的一种。变态茎是指植物的茎在进化过程中发生的一些可以遗传的变化，包括形态、结构和生理功能方面，其中可以用于繁殖的变态茎主要有走茎、根状茎、鳞茎、球茎、块茎等。走茎是自叶丛抽生出来的节间较长的茎，节上着生叶、花和不定根，如虎耳草、吊兰等。

②吸芽繁殖。吸芽为某些植物根部或地上茎叶腋间自然发生的短缩肥厚呈莲座状的短枝。吸芽还可自然生根。芦荟、景天等在根际处常着生吸芽，凤梨的地上茎叶腋间也生吸芽，水塔花株丛基部也会萌生许多吸芽。

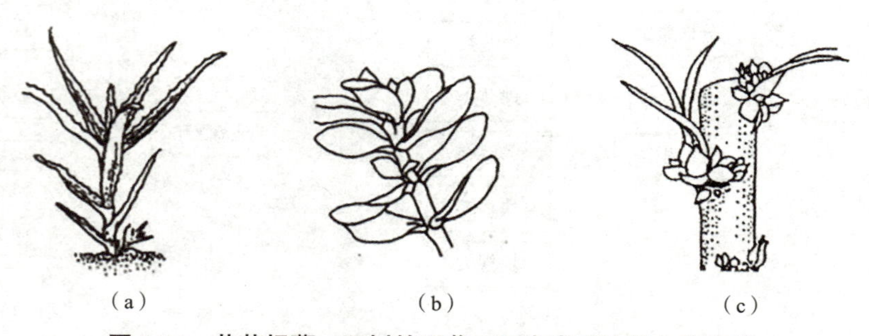

图 2-14　芦荟根蘖、玉树的吸芽、百合类植株茎上的珠芽

（a）芦荟根蘖；（b）玉树的吸芽；（c）百合类植株茎上的珠芽

③珠芽及零余子繁殖。珠是某些植物所具有的特殊形式的芽，生于叶腋间或花序中百

合科的一些花卉都具有珠芽，如百合、卷丹、观赏葱等。珠芽及零余子脱离母株后自然落地即可生根。分株时先把母本从盆内脱出，抖掉大部分泥土，找出每个萌蘖根系的延伸方向，解开团根，少伤根系，用刀把分蘖苗和母株连接的根茎部分割开，即上盆栽植，浇水后放在荫棚下一段时间后转入正常管理。另外，如米兰、龙舌兰等，常从根部滋生幼小的植株，这时可先挖掘附近的盆土，再用小刀将幼植株与母本连接处切断，连同幼根将分蘖苗挖出另栽。

（3）花卉分株时需注意的问题。

1）君子兰出现吸芽后，吸芽必须有自己的根系以后才能分株，否则难以成活。

2）中国兰分株时，切勿伤及假鳞茎，假鳞茎一旦受伤，影响成活率。

3）分株时要检查病虫害，一旦发现，立即销毁或彻底消毒后栽培。

4）分株时根部的伤口在栽培前用草木灰消毒，这样栽培后不易腐烂。

5）春季分株时要注意土壤保墒，避免栽植后被风抽干。

6）秋冬季分株时要防冻害，可适当加以保护。

7）匍匐茎的花卉（如虎耳草、吊兰、草莓等），分株时要保证植株根、茎、叶的完整性。

2. 分球根法

（1）根茎类。一些多年生花卉的地下茎肥大，呈粗而长的根状，节上需形成不定根，并发出侧芽而分枝。用根茎繁殖时，上面应具有 2 ～ 3 个芽才易成活。美人蕉、鸢尾、紫苑等可用根茎繁殖，马蹄莲、一叶兰也可按分株的方法进行分割。

（2）球茎类。球茎类是地下变态茎，短缩肥厚近球状，球茎上有节、退化叶片及侧芽，老球茎萌发后在茎部形成新球，新球旁常生子球，如唐菖蒲等。

（3）鳞茎类。鳞茎是指一些花卉的地下茎短缩肥厚近乎球形的地下变态茎，底部具有扁盘状的鳞茎盘，鳞叶着生于鳞叶盘上。鳞茎中贮藏着丰富的有机物质和水分，其顶芽常抽生真叶和花序，鳞叶之间可发生腋芽，每年可从腋芽中形成一至数个子鳞茎并从老鳞茎旁分离，因此可以通过分栽子鳞茎来扩大繁殖系数，如百合、郁金香、风信子、水仙等。百合还可栽鳞叶促其生根。

（4）块茎类。块茎顶端常具几个发芽点，表面也分布一些芽眼可生侧芽，如马铃薯多用分切块茎繁殖，而仙客来等不能分切块茎。

（5）块根类。如大丽花，块根上没有芽，仅在根茎处能发芽，故分割时每块也必须有带芽的根茎。球根分割时注意防止伤口腐烂，应涂草木灰以防感染。

二、压条繁殖

木本花卉在萌芽前或者在秋冬落叶后进行压条。草本花卉和常绿花卉的生长在多雨季节进行。采用压条繁殖方式的花卉多是木本花卉，如石榴、木槿、迎春、凌霄、地锦、贴梗海棠、紫玉兰、素馨、锦带花等。草本花卉（如美女樱、半枝莲、金莲花等）也可用压条繁殖。压条繁殖所选用的枝条应发育成熟、健壮、无病虫害。为了促进生根，常将枝条入土部分进行环剥、扭伤、缢扎等技术处理，使其生根多、生根快。

1. 普通压条

选用靠近地面而向外伸展的枝条，先进行扭伤或刻伤或环剥处理后，弯入土中，使枝条端部露出地面。为防止枝条弹出，可在枝条下弯部分插入小木叉固定，再盖土压实，生根后切割分离。如石榴、素馨、玫瑰、半枝莲、金莲花等，可用此法［图 2-15（a）］。

2. 波状压条

波状压条适合枝条长而容易弯曲的花卉。将枝条弯曲牵引到地面，枝条数处刻伤，将每一伤处弯曲后埋入土中，用小木叉固定在土中。当刻伤处生根后，与母株分别切开移位，即成为数个独立的植株，如美女樱、葡萄、地锦等［图 2-15（b）］。

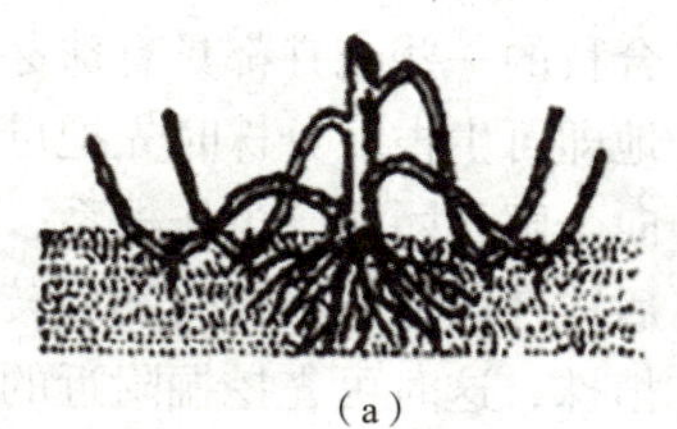
（a）

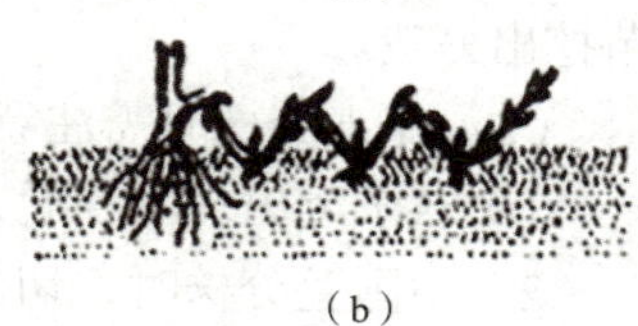
（b）

图 2-15　普通压条和波状压条

（a）普通压条；（b）波状压条

3. 壅土压条

壅土压条适合丛生性枝条硬直的花卉。将母株先重剪，促使根部萌发分蘖。当萌蘖枝条长至一定粗度时，在萌蘖枝条基部刻伤，并在其周围堆土呈馒头状，待枝条基部根系完全生长后分割切离，分别栽植。此法常用于牡丹、木槿、紫荆、锦带花、大叶黄杨、侧柏、贴梗海棠等（图 2-16）。

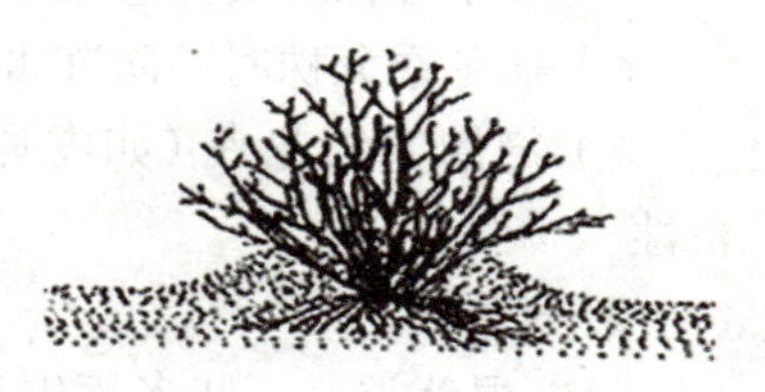

图 2-16　壅土压条

4. 高空压条

高空压条适合小乔木状枝条硬直花卉。选择离地面较高的枝条进行刻伤等处理后，外套容器（竹筒、瓦盆、塑料袋等），内装苔藓或细土，保持容器内土壤湿润，30 ～ 50 d 即可生根，生根后切割分离成为新的植株。常用的花卉如米兰、杜鹃、栀子、佛手、香园、金橘等（图 2-17）。

图 2-17　高空压条

成果评价

序号	考核内容	考核标准	参考分值 / 分
1	情感态度及团队合作	准备充分，学习方法多样，积极主动配合教师和小组共同完成任务	1
2	资料收集与整理	能够广泛查阅、收集和整理与花卉分生繁殖和压条繁殖有关的资料，能够对任务完成过程中的问题进行分析并予以解决	2
3	制订温室花卉分生繁殖、压条繁殖技术方案	根据生理学、栽培学、苗圃学、花卉学、病虫害防治学等多学科知识，制订科学合理、可操作性强的分生繁殖技术方案	3

续表

序号	考核内容	考核标准	参考分值 / 分
4	分生繁殖和压条繁殖的管理	现场操作规范、正确	3
5	工作记录和总结报告	有完成全部工作的工作记录，书面整洁；总结报告结果正确，体会深刻；上交及时	1
合计			10

项目三 盆花生产

项目情景

将花卉栽植于花盆的生产栽培方式，称为花卉盆栽。在花卉业整体规模扩张的过程中，盆花产业也保持着较好的发展之势。盆栽花卉以其广泛的种植基础和便捷的流通渠道，深受广大消费者的喜爱，成为我国花卉产业结构中重要的组成部分。

盆栽花卉植物品种众多，已经形成规模化生产的品种，基本以年宵花及常年出口的小盆栽和绿植品种为主。

本项目重点介绍盆花生产的内容，包括品种选择、育苗、基质准备、栽植、养护管理、花期调控、病虫害防治以及包装运输等步骤。选择了仙客来、一品红、蝴蝶兰、红掌、宝莲灯、绣球、铁线莲、君子兰、发财树、竹芋、常春藤、豆瓣绿、铁线蕨、金橘、佛手、富贵子、金琥、蟹爪兰、昙花、仙人球盆栽花卉生产20个任务。

盆花项目参照园林园艺行业职业岗位对人才的需要和花卉园艺师国家职业标准，实行“项目引导＋任务驱动”教学模式，将盆花生产应用的基本理论知识、品种相关情况介绍、环保效应及操作技能与花卉园艺师国家职业标准相对接，帮助学生熟练掌握花卉园艺师所要求的核心技能，促其理论与实践同步提高，满足园林园艺行业职业岗位对人才的需要，最后获取花卉园艺师职业资格证书。

学习目标

➢ 知识目标

1. 了解仙客来、一品红、蝴蝶兰、红掌、宝莲灯、绣球、铁线莲、君子兰、发财树、竹芋、常春藤、豆瓣绿、铁线蕨、金橘、佛手、富贵子、金琥、蟹爪兰、昙花、仙人球的生长习性和生长发育规律。

2. 掌握制订盆花周年生产计划的相关知识与方法。

3. 掌握制订盆花周年生产管理方案的相关知识与方法。

4. 掌握仙客来、一品红、蝴蝶兰、红掌、宝莲灯、绣球、铁线莲、君子兰、发财树、竹芋、常春藤、豆瓣绿、铁线蕨、金橘、佛手、富贵子、金琥、蟹爪兰、昙花、仙人球植物日常养护相关知识与技能。

5. 掌握盆花经济效益分析的相关知识与方法。

6. 熟练掌握花卉园艺师所要求的核心技能，如扦插繁殖、嫁接繁殖、盆栽植物布置与养护知识、常见盆花病虫害的发病原理与方法等，应对花卉园艺师理论知识考试。

➢ 能力目标

1. 能根据需要组织、指导及实际参与仙客来、一品红、蝴蝶兰、红掌、宝莲灯、绣球、铁线莲、君子兰、发财树、竹芋、常春藤、豆瓣绿、铁线蕨、金橘、佛手、富贵子、金琥、蟹爪兰、昙花、仙人球盆花产品周年生产。

2. 能根据花卉生长习性、企业发展规划及市场供求状况主持制订花卉产品周年生产计划。

3. 能根据生产目标与计划和企业实际情况编制盆花生产管理方案。

4. 能根据实际生产成本和销售收入进行经济效益分析。

5. 能根据所掌握盆花生产相关知识，应对花卉园艺师技能操作考核。

➢ 素质目标

1. 通过盆花生产计划和方案的编制，培养学生独立获取知识、信息处理、组织管理及创新的能力。

2. 通过盆花生产方案的实施，培养学生分析问题、解决问题的能力。

3. 通过盆花生产任务的实际操作，培养学生的动手实践能力和吃苦耐劳的精神，锻炼学生的体能和耐力。

4. 通过分组合作、按组考核，培养学生的团队意识、合作能力、协调沟通能力、社会适应能力。

盆花生产流程

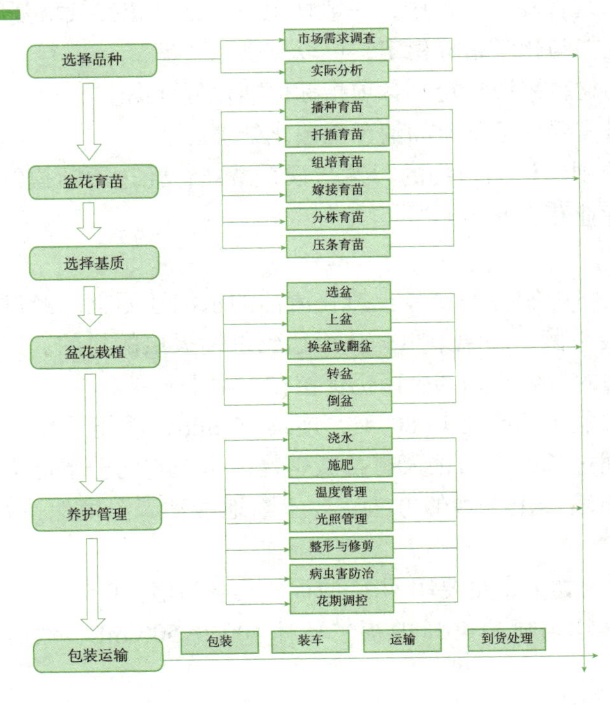

理论知识

一、选择品种

选择的品种要适应当地的气候条件；选择盆花的品种要考虑栽培技术是否成熟；选择盆花品种，要考虑投入的成本，要量力而行，注意规避风险；选择盆花品种应考虑销售范围和市场需求量；选择盆花还应该考虑与生产设施配套。花卉生产应该选择有相当程度购买力或尚未满足消费需求、具有潜在购买力的地区以及竞争对手尚未控制市场的花卉品种，这样不仅收益高，还有良好的发展前景。

二、基质的配制与消毒

1. 基质的配制

基质是花卉生长中最重要的物质基础，是盆花根系生长的媒介，其主要功能是固定植物，植物生长所需要的基本活动因子，绝大部分是由植物的根系从基质中获得的。栽培基质种类繁多，在选择时既要保证配制的培养土有良好的材料，也要从实际出发，就地取材，以降低费用。

花卉由于生长习性的不同，需要的基质各异。有的需要酸性基质，有的需要碱性基质，所以用来栽培花卉的基质必须经过专门配制。在盆栽花卉的应用中，一般要求是基质的保水、保肥、保温、酸碱度、EC 值适宜。当水分进入盆土以后，培养土具有较强的吸附能力，基质间的毛细管能把水分保持住。基质应该干湿适宜，质地疏松，空气充分，温度易于升高和保持，在基质中施肥，可增加基质的 N、P、K、Fe、Mg、Ca 等元素。植物生长最理想的介质应该是含 50% 的固型物、25% 的水和 25% 的自由孔隙，pH 值为 5.8 ～ 6.2，弱酸性。现代花卉生产中，一般情况下，配制花卉栽培基质应遵循以下原则。

（1）各项物理性能与化学指标稳定，可以控制。

（2）配制基质的材料来源稳定，各项指标标准化程度高。

（3）配制基质时需要保证基质的消毒无菌化处理。

掌握以上三条原则，根据植物的习性与根系特点，经过不断摸索，就可以配制适合工厂化花卉生产的专业花卉基质。

2. 基质的消毒

（1）日光消毒。将配制好的培养土摊在清洁的水泥地面上，经过十余天的高温和烈日直射，利用紫外线杀菌、高温杀虫，从而达到杀菌灭虫的目的。这种消毒方法虽然不太严格，但可使有益的微生物和共生菌仍保留在土壤中。

（2）高温消毒。盆土只要加热 80 ℃，连续 30 min，就能杀死虫卵和杂草种子。如加热温度过高或时间过长，容易杀灭有益微生物，影响它的分解能力。在少量种植时可以用铁锅、铁板等将培养土干炒的方法，要不断地翻动，温度保持在 80 ℃以上，处理 20 ～ 30 min 即可。

（3）药物消毒。药物消毒主要用 40% 的福尔马林溶液、0.5% 的高锰酸钾溶液。在每立方米栽培用土中，均匀喷洒 40% 的福尔马林 400 ～ 500 mL，然后把土堆积，上盖塑

料薄膜。经过 48 h 后，福尔马林分解，除去薄膜，等气体挥发后再装土上盆。

也可用二硫化碳消毒法。先将培养土堆积起来，在土堆的上方穿几个孔，每 100 m^3 土壤注入 350 g 二硫化碳，注入后在孔穴开口处用草秆等盖严。经过 48 ～ 72 h，除去草盖，摊开土堆使二硫化碳全部散失。

（4）蒸汽消毒。将已配制好的基质用耐高温薄膜密封，用蒸汽锅炉加热，通过导管把蒸汽输送到基质中心进行消毒，蒸汽温度在 100 ～ 120 ℃，消毒时间为 40 ～ 60 min，在密封的薄膜上打一些小孔，蒸汽由小孔喷发出来，几乎可以杀灭土壤中所有的有害生物。此法要求设备比较复杂，成本较高。

（5）冻结法消毒。利用冬季的低温在室外冻结，也可以起到消毒作用。

三、花盆选择

花盆种类很多，应了解每种花盆的用途、特点，在选择花盆时要综合考虑它的适用性、实用性、美观性、经济性等，使之既适合花卉生长发育，又能给企业降低成本。

四、盆花育苗方法

盆花育苗方法有播种育苗、扦插育苗、分生繁殖、嫁接繁殖、压条繁殖、组培繁殖等，具体内容见花卉繁殖。

五、栽植

1. 上盆

在盆花栽培中，将花苗从苗床或育苗器皿中取出移入花盆中的过程称为上盆。

上盆前要选花盆，首先根据植株的大小或根系的多少选用大小适当的花盆。应掌握小苗用小盆、大苗用大盆的原则。小苗栽大盆既浪费土又造成“老小苗”。其次要根据花卉种类选用合适的花盆，根系深的花卉要用深筒花盆，不耐水湿的花卉用大水孔的花盆。

花盆选好后，对新盆要“退火”。新的瓦盆要先浸水，让盆壁充分吸水后再上盆栽苗，防止盆壁强烈吸水而损伤花卉根系。旧盆要洗净，长期使用的旧花盆，盆底和盆壁都沾满了泥土、肥液甚至青苔，透水和透气性能极差，应清洗干净晒干后再用。

上盆过程中，选择适宜的花盆，盆底垫瓦片（凹面向下）、石子或其他材料盖住排水孔。然后把较粗的培养土放在底层，并放入有机肥或缓释性肥料，再用细培养土盖住肥料。将花苗放在盆中央使苗株直立，四周加土将根部全部埋入，轻提植株使根系舒展，用手轻压根部盆土，使土粒与根系密切接触。再加培养土至离盆口 2 ～ 3 cm 处留出浇水空间。

新上盆的盆花盆土很松，要用喷壶洒水或浸盆法供水。花卉上盆后的第一次浇水称作“定根水”，要浇足浇透，以利于花卉成活。刚上盆的盆花应摆放在庇荫处缓苗，然后逐步给予光照，待枝叶挺立舒展恢复生机，再进行正常的养护管理。

2. 换盆与翻盆

花苗在花盆中生长了一段时间后，植株长大，需将花苗脱出换入较大的花盆中，这个过程称为换盆。花苗植株虽未长大，但因盆土板结、养分不足等，需将花苗脱出修整根系，重换培养土，增施基肥，再栽回原盆，这个过程称为翻盆。各类花卉盆栽过程均应换盆或翻盆。换盆次数多，能使植株强健，生长充实。宿根、球根花卉成苗后1年换盆1次。木本花卉小苗每年换盆1次，大苗2～3年换盆或翻盆1次。

换盆或翻盆的时间多在春季。多年生花卉和木本花卉也可在秋冬停止生长时换盆。观叶植物换盆宜在空气湿度较大的春夏间进行。观花花卉除花期不宜换盆外，其他时间均可进行。

多年生宿根花卉换盆的目的主要是更新根系和换新土，还可结合换盆进行分株，因此把原盆植株土球脱出后，应将四周的老土刮去一层，并剪除外围的衰老根、腐朽根和卷曲根，以便添加新土，促进新根生长。

木本花卉应根据不同花木的生长特点换盆。

有的花卉换盆后会明显影响其生长，可只将盆土表层掘出一部分，补入新的培养土，这样也能起到更换盆土的作用。

换盆后须保持土壤湿润，第一次应充分灌水，以使根系与土壤密接，以后灌水不宜过多，保持湿润为宜，待新根生出后再逐渐恢复正常浇水。另外，由于修掉了外围根系，造成很多伤口，有些不耐水湿的花卉在上新盆时，用含水量60%的土壤换盆，换盆后不要马上浇水，每天进行喷水，待缓苗后再浇透水。

3. 转盆

在光线强弱不均的花场或日光温室中，盆栽花卉因向光性的作用而偏方向生长，以致生长不良或影响观赏效果。因此这些场所的盆栽花卉应经常转动方位，这个过程称为转盆。转盆可使植株生长均匀、株冠圆整。此外，经常转盆还可防止根系从盆孔中伸出长入土中。在旺盛生长季节，每周应转盆1次。

4. 倒盆

倒盆即调换花盆的位置。其目的是随着植株的长大，增大盆间距离，增加通风、透光，减少病虫害和防止徒长。另外可使盆栽花卉生长均匀一致。在温室的不同位置，环境条件有很大差异，经常调换花盆位置可以使植株生长均衡。通常倒盆与转盆结合进行。

5. 松盆土

因不断地浇水，盆土表面容易板结，伴生有青苔和杂草，影响土壤的气体交换，不利于花卉生长，也难以确定盆土的湿润程度。通常用竹片、小铁耙等工具疏松盆土，促进根系发展，利于浇水和提高施肥肥效。

六、日常管理

1. 浇水

（1）浇水方式。

1）浇水。用浇壶或水管放水，将盆土浇透，称作浇水。在盆花养护阶段，凡盆土变干的盆花，都应全面浇水。水量以浇后能很快渗完为准，既不能积水，也不能浇半截水，掌握“见干见湿”的浇水原则。这是最常用的浇水方式。

2）喷水。用喷壶、胶管或喷雾设备向植株和叶片喷水。喷水不但能供给植株水分，而且能起到提高空气湿度和冲洗灰尘的作用。一些生长缓慢的花卉，在荫棚养护阶段，

盆土应经常保持湿润。虽表土变干，但下层仍含有一定的水分，每天只需向叶面喷水1～2次，无须浇水。

3）找水。在花场中寻找缺水的盆花进行浇水的方式称找水。如早晨浇过水后，中午检查时发现漏浇或浇水量不足的应再浇一次水，可避免过长时间失水造成伤害。

4）放水。结合追肥对盆花加大浇水量的方式称为放水。在傍晚施肥后，次日清晨应再浇水1次。

5）勒水。连阴久雨或平时浇水量过大时，应停止浇水，并立即松土。对水分过多的盆花停止供水，并松盆土或脱盆散发水分，以促进土壤通气，利于根系生长。

6）扣水。盆花在翻盆换土后，不立即浇水，应放在荫棚下每天喷1次水，待新梢发生后再浇水。换盆换土时会对根部进行大量修剪，不耐水湿的植物可采用湿土上盆，不浇水，每天只对枝叶表面浇水，有利于土壤通气，促进根系生长。

（2）浇水原则。

1）通常情况下，盆土见干才浇水，浇就浇透。要避免形成“腰截水”，造成下部根系缺乏水分。

2）通过眼看、手摸、耳听，准确掌握盆土干湿度，确定是否浇水。

3）浇花的水温和土温越接近越好。

4）喜阴花卉、观叶植物要保持较高空气湿度，经常向叶面喷水。

5）叶面有绒毛、带刺的花卉种类，不宜向叶面喷水。

6）花木类在盛花期不宜多喷水。

7）夏季天气炎热时，应注意经常给花卉喷水降温。

盆栽植物浇水次数和浇水量要根据植物种类、习性、生长发育阶段、季节、天气等多种因素灵活掌握。

2. 施肥

花卉在整个生长发育的生命活动中，除需要阳光、空气之外，还必须有足够的营养元素，应根据花卉的种类和不同的生长时期，正确掌握各个阶段所需营养元素的种类、性质、用量，才能使花卉健康生长。

肥料主要包括两大类，即有机肥料和无机肥料。从植物吸收养分的生理功能来看，它并不直接吸收有机肥，向基质中施入的有机肥，必须分解为无机态离子，才能被根系吸收利用。

（1）有机肥料。有机肥料指天然有机质经微生物分解或发酵而成的一类肥料。中国又称农家肥。其特点：原料来源广，数量大；养分全，含量低；肥效迟而长，效果好。常用的自然肥料品种有绿肥、人粪尿、厩肥、堆肥、沤肥、沼气肥和废弃物肥料等。

有机肥料富含有机物质和作物生长所需的营养物质，不仅能提供作物生长所需养分，改良土壤，还可以改善作物品质，提高作物产量，促进作物高产稳产，保持土壤肥力，同时可提高肥料利用率，降低生产成本。充分合理利用有机肥料能增加作物产量、培肥地力、改善农产品品质、提高土壤养分的有效性。

有机肥料具体可以分为动物有机肥料与植物有机肥料两大类。

1）动物有机肥料包括畜禽粪便、人粪尿、羽毛、蹄角、骨粉、鱼鳞、蛋壳，以及动物垃圾等。

2）植物有机肥料包括蚕沙、蘑菇菌渣、海带渣、柠檬酸渣、木薯渣、蛋白泥、糖醛渣、氨基酸腐植酸、油渣、草木灰、花生壳粉等。

（2）无机肥料。无机肥料为矿质肥料，也称化学肥料，其主要成分以无机盐形式存在。无机肥料所含的氮、磷、钾等营养元素都以无机化合物的形式存在，大多数要经过化学工业生产，如硫酸铵、硝酸铵、普通过磷酸钙、氯化钾、磷酸铵、草木灰、钙镁磷肥、微量元素肥料等，也包括液氨、氨水。常见的无机肥料还有氮肥、磷肥、钾肥、钙肥和复合肥等。

1）无机肥料的主要特点。

①成分较单纯，养分含量高。

②大多易溶于水，发生肥效快，故又称“速效性肥料”。

③施用和运输方便。绝大部分化学肥料是无机肥料。

2）现代花卉生产领域，工厂化花卉育苗生产主要使用的无机肥料可以分为如下两类，即水溶性肥料、缓释性肥料。

①水溶性肥料。水溶性肥料是一种可以完全溶于水的多元复合肥料，它能迅速地溶解于水中，更容易被作物吸收，而且其吸收利用率相对较高，更为关键的是它可以应用于喷滴灌等设施农业，实现水肥一体化，达到省水、省肥、省工的效能。

其特点如下：

a. 原料超纯，无杂质，电导低，可安全施用于各种蔬菜、花卉、果树、茶叶、棉花、烟草、草坪等经济作物。

b. 均衡植物所需的多种元素配比，能满足农业生产者对高质量、高稳定度产品的需求。

c. 具有良好的兼容性，可与多数农药（强碱性农药除外）混合使用，减少操作成本。

d. 微量元素以螯合态的形式存在于产品中，可完全被植物有效吸收。

水溶性肥料的施用方法十分简便，可以叶面施肥、浸种蘸根、灌溉施肥。灌溉施肥包括喷灌、滴灌等方式，既节约用水，又节约施肥，而且植物吸收快。穴施水溶性肥料要注意施用量。穴施肥料具有用肥集中、利用率高、用肥少等特点。水溶性肥料喷施时，尽量单用，或者与非碱性的农药混用。

②缓释性肥料。缓释性肥料又分为缓效肥料和控释肥料。缓效肥料中含有养分的化合物在土壤中释放速度缓慢，控释肥料养分释放速度可以得到一定程度的控制以供作物持续吸收利用。

缓释肥有以下优点：

a. 肥料用量少，利用率高。缓释肥肥效比一般未包膜的长 30 d 以上，淋溶挥发损失减少，肥料用量比常规施肥可以减少 10% ～ 20%，达到节约成本的目的。

b. 施用方便，省工安全。缓释肥可以与速效肥料配合作基肥一次性施用，施肥用工减少 1/3 左右，并且施用安全，防肥害。

c. 保证花卉养分吸收，施用后表现肥效稳长，后期不脱力，抗病抗倒能力强。

（3）施肥方式。盆栽花卉生长在有限的基质中，需要不断地补充营养才能达到生长要求。

1）基肥。栽植前直接施入土壤中的肥料称作基肥。基肥可结合培养土的配制或晚

秋、早春上盆、换盆时施用。基肥以有机肥为主，与长效化肥结合使用。基肥主要有饼肥、牛粪、鸡粪等。注意根系不能直接接触肥料。

2）追肥。可依据花卉生长发育进程而施用肥料。追肥时以速效肥为主，本着薄肥勤施的原则，分数次施用不同营养元素的肥料。生长期追肥以氮肥为主，与磷、钾肥结合施用；花芽分化期和开花期追施适量施磷、钾肥。通常追施沤制好的饼肥、油渣、无机肥和微量元素等肥料。

追肥次数因种类而异。盆栽花卉中，施肥与灌水常结合进行。生长季中，每隔 3 ～ 5 d，水中加入少量肥料。生长缓慢的可两周施肥一次，有的可一个月施肥一次。观叶植物应多施氮肥，每隔 6 ～ 15 d 施一次即可。

在温暖的生长季节施肥次数多些，保护地较冷时适当减少施肥次数或停施。每次追肥后要立即浇水，并喷洒叶面，以防肥料污染叶面。

③根外追肥。根外追肥是对花枝、叶面进行喷肥，也称叶面喷肥。当花卉急需养分补给或遇上土壤过湿时均可采用此法。

（4）施肥方法。盆栽植物常用的施肥方法如下：

1）混施：把土壤与肥料混均作培养土。这是施基肥的主要方法。

2）撒施：把肥料撒于土面，浇水使肥料渗入土壤。这是追肥常用的方法。

3）穴施：以较大型盆栽花卉为主，在植株周围挖 3 ～ 4 个穴施入肥料，再埋土浇水。

4）液施：把肥料配成一定浓度的液肥，浇在栽培土壤中。通常有机肥的浓度不超过 0.5%，无机肥的浓度一般不超过 0.3%，微量元素的浓度不超过 0.05%，每周一次。

（5）施肥三忌。

1）忌浓肥，浓肥易引起细胞液外渗而死亡。

2）忌热肥，夏季中午土温高，追肥伤根。

3）忌坐肥，盆花盆底施基肥后，要先覆一层薄土，然后栽花。忌根系直接接触肥料。

不同盆栽植物种类根据生长发育进程的需要、肥料的种类、施肥方法、施肥量按“少、勤、巧、精”的原则进行施肥。

3. 温度调节

温度是植物生活中最基本的外界环境条件之一，也是影响植物生长发育最重要的因素之一。制约着植物生长发育速度以及体内的一切生理生化变化。因此，养护工作主要是根据盆栽植物种类的生物学特性调控温度。

4. 光照调节

阳光是植物赖以生存的必然条件，是植物制造有机物质的能量源泉。它对植物生长发育的影响主要体现在光照强度和光照长度两方面，养护工作中也应根据植物对光照要求的差异采取相应的技术措施。

5. 病虫害防治

由于花卉鲜艳、娇嫩，组织比较柔软，易感染很多病虫害，因此应积极贯彻“防重于治”的方针，已发生的要本着“治小、治早、治了”原则，经常性地做好防治工作。

6. 修剪与整形

修剪与整形是盆花养护管理中的一项重要技术措施，它可以促进花芽分化，使植株矮化，创造和维持良好的株型，提高盆花的观赏价值和商品价值。

（1）整形。整形是根据各种盆花的生长发育规律和栽培目的，对植物实行一定的技术措施，以培养出人们所需要的结构和形态的一种技术。它包括支缚、绑扎、诱引等方法，分为自然式和人工式两种类型。自然式是利用植物自然株型，稍加人工修剪，使分枝布局更合理、更美观。人工式是人为对植物进行整形，强制植物按人为的造型要求生长。例如：将没有经过矮化处理的一品红通过整枝作弯的方式编成花篮；利用金边富贵竹茎具有卷曲状、低矮处叶片会凋落的特性；将其塑成瓶状和筒状，花叶垂榕通过支缚、诱引等方法塑成花篮式艺术造型；攀缘性植物（如球兰、旱金莲等）绑扎成屏风形；将绿萝、喜林芋等有气生根的种类通过立支柱，绑扎成树形。总之，通过一定的技术措施塑成一定形状，使植株枝叶匀称、舒展，从而提高盆花的观赏价值和作为商品的经济价值。

（2）修剪。修剪是对植株的某些器官，如根、茎、叶、花、果实、种子进行疏剪的操作。在修剪前应该对该品种盆栽花卉的生长习性充分了解，确定修剪目的，正确选择修剪技术措施，以达到预期效果。

七、盆花产品的包装和运输

1. 盆花产品包装

为减少盆花运输途中机械损伤、水分挥发和温度波动造成的影响，应在产品流通前进行包装。

（1）花卉产品包装材料。包装材料应能适度防水，有足够强度，不含有害物质，有适当的导热性和透气性，适合产品对光要求，包装便于开封操作，成本适当，符合环保要求。

包装容器一般使用纸箱、泡沫箱、塑料盘、塑料袋，远距离运输使用纤维纸箱、木箱、板条箱及特殊专用箱。

（2）盆花包装。盆花产品，应根据植株的大小、叶丛数量、叶枝的柔韧性及缠绕的可能性和运输距离来确定包装方式和装载密度等。包装时可以带盆土（轻质培养土）包装或不带盆土带苔藓包装。

大多数盆花在出售时不需要严格的包装，运输较远的可用牛皮纸和塑料套保护，放入纤维板箱中。大型木本或草本盆花外运时，为防止侧枝或叶片受损，需将枝叶适当绑扎，再套上塑料膜，短途运输可不加保护，直接装货车“敞运”。幼嫩的草本盆花运输中容易将花朵震落或碰损，则需先用软纸或薄膜包起来，有的还需要设立支柱绑缚，以减少运输中晃动。

一些较名贵或长途运输的盆花，在包装后要放到由塑料或聚苯乙烯泡沫特制的模盘内，然后装入特制的纸箱或纤维板箱内。箱外还应标明盆花品名、种类、原产地、目的地、易碎、勿倒置等标记。

小型盆花（如紫罗兰、瓜叶菊、樱草等）在大量外运时，为减少体积和质量，基本都是脱盆外运，但需用厚纸逐棵包裹，装进大框或网篮内。各类桩景也要装入牢固的透孔

木箱内，周围用毛纸垫好并用铅丝固定，盆土表面还应覆盖青苔保湿。空运小苗可连同小容器用纸包裹，装入硬纸箱，再把纸箱绑扎好。

2. 花卉产品运输

（1）常用运输方式。当前，盆花运输多采用陆路运输，即汽车运输和火车长途运输。汽车运输应在车厢内铺垫碎草或沙土，防止花盆颠碎。火车长途运输必须装入竹筐或有木框间隔，盆间的空隙要用草或毛纸填衬好，对那些怕互相挤压的盆花，要用铅丝把花盆和筐连接固定。

（2）选择合适时机。为防止观花盆花长途运输产生过多的乙烯、衰老速度快，出现落花、落叶及疾病问题，应选择适宜的启运时机。一般情况下，观花盆花应在 1/3 花蕾开放之前启运，球根花卉应在花蕾开始显色时启运。

（3）运输途中应保持的环境条件。盆花运输期间应保持温度稳定、空气循环及通风。运输温度应保持在 4 ～ 5 ℃，若运输途中无浇水条件，则应在运输前一天浇透水。冷藏室的相对湿度应保持在 80% ～ 90%。

（4）运输途中盆花的摆放。大型盆花可先用牛皮纸或塑料膜保护植株，然后用编织袋套住花盆，以便运输中搬运。为节省空间，也可做成架子，一层一层装盆运输。特大型盆花，可直接装在敞口卡车上运输。一些花卉对物理损伤抗性较大，可水平放置或放入条板箱中运输。

考核标准

盆花生产方案制订考核标准

序号	质量要求	赋分	得分
1	方案编制规范	20	
2	相关项目齐全	10	
3	符合植物生态习性	20	
4	注意降低养护成本	10	
5	养护措施技术含量较高	10	
6	具有环保、植保内容	10	
7	专业术语运用恰当	10	
8	方案实用，便于操作	10	
总分		100	

部门：　　　　部门经理：　　　　生产副总：

盆花生产品种选择考核标准

序号	项目	质量要求	赋分	得分
1	品种选择	根据市场前景确定品种	40	
		生产成本在预算控制内	30	
		生长周期符合实际上市需求	30	
总分			100	

盆花育苗技术考核标准

序号	项目	项目名称	质量要求	赋分	得分
1	育苗	基质湿度	含水量是饱和持水量的 60%	10	
		基质配制比例	基质选择正确，比例配制合理	10	
		基质 PH 调节	调节到最适宜酸碱度	10	
		基质消毒	药品选择正确，用量适宜	10	
		容器选择	根据品种不同选择适宜花盆	10	
2	日常养护管理	光照管理	光照适宜	10	
		温湿度管理	温湿度适宜	10	
		水分管理	水质及浇水量适宜	10	
		营养管理	肥料选择合理，用量适当	10	
		病虫害防治	农药的选择、使用方法正确	10	
总分				100	

种苗上盆前准备考核标准

序号	项目	质量要求	赋分	得分
1	基质湿度	含水量是饱和持水量的 60%	20	
2	基质配制比例	基质选择正确，配制比例合理	20	
3	基质 PH 调节	调节到最适酸碱度	20	
4	基质消毒	药剂选择合理，用量适宜	30	
5	花盆选择	大小适宜，符合标准	10	
总分			100	

部门：　　　　　　　　部门经理：　　　　　　　　生产副总：

盆花种苗上盆任务考核标准

序号	项目	质量要求	赋分	得分
1	基质湿度	达到饱和持水量的 60%	20	
2	花盆基质内高度	与水位线齐平	20	
3	种苗栽植位置	盆中央	20	
4	浇水	浇透，不要沾污叶片	20	
5	上盆后整体效果	美观	10	
6	盆距	盆挨盆	10	
总分			100	

部门：　　　　　　　　部门经理：　　　　　　　　生产副总：

种苗上盆后第一次施肥考核标准

序号	项目	质量要求	赋分	得分
1	基质湿度	符合浇水的干湿度	20	
2	检查根系生长情况	有新根长出	20	
3	肥料选择	能根据长势情况确定肥料种类	20	

续表

序号	项目	质量要求	赋分	得分
4	药品配制比例	准确、适宜	20	
5	施肥方法	方法正确	20	
	总分		100	

部门：　　　　部门经理：　　　　生产副总：

盆花摘心技术考核标准

序号	项目	质量要求	分值	得分
1	选择摘心方式	根据不同品种长势情况确定摘心方式	20	
2	摘心标准	摘心后能培养成为商品盆花	20	
3	资金预算	与实际成本差异小	20	
4	工具消毒、清洗、收拾	清洗干净，收拾及时	20	
5	其他	无人员受伤、工具受损	20	
	总分		100	

部门：　　　　部门经理：　　　　生产副总：

盆花生产日常养护管理考核标准

序号	项目	质量要求	分值	得分
1	光照管理	光照适宜	30	
2	温湿度管理	温湿度适宜	30	
3	水分管理	水质及浇水量适宜	20	
4	营养管理	肥料选择合理，用量适当	20	
	总分		100	

部门：　　　　部门经理：　　　　生产副总：

盆花花期调控考核标准

序号	项目	质量要求	分值	得分
1	遮光或补光	方法正确，遮光或补光时间合理	20	
2	水分管理	浇水及时合理	20	
3	温湿度管理	温湿度控制合理	20	
4	光照管理	光照控制合理	20	
5	施肥	肥料搭配、用量合理	20	
	总分		100	

部门：　　　　部门经理：　　　　生产副总：

盆花病虫害防治考核标准

序号	考核内容		赋分	得分
1	病虫害识别	病虫害种类鉴定	10	
		主要病虫害的形态描述及主要识别要点	10	
		主要病虫害危害部位	10	
2	病虫害防治	农药种类选择	10	
		农药的稀释	10	
		农药的使用方法	10	
3	完成时间	在规定时间内完成病虫害防治任务	20	
4	成本控制	成本控制没有超过预算	20	
总分			100	

部门：　　　　部门经理：　　　　生产副总：

盆花种苗生产考核标准

序号	项目	质量要求	赋分	得分
1	育苗方法选择	长度、部位选取合乎标准	20	
2	基质选择及配制	选择准确，配置比例合理	20	
3	基质的湿度	适宜	10	
4	工具消毒	使用工具及时消毒	10	
5	具体操作方法	规范操作	20	
6	育苗后管理	育苗后温、光、水、肥管理适宜	20	
总分			100	

部门：　　　　部门经理：　　　　生产副总：

子项目一　观花类花卉盆栽生产

任务一　仙客来盆花生产

任务描述

仙客来块茎扁圆球形或球形，肉质厚。球茎似萝卜，绿叶似海棠，又名“萝卜海棠”；叶片着生在块茎顶端的中心部，花单生，由块茎顶端抽出，花朵下垂，花瓣向上反卷，犹如兔耳，所以又称“兔耳花”，花有多种颜色（图 3-1）。

仙客来盆花生产主要包括育苗、播种后管理、移植、上盆、定植后管理、花后管理、新株度夏、病虫害防治、包装和运输等内容。

通过本任务的完成，在掌握仙客来盆花生产技术的同时，重点学会生产中常用的播种繁殖技术、花期管理及夏季休眠的养护管理技术，最终培育出合格的仙客来盆花产品。

图 3-1　仙客来

环保效应

仙客来对空气中有毒气体二氧化硫有较强的抵抗力。它的叶片能吸收二氧化硫，并经过氧化作用将其转为无毒或低毒性的硫酸盐等物质。

材料工具

材料：仙客来种苗、仙客来种子、草炭土、珍珠岩、多菌灵、阿维菌素、啶虫脒、生根剂、包装袋、胶带等。

工具：刀片、铁锹、穴盘、纸箱、花铲、手锄、纸箱、喷雾器、量筒、天平、花盆、花托、遮阳网等。

任务要求

1. 能根据市场需求主持制订仙客来盆花周年生产计划。

2. 能根据企业实际情况主持制订仙客来盆花生产管理方案。

3. 能按方案进行基质配制及消毒、播种及播后管理、花期管理、夏季管理，并能根据实际情况调整方案，使之更符合生产实际。

4. 通过生产方案的实施，锻炼学生分析、解决仙客来在播种育苗过程中出现的各种问题的能力。

5. 能结合生产实际进行仙客来盆花生产效益分析。

任务流程

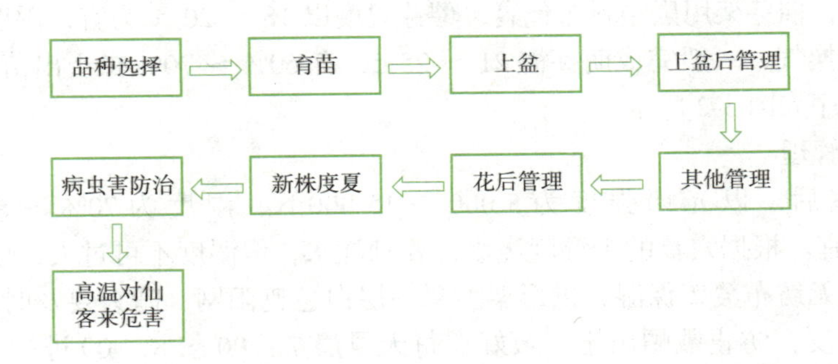

任务实施

一、品种选择

根据目前我国花卉市场对仙客来品种的实际需求，以提高观赏价值为主，同时兼顾抗性，花色纯正，花期长，上花整齐，花叶比例协调，植株适应性强，既能耐寒又能抗高温和病虫危害，株型紧凑，单位面积产量高；栽培容易，成品率高。适宜在全国各地栽培。

二、育苗

育苗一般采用播种方法。

视频：仙客来育苗

1. 播种时期

根据开花时间，确定好播种时间。仙客来播种育苗一般选在 9—10 月进行，从播种到开花需要 12 ～ 15 个月。

2. 准备基质

（1）配制基质。仙客来的育苗基质最好选用进口草炭土，草炭土与蛭石 1 ∶ 1 混合，也可采用自制基质：腐叶土 60% + 细河砂 40%。

（2）处理基质。主要进行杀菌杀虫处理：采用 2 ～ 3 kg/m^3 硫黄熏蒸，90 ℃以上蒸汽熏蒸 1 h。

3. 播种

（1）种子处理。仙客来种子较大，每克约 100 粒，一般发芽率为 85% ～ 95%，种子常发芽迟缓，出苗不齐。为促进种子发芽，可于播前浸种催芽，用冷水浸种一昼夜或 30 ℃温水浸泡 2 ～ 3 h 再浸凉水 8 ～ 10 h，然后清洗掉种子表面的黏着物，用 75% 百菌清粉剂稀释 1 000 倍，浸泡 15 min 或用 0.1% 的升汞浸泡 1 ～ 2 min，反复用水清洗干净，消毒后包于湿布中催芽，保持温度 25 ℃，经 1 ～ 2 d，种子稍微萌动即可取出播种。

仙客来种皮薄，胚壁厚，播种前一定要进行浸种处理，才能保证发芽率。

（2）播种。穴盘装好基质后开始播种，可用播种机或人工播种。种子应在每穴的中间，然后覆盖 0.5 cm 厚的基质。用 1 000 倍的 50% 甲基托布津浇透，即可进入催芽室。室内保持黑暗，催芽架用黑塑料布包裹，催芽温度以 18 ～ 20 ℃为宜，湿度保持在 90%，每天稍微通风换气，一般完成萌芽需 21 ～ 25 d，有 60% ～ 70% 拱土出苗即可进入温室管理。播种程序如图 3-2 所示。

4. 播种后管理

进入温室后，以光照强度为 5 000 ～ 15 000 lx、湿度为 70% ～ 80%、温度为 18 ～ 20 ℃为宜。根据穴盘的干湿度浇水，要勤浇水，但湿度不可过大，以免出现病害。空气干燥时用无纺布覆盖保湿，拱形架上罩一层白色遮阳网，晴天要及时喷水保湿，以便顺利脱掉种皮，防止戴帽出土。最好在每天早晨 7 ∶ 00 ～ 8 ∶ 00 进行人工“脱帽”。可根据光照强弱及时收拉遮阳网，在阴天最好不要覆盖无纺布。每天都要认真观察，随时去除有病的植株，要经常对手杀菌消毒。一般播种后 7 周叶已全部平展，此时即可浇

肥。肥料以花多多为主，主要用 15-10-30 盆花专用肥和 20-10-20 通用肥，浓度为 300 倍液，pH 值 6.5，EC 值 0.8 mS/cm。此期管理要保持基质表面稍干，不可过湿，5 ～ 7 d 施一次肥，7 d 左右喷药杀菌杀虫。药品有甲基托布津、百菌清、乐果、阿维菌素等广谱药剂。仙客来种子萌发及成苗过程如图 3-3 所示。

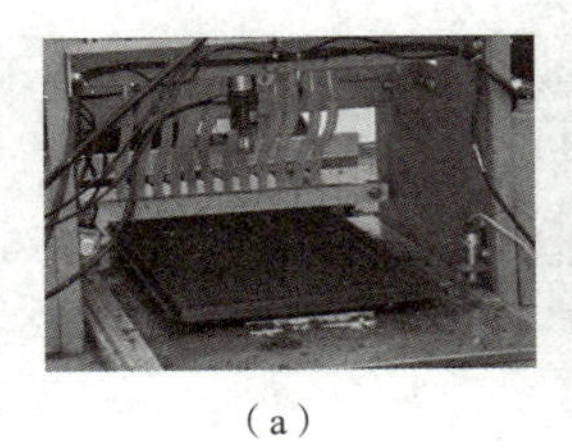
（a）

（b）

（c）

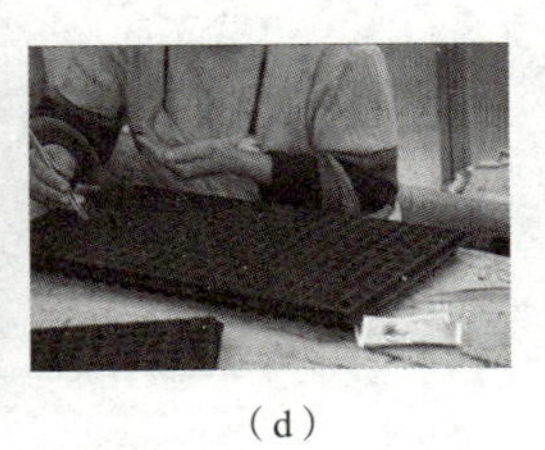
（d）

图 3-2　仙客来播种程序

（a）穴盘装好土后用播种打孔机打孔；（b）打孔后的穴盘；（c）在穴盘上进行点播；（d）播种后进行覆土

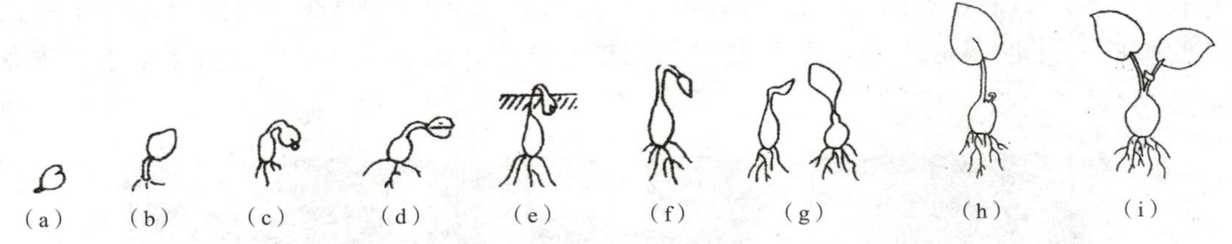

图 3-3　仙客来种子萌发及成苗过程（Maatsch，1954）

（a）种子萌动；（b）下胚轴伸长；（c）形成球茎及初生根；（d）胚轴伸长；（e）子叶发育；（f）长出地面；（g）子叶展开；（h）主芽形成；（i）真叶展开

5. 移植

仙客来在根系已封盘、有 1 ～ 2 片真叶时即可移植。播种后 9 周，仙客来第一簇花蕾已形成。移植不可过迟，否则影响生长发育。移植后一般选择 72 穴或 50 穴的穴盘，基质与育苗基质相同。基质不要装得过实，移植时用手轻捏育苗盘，尽量不伤根，剥去基质表面的青苔，按大小苗分级，小苗尽量不转穴。将选好的苗栽到穴盘的中间，种球露出 1/3，子叶排列保持同一方向，使其充分受光，温度保持 16 ～ 25 ℃，光照不要超过 20 000 lx，灌根时注意不要冲倒小苗。根据大小苗施肥，所用肥料与幼苗相同，保持 EC 值 1.0 mS/cm，pH 值为 6.5。

三、上盆

仙客来播种后 15 ～ 17 周、3 ～ 4 片真叶已展开时即可上盆，此时种球直径约 1 cm，根系已扎满，可明显看到花芽的萌动，注意不可过于徒长。种苗标准如图 3-4 所示。

图 3-4　仙客来上盆种苗标准

1. 选择花盆

一般选择双色盆，盆底部透水孔排列均匀。花盆规格选择标准是：大花品种 16 ～ 18 cm、中花品种 12 ～ 13 cm、迷你型 8 ～ 10 cm。旧盆应进行消毒处理。为了防止病虫害的传染，一般不使用旧的花盆。

花盆的类型和大小如图 3-5 所示。

小盆（ϕ6~12 cm）	大盆（ϕ14 cm以上）
在小盆中种植，如果基质过粗会造成根系受损	在大盆中，种植期长，需要更粗、更稳定的基质结构。它不会随时间而变化（因此结构和孔隙率在整个种植期中保持不变），以免造成根系窒息，还可以有高一些的灌溉频率

图 3-5　花盆的类型和大小

注：花盆的大小应与所选择的泥炭粗细相称。

使用土盆种植时，由于花盆的蒸腾作用，耗水量可以比塑料盆多一倍。对于大冠径的仙客来，如果没有遮阳，给水的频率甚至可以达到一天两次。因此要了解土盆的类型及性能。图 3-6（a）所示为土盆种植的根系状态，图 3-6（b）中，由于缺水，根系受损。

图 3-6　土盆种植的根系状态

2. 苗床消毒

温室要清理干净，除掉杂草、杂物等。苗床地面要杀虫杀菌。要彻底熏棚，保证温室周围环境无病虫害传染源。

3. 基质选择、配制

（1）构成基质的材料。盆花植物的盆栽基质主要由不同大小和不同分解程度的泥炭组成（棕色到黑色的泥炭）。因为泥炭具有良好的保水性和结构，在其中可以加入其他材料成为最终的基质，如木质纤维、椰子纤维、松树皮、黏土等（图 3-7）。

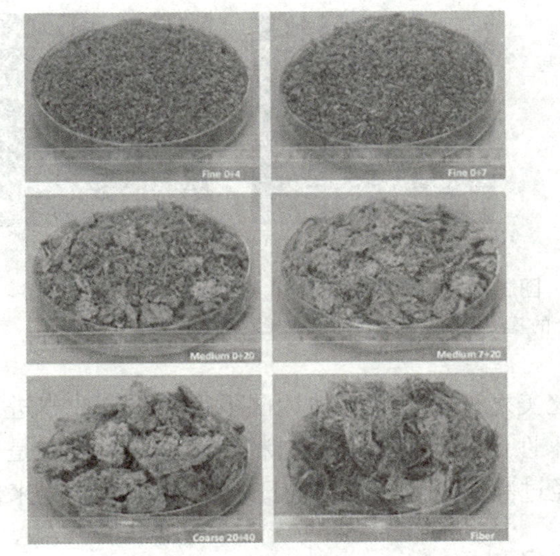

图 3-7　构成基质的材料

（2）泥炭以外的附加材料。泥炭以外的附加材料和它们的性质见表 3-1。

表 3-1　泥炭以外的附加材料及其性质

材料性质	透气性	保水	阳离子交换能力	排水性	复湿性	pH 值和 EC 的缓冲性
粒状黏土		好	好		好	好
分装黏土		非常好	非常好		非常好	非常好
珍珠岩	非常好			非常好		
椰子纤维	非常好			非常好	好	
木质纤维	非常好			非常好	好	
松树皮	好			非常好		

出于环境保护的原因（避免泥炭产地资源的枯竭），许多国家要求基质供应商在基质中加入一定最低量的泥炭的一些替代品。其中使用最广泛的有两种材料：木纤维和黏土。

1）木纤维。它被用于取代部分泥炭。它既能为基质提供良好的通气性，又能提供良好的排水性。请注意，根据它的来源和处理方式，木质纤维在分解时可能会消耗大量的氮。在种植过程中，这一分解过程会成为氮肥消耗方面的竞争者，也会导致种植过程中的 pH 值变化。

因此对基质要仔细监测，检查氮含量，以便在种植过程中予以调整。

2）黏土（图 3-8）。另一个最常见的附加成分是黏土。黏土一般是颗粒形式，现在也有粉末状，有时里面会有一些新的成分。基质中添加黏土的好处是：有更好的保水性和复湿性；保证在整个生长阶段都不会出现基质排水性、通气性的变化，避免沉淀；保证碳酸盐和盐分含量低，在生长初期，不会改变 pH 值，对 pH 值有非常好的缓冲效果；没有改变 EC 值的风险；防止肥料的沥出，提高肥料用量管理上的灵活性。

2020年在莫莱尔公司进行的有黏土的和不含黏土基质的测试：有黏土的基质中发展根系更密一些。

（a）

（b）

图 3-8 基质中的根系

（a）带有黏土的基质根系；（b）不带有黏土的基质根系

除本身有泥炭资源的欧洲和北美之外，世界其他地区不得不以高成本进口泥炭。为了降低成本，人们会加入一些保水性比泥炭低的其他材料。这些材料可以是树皮、树木堆肥、干果壳（图 3-9），甚至是经过高温处理的黏土（日本的 Akadama），来使基质获得更大的均匀性和增加孔隙度。

（a）

（b）

（c）

图 3-9 保水性比泥炭低的其他材料

（a）有沙子的细树皮；（b）树叶堆肥；（c）经过处理的黏土（Akadema）

（3）在选择基质配方时，应考虑的因素。在选择基质配方时，还应考虑地理气候环境和温室的气候控制（表 3-2）。

表 3-2 选择基质配方时需考虑的因素

地中海地区（南欧，加利福尼亚）	大西洋地区或大陆地区
平均温度高： 仙客来的生长期和开花期间蒸腾量较高	平均气温较低： 仙客来蒸腾量低
仙客来的种植期需要提高给水频率。 在两次给水之间，会有很大的缺水风险	—
建议： 确保基质较高的保水能力，使用较细的棕色泥炭。或是加入一些少量棕黑色的泥炭，并添加黏土	建议： 使用含有较粗成分的泥炭，不含深色泥炭。 可以更高频率地给水，而不会使根系窒息。也不需要基质的缓冲作用。 对仙客来的生长很重要：除了水分之外，同时还提供肥料和氧气

4. 上盆

当小苗长至5个真叶时进行上盆定植，基质选择草炭土与珍珠岩，按5 ∶ 1的比例混合，基质中可以加入适量的缓释肥。上盆时球茎应露出土面1/3左右，以免覆盖花茎，覆土压实后浇透水。适当遮阳，待根系扎底后，将光照放强。

首先将花盆装满基质，根据基质的干湿及疏松程度进行装盆。把装好基质的花盆紧密摆放在苗床上。在花盆的中心挖3.5 cm左右大小的穴，植入仙客来球，球应露出1/3，特别是要露出生长点，用手轻压基质表面，保持平整苗正。防止夏季暴晒，从而降低裂球的概率，以防感染。幼芽长出后，注意勿伤根系。

四、上盆后管理

1. 水分管理

仙客来盆土湿度要适宜，水多球根容易腐烂。新根未长出前，空气的相对湿度最好控制在80%左右，新根长出后空气的相对湿度最好控制在70%左右。

在仙客来种植过程中，必须非常仔细地监测给水，并使用具有更大保水能力的基质。在不同的生长阶段，管理方式也需要调整。特别是在生长的早期阶段，必须避免给水过度，基质过湿，造成幼苗“窒息”，不同的给水方式见表3-3。

表3-3　仙客来不同的给水方式

滴管	下部给水	人工给水
目前，这种给水方式给水量非常精确。它允许以较低的流量进行更频繁的给水。 但是在炎热的国家，最好使用带有湿润剂的基质，如粉状黏土、棕色或黑色泥炭，以保护根系	在使用下部给水方式的情况下，基质中必须有足够的毛细性，以确保至少有3/4的基质体积得到湿润。 使用泥炭或椰壳纤维可以起到这个作用	在没有技术设备的情况下，人工给水频率低，需要很好的基质来获得良好的种植效果。 人工给水的给水量很大，因此需要基质有良好的排水性。人工给水能够避免每次浇水之间会存在的干燥的风险。 因此，为了获得高质量的仙客来，需要使用不太粗的基质，其中加入黏土或黑泥炭等有利于保水的元素

2. 养分管理

大多数基质供应商都提供底肥。需要确定底肥的量是否足够（参照表3-4）。通常可选用专用的仙客来肥料，前期施NPK为20-10-20肥料，花芽分化期施NPK为10-30-20肥料，每周一次肥水，保持EC值为1.0～1.2 mS/cm，pH值为6.5。

表3-4　底肥量的确定

温暖和地中海式气候	大西洋或大陆性气候
较低的底肥含量（0.5～0.75 kg/m³），以便更精确地控制生长	更高的底肥含量（1～1.5 kg/m³），以确保在减少灌溉次数的情况下使仙客来更好地生长

3. 温度管理

仙客来每天平均温度（ADT）应该在18～20 ℃。当ADT超过25 ℃时，仙客来的生长会承受高温的压力。实际生产中，上盆后的前几天，不要低于18 ℃，新根长出后不低于 15 ℃，最高温度不要超过 32 ℃。白天最好控制在 18 ～ 28 ℃，夜间最好控制在 12 ～ 14 ℃。在夏天，可以结合使用外遮阳、湿帘和风机降温。冬天可以通过暖气加温。

4. 光照管理

仙客来种植不同阶段所需的光照不同，每日最大光照为 25 000 ～ 55 000 lx，上盆后的前 4 ～ 5 d 要遮阳，防止暴晒，光照强度应控制在 15 000 ～ 20 000 lx。新根长出后，可以增加光照强度，遮阳网要随光照强度的增减进行灵活调整。

五、其他管理

1. 拉叶整形

在仙客来生长的高峰期，仙客来 20 片叶以上时，叶与花的发育比例为 1 ∶ 1，仙客来的初花应及时打掉。叶片为 20 片以上时，应加强拉叶，过于密集应及时疏叶，使株型美观，改善球茎顶部光照，利于花芽叶芽分化，使仙客来叶片匀称美观，花朵集中鲜艳，富有观赏价值（图 3-10）。

图 3-10　仙客来生长

2. 疏叶

通常在进入现蕾期后、花朵开放前（即花梗伸长期）疏除内膛叶片。花生于叶腋，一般每个叶片的叶腋都有一个潜伏的花芽，因而在营养充足、空间允许的情况下尽可能保留更多叶片，以使开花更多，在疏除叶片时要先将叶柄左右旋转，使叶柄基部活动，再轻轻摘下，以免将叶腋的花蕾带下。

第一年开花进入秋天后进行换盆，施薄肥。入秋后逐渐增大光照强度，并追磷钾肥，促进开花。现蕾后，停止施肥，增大光照强度和延长光照时间，保证 75% ～ 80% 的湿度。一般元旦前后会开花。

3. 根系观察

根系观察是评估给水管理与使用的基质是否适当的一种方法。

观察根系的状态，可以得到一些信息来评估仙客来的生长状况。在成花销售时，与根系受损的仙客来相比，具有健康根系和良好基质的仙客来的货架期会长很多。

（1）通过根系可以评估大根的数量，以及它们的密度或分布。有许多大根，意味着可以长时间承受水压力。最好还有很多小细根。

（2）通过根系可以评估与仙客来的年龄和大小相应的根系大小。仙客来越老，冠径

越大，根系应该越发达。

（3）通过根部的颜色判断植株的健康状况。根系白色意味着健康（猜测它是否曾经承受过缺水或是水分过度的压力）。

（4）给水的方式不同，根系分布情况不同，如图 3-11 所示。

健康的根系　　受损的根系　　根据给水的方式不同的根系分布

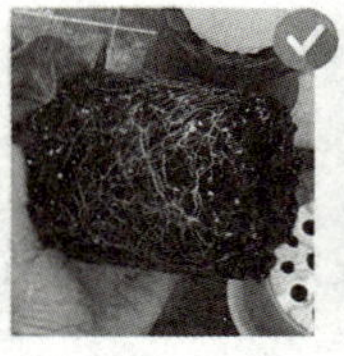

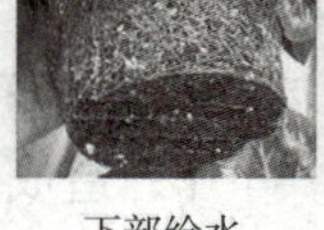

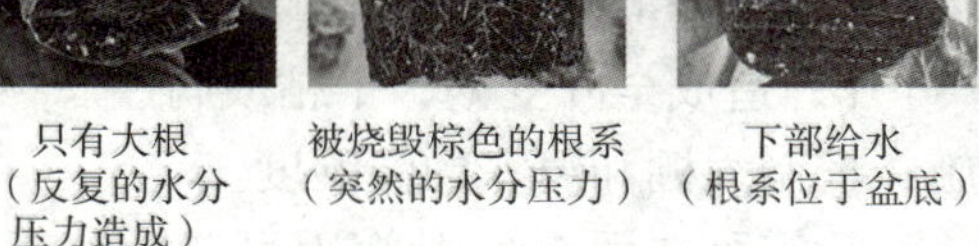

很多小的、白色的、健康的根系　　只有大根（反复的水分压力造成）　　被烧毁棕色的根系（突然的水分压力）　　下部给水（根系位于盆底）　　滴灌（根系位于滴管的位置）

图 3-11　不同给水方式下根系分布情况

六、花后管理（夏季管理）

花后，恰逢夏季高温季节，仙客来生长处于缓慢、停止状态，随即进入休眠期。此时期要注意以下事项。

（1）控制肥水。进入 5 月下旬，气温升高，达 28 ℃上下，光照逐渐加强，尤其在温室内，会更早出现光温升高现象。在此条件下，仙客来会出现下叶枯黄、心叶皱缩、叶柄萎软下垂现象，但这不是缺水或缺肥引起的，因此千万不要浇大水施浓肥，否则，极易烂球。由减少供肥到停止供肥，施肥由原来每两周一次到不施肥只浇水。

（2）注意降温。在 5 月下旬，应及时采取通风、遮阳措施，降低光照和温度，减少浇水，保持盆土半干半湿，逐渐降低温湿度。可用遮阳网进行降温，使仙客来进入夏季休眠状态。球茎可以留在盆中也可以取出置于阴凉处。

（3）夏季休眠。入夏后叶片发黄，逐渐停止浇水浇肥，放在通过阴凉的地方越夏。入秋后进入正常管理，第二年又可开花。

（4）要定期检查球茎是否干缩或有病虫害，发现问题及时采取措施。夏季仙客来处于半休眠状态。使用风扇湿帘进行降温通风，如果湿度太大可以启动中空加热，去除湿气。这时需要遮阳，使用循环风扇促进室内空气流通。由于其处于休眠状态，可以停肥，只浇清水。

七、新株度夏

年初或早春播种的植株，营养生长在夏季高温季节，由于没有开过花，因此采取一定的措施，避免夏季休眠，让其正常生长。要采取以下措施：

（1）遮阳通风。若室内通风不好或温度较高，要将苗移入室外，搭荫棚避光，在荫棚上部还要加塑料膜，防止淋雨。

（2）加湿降温。要经常喷雾，维持一个较凉爽的环境，同时防止盆内过湿或过干。

过湿易烂球，过干生长缓慢，易引起休眠。

（3）控制施肥。肥过多导致枝叶徒长，茎叶软弱，易腐烂，肥过少生长不良。5月份开始控制施肥，每周一次，施肥应在盆土稍干、松土后进行。施肥后喷水，以免叶片沾上肥料引起腐烂或坏死。

八、病虫害防治

1. 主要病害

（1）仙客来灰霉病。

1）症状：叶片、叶柄和花梗、花瓣均可发病。叶片发病时，叶缘先呈水浸状斑纹，逐渐蔓延到整个叶片，造成全叶变褐、干枯或腐烂。

2）防治措施：控制大棚和温室的温湿度。

3）药剂防治：喷雾可选用50%扑海因可湿性粉剂1 500倍液；70%甲基托布津可湿性粉剂1 000倍液。

（2）仙客来花叶病。

1）症状：花叶病主要危害仙客来叶片，也浸染花冠等部位。叶片皱缩，反卷，变厚，质地脆，叶片黄化，有疱状斑，叶脉突起成棱。纯一色的花瓣上有褪色条纹，花畸形，花少，花小，有时抽不出花梗。植株矮化，球茎退化变小。

2）防治措施：将种子用70 ℃的高温进行干热处理脱毒；栽植土壤要进行消毒；用球茎、叶尖、叶柄为外植体的组培苗，其带毒率较低。

（3）仙客来枯萎病。

1）症状：从植株距地面近的叶始发，叶变黄枯萎，逐渐向上蔓延，除顶端数片完好外，其余均枯死。

2）防治措施：发病初期，喷洒50%多菌可灵湿性粉剂或36%甲基硫菌灵悬浮剂500倍液，隔7～10 d 1次，连续喷灌3～4次。

（4）仙客来细菌性软腐病。

1）症状：发病初期，近地表处的叶柄、花和花梗呈水渍状，进而变褐色软腐，导致整株萎蔫枯死，球茎腐烂发臭。病部有白色发黏的菌溢。

2）防治措施：用过的花盆用1%硫酸铜液洗刷。

（5）仙客来炭疽病。

1）症状：危害仙客来的叶片。叶片上产生圆形病斑。病斑中部呈淡褐色或灰白色，边缘呈紫褐色或暗褐色。病斑中产生许多小黑点，即分生孢子器。危害严重时可使叶片枯死。

2）防治措施：剪除并销毁病叶；发病初期喷50%多菌灵可湿性粉剂500倍液或50%托布津可湿性粉剂500倍液，每隔10 d左右喷1次，共喷2～3次。

2. 主要虫害

（1）真菌蚊子防治。

1）症状：真菌蚊子在生长介质表面或叶片上飞来飞去。成虫一般不会直接危害植株。虫卵零散分布在生长介质表面，经过5～6 d，孵化成为身体白色半透明、头部亮

黑色的幼虫。幼虫一般生活在根系的上部区域，吃腐坏的有机质和活的植物组织，因此直接对植物造成伤害。同时伤口易使根部病菌侵入。从真菌蚊子卵到成虫需 2 ～ 4 w 的时间。

2）防治措施：黄色粘虫纸对真菌蚊子的成虫很有效。另外，成虫对大部分杀虫剂都比较敏感，可以通过喷施防治。幼虫可通过土壤灌注的方式控制。

（2）仙客来螨防治。

1）症状：仙客来螨在高温干燥的环境下易发生，多寄生于球茎、叶、花蕾处吸食汁液，使叶组织变形，生长发育停止，形成畸形叶、花叶或不开花。由于仙客来螨体型很小，繁殖速度快，因此到发现时往往已形成一个很大的族群。仙客来螨从卵到成虫需 7 ～ 14 d，因温度而不同。热且干的环境适合仙客来螨的发育，故应注意对温室内的温度进行调节。

2）防治措施：许多杀虫剂对仙客来螨都有效，如 40% 三氯杀螨醇 1 000 倍液、75% 克螨特乳油 2 000 倍液，但由于大部分仙客来螨都在下位叶背及嫩芽上，因此用杀虫剂喷雾时一定要仔细均匀喷透，并连续喷施 2 ～ 3 遍。

（3）蓟马防治。

1）症状：蓟马吸食幼嫩叶片及花朵，并使其变形僵化。同时，蓟马还是病毒病的主要传播媒介。

2）防治措施：蓟马的防治要尽早，在仙客来生长初期就要加强预防。植株小时喷药效果较好；植株长大后，郁闭的叶片使喷药效果降低。可用 50% 辛硫磷乳剂 1 000 倍液、80% 敌敌畏 2 000 倍液喷杀。黄色粘虫纸对蓟马成虫有效，但蓝色和白色粘虫纸的效果更好。

（4）蚜虫防治。

1）症状：蚜虫寄生于幼叶、花蕾处，吸取汁液。危害严重时，导致植株发育不良。蚜虫的分泌物可以引起煤污病的发生。蚜虫可以传播病毒。

2）防治措施：可用 80% 敌敌畏乳剂 1 000 倍液、10% 吡虫啉 1 000 倍液喷杀，效果都很好。

九、高温对仙客来造成的危害

1. 危害

温度升高通常是质量下降的原因，有利于出现诸如疫霉菌（Phytophthora）、欧文氏菌（Erwinia）等病菌（图 3-12）。

图 3-12 高温对仙客来造成的危害

在所有类型的气候中，温度的波动变化会对仙客来的生长造成影响，造成的后果主要有以下几个方面。

（1）仙客来生长加速：增加控制生长的难度；给水管理困难；在温度高的情况下，基质湿润度没有及时达到，会造成毛细根干燥损失。

（2）生理性的失控：烧伤或营养不足植物衰弱时增加染病的风险；很成熟的仙客来

对高温的种植环境条件的承受能力会低很多，仙客来越成熟，高温造成的损害就越大，更难弥补。

高温会加速仙客来的水分需求，受损的根系吸水能力降低，同时叶片蒸腾加速，然后组织变薄、变软并且根系变弱，这些都会对仙客来造成很大的压力。

温度突然升高导致基质中的水分强烈蒸发。如果此时遮阳不足，可能会造成毛细根的水分不足，受损根系如图 3-13 所示。

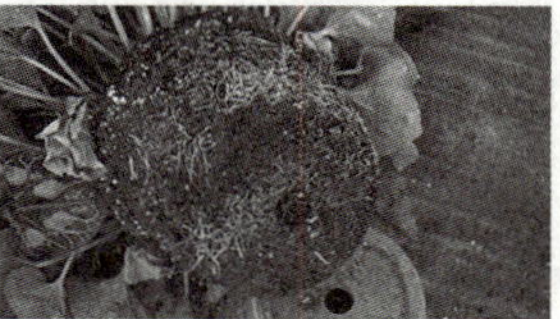

图 3-13　高温受损根系

毛细根逐渐或突然丧失是温度升高给水管理不当的结果，如图 3-14 所示。

2. 应对措施

应对措施包括：选择耐高温的品种；在给水管理方面进行调整，增加给水频率；调整遮阳；使用白色遮阳网；培养强壮的根系；基质构成合理，具有良好的缓冲效果，生根期间有良好的给肥管理；只是使用基质中的底肥，清水浇水；使用外面白色（但不透光）的花盆，以更好地反射光线。

图 3-14　仙客来高温下给水管理不当

3. 仙客来植株过度生长，导致叶下开花原因及应对措施

仙客来植株过度生长，会导致叶下开花（图 3-15）。

图 3-15　仙客来叶下开花

在花期，意外的高温会使仙客来植株膨胀随后停止生长，花梗的高度仅在叶丛之上。随后会重新开始生长，出现一层新的叶冠。仙客来质量下降：植株软弱，对病害的承受力降低，寿命缩短。为避免这些后果，尽可能了解气象预报（1 w 至 15 d）。在温度上升时，增加遮阳以减少仙客来对水和养分的需求，同时降低肥料浓度，控制温度，改善光的直射，提高仙客来成品的质量。

4. 叶片和花朵的烧伤

高温会使仙客来叶片和花朵烧伤，如图 3-16 所示。

图 3-16　仙客来叶片和花朵烧伤

光照强度和平均温度过高会导致根损伤和水需求增加，这些综合因素会导致成熟的仙客来的幼叶和花朵烧伤，主要是由于较高的水需求与受损的根系不能提供足够的水和养分，必须遮阳并调整给水以避免烧伤。

任务二　一品红盆花生产

任务描述

视频：一品红扦插育苗

一品红又名圣诞花、象牙红，为大戟科大戟属常绿灌木。其花为小黄花，植株顶部一层大苞片叶鲜红而艳丽，美如花朵，故名一品红。其原产中美洲（包括墨西哥）。其特点是植株较矮化，分枝性强，花型、花色美，且叶片不易脱落，观赏时间长，是圣诞节、元旦、春节期间重要的室内外观赏盆花（图 3-17）。

一品红盆花生产主要包括育苗、上盆、日常管理、病虫害防治、花期调控、包装和运输等。通过本任务的完成，在掌握一品红盆花生产技术的同时重点学会一品红在生产中常用的扦插繁殖技术及花期调控技术，最终培育出合格的一品红盆花产品。

图 3-17　一品红

环保效应

一品红是一种原产于中美洲的植物，我国大部分省（区、市）的公园、植物园、温室都有栽培供观赏。其植株体内的白色乳汁有轻微毒性，误食可引起腹泻或呕吐。

材料工具

材料：一品红种苗、花泥、草炭土、沙子、多菌灵、代森锌、五氯杀螨醇、杀灭菊酯、阿维菌素、腈菌唑、高锰酸钾、生根剂、包装袋、胶带等。

工具：刀片、剪刀、铁锹、花铲、手锄、纸箱、喷雾器、量筒、天平、花盆、花托、遮阳网等。

任务要求

1. 能根据市场需求主持制订一品红盆花周年生产计划。
2. 能根据企业实际情况、品种的生长习性，主持制订一品红盆花生产管理方案。
3. 能按方案进行一品红扦插繁殖、花期调控及养护管理，并能根据实际情况调整方案，使之更符合生产实际。
4. 能结合生产实际进行一品红盆花生产效益分析。

任务流程

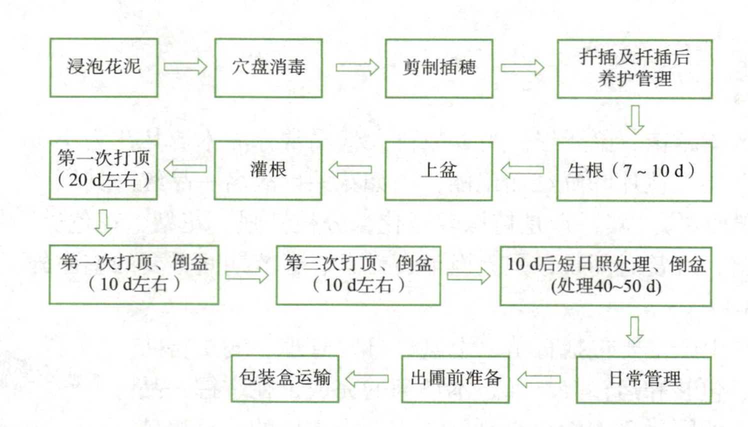

任务实施

一、品种选择

1. 叶色

一品红按叶片颜色可分为绿色叶系和深绿色叶系。一般来说，绿色叶系的品种比较耐高温，对肥料的需求也比较大一些；而深绿色叶系的品种则比较耐低温，对肥料的需求相对较小。

绿叶色品种包括持久系列、福星、俏佳人、金多利、红粉、双喜等。深绿叶色品种包括天鹅绒、威望、精华、彼得之星、自由系列、千禧、探戈、富贵红、旗帜等。

2. 生长势

有些品种生长势强，生长迅速，能够发育成较大型的植株，如福星、威望、精华等，适合做大规格盆栽或树状栽培［但某些品种（如千禧植株）有开裂的特性，尽管生长势较好，也不适合做大规格盆栽或树状栽培］。而有些品种生长势不强，但正因为如此，株高较好控制，可减少矮壮素的施用，如金奖、红爱福等，适合做标准型或小型盆栽。

3. 抗热性

花期的抗热性指的是温度尤其是夜温对苞片颜色的影响。抗热性好的品种（如福星），即使夜温相对较高，苞片颜色着色仍较鲜艳，而有些品种颜色就会变粉，着色不完全，甚至不着色。例如，在选择国庆出圃的品种时，绿色叶系的“俏佳人”虽然在营养生长阶段，即使高温也生长良好，但是到花期，如果晚上的温度偏高，其苞片的颜色就会偏粉。因此，作为国庆出圃的品种，俏佳人可能不太合适。

二、育苗

育苗一般采用扦插育苗方式。

1. 扦插基质准备

基质一般可用草炭与珍珠岩、河砂或园土加沙，根据地区环境的不同，扦插的基质

混合比例不同，材料也不相同。现在生产上一般选择花泥作为扦插的基质，花泥保水性能好，而且材料简单，在扦插前要准备专业的扦插花泥，并且切成相应穴盘口的大小，扦插前一天，把准备好的花泥基质浸泡到水中，待基质充分吸水后按穴盘大小切成小块，放入穴盘中。

2. 插穗准备

嫩枝扦插在采条之前，需控制浇水，使盆土保持微干状态，抑制嫩枝生长，使其组织充实，有利于插穗成活。插条一般用带生长点的顶端枝段，这种枝段比其下部的枝段容易生根，成活率高，根系发达。插穗长度通常为 8 ～ 12 cm，或带 4 ～ 5 片叶子，插穗上的叶片要保证完好，不要有破损。采条工具选择经过 75% 的酒精浸泡过的锋利的单面或双面刀片，保证采条工作在无菌的条件在进行。切口在节下的比在节间切断的成活率高。插穗平口切下后，立即在切口处蘸上植物生根粉或相应比例的生根剂，这样不仅生根快而且可以避免插穗基部腐烂。

3. 扦插

为保证插穗成活率应该随采随插，如果不能立即扦插，就将插穗放到阴凉的地方，保证叶面湿润。扦插深度为插穗长度的 1/3 ～ 1/2（图 3-18）。

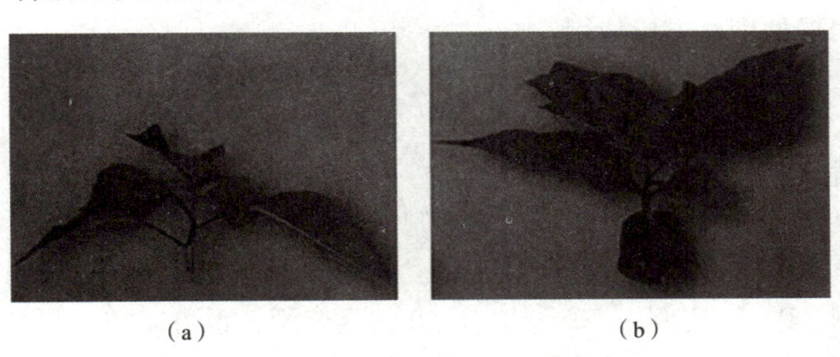

（a）　　（b）

图 3-18　扦插

（a）插穗长度 8 ～ 12 cm；（b）扦插深度为插穗长度的 1/3 ～ 1/2

4. 插后管理

将插后的一品红放在穴盘中，叶片要互不遮挡，摆在种植床上，第一次要浇透水，水中放入杀菌剂，防止烂根。盖上塑料布，保持较高湿度。中午光强时要用遮阳网进行遮光，温度较高时还要将两侧打开进行通风降温。以后浇水不宜太多，每天向叶面喷水 4 ～ 6 次，注意适当通风。水多、高温、空气不流通，是引起插穗基部腐烂的主要原因。在 15 ～ 20 ℃的条件下，插后 1 w 便开始生根（图 3-19）。

图 3-19　生根

三、上盆前准备

1. 基质选择及消毒

（1）基质选择。选择合适的栽培基质对一品红盆花栽培十分重要，不单能影响生产过程管理，也是栽培一品红盆花成功的关键。好的栽培基质应该具备质轻、多孔、通气良好、排水良好、含肥量得当及容易操作调配等条件。一品红的栽培基质用草炭、珍珠岩、河砂等按 10 ：2 ：2 的体积比混合为宜。用石灰调整基质 pH 值至 5.5 ～ 6.5。

（2）基质消毒。基质消毒是生产高品质一品红至关重要的一环。常用的消毒方法有甲醛消毒、蒸汽消毒、必速灭消毒等。

一般可以将必速灭颗粒撒在已配制好的基质上，用量为 30 ～ 40 g/m^3，充分搅拌均匀，喷水保持基质湿润，7 d 后再松动土壤使残留药溢出，期间 2 d 翻动一次，1 w 后，气味挥发掉再用。

2. 花盆的选择及消毒

一品红的根系对光线强弱较为敏感，应选用壁较厚、颜色较深、透光率低的盆具。一般选择双色盆，按所栽培植株的高度和株型大小而选择不同规格的盆具。旧的使用过的花盆要进行消毒处理后方可使用。

四、上盆

1. 上盆基质选择

一品红的根系对于水分、温度、氧气和肥料浓度比较敏感。一品红上盆的基质选择草炭（进口草炭最好）与珍珠岩，按照 1 ：1 的比例混合均匀后，再添加 N、P、K 比例为 20 ：10 ：20 的复合肥，也可以加一些有机肥，但要搅拌均匀，搅拌时要喷施杀菌剂，如多菌灵 500 倍液。

视频：一品红上盆

2. 种苗的选择

优质种苗的标准是生长好，健壮，无病虫害，根系发育良好，根系多，苗高。

3. 上盆

先用花铲往营养钵中装入 2/3 盆基质，将小苗连同花泥一同放入盆中，然后填充基质，切忌种植过深，用手轻轻压实，以淋透水后花盆内基质表面与种苗的基质表面齐平为宜，一般花盆基质表面要低于盆口 1 ～ 2 cm。定植之后立即用杀菌剂给一品红灌根，灌根时以盆土全部浸润为宜，注意在灌根操作时应尽量避免淋到叶片上，第二天上午再淋透一次清水。扦插生根后的一品红的上盆步骤如图 3-20 所示。

图 3-20　一品红的上盆步骤

五、上盆后第一次施肥

一品红种苗定植后 12 ～ 15 d，将种苗从盆内脱出，在基质边上能看到有新根长出，作为第一次施肥标准，一般用育苗期肥料，稀释 1 500 倍就可以，通常 15 cm 盆口直径每盆施肥量为 250 mL 左右。

六、摘心

小苗上盆后 20 d 左右进行第一次摘心，摘心的适宜时间以摘去顶端的生长点后，下面仍留有 5 ～ 6 个芽为宜。以后根据需要还可以进行二次或三次摘心，第二次或第三次摘心时每个枝条可以留 2 ～ 3 个芽，以中间比较高的枝条确定摘心高度。在每次摘心后，过一段时间将发出侧枝。一般来说，第一次摘心时，留 3 ～ 4 个侧枝，第二次或第三次摘心时，一般留 2 ～ 3 个侧枝。留侧枝的原则是尽量选高度一致的，留强去弱，然后留成中间略高、四周略低的馒头型。打顶后打去中间遮住侧芽的叶片。摘心后的三四天内要适度遮阳，摘心前后各喷一次叶面肥。

七、日常养护管理

1. 水分管理

一品红不耐干旱，又不耐水湿，因此浇水要根据天气、基质和植株生长情况灵活掌握。一般浇水以保持盆土湿润又不积水为度，一般盆内 1/3 基质干了就应浇水，在开花后要减少浇水，浇水时最好要灌根。盛花时要减少浇水量，如浇水过量会导致落叶。

视频：一品红日常养护管理

一品红不同生长阶段对湿度的要求不同，具体情况如下。

（1）从移栽至摘心的阶段。此时由于刚从扦插环境转入盆栽环境，湿度变化较大，需要增加湿度以使小苗适应新环境从而能正常生长。在一天中最热的时段应不断喷雾以保持 80% 至 90% 的相对湿度。

（2）摘心至花芽形成的阶段。这一阶段应保持 70% ～ 75% 的相对湿度，以利于一品红抽芽和正常生长。

（3）花芽形成至开花的阶段。此时应逐渐将相对湿度降至 70% 以下，以减少灰霉病的发生（图 3-21）。

图 3-21　预防灰霉病

2. 养分管理

从栽植两周后开始追肥，每 7 ～ 10 d 施一次肥。在生产上，采用有机肥与无机肥相结合的方式进行追肥，每两周施一次饼肥和每周施一次 NPK 速效肥（20-10-20）。在植株生长前期，用量一般是每盆饼肥 10 g、NPK 速效肥 1 ～ 2 g；在花芽分化前一周至开花前，每两周施一次饼肥和每周施一次 NPK 速效肥（15-20-25），用量一般是每盆饼肥 10 g、NPK 速效肥 1 ～ 2g；在开花期，每周施一次 NPK 速效肥（10-20-20），用量一般是每盆 1 g。在生产上，施肥一般与灌溉结合起来，肥料可以配置到蓄水池中，随水浇到花盆中。当然用无土基质栽培的一品红，对微量元素的要求较高，微量元素包括硼、铜、锌、镁、钼、铁等。一品红元素缺乏症状见表 3-5。

表 3-5　一品红元素缺乏症状

营养元素	缺乏症
氮（N）	生长趋缓，叶片均匀黄化，由下往上落叶
磷（P）	叶面积减少，上位叶叶色常绿，未成熟叶坏死
钾（K）	下位叶叶缘黄化，焦枯，由叶缘向脉间坏死
钙（Ca）	叶变暗绿、柔软、扭曲变形、坏死
镁（Mg）	下位叶多，叶脉间黄化
铁（Fe）	幼叶均匀变淡绿色
锰（Mn）	幼叶变淡绿色，叶脉保持绿色
锌（Zn）	植株矮化，新叶黄化
硼（B）	植株矮化，生长停顿
钼（Mo）	成熟叶黄化，上位叶叶缘内卷且焦枯

3. 温度管理

温室的温度白天最好控制在 20 ～ 27 ℃，夜温要不低于 15 ℃。在夏天，如果室内温度超过 32 ℃时，要采取措施降温，主要通过外遮阳网和喷雾来降温；在冬天，可以通过暖气加温来提高温度。冬季温度不低于 10 ℃，否则会引起苞片泛蓝，基部叶片易变黄脱落，形成“脱脚”现象。

4. 光照管理

一品红喜光照充足，向光性强，属短日照植物，一年四季均应得到充足的光照。苞片变色及花芽分化、开花期间，阳光显得更为重要，如光照不足，枝条易徒长，易感病害，花色暗淡，长期放置在阴暗处，则不开花，冬季会落叶。因此，在夏季，采用 50% 的遮阳网遮光，在春秋季节，不用遮阳网遮光，在冬季，要经常擦洗温室棚膜或玻璃。一品红不同生育期适宜的不同光照强度见表 3-6。

表 3-6　一品红不同生育期适宜光照强度

生育期	适宜光强 /lx	生育期	适宜光强 /lx
母株采穗期	45 000 ～ 60 000	摘心	40 000 ～ 50 000
扦插初期	10 000 ～ 20 000	营养生长期	35 000 ～ 60 000
扦插驯化期	25 000 ～ 35 000	生殖生长期	35 000 ～ 60 000
上盆定植	25 000 ～ 35 000	出货期	30 000 ～ 60 000

5. 高度控制

一品红的高度控制一直是一品红栽培的一个难点。要生产出完美的、达到国际标准的一品红（冠径：高＞1：1.3）。在正常管理下，植株往往偏高，栽在花盆中有损观赏价值，必须通过打顶和药剂处理进行高度控制。但施用生长调节剂要特别谨慎，不仅要考虑不同的品种对生长调节剂的要求不同，还要根据不同的生长阶段而定。一般情况下，小苗移栽到摘心前一般不须施用生长调节剂。营养生长阶段施用时间以摘心后两周时为宜，此阶段施用相对较安全。花芽分化阶段则一般不提倡施用。假如要施用生长调节剂，应尽量在花芽分化前，晚施会推迟开花和使苞片减少。

八、花期调控

在自然的光照条件下，一品红是在十一二月份开花，这也是一品红又叫“圣诞花”的由来。要想周年进行一品红生产，就要进行花期调控，主要通过调节光照时间来控制花期。

1. 促成栽培

要使一品红提早开花，就要在自然条件是长日照的情况下制造人工短日照处理，即进行遮光处理，遮光时间为每日 13 ～ 14 h。

遮光材料是影响遮光成功与否的关键。选择遮光材料时，一般选择延伸性好、不透光、质轻的材料。遮光方式一般采用外遮和内遮两种。外遮即把遮光材料直接覆在温室的外膜上，内遮要在内部架设钢丝成屋状结构，然后上遮光材料。遮光的关键是不能透光，达到“伸手不见五指”的标准。如进行遮光时温度较高，夜间应把遮光物打开并强制通风，降低棚室温度，次日天亮前再遮好。

在遮光期间夜间一定要注意降温，尽量控制在 24 ℃以下，白天不能超过 30 ℃。避免植株过高，并要经常转盆，避免发生偏冠；经常检查盆距以免影响冠幅的生长。一品红叶片转色后每周喷 1 ～ 2 次叶面肥。

2. 抑制栽培

要想使一品红延至春节开花出售，就要进行补光栽培。一般在晚上 10 点到次日凌晨 2 点进行补光，在植株周围光照的强度为 100 lx，温室内最暗处的光强都应保持在 40 lx 以上。补光灯应架设在距地面 1.7 ～ 1.8 m 的位置，该高度时光照面积和光照强度最适宜。每 10 m^2 用一盏 100 W 的白炽灯泡。

九、病虫害防治

1. 生理性病害防治

（1）叶片畸形。造成叶片畸形的原因如下：

1）在植株严重缺水时浇水，乳汁就会从茎或叶的生长点处溢出来，当乳汁变干时，干的乳汁会妨碍这部分叶片的扩展，使叶片扭曲、变形。

2）过高的土壤湿度和过高的空气湿度都会使生长细胞间的液流压力增高从而导致叶片畸形。

视频：一品红病虫害防治

3）其他因素，包括低温、机械损伤、过强的空气流通（造成生长细胞受损）及光合速率过高（由于碳水化合物积累而引起细胞的渗透压过高）等。

防治措施：避免基质过湿；避免空气湿度过高，尤其是夜晚的空气湿度；植株不能摆放太密，彼此之间要有空间让空气流通；适度遮阳以避免光合速率过高；避免温度急剧变化。

（2）分叉。一品红单一枝条生长到一定长度后，即使在长日照条件下也会形成花芽，此时植株继续发育会出现分叉现象。因此，在长日照条件下必须注意适时安排打顶，以避免一品红单一枝条生长过长而又出现分叉现象。

（3）落叶。一品红叶片的脱落往往从植株的萎蔫开始。植株萎蔫，下部叶片变黄，脱落，其原因通常有以下几点：

1）水分失调，表现为土壤过湿或过干。

2）温室内通风不良致使乙烯或其他有害气体在温室中积累，这甚至可使植株在一夜之间叶片全部脱落。

3）茎或根部发生病害。

4）基质中可溶性盐分含量过高。

防治措施：注意水肥管理，加强温室通风，避免以上情况的发生。

2. 真菌病害防治

（1）灰霉病防治。

1）症状：灰霉病是一品红栽培中最常见的病害，侵染植株的各个部分，被侵染的部分先出现水渍状棕黄至棕色的病斑，在潮湿的条件下，病斑处会形成灰色有毛的病菌。

2）防治措施：控制温室的温湿度；在室内安装风机，促进空气循环；避免机械损伤；每周可用速克灵烟剂熏蒸进行预防；发现病害之后，及时清除病叶；每 5 d 喷施一次 800 倍嘧霉胺溶液或 600 倍万霉灵溶液，连续喷施 2 ～ 3 次。

（2）白粉病防治。

1）症状：白粉病是一品红栽培中比较常见的病害，感染此病害后，植株表面出现白色粉状物。

2）防治措施：发病后，主要喷施 800 倍 12.5% 腈菌唑溶液或 600 倍 15% 粉锈宁溶液，同时减少温室的温差，降低空气湿度，加强室内空气流通。

3. 虫害防治

（1）白粉虱防治。白粉虱是危害一品红的主要害虫。主要的防治措施是在通风口及门窗上安装防虫网；用黄色粘虫板涂上重油诱粘成虫；喷杀药剂，与药剂熏蒸结合使用，通常在喷完药剂之后，马上进行烟剂熏蒸。杀虫药剂主要有杀灭菊酯、天王星、绿威乳油等。

（2）红蜘蛛防治。红蜘蛛也是温室中常见的病害。主要防治措施是喷施 600 倍液 2.5% 阿维菌素溶液或 800 倍液五氯杀螨醇溶液。

任务三　蝴蝶兰盆花生产

任务描述

蝴蝶兰为兰科蝴蝶兰属，为附生兰。根系十分发达，为气生根；茎节短，被交互生长的叶基彼此紧包；叶互生，宽大肥厚，有蜡质光泽；花大色艳，花形别致如彩蝶飞舞；花梗长，大花系为 40 ～ 90 cm，小花系为 20 ～ 30 cm。花期长，深受人们的喜爱，有“洋兰皇后”的美称（图 3-22）。

蝴蝶兰盆花生产主要包括育苗、上盆、不同阶段日常管理、花期调控、病虫害防治等内容。

通过本任务的完成，在掌握蝴蝶兰盆花生产技术的同时，重点学会生产附生兰盆栽植物育苗技术、催花技术及病虫害防治技术，最终培育出合格的蝴蝶兰盆花产品。

图 3-22　蝴蝶兰

环保效应

蝴蝶兰内质茎上的气孔白天闭合，晚上打开，可以吸收很多二氧化碳，同时制造并释放出很多氧气，可以降低密闭室内二氧化碳的浓度，提高室内空气中的负离子含量，使房间里的空气始终新鲜洁净。

材料工具

材料：蝴蝶兰种苗、水草、泡沫塑料、地虫丹颗粒、吡虫啉、花多多、福美双、施宝克溶液、百菌清、硝酸钙、硝酸钾、硫酸钾、硫酸镁、磷酸二氢钾等。

工具：花盆、花托、遮阳网、喷雾器、量筒、天平、桶、剪枝剪、纸箱等。

任务要求

1. 能根据市场需求主持制订蝴蝶兰盆花周年生产计划。
2. 能根据企业实际情况主持制订蝴蝶兰盆花生产管理方案。
3. 能按方案进行基质配制及消毒、上盆及花期调控，并能根据实际情况调整方案，使之更符合生产实际。
4. 通过生产方案的实施，锻炼学生分析、解决蝴蝶兰在养护管理过程中出现的各种问题的能力。
5. 能结合生产实际进行蝴蝶兰盆花生产效益分析。

任务流程

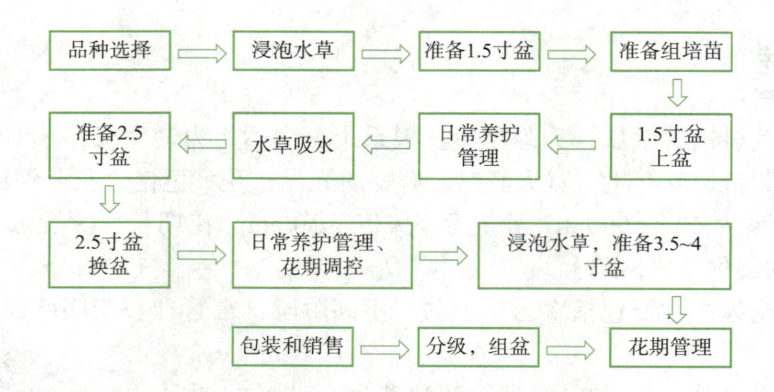

任务实施

一、品种选择

以春节前开始上市为时间终点，可将蝴蝶兰分为早花、中早花、中花、晚花四类。早花品种在11—12月开花。中早花品种元旦前后陆续开花。中花品种在春节前开花。晚花品种在春节前后开花。早花品种、中早花品种开花时非销售高峰期，价格较低。中花品种正赶上销售高峰期，价格最高。如春节在2月10日之后，晚花品种开花时期正合适，如春节在1月20日左右，开花多数未达到标准，开花期则显偏晚。在栽培品种的选择上，应以早中花、中花、晚花品种相互搭配，以中花品种为主，中早花为辅，晚花品种的选择应根据春节的具体时间而定。适宜的早中花品种有S75、SB0411、SB0404，中花品种有SB0440、S90、21、M6、MII、M12、M17、M18、M21、超群火鸟，晚花品种有S49、S0398、V31。

二、小苗（1.5寸盆）上盆及管理

1. 上盆前准备

（1）基质准备：上盆前要将水草（图3-23）进行充分吸水，至少吸水24 h。

图3-23　上盆用水草

（2）花盆准备：选 1.5 寸营养钵并进行消毒，可用开水或 100 倍高锰酸钾溶液浸泡。

（3）种苗准备：选择生长健壮、根系较多并经过处理的组培苗。

2. 上盆

使苗居于盆的中央；基质松紧度要适宜；基质与盆的顶部相距 2 cm；露出生长点。

3. 上盆后管理

（1）杀菌。上盆后第二天要进行杀菌处理，一般可以用大生粉 1 000 倍加 B1 活力素。

（2）肥、水。上盆后不要急于浇水，7 ～ 10 d 盆内基质干透，第一次浇水浇到花盆 1/3 即可，第二次浇水浇到花盆 1/2 即可。以后可以水肥交替，即小苗浇水浇肥规律是一次水一次肥，每月必须水洗一次。

（3）光、温。刚上完盆的小苗光照强度要控制在 6 000 lx，不超过 10 000 lx，以后随着种苗生长要不断地增加其光照强度，最适温度为 27 ℃。

三、中苗（2.5 寸盆）管理

1. 换盆

瓶苗出瓶 3.5 ～ 4 个月时间可以换到 2.5 寸盆，如果根系较少，可以推迟换盆时间。换盆时先轻轻压一下胶盆边缘，使小苗脱出，基质不要松散，再包上水草，水草高度在胶盆上端环线中间，水草应刚好包住基部，以不漏根为好，盆内水草应压平。基质松紧度比小苗时要紧一些，有弹性（图 3-24）。

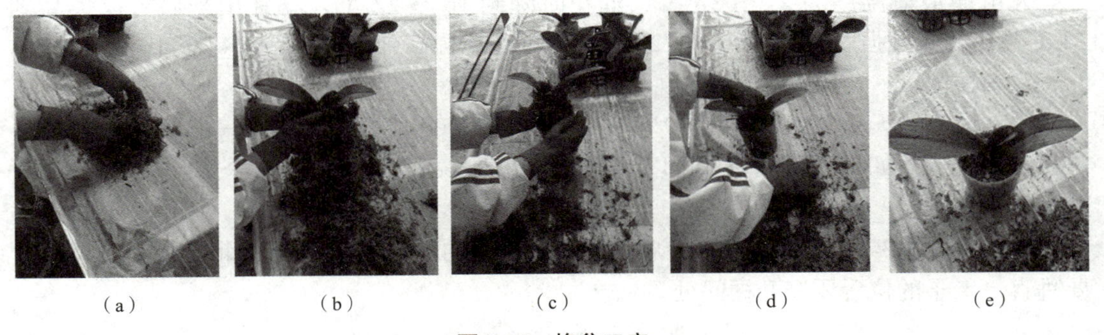

（a）　（b）　（c）　（d）　（e）

图 3-24　换盆工序

（a）水草攥干；（b）水草包住根系；（c）放入花盆中；（d）检查基质的松紧度；（e）上盆后的蝴蝶兰

2. 水、肥

上盆后大约 10 d，看到根系有新根长出的时候进行浇水。第一次浇水浇到花盆的 1/3 即可，第二次浇水浇到花盆的 1/2 即可。此阶段用肥一般是 NPK20-20-20，以后肥水交替，即上一次浇水（肥）干透，就可以浇肥（水）。肥的浓度是 2 500 ～ 3 000 倍，EC 值为 0.8 ～ 1 mS/cm，pH 值为 5.5 ～ 6.5，湿度要控制在 70% ～ 80%。根据长势情况可以两次肥一次水，如果发现根发黄发黑，立刻停止用肥，用水冲洗。

3. 光、温

光照强度不能超过 12 000 ～ 15 000 lx，最适温度为 27 ～ 30 ℃。以后随着种苗生长要不断地增加其光照强度。

4. 杀菌

换盆后第二天杀菌，可以用 99% 四环霉素 3 000 倍，每 10 d 杀一次菌，一个月后再换另一种药。如果病害较多，可以一周用一次药杀菌，一个月一次杀虫。

四、大苗（3.5 ～ 4 寸盆）管理

1. 换盆

中苗长到 4 个月可以换 3.5 寸盆，如果根系较少，可以推迟换盆时间。其方法与种苗换盆方法相同，只是基质的松紧度应该比种苗更紧一些，手摸应该有硬邦邦的感觉。

2. 水、肥

换盆后停水 25 d 左右，看到根系有新根长出的时候进行浇水。与中苗相同，在冬季减少浇水。在长花梗时要保持一定湿度，此阶段用肥一般是：初期用 NPK20-20-20，叶片长得比较快可以用 NPK15-20-25，浓度 2 000 ～ 2 500 倍，EC 值为 1 ～ 1.2 mS/cm，湿度要控制在 70% ～ 80%。

催花期用 NPK0-52-34，浓度 4 000 ～ 5 000 倍连续使用，花梗出来用 NPK20-20-20，浓度 2 000 ～ 2 500 倍，直到开花。

3. 光、温

大苗期最适温度为 27 ～ 34 ℃，催花时降到 16 ～ 22 ℃，花芽出来后可以提高到 24 ℃，初期光照强度为 18 000 ～ 22 000 lx，催花后提高到 21 000 ～ 24 000 lx。

4. 杀菌

换盆后第二天杀菌，可以用 99% 的四环霉素 3 000 倍，每 10 d 杀一次菌，一个月后再换另一种药。如果病害较多，可以一周用一次药杀菌，一个月一次杀虫。

5. 插铁条

插铁条（图 3-25）时先将花梗调至北面，铁条的位置位于花梗的北面，铁条插入时要垂直，卡子的位置要避开梗间处。

（a）

（b）

图 3-25　插铁条

（a）插铁条；（b）用卡子卡住

五、成花

图 3-26　蝴蝶兰摧花

蝴蝶兰的栽培可分成三个阶段：成长、低温催花、完成开花。植株在具有 3 ～ 4 片叶子，叶长至少 20 cm，花茎粗大、饱满时，即可自成长阶段转移至低温催花阶段（图 3-26）。植株经过低温环境即可催出花梗。只要所需的低温环境能够维持，终年都可以进行催花作业。低温时期越短，催出花梗的整齐度越低。催花开始的时间：若春节期间上市，一般在上市前 5 个月开始；若十一期间上市，一般在上市前 4 个月开始。

（1）催花预处理：降温前一个月开始使用高磷肥 NPK19-45-15 ，浓度 2 500 倍，叶面喷施 1 000 倍；光强可提高到 20 000 ～ 22 000 lx。

（2）在阳历 9 月初就开始降低温度，白天在 26 ～ 28 ℃，晚上 5 ～ 18 ℃。

（3）降温时继续使用 NPK9-45-15 肥直到花梗长出 15 cm 之后，用 NPK110-30-20 直到开花都可以，也是一次肥一次水，浇灌浓度 2 500 倍。每两天做一次叶喷 1 000 倍。在抽梗期间不要让水草过于干燥。

（4）在大部分花苞都破口后，夜温可提高到 20 ℃，每天 26 ～ 28 ℃直到开花。

（5）每周杀菌一次，每月杀虫一次就可以了。在有花朵时，喷药不要喷到花朵上。

六、病虫害防治

视频：蝴蝶兰病虫害防治

1. 病害防治

（1）炭疽病防治。

1）症状：炭疽病是经常发生的一种病害，发病时，叶上形成无数的黑色斑点。

2）防治措施：加强温室通风，加强栽培管理；每 7 ～ 10 d 喷施一次 800 倍 25% 咪鲜胺溶液预防；发病之后要进行药剂喷施，常用的药剂是 800 倍 45% 施宝克溶液或 800 倍 75% 百菌清溶液，每隔 5 d 喷施一次，连续 2 ～ 3 次，可达到治愈的效果。

（2）软腐病防治。

1）症状：软腐病主要表现为叶片变黄，软弱下垂，根系呈褐色，严重时植株死亡。

2）防治措施：要保证适宜的基质湿度；及时清理病株；及时用药剂灌根，灌根的药物一般有 500 倍 50% 多菌灵溶液或 500 倍 75% 福美双溶液。

（3）褐斑病防治。

1）症状：感病后，叶片上出现褐色斑，斑点中央干枯，边缘发黄。

2）防治措施：注意加强温室的通风，保证适宜的温度和湿度；一旦发现病叶，应立即剪除病叶，并加以焚烧，以防止蔓延；染病后及时喷洒药剂，可采用 800 倍 25% 世高溶液或 800 倍 25% 好力克溶液，5 d 喷施一次，连续 2 ～ 3 次，可达到治愈的效果。

（4）镰刀菌病防治。

1）症状：感病后，幼叶上出现褐色斑，花蕾出现褐色斑块，直至脱落。

2）防治措施：注意加强温室的通风，保证适宜的温度和湿度；一旦发现病叶，应立即剪除病叶，并加以焚烧，以防止蔓延；染病后及时喷洒药剂，可采用 500 倍 75% 多菌灵和 500 倍代森锰锌溶液，或 600 倍 50% 异菌脲和 1 000 倍 15% 恶霉灵 5 d 喷施一次，连续 2 ～ 3 次，可达到治愈的效果。

2. 虫害防治

（1）红蜘蛛防治。红蜘蛛一般在高温干燥气候条件下容易发生，主要危害叶片和花芽。防治的主要方法是喷施 600 倍 12.5% 阿维菌素溶液或 800 倍 15% 五氯杀螨醇溶液。

（2）蚜虫防治。蚜虫危害叶和花，危害严重时，叶片或花上常出现黑斑，花畸形。主要的防治方法是喷施 90% 啶虫脒 800 倍液或 45% 敌杀死 600 倍液。

（3）蓟马防治。

1）症状：蓟马以成虫和若虫群集于叶片正面和背面，锉吸叶肉及汁液，被害处只残留表皮，形成白色斑，受害叶片无光泽，变脆而硬，直至干枯。植株生长迟缓，花小，开花推迟，甚至不开花。

2）防治措施：可用 1.8% 虫螨克乳油 2 000 ～ 3 000 倍液或 15% 速螨酮（灭螨灵）乳油 2 000 倍液或 25% 灭扫利 1 000 倍液轮换喷施。

七、分级

在花梗上最低位置的花苞开始开放时花梗不再伸长，可以估计花梗上所有的花苞数目。

蝴蝶兰分级的依据包括颜色、花梗长度、花苞数目，分枝数目与每棵兰株的花梗数目。花梗数目是最重要的分级标准，其次为分枝数目与每梗的花朵数目。售出价格随花梗与花苞数目增加而增加。在冬季，花梗上花苞已有 4 ～ 5 朵开放时才可售出。在其他季节，有 2 ～ 3 朵开放花朵即可出售（图 3-27）。

图 3-27　分级

八、成品花的包装运输

成品花运输分为近距离运输和远距离运输。近距离运输可直接用苗盘，每盘装 12 株兰苗，花梗均朝向一个方向，用塑料绳将 12 个花梗固定，用黑色塑料袋将花及苗盘整个罩上，直接装入搭双层架的保温车即可。装苗前保温车应预先打热。远距离运输可采用装箱，纸箱为特殊定制的，可装 20 或 40 株开花株。装箱时，开花株分层放置，用胶带纸固定，每层开花株对头放置，花梗打结部位将花用软纸隔开。装完用胶带纸将纸箱封好即可用保温车运输。如向东北等寒冷地区托运，应在纸箱内加泡沫板和地垫，纸箱封好后再在外面加一层地垫，再用塑料布裹好。

任务四 红掌盆花生产

任务描述

红掌又名安祖花、火鹤花等，属天南星科花烛属。其株高一般为 50 ～ 80 cm，因品种而异。具肉质根，无茎，叶从根茎抽出，具长柄，鲜绿色，叶脉凹陷。花腋生，佛焰苞蜡质，正圆形至卵圆形，肉穗花序，圆柱状，直立。四季开花。叶子和枝茎外形奇特：其叶颜色深绿，心形，厚实坚韧，花蕊长而尖，有鲜红色、白色或者绿色，周围是红色、粉色或白色的佛焰苞（图 3-28）。

红掌盆花生产主要包括上盆、日常管理、病虫害防治、包装和运输等。通过本任务的完成，在掌握红掌盆花生产技术的同时，重点学会红掌在生产中日常管理技术，最终培育出合格的红掌盆花产品。

图 3-28 红掌

材料工具

材料：红掌种苗、草炭土、椰糠、多菌灵、阿维菌素、包装袋、胶带等。

工具：刀片、铁锹、花铲、手锄、纸箱、喷雾器、量筒、天平、花盆、花托、遮阳网等。

任务要求

1. 能根据市场需求主持制订红掌盆花周年生产计划。
2. 能根据企业实际情况，主持制订红掌盆花生产管理方案。
3. 能按方案进行上盆、换盆及养护管理，并能根据实际情况调整方案，使之更符合生产实际。
4. 能吃苦耐劳，并能与组内同学分工合作。
5. 能结合生产实际进行红掌盆花生产效益分析。

任务流程

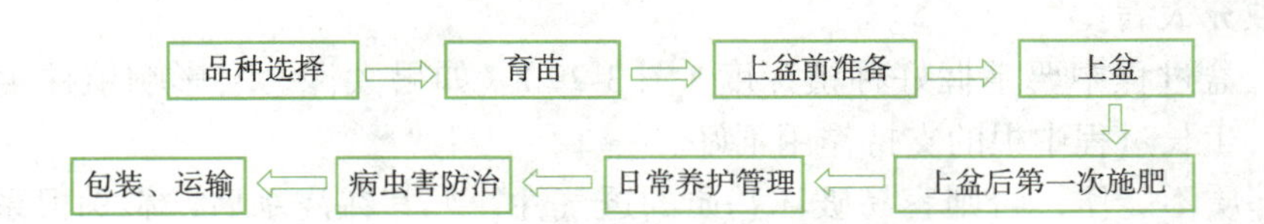

任务实施

一、品种选择

根据市场的需求及品种特性选择种苗，选择的品种应为株型紧凑、抗病性强、花色鲜艳有光泽、易于管理、适应性广、适宜本地区气候栽培种植的品种。从上盆到成品，红掌的生产周期因品种和成品规格而异，一般需 12 ～ 18 个月。

二、育苗

红掌的繁殖方法大致有分株繁殖、扦插繁殖、无菌播种繁殖以及组织培养等方法。通常采用分株繁殖和组织培养。分株繁殖：红掌在植株生长到一定阶段产生根孽（也称吸芽），待根孽长至 3 片叶以上时，即可从母株旁边将根孽带根割下来，稍经消毒处理后，另行种植，即可获得新的植株。用常规分株繁殖方法难以扩大生产，因此组织培养是红掌快速繁殖的唯一途径。通常剪取株型好、花朵大、植株健壮无病斑的顶芽和嫩茎作为外植体进行育苗。经过外植体接种、原球茎诱导、增殖体诱导、生根苗培养、瓶苗的驯化与移植过程得到大量种苗。

视频：红掌分株繁殖

三、上盆前准备

1. 基质选择及消毒

（1）基质选择。选择适宜的栽培基质对红掌盆花栽培十分重要。基质应具备质轻、多孔性、通气良好、排水良好、适当的含肥量及容易操作调配等条件。红掌的基质采用 pH 值为 5.5 的草炭土和已用硝酸钙缓冲过的椰糠。

（2）基质破碎及搅拌。草炭土和椰糠在使用前一天浇透，沥水，使用基质含水量以稍微用力能从基质内挤出水分为宜。基质在处理过程中不能破坏其物理结构。直接把基质包装袋剪去一块，在基质包装袋的另一方打孔，然后把水管直接插到基质里面放水浸泡，时间为 10 min 左右。将泡好的草炭土和椰糠按 7 ∶ 3 的比例混合并搅拌均匀。

2. 花盆的选择及消毒

选用的栽植盆底部要漏水，透气性好。盆底要有盆脚，防止水分在盆底积聚。

四、上盆

（1）在栽培盆底部放入适量的基质，将苗放入中间，然后将小苗四周均匀填充基质，基质不能填充太满。

（2）上盆过程中要掌握好种植深度（图 3-29）。如果太深，会影响植株生长点的生长；太浅，生长过程中根的支持作用不好。

（3）基质不能压，否则容易破坏基质的透气性，尤其在浇水后，影响根系的生长从而影响植株的生长。

（4）盆的摆放。按照品字形排放，刚上盆的植株根据植株大小等可以盆挨盆地摆放。摆放密度与红掌盆径和红掌的品种有关。比如，冠军类的红掌分枝多，摆放密度可以大

一些，其他大花品种株型大，生长快的品种摆放密度可以小一些。

（a）　（b）　（c）

（d）　（e）

图 3-29　种植深度标准（12 cm 口径盆）

（a）盆底先放粗基质；（b）盆底再放栽培基质；（c）种苗植于盆内中央；
（d）继续填充基质；（e）填充基质至植株叶

五、上盆后第一次浇水

1. 浇定植水

定植后需要用清水浇透。这是移栽定植之后浇的第一遍水，称为定植水。盆土表面一定要保持湿润，利于气生根的生长。盆土不能控得太干，以免影响以后生长及开花。第二次即可浇肥。取根系附近基质，如果手用力挤压，基质能挤出很少量的水分，说明刚好浇水；如果用力挤不出水，则表明基质太干。

2. 红掌种植过程基质 EC 与 pH 值的测定

在红掌盆花整个栽植过程中，每次浇肥前需要测一下基质的 EC 和 pH 值来决定浇多少浓度的肥料。通常采用基质挤水检测。

（1）在浇肥后 2 ～ 4 h 将植株脱盆，取基质。

（2）注意所取基质必须位于根系附近，即上面和下面的基质不能采用。并且注意在取基质的过程中每个苗床最少在 5 个点进行取土，每个点取多少盆可以根据实际操作中的情况而定。

（3）挤水之后可以用 EC 和 pH 值测量仪器进行测量。

（4）如果测量的 EC 大于 1.8 mS/cm，则应该用大量清水从盆上面淋洗基质，淋洗之后按照同样方式进行 EC 的检测，EC 值小于 1.8 mS/cm，再正常浇肥。如果测量的 EC 值在 1.8 mS/cm 以下则为正常，可以按照以前的浇肥量继续浇肥。如果测量的 pH 值在 5.2 ～ 6.0，则属于正常范围。

六、日常养护管理

1. 光照管理

红掌是按照“叶→花→叶→花”的顺序循环生长的。花序是在每片叶的叶腋中形成的，即红掌花与叶的产量相同。光照强度是影响红掌生长及产量的重要因素之一。红掌盆花在生长过程中光照强度为 10 000 ～ 18 000 lx。夏季高温，中午最低光照不能低于 8 000 lx。光照不足时，容易出现花朵败育的现象。如果光照过强则会造成叶片及苞片褪色，甚至产生灼伤。

视频：红掌日常养护管理

2. 水分管理

灌溉应在上午进行，并尽量在上午完成。肥水的标准值为 EC 1.3 ～ 1.8 mS/cm，pH 值为 5.7。对于小盆径 7 cm、9 cm 和 10 cm 的盆花，一定要注意浇肥时的干湿度。通常情况下，小盆径盆花夏天 2 ～ 3 d 浇一次水肥，冬天 4 ～ 5 d 浇一次水肥。在每次浇肥之前一定要做水分干湿程度的检查。对于大盆径 12 cm、14 cm、17 cm 和 18 cm 的盆花，一般夏天 4 ～ 5 d 浇一次水肥，冬天 6 ～ 7 d 浇一次水肥。浇水的时候一定要注意检查基质干湿度。

3. 温度管理

红掌盆花在生长过程中最适宜的温度为 18 ～ 28 ℃。在整个生长过程中最高温度最好不要高于 30 ℃。温度相对高的时候，湿度一定不能低于 60%。在红掌盆花的生长过程中，如果温度过高会造成苞片褪色，如果温度过低，则会产生冻害。

4. 湿度管理

红掌盆花在生长过程中最适宜的湿度为 60% ～ 80%。湿度太低时，有的品种叶片和花难以抽出，甚至在叶片上或者苞片上产生裂痕。湿度太高，叶片和苞片易畸形，甚至叶片和苞片上产生缺口。湿度太高，有的品种其苞片容易发黑。湿度过高，更容易产生病害。

5. 肥水管理

追施液体肥料的时候应按氮、磷、钾 3 ∶ 3 ∶ 7 的比例配合，花期时追钾肥。

6. 病虫害观察

在红掌的整个生长周期内，要经常检查粘虫板，做好病虫害调查以及虫口密度记录，做好病虫害观察记录，填写好记录表（表 3-7）。

表 3-7　虫口密度检查表

种类	虫口密度	位置	记录人	记录时间

7. 处理老株

红掌生长几年后，茎秆易倒伏影响生长。在气候适合的条件下（例如春季），切下植株上部进行扦插，加强遮阳并增加空气湿度，2 个月后根系长好，上盆定植。留下的根部及茎秆，增加光强，提高湿度，促发多个侧枝、小苗，作为供苗的母株或培育成多枝的盆花。

8. 起根

植株衰老或需要更新品种时，必须起根，起根通常手工完成。起根之前应停止灌溉一段时间，使基质干燥，以便于操作。起根后应彻底清除残株碎叶，以防病虫害传播。

七、病虫害防治

1. 主要病害

（1）炭疽病。

视频：红掌病虫害防治

1）病原：真菌性病害，胶孢炭疽菌［Colletotrichum gloeosporioides (Penz.) Sacc.］。

2）主要危害：沿叶脉发生近圆形或不规则形大病斑，褐色，外围有或无黄色晕圈；侵染花后，病斑与叶相似，引起花腐烂。

（2）灰霉病。

1）病原：真菌性病害，灰葡萄孢（Botrytis cinerea Pers.et Fr.）。

2）危害症状：先在叶缘处出现水渍状暗绿色斑块，向叶面扩展后呈不规则形长条斑，湿度大时呈褐色湿腐斑；花器官发病时花瓣上出现褐色或暗粉色小斑点。

（3）细菌性叶斑病。

1）病原：油菜黄单胞菌花叶万年青致病变种［Xanthomonas campestris pv. Dieffenbachiae (Mc Culloch et Pirone) Dye］。

2）危害病害：初期形成水渍状的圆形或不规则形凹陷斑，之后变为淡褐色或黑褐色，四周具有黄色晕，周围失绿。病理学斑发生在叶缘，会形成大块的坏裂斑，染病的叶片背部会出现水渍状斑点。还可造成系统性侵染，使茎部染病。

2. 主要虫害

（1）蚜虫。

1）危害症状：蚜虫平时聚集于花卉的幼嫩枝条上吸取营养，使植株叶片卷曲、萎缩、活力下降，并产生虫瘿，传播病毒等。当蚜虫吸取汁液的时候，会排放出被称为蜜露的黏稠的液体粘在叶面上，吸引蚂蚁的同时，易引起煤污病。

2）防治方法：吡虫啉，水分散粒剂，2 000 ～ 3 000 倍液喷施于植物表面。

（2）蓟马。蓟马是红掌主要的一种害虫，并且较难防治。蓟马幼虫非常小，肉眼很难看清楚，而且会跳会飞，爬动很快。

1）危害症状：由于蓟马的口器为刺吸式，所以它会在嫩叶、花器处吸取汁液，使叶片卷曲，变黄，变脆，甚至脱落，也会使红掌的花失色、变色等。新芽受害使生长点受抑制，出现枝叶丛生现象或者顶芽萎缩。在花器上锉吸花芽、花冠汁液，有时会引起花器脱落，有时会使花瓣上出现灰白色或褐色斑点，或出现失色、变色等现象而影响花卉质量。

2）防治方法：艾绿士，乙基多杀菌素 60 g/L，2 000 倍液喷施于植物表面。

（3）白粉虱。白粉虱繁殖力很强，在高温干旱、通风不好的环境会中大量发生，如果环境控制合适，基本可以杜绝。

1）危害症状：白粉虱容易引起煤污病，而且容易传播其他病菌病，会使叶片产生镀银、萎蔫、黄叶、坏死、脱落等，同时传播病毒病。

2）防治方法：控制好环境即可，要避免高温干旱，通风不好；用黄色粘虫板；用阿维菌素。

（4）红蜘蛛。红蜘蛛抗性很强，在高温干燥的环境中会大量发生。

1）危害症状：使叶片失绿，产生黄色斑点，甚至使叶沿卷曲，导致植株焦枯、脱落、死亡。

2）防治方法：控制环境条件为主，化学防治上可以采用杀螨药剂，如克螨特、哒螨灵、阿维菌素等。

（5）潜叶蝇。

1）危害症状：幼虫可以潜入叶片，产生白色虫道，从而破坏叶绿素，影响光合作用。

2）防治方法：主要使用粘虫板。

八、包装、运输

1. 包装

红掌的包装包括花袋、运输用包装箱、保温膜及胶带。

（1）选择包装箱规格。包装箱的净高度以植株连盆高度再加上 2 ～ 3 cm 为宜。内箱的长、宽尺寸以盆径的倍数计算，但应以一个人能方便搬运的尺寸、质量为宜。

（2）选择柔软的塑料包装袋。红掌有些品种苞片非常脆，因此套袋的材料应是柔软的塑料袋。包装袋底口径大于盆径 0.3 ～ 0.5 cm，上口径宽度依不同品种而定，包装袋高度高于植物叶片和花苞 3 ～ 5 cm，防止叶片以及花苞受损伤。冬天时，包装箱外需要打保温膜，以防将花冻坏。

2. 运输

红掌成品花的运输工具主要是有空调的汽车。车内温度以 18 ～ 23 ℃为最佳。低于 13 ℃，苞片会受损，高于 28 ℃，苞片叶缘会出现水珠，容易腐烂。装车时要轻拿轻放，不能倒置，包装箱与车厢的间隙应尽量小。空隙大的地方要用泡沫或其他材料尽量塞紧。到达后须立即除去包装，将植株放入明亮的温度为 18 ～ 23 ℃的环境中。运输时间要尽可能短，最好不超过 3 d。

任务五　宝莲灯盆花生产

任务描述

宝莲灯盆花生产主要包括育苗、上盆、日常管理、株型控制、病虫害防治、包装和运输等。通过本任务的完成，在掌握宝莲灯盆花生产技术的同时重点学会宝莲灯在生产中温湿度控制技术，最终培育出高品质的宝莲灯盆花产品。

环保效应

宝莲灯花型优美，气质独特，花期超长，拥有极高的观赏价值，非常适合摆放在客厅、大堂、卧室等场所，是目前花卉市场非常受追捧的网红花卉品种。

除具有观赏价值外，经权威机构检测，宝莲灯还能有效去除甲醛、苯、TVOC 等有害气体，调节空气湿度。

材料工具

材料：宝莲灯种苗、草炭土、椰糠、多菌灵等。

工具：刀片、酒精、托架、穴盘等。

任务要求

1. 能根据市场需求制订宝莲灯盆花周年生产计划。

2. 能根据企业实际情况制订宝莲灯盆花生产管理方案。

3. 能根据宝莲灯生长习性、不同生长发育阶段的特点，采取不同的养护管理措施，并能根据实际情况调整方案，使之更符合生产实际。

4. 培养学生对所学知识的综合应用能力、团结协作意识和吃苦耐劳精神。

5. 能结合生产实际进行宝莲灯盆花生产效益分析。

6. 通过巩固训练任务的完成，熟练掌握宝莲灯花期调控、株高控制及养护管理，具备指导该方面生产的能力。

任务流程

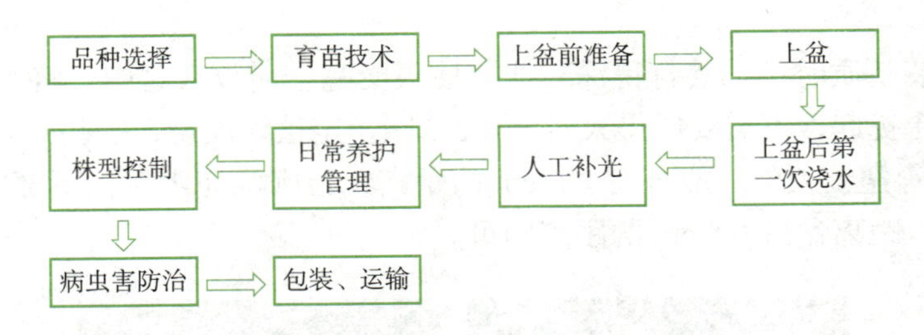

任务实施

一、品种选择

根据市场的需求、温室条件及品种特性选择种苗，选择的品种应不易徒长，叶色有光泽，株型饱满，不易生产病害，适应温室环境，耐热，易于管理。宝莲灯的生产周期：从上盆到成品，因品种和成品规格而异，一般需 6 ～ 18 个月。

二、育苗技术

育苗主要采用组培育苗和扦插育苗。各生产企业大量种苗来源还是以购买种苗（组培苗）为主，少量种苗通过扦插育苗方法获得。扦插栽培基质选择椰糠做成纸帛，方便扦插。在母本源上寻找优质健壮无病虫害的枝条，将底部斜切口剪取枝条蘸取生根粉直立叉于纸帛里（图 3-30）。削剪枝条的刀片要用酒精进行消毒。保证当天剪去的枝条当天插完及时喷水，防止叶片失水，此时环境设置调整为扦插模式，温度光照要尽量降低。

图 3-30　宝莲灯扦插育苗

三、上盆前准备

1. 基质选择

宝莲灯所选用基质为进口草炭土单独定制配方。

2. 花盆的选择及消毒

所选用的花盆一般为 19 cm 的黑色盆，根据情况有时会用到 14 cm 的花盆。如果使用旧盆，必须使用 1.5% 的季铵盐消毒，并用清水洗干净。

四、上盆

装盆机在装基质时，孔要打得深一些，使根蘖完全能放入盆中。将小苗放入打好的孔中，两手将土拢起，不需要压得太实（图 3-31）。定植时注意，一些圆叶品种，下层叶片一定不要贴着盆土表面，应该有 0.5 cm 的距离，否则浇完水后，下部叶片发黄烂掉。盆土不要太多，距离盆沿 0.5 cm 的距离即可。

图 3-31　上盆

定植后若发现有种的浅的或是不正的，需要扶一下苗。

五、上盆后第一次浇水

定植后需要用清水浇透。盆土表面一定要保持湿润。盆土不能控得太干，否则叶片会失水，植株生长就会受影响。第二次即可浇肥。取根系附近基质，如果手用力挤压基质，基质能挤出很少量的水分，说明浇水刚好；如果用力挤不出水，则表明基质太干。

六、人工补光

冬季温度低，光照时长短，为了更好地适应年宵花提前开放，需要进行人工补光。

（1）每天太阳落山后开启补光灯，2 h 后关闭，早上太阳出来前补光 2 h。

（2）补光前利用顶喷给叶面喷水，保持湿度。

（3）减少氮肥施用量，增加钾肥施用量。

七、日常养护管理

1. 温度管理

白天温度保持在 26 ℃以下，最好保持在 24 ～ 26 ℃。温度在 25 ℃以上就可开风扇通风；27 ℃以上时就必须强行降温，开启风机湿帘。夜间温度保持在 18 ～ 22 ℃即可，当夜间温度低于 20 ℃时应该及时调整，夏季夜间温度超过 23 ℃时应开启循环风扇进行通风。温度低于 18 ℃对宝莲灯生长极其不利。

2. 湿度管理

湿度对宝莲灯很关键，通风时先开启水帘，待水帘打湿后再开风扇。湿度保持在 75% ～ 80%。当湿度小于 75% 时开启喷雾系统进行增湿；当湿度大于 90% 并且温度达到 25 ℃以上时可开启风扇排湿通风。太高的湿度会引起一些病菌的滋生，太低的湿度会造成叶片皱缩无光泽。

3. 光照管理

光照保持在 8 000 ～ 12 000 lx。当光照强度达到 12 000 lx 时就必须开内遮阳网进行遮光，如果开内遮阳网后光照仍然有所上升，此时应该打开外遮阳网进行遮光。当光照低于 10 000 lx 时可以收拢遮阳网。过强的光照会导致叶片皱缩不平展以及出现晒斑情况；过弱的光照会导致叶片软弱，茎秆柔弱。

4. 肥水管理

浇水标准："见干见湿，浇则浇透"，即盆土表面发白，用手掂量较轻时即可浇水，浇时必须浇透，浇完水后取下花盆，整个盆土湿润，用手捏有少量的水珠。小苗期采用顶部喷淋系统进行浇水，成品期则采用潮汐灌溉为主的方式进行浇水，也可以二者相结合进行浇水。

八、株型控制

从定植开始应特别注意其株型的控制。

（1）定植。定植时直接定植于 19 cm 盆中，给其足够的空间。

（2）环境控制。环境控制主要是光照控制。定植前两个月光照要控制在 8 000 lx，两个月后 10 000 lx，前期小苗光线不要太强，否则容易出现问题，后期长大慢慢增强光照。

（3）及时稀盆。当叶片搭叶片看不到盆时，就应该稀盆了。稀盆标准为叶搭叶可以看到地面。从定植到出圃应该稀盆 4 ～ 5 次。稀盆前要进行分级，根据叶片数量以及叶片大小进行分级，这样方便后期管理以及浇水控制。宝莲灯叶片肥大，要及时进行稀盆，这样株型才能饱满，如果太密没有及时稀盆，会导致底部叶片脱落、茎秆细弱、徒长等不利情况发生。

（4）抹芽抹苞。宝莲灯花的生长模式是一层一层生长。第一层是定植期，当生长点出现花苞时，要在花苞长到黄豆大小时就将花苞打掉。间隔 2 ～ 3 个月，第二层叶片成熟，生长点又会出现花苞，这时等到花苞长到黄豆大小时将其抹掉，植物自认为不需要开花，从而长出新的叶芽。这样第三层叶片成熟后，生长点又会长出花苞。这时则会根据市场销售情况留取一部分花苞，等待销售，另一部分则开始长出下一层叶芽。根据销售需求留取花苞。每一层的生长状态如图 3-32 所示。

（a）

（b）

（c）

（d）

图 3-32　宝莲灯生长模式

（a）第一层；（b）第二层；（c）第三层；（d）成品

九、病虫害防治

1. 宝莲灯主要病害

水晶斑病危害症状及防治措施如下：

（1）危害症状：该病多发生在叶尖和叶缘。发病初期叶片出现水渍斑，以后扩大成灰褐色至灰白色大斑，病健组织交界处有不规则的紫褐色环纹。有的病斑边缘有明显的褪绿色黄晕。

（2）防治措施：消灭病源，加强窖内的卫生工作，及时清除落叶和修剪病叶；加强管理，养护中尽量避免造成伤口，浇水时不要淋浇伤口等；药剂防治，发病初期喷施炭疽福美或扑海因 2 000 倍液。

2. 宝莲灯主要虫害

（1）介壳虫。

1）危害症状：介壳虫危害叶子背面，若虫和雌成虫喜栖在枝叶上，吸取汁液，还能诱发煤污病，造成枝梢枯萎。

2）防治措施：加强虫情检查和自身对虫害的防治意识；保持环境卫生，对枯枝烂叶要及时清理；哒螨灵 3 000 倍液或阿维菌素 2 000 倍液喷打叶子正反两面，此虫具有一定的抗药性，故不得每次使用同一种药。两者交替使用，防治效果较好。

（2）菜青虫。

1）危害症状：菜青虫主要以幼虫的形式危害叶片、叶柄以及茎秆，取食里面的叶肉汁水，到把茎秆或叶片咬成孔洞或缺口，留下一层透明的表皮，严重者会导致整株死亡。

2）防治措施：加强虫情检查和对虫害的防治意识；保持环境卫生，对枯枝烂叶要及时清理；茚虫威或莱喜 2 000 倍液喷打叶子正反两面，此虫具有一定的抗药性，故不得每次使用同一种药。两者交替使用，防治效果较好。另外，还可以采用物理防治，在植物上放悬挂黄蓝的粘虫板。

十、包装、运输

1. 目的

确保发出货物的品质，保证发货的准确性和及时性。

2. 出货流程

销售部门给出货包装组发出订单，如有数量较大的订单提前 1 ～ 2 d 通知，以便于浇水或控水处理，安排出货包装组以外人员（温室内每组培训出 1 ～ 2 名能熟练挑花、包装的人员）做好准备。

出货包装组接到订单后，根据订单要求进入相应的区域进行挑选并运输到包装区域。如遇有数量较大的订单，温室内各组配合出货组进行挑选并运输至包装区域。植株运输到包装区域后，包装人员套袋时对货物进行二次筛选。

套袋完成后进行装箱，装箱人员对套好袋的植株再次进行检查，检查没有问题后进行装箱，并在外箱上标明装箱人。

装箱完成后，写标签人员在外包装箱上注明包装货物的品名、数量和收货人的姓名。

完成后由出货包装组的组长进行核验，检验合格并在外箱上签名（可以是代码或简称）后方可封箱（图 3-33）。

图 3-33　宝莲灯包装、运输

必须保证每箱花、每盆花都可以溯源。

与订单核对无误后，交予销售人员，以便装车。

3. 花卉挑选包装的基本要求

（1）挑选时保证植株高度、冠幅一致性。

（2）确保植株无病虫害、无严重机械损伤。

（3）确保植株无枯枝烂叶。

（4）温室内运输时保证植株直立无倾斜、倾倒。

（5）套袋时选择合适包装袋，轻拿轻放，保证植株直立，尽量减少不必要的损伤。宝莲灯包装时，保证叶片舒展，花苞、花梗无折损。必要时使用PP棉对花苞进行固定，防压，防晃动折伤。

（6）夏季包装箱需打孔通风降温，冬季必要时做保暖。

（7）外包装箱上注明包装货物的品名、数量和收货人的姓名。

任务六 绣球盆花生产

任务描述

绣球花又名八仙花、紫阳花、绣球荚蒾、粉团花。属虎耳草科八仙花属，落叶灌木或小乔木。叶对生，卵形至卵状椭圆形，被有星状毛。夏季开花，花于枝顶集成聚伞花序，边缘具白色中性花。花初开带绿色，后转为白色，清香。因其形态像绣球，故名绣球花。原产于我国华中和西南。性喜阴湿，怕旱又怕涝。绣球花是一种常见的庭院花卉，其伞形花序如雪球累累，簇拥在椭圆形的绿叶中，煞是好看。

环保效应

随着人们环境保护意识的日益增强，越来越多的人意识到绿色植物对环境的重要作用。植物对于环境的影响，主要体现在吸收二氧化碳、释放氧气、净化大气、降尘等方面。

材料工具

材料：绣球花、草炭土、沙子、珍珠岩、穴盘、多菌灵、代森锌、阿维菌素、腈菌唑、高锰酸钾、生根剂、包装袋、胶带等。

工具：剪刀、铁锹、花铲、手锄、纸箱、喷雾器、量筒、天平、花盆、花托、遮阳网等。

任务要求

1. 能根据市场需求制订绣球花周年生产计划。

2. 能根据企业实际情况、品种的生长习性，主持制订绣球花生产管理方案。

3. 能按方案进行绣球繁殖、养护管理，并能根据实际情况调整方案，使之更符合生产实际。

4. 能结合生产实际进行绣球生产效益分析。

任务流程

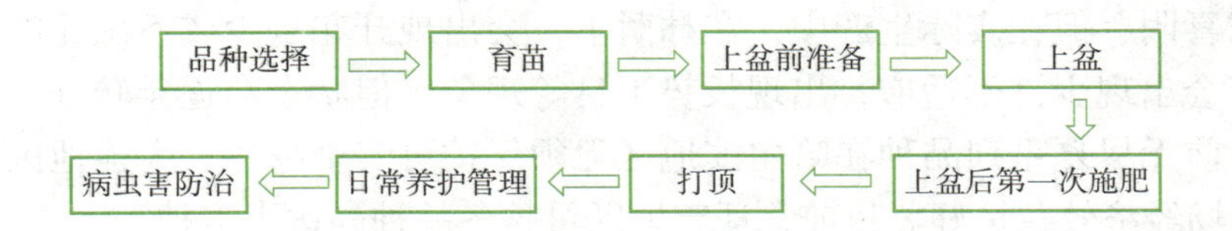

任务实施

一、品种选择

品种选择具体从以下三个方面来进行（图 3-34）。

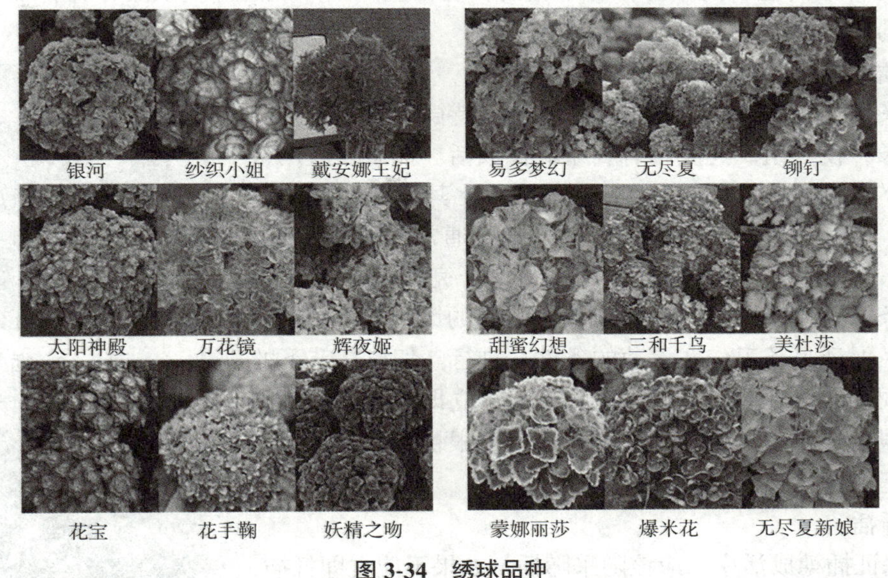

图 3-34 绣球品种

1. 花型

绣球按花型可分为单瓣系和重瓣系。一般来说，单瓣系的品种复花强，花球大，可以调色株型较大一些；而重瓣系的品种植株相对较小，对肥料的需求相对较少。

单瓣系品种有无尽夏、大海蓝、塞布丽娜、白新娘、佳澄、蒙娜丽莎、甜蜜幻想、梦幻革命等。重瓣系品种有妖精之瞳、万花镜、太阳神殿、银河、花手鞠等。

2. 生长势

有些品种生长势强，生长迅速，能够发育成较大型的植株，如无尽夏、大海蓝、佳澄，适合作大规格盆栽或树状栽培。而有些品种生长势不强，但正因为如此，株高较好控制，可减少矮壮素的施用，如梦幻革命、万花镜等，适合作标准型或小型盆栽。

3. 抗热性

花期的抗热性是指植物对高温（一般超过 35℃）所造成的热害的适应能力。理论上，大部分绣球喜阴，但在实际生产中，在林荫下，会出现开花量少或不出花的现象。露地栽培第一年会出现少许不适应，出现长势不良等现象，但状态会逐年转好，同时花量越来越大。目前无尽夏系列品种在哈尔滨地区无须保护可安全越冬，大连地区大部分品种可越冬，市场经济效益良好。目前，辽宁地区可越冬品种高达十多种。

二、育苗

一般采用扦插育苗方式。

1. 扦插基质准备

基质一般可用草炭与珍珠岩组合或采用扦插基质袋等，根据地区环境的不同，扦插的基质混合比例也不同，材料也不相同。现在生产上一般选择基质袋作为扦插的基质，基质袋的保水性能好，而且材料简单。

2. 插穗准备

在采条之前，须控制浇水，使盆土保持微干状态，抑制嫩枝生长，使其组织充实，有利于插穗成活。插条一般用带生长点的顶端枝段（图 3-35）。这种枝段比其下部的枝段容易生根，成活率高，根系发达。插穗长度通常为 5 ～ 8 cm，或带 3 ～ 4 片叶子，插穗上的叶片要保证完好，不要有破损。采条工具选择经过 75% 的酒精浸泡过的锋利的单面或双面刀片，保证采条工作在无菌的条件在进行。切口在节下的比在节间的成活率高。插穗平口切下后，立即在切口处蘸上植物生根粉或相应的生根剂，这样不仅生根快，而且可以避免插穗基部腐烂（图 3-36）。

图 3-35　插条

图 3-36　扦插生根

3. 扦插

为保证插穗成活率，应该随采随插。如果不能立即扦插，就将插穗放到阴凉的地方，保证叶面湿润。扦插深度约为插穗长度的 1/3。

4. 插后管理

将插后的绣球放在穴盘中，叶片要互不遮挡，摆在种植床上，第一次要浇透水，水中放入杀菌剂，防止烂根。盖上塑料布，保持较高湿度。中午光强时要用遮阳网进行遮光，温度较高时还要将两侧打开进行通风降温。以后浇水不宜太多，每天向叶面喷水 4 ～ 6 次，注意适当通风。水多、高温、空气不流通，是引起插穗基部腐烂的主要原因。在 15 ～ 20 ℃的条件下，插后 1 w 便开始生根（图 3-37）。

图 3-37　扦插成活的绣球

三、上盆前准备

1. 基质选择及消毒

（1）基质选择。选择适当的栽培基质对绣球盆花栽培十分重要，不单是影响生产过程管理，也是栽培绣球盆花成功的关键。好的栽培基质，应该基本具备质轻、多孔性、通气良好、排水良好、适当的含肥量及容易操作调配等条件。绣球的栽培基质用草炭、珍珠岩、河砂等按 5 ∶ 1 ∶ 1 的体积比例混合较好。用硫酸铝调整基质 pH 值至 5.5 ～ 6.5。

（2）基质消毒。基质消毒是生产高品质绣球至关重要的一环。常用的消毒方法有烟剂消毒、菌剂消毒等。

一般可以将菌剂撒在要消毒的配制好的基质上，用量为 30 ～ 40 g/m^3，充分搅拌均匀。

2. 花盆的选择及消毒

绣球的根系对透气性要求较高，应选用壁较厚、颜色较深、空隙较多的盆具。一般选择控根盆，盆的规格按所栽培植株的高度和株型大小要求而定。旧的使用过的花盆要进行消毒处理后方可使用。

（1）施药前，基质的含水量要达饱和持水量的 60% ～ 70%。

（2）使用基质之前要测 pH 值及 EC 值，基质 pH 值及 EC 值调节要符合绣球生长需要。

四、上盆

1. 上盆基质选择

绣球的根系对于水分、温度、氧气和肥料浓度比较敏感。选择绣球上盆的基质是草炭（进口草炭最好）与珍珠岩按照 2 ∶ 1 的比例混合均匀后再添加 NPK 比例为 20 ∶ 20 ∶ 20 的复合肥，也可以加一些有机肥，但要搅拌均匀，搅拌时要喷施杀菌剂（如甲基托布津 500 倍液）。

图 3-38　优质种苗

2. 种苗的选择

优质种苗的标准是生长好，健壮，无病虫害，根系发育良好，根系多，苗高（图 3-38）。

3. 上盆

先用花铲往营养钵中装入 2/3 盆基质，将小苗连同种植袋一同放入盆中，然后填充基质，切忌种植过深，用手轻轻压实，以淋透水后花盆内基质表面与种苗的基质表面齐平为宜，一般花盆基质表面要低于盆口 1 ～ 2 cm。定植之后立即用杀菌剂给绣球灌根，灌根时以盆土全部浸润为宜，在灌根操作时应尽量避免淋到叶片上，第二天上午再淋透一次清水（图 3-39）。

图 3-39　上盆

五、上盆后第一次施肥

绣球种苗定植后 12 ～ 15 d，将种苗从盆内脱出，在基质边上能看到有新根长出。第一次施肥一般用育苗期肥料，2 000 倍液就可以，通常 20 cm 盆口直径每盆施肥量 200 mL 左右。

六、打顶

小苗上盆后 30 d 左右进行第一次摘心，摘心的适宜时间以摘去顶端的生长点后，下面仍留有 5 ～ 6 个芽为宜。以后根据需要还可以进行二次打顶，二次打顶时每个枝条可以留 2 ～ 3 个芽，以中间比较高的枝条确定摘心高度。在每次打顶后，过一段时间将发出侧枝。一般来说，第一次打顶后，留 3 ～ 4 个侧枝，第二次打顶，一般留 2 ～ 3 个侧枝，留侧枝的原则是尽量选高度一致的，留强去弱，然后留成中间略高、四周略低的馒头型。打顶后打去中间遮住侧芽的叶片，并及时补肥。

七、日常养护管理

绣球日常维护如图 3-40 所示。

图 3-40　绣球日常养护

1. 水分管理

绣球不耐干旱，又不耐水湿，因此浇水要根据天气、基质和植株生长情况灵活掌握。一般浇水以保持盆土湿润又不积水为度。一般盆内 1/3 基质干了就应浇水，在开花后要尽量多浇水，浇水较少会出现花瓣萎蔫现象。

绣球不同生长阶段对湿度的要求不同，具体情况如下：

（1）从移栽至打顶的阶段。此时由于刚从扦插环境转入盆栽环境，湿度变化较大，需要增加湿度以使小苗适应新环境从而能正常生长。在一天中最热的时段进行遮阴。

（2）打顶至花芽形成的阶段。这一阶段应保持 50% ～ 60% 的相对湿度，以利于绣球抽芽和正常生长。

（3）花芽形成至开花的阶段。此时应逐渐将相对湿度降至 50% 以下，以减少灰霉病的发生。

2. 养分管理

从栽植两周后开始追肥，每 7 ～ 10 d 施一次肥。在生产上，采用有机肥与无机肥相结合的方式进行追肥，每两周施一次饼肥和每周施一次 NPK 速效肥（20-20-20）。在植株生长前期，用量一般是每盆饼肥 10 g、NPK 速效肥 1 ～ 2g；在花芽分化前一周至开花前，每两周施一次饼肥和每周施一次 NPK 速效肥（13-2-13），用量一般是每盆饼肥 10 g、NPK 速效肥 1 ～ 2g；在开花期，每周施一次 NPK 速效肥（9-45-15），用量一般是每盆 1 g；施肥在生产上一般与灌溉结合起来，肥料可以配置到蓄水池中，随水浇到花盆中。

3. 温度管理

温室的温度白天最好控制在 20 ～ 27 ℃，夜温要不低于 15 ℃。在夏天，如果室内温度超过 32 ℃时，要采取措施降温，主要通过外遮阳网和喷雾来降温；在冬天，可以通过暖气来提高温度。冬季温度不低于 10 ℃，否则会引起叶片泛黄，基部叶片易脱落，形成“脱脚”现象。

4. 光照管理

绣球喜光照充足，向光性强，但要通风良好。如光照不足，枝条易徒长，易感病害，花色暗淡，长期放置阴暗处，则不开花，冬季会落叶。因此，在夏季，采用 50% 的遮阳网遮光，在春秋季节，不用遮阳网遮光，在冬季，要经常擦洗温室棚膜或玻璃。

八、病虫害防治

1. 病害防治

（1）枯枝病。

1）症状：植株上面的枝条会逐渐枯萎，影响到观赏性，还会对植株自身生长造成伤害。

2）防治：主要是通过修剪来防治，还需定期喷多菌灵、代森锰锌防治。

（2）灰霉病防治。

1）症状：灰霉病是绣球栽培中最常见的病害，侵染植株的各个部分，被侵染的部分先出现水渍状棕黄至棕色的病斑，在潮湿的条件下，病斑处会形成灰色有毛的病菌。

2）防治措施：控制温室的温湿度；在室内安装风机，促进空气循环；避免机械损伤；每周可用烟剂熏蒸进行预防，发现病害之后，及时清除病叶，每 5 d 喷施一次 800 倍嘧霉胺溶液或 600 倍万霉灵溶液，连续喷施 2 ～ 3 次。

（3）白粉病防治。

1）症状：白粉病是绣球栽培中比较常见的病害，感染此病害后，植株表面出现白色粉状物。

2）防治措施：发病后，主要喷施 800 倍 12.5% 腈菌唑溶液或 600 倍 15% 粉锈宁溶液，同时减少温室的温差，降低空气湿度，加强室内空气流通。

（4）炭疽病。

1）症状：这个病一般发生在高温时期，太阳光强烈照射下容易发生，叶片的表面会出现斑点，然后会枯萎掉叶，影响正常的生长。

2）防治：平时做好预防工作，需要及时通风处理，降低病害发生的可能，然后配合使用药剂，杜邦福星这类杀菌药剂，可以起到不错的效果。

2. 虫害防治

（1）红蜘蛛防治。红蜘蛛也是温室中常见的病害。主要防治措施是喷施 600 倍液 2.5% 阿维菌素溶液或 800 倍液五氯杀螨醇溶液。

（2）蚜虫。

1）症状：绣球很少生虫害，但是有可能出现蚜虫。蚜虫会寄生在叶片上，吸食里面的汁液。

2）防治：如果发现此病害，需及时用水冲洗。要是蚜虫过多，可用敌敌畏 1 200 倍水溶液喷杀。

任务七 铁线莲盆花生产

任务描述

铁线莲（*Clematis florida* Thunb）是毛茛科（Ranunculaceae）铁线莲属多年生木质落叶藤本，少量是常绿品种和草本植物。铁线莲叶片大部分为 3 ～ 5 片小叶组成的羽状复叶，对生，叶柄会像卷须一样缠绕，使植物能够沿着支持物往上爬。其花朵也十分艳丽，具有较高的观赏性。铁线莲是人们最喜欢的庭院植物之一，也是十分优秀的盆栽植物（图 3-41）。通过本任务的学习，可以了解铁线莲的生长习性，掌握铁线莲的生产栽培管理技术。

图 3-41 铁线莲

环保效应

铁线莲享有“藤本花卉皇后”的美称，花期为 6—9 月，花色一般为白色，花有芳香气味，可作展览用切花，用于攀缘常绿或落叶乔灌木上。铁线莲用作垂直绿化，既能增加绿化量，又能给人们乘凉，还可以改善环境小气候。

材料工具

铁线莲、沙、泥炭、珍珠岩、剪刀、塑料铁丝网、盆器、复合肥、吲哚乙酸等生长调节剂、多菌灵等杀菌剂、敌敌畏等杀虫剂。

任务要求

能够根据任务内容制订铁线莲生产技术方案，生产方案主要包括育苗、种植（上盆）、日常管理、病虫害防治等。实施过程中，要细致认真，保证产品质量。

任务流程

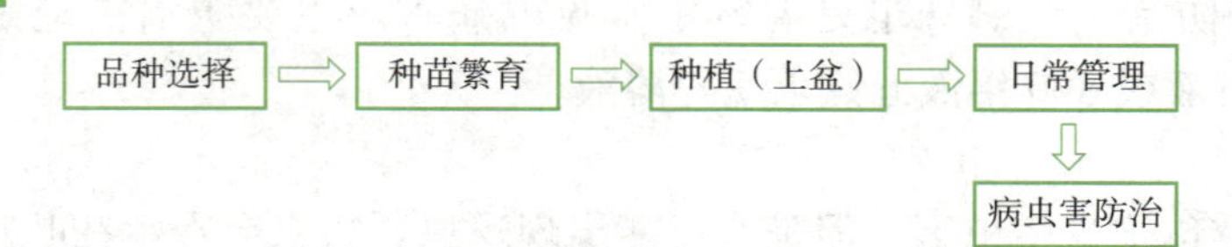

任务实施

一、品种选择

1. 选择标准

花期长，花型大（花径 15 cm 以上），花色艳丽。

2. 优良品种

铁线莲常见品种有东方晨曲、亨利、多蓝、繁星、小鸭、多变女神、纪念杜卫士、典雅紫 、中国红 、Romantika、Viola、V G.Etoile Violette、VG.Polish Spirit。有关铁线莲的品种群见表 3-8。

表 3-8　铁线莲的品种群

品种群	花期 / 月	花芽形成	代表品种
早花品种	4—5	前一年的芽苞	*C. alpina*，*C. macropetala*，*C. armandii*，*C. montana* and *C. chrysocoma*
大花杂交品种	5—6	当年短枝	*C.*'Nelly Moser'，*C.* 'Miss Bateman'，*C.* 'Lasurstern'，*C.*'Duchess of Edinburqh'，*C.*'Mrs.Cholmondeley'
晚花品种	6—10	当年枝生长到 1 m	*C. viticella*，*C. flmmula*，*C. tangutica*，*C.* * *jackmanii*，*C. marimowicziana*，*C.* 'Roval Velours'，*C.* 'Duchess of Albany'

二、种苗繁育

铁线莲常用扦插或压条来繁殖。

1. 扦插繁殖

扦插繁殖一般在 6 月至 7 月上旬（夏插）或 9 月下旬至 10 月中旬（秋插）进行，此时铁线莲枝条处于半木质化时期。扦插选取无病虫害、生长旺盛且带饱满芽的半木质化茎段，留一片叶片，采集的穗条注意保湿，最好随采随插。剪成带 1 个节（2 个芽）、长 5 cm 左右的插条，下切口距芽 3 ～ 4 cm，上切口距芽 1 ～ 2 cm。剪好后先在多菌灵 500 倍液中浸泡 10 min，清水冲洗，立即浸入浓度为 1 000 mg/L 的吲哚丁酸溶液中，速蘸几秒后插于 1 份泥炭 ： 1 份蛭石的混合基质中，扦插深度一般为穗条的 1/2 ～ 2/3。嫩枝扦插后立即浇水，保持湿度 80% 以上，温度 18 ～ 25 ℃，4 ～ 5 w 就会生根，扦插 60 d 后便可移栽。

2. 压条繁殖

压条繁殖是比较轻松的方法，在秋天也可进行，采用当年生或一年生的枝条上的节点埋入沙：泥炭 =1 ： 1 的基质中，12 个月内就可以生根并且生根的部分可以分离并种植。

三、种植（上盆）

1. 种苗选择

因为铁线莲的根系没有足够的竞争力，所以种苗选择时要选择根系饱满而且多茎、健壮的深绿色植物。

2. 种植前准备

（1）基质：一般选择肥沃且排水性好的基质，如泥炭与珍珠岩以 3 ∶ 1 或 2 ∶ 1 比例混合的基质，基质的 EC 值控制在 60 ～ 80 mS/cm，pH 值为 5.8 ～ 6.5。

（2）支持物：铁线莲生长的最终尺寸和长势都与支持物有关，支持物应该是细小的（直径小于 1.5 cm），以便铁线莲让叶柄缠绕。支持物可以用细竹竿或套塑料铁丝网等，高度为 1 ～ 2 m。

（3）盆器：盆器至少要深 35 cm、宽 25 ～ 30 cm，当然越大越好。盆器最好使用木制的或陶制的，这样的盆器不但美观而且有利于铁线莲根系生长。

3. 种植

种植前把铁线莲的茎秆剪至 30 cm 高，有利其分枝，并且可避免茎秆在种植时折损。铁线莲茎秆基部要深入土面以下 3 ～ 5 cm，植株放置在合适的深度后，盖土，压实，浇水。

铁线莲根系喜欢凉爽的环境，在种植基质上覆盖 3 ～ 5 cm 厚的覆盖物（如树皮、苔藓等）能提供一个很好而凉爽的根系环境，有利于植株根系的生长。

种植的时间安排在 3—5 月或 9—10 月。

四、日常管理

1. 温度管理

生长的最适温度为夜间 15 ～ 17 ℃、白天 21 ～ 25 ℃。夏季，温度高于 35 ℃时，会引起铁线莲叶片发黄甚至落叶，因此要采取降温措施。在 11 月，温度持续降低，到 5 ℃以下时，铁线莲将进入休眠期。在 12 月，铁线莲完全进入休眠期，休眠期的第一、第二周，铁线莲开始落叶。

2. 光照管理

铁线莲需要每天 6 h 以上的直接光照，这对它的生长是非常有利的，尽管在天热的时候会产生斑点。一些红色、紫色和深蓝色的大花杂交品种和双色品种必须接受充足光照才能获得艳丽的花朵，而一些小花品种可以在半阴的环境下生长和开花。

3. 水分管理

铁线莲对水分非常敏感，基质不能够过干或过湿，特别是夏季高温时期，基质不能太湿。一般在生长期每隔 3 ～ 4 d 浇 1 次透水，浇水在基质干透但植株未萎蔫时进行。休眠期只要保持基质湿润便可。浇水时不能让叶面或植株基部积水，否则很容易引起病害。

4. 养分管理

在 2 月下旬或 3 月上旬抽新芽前，可施一点 NPK 配比为 15 ∶ 5 ∶ 5 的复合肥，以加快生长，在 4 月或 6 月追施 1 次磷酸肥，以促进开花。平时可用 150 mg/kg 的配比为 20 ∶ 20 ∶ 20 或 20 ∶ 10 ∶ 20NPK 水溶性肥，在生长旺期增加到 200 mg/kg，每月喷洒 2 ～ 3 次。

5. 修枝整形

修枝的目的是使植株开更多的花。修枝一般一年 1 次，去掉一些过密或瘦弱的枝条，并使新生枝条能向各个方向伸展。修枝的时间要根据不同品种的开花时期而定：早花品种（花期 4—5 月）要在花期过后，也就是 6—7 月进行修枝，去除多余的枝条，但不能

剪掉已木质化的枝条，如果在这之前修枝，会导致当年开不了花；大花杂交品种（花期5—6月）在2—3月去除死掉的或瘦弱的枝条，并使枝条顶端保留大的丰满的芽；晚花品种（花期6—10月）在2—3月修剪到60～90 cm高，这就要去除一些好的枝条。

五、病虫害防治

枯萎病是铁线莲最主要的病害，它会突然发生，可以使整个植株萎缩，但植株仍有很好的根系。用多菌灵或托布津每隔2周喷洒1次，重复2～3次，可有效抑制该病的发生。粉霉病是另外一种危害铁线莲较多的病害，在温度超过20 ℃、高湿的情况下容易发生该病，发病时可以用多菌灵、甲基托布津每隔1周交替使用，重复3～4次。

危害铁线莲的主要害虫有蚜虫、白粉虱、红蜘蛛、蓟马、介壳虫，可以分别用敌敌畏、康福多、克螨特、灭虱灵、速扑杀等药物进行防治。

任务八　君子兰盆花生产

任务描述

君子兰为石蒜科君子兰属（*Clivia*）多年生草本植物，原产于南非，后经德国和日本传入中国。它是著名的年宵花卉和室内盆栽花卉，可四季观叶、三季观果、一季观花。其花，红似丹霞，白如瑕玉，给人以富丽堂皇和幸福美满之感；其叶，温润碧绿，挺拔端庄，给人生机与希望；其果，金黄饱满，果实累累，给人以收获与喜悦之感。主要包括大花君子兰（*C. miniata*）、细叶君子兰（*C. gardenii*）、有茎君子兰（*C. caulescens*）、奇异君子兰（*C. mirabilis*）、垂笑君子兰（*C. nobilis*）和大君子兰（*C. robusta*）六大类，其中大花君子兰和垂笑君子兰在我国较为常见。君子兰一杆花能开多朵小花。这不但要求其花多，而且要求其花朵大。如果小花柄长，并且向四周辐射状散开，还能形成更大的花团。这样的花团居中，两侧由扇形绿叶簇拥衬托，就更能展现君子兰的壮观、大气、豪放。君子兰株形端正，叶片左右对称，叶色翠绿，四季常青，花大而色艳且花期长。果球形，红色，且挂果期长。其叶、花、果均具有很高的观赏价值（图3-42）。

图3-42　君子兰

君子兰盆花生产主要包括育苗、播种后管理、移栽、上盆、定植后管理、花箭及花期管理、病虫害防治、包装和运输等。

通过本任务的完成，在掌握君子兰盆花生产技术的同时，重点学会生产中常用的播种繁殖技术、授粉、花箭及花期管理 技术，最终培育出合格的君子兰盆花产品。

环保效应

君子兰具有吸收尘埃的作用，其宽大、肥厚的叶片上有很多的气孔和绒毛，能分泌出大量的黏液，经过空气流通，能吸收大量的粉尘、灰尘和有害气体，对室内空气起到过滤的作用，减少室内空间的含尘量，使空气洁净。因而君子兰被人们誉为理想的“吸收机”和“除尘器”。

材料工具

材料：君子兰种苗、君子兰种子、草炭土、碎刨花（锯末）、沙子、珍珠岩、杀菌剂、杀虫剂等。

工具：刀片、穴盘、纸箱、花铲、手锄、纸箱、喷雾器、量筒、天平、花盆、花托、遮阳网等。

任务要求

1. 能根据市场需求主持制订君子兰盆花周年生产计划。

2. 能根据企业实际情况主持制订君子兰盆花生产管理方案。

3. 能按方案进行基质配制及消毒、播种及播后管理、花剑管理、花期管理等，并能根据实际情况调整方案，使之更符合生产实际。

4. 通过生产方案的实施，锻炼学生分析、解决君子兰在播种育苗过程中出现的各种问题的能力。

5. 能结合生产实际进行君子兰盆花生产效益分析。

任务流程

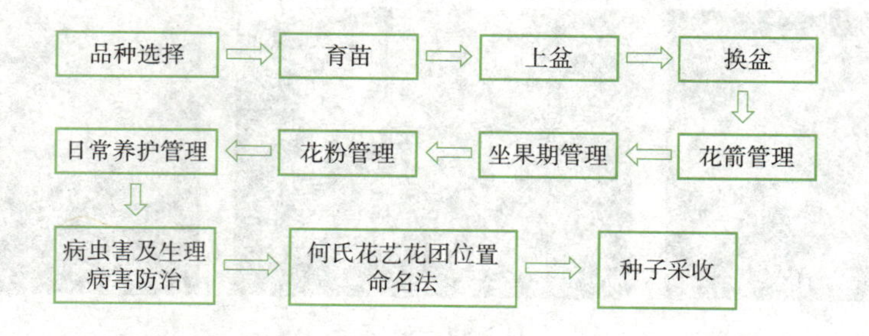

任务实施

一、品种选择

从叶、花、果等方面综合选择君子兰品种。叶片要短、宽、厚、亮，叶端圆钝，略有突尖；叶面横脉明显，左右对齐成“田”字格；叶片革质状，厚度达 2 mm 以上；叶片的颜色翠绿色并且腊亮；叶宽达 10 cm 以上，叶的长宽比值大于 2；叶姿直立，向斜上方呈 45° 角直伸，上、下叶片长短共同，左右排成一条直线，成扇面形。除了叶片，还要求花梗粗圆、花大朵多、花色鲜艳。

二、育苗

通常采用分株繁殖、播种繁殖育苗方法。

1. 分株繁殖

（1）分株时间。君子兰大苗茎基或叶腋间形成 1 个或几个侧芽，当叶片达到 4 ～ 6 片叶时宜分株。通常在秋季结合换土时进行分株。

（2）分株方法。用锋利的刀切芽或用手掰芽分株均可。分株时新株应带有较多根系，伤口应涂高锰酸碱或草木灰消毒，晾晒 24 h 左右，待伤口干燥后再栽植（图 3-43）。

（3）栽植。

1）基质和容器。基质选用疏松透气的腐叶土或草炭土，应采用 0.1% 高锰酸钾溶液喷洒消毒。上盆时，选择大小适宜的瓦盆、塑料盆等容器。

图 3-43　君子兰分株方法

2）栽植方法。容器先装 1/3 基质，然后将分株苗栽于中央，填满基质。要栽直、栽正，栽植深度以埋住苗的基部假鳞茎为度。定植后浇水，保持基质含水量约 50%，初期宜在叶片上少许喷水，将植株置于荫凉处缓苗（图 3-44）。

图 3-44　君子兰栽植

（4）君子兰侧芽分株注意事项。

1）一般剪下来的侧芽尽量进行杀菌处理，这样能够在上盆的时候减少细菌感染的风险，还能够加速伤口愈合，侧芽可以快速适应新的盆栽环境。

2）刚上盆的君子兰需要放置在阴凉的地方，长出健壮的根系后才能慢慢放到室外见阳光。并且，还要把君子兰经常放在通风透气的地方，保证室内的空气畅通，让君子兰处于一个较为适宜的生长环境中，以利于君子兰侧芽更好地生长。

2. 播种繁殖

（1）准备基质。

1）基质选择。播种用土一般选择碎刨花（锯末）、沙子、珍珠岩、松针等。

2）处理基质。主要对基质进行杀菌杀虫处理：采用 90 ℃以上硫黄蒸汽熏蒸一个小时。硫黄熏蒸浓度为 2 ～ 3 kg/m^3。

（2）准备器具。播种前要准备好育苗用器具，如泡沫箱、网状塑料框等。

（3）种子催芽。将成熟果实去皮后，用清水冲洗干净，去除掉干瘪、有伤口的种子。采用沙藏法进行催芽，温度控制在 25 ～ 30 ℃。基质可选择珍珠岩或大粒沙或锯末等，将其用水漂洗干净，铺于育苗箱内。首选珍珠岩，厚度在 90 mm 左右，浇水摊平后，撒入种子 1 ～ 2 层，种子上再盖 15 ～ 20 mm 厚的消过毒的珍珠岩，浇水，最后育苗箱上盖层塑料。每隔 10 d 浇一次水，水温控制在 30 ℃左右，45 ～ 55 d 种子即可发芽。此法操作简单，既能保湿，又能透气，有利于种子萌发，不易烂种。而且出苗快而整齐，出苗率达 95%，整齐度达 70 ～ 80%（图 3-45）。

图 3-45　种子催芽

（4）播种。播种基质选用的腐叶土应充分腐熟，且用手搓碎。播种株行距为 10 cm × 40 mm。播种时保证胚根朝下插入基质中，胚芽朝上，且保证种子暴露在基质表面，这样种子不会腐烂发霉；播种后盖层塑料，但不要盖严实，保证气体流通。温度控制在 20 ℃左右，每隔 3 ～ 5 d 浇水，保证基质表面湿润即可（图 3-46）。

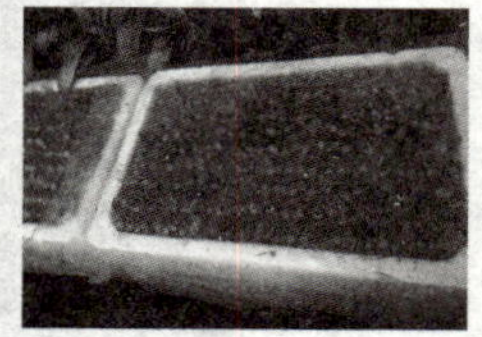

图 3-46　君子兰播种

（5）播种后管理。播完后的容器要浇透水，放到温度 20 ～ 25 ℃ 处，育苗期间视其情况 10 w 左右浇一次透水，保持一定温度、湿度。

（6）移栽。君子兰播种 1 ～ 2 个月后，长出胚根，种子播种后宜进行二次移栽。第 1 片叶长 2 ～ 3 cm 时，进行第一次移栽，移栽于花盆或木箱等容器中。将容器装满基质，厚度 8 ～ 10 cm，平整压实，扎孔，将幼苗的根小心插入孔中，用手轻轻压实，每个容器可栽多株，株行距 3 ～ 4 cm，移植后浇透水。当幼苗生长叶片达到 2 ～ 3 片时，进行第二次移栽。采用单株栽植，定植后浇透水。

小苗长出第 2 片叶，且同时具备 2 条根时将君子兰移栽入填充有栽培基质的花盆（图 3-47）；栽培基质由腐叶土、河砂、松针土按照 2 ：1 ：1 的质量比混合配制而成。

（7）移栽后管理。幼苗移栽初期保持基质适度湿润，生长温度 20 ～ 25 ℃，空气相对湿度 70% ～ 80%。幼苗移植 30 d 后，浇水见干见湿。

三、上盆

当种子萌发的胚根长为 15 ～ 20 mm 时，上盆最合适，否则胚根过嫩且过长，上盆时易受损。

图 3-47　君子兰移栽

1. 选择花盆

可以根据花苗大小选择适合的花盆，但是不能选择太深的盆。君子兰先长根，如果用大盆栽种，盆比它的冠幅还要大很多，盆里的土壤养分充足，空间也大，利于根系生长，根系生长充满花盆后才长叶片、开花，影响叶片和花生长质量；再有，如果花盆太深，通风效果不好，浇上水以后土表干了底部的土壤干得慢，也许还很湿，不好掌控浇水量，很容易出现底部根系腐烂的情况。

2. 基质选择、配制

君子兰栽培基质通常选择腐殖土、腐叶土、泥炭土、炉灰渣、河砂等材料。可以按照 2 ：1 的比例用腐叶土和河砂进行混合配制营养土，它也有比较好的排水能力。也可以按照 5 ：3 ：1 ：1 的比例用腐叶土、松针、河砂以及底肥等进行配制，这种配制方式配制出来的营养土品质会更好。

3. 上盆

选择大小合适的花盆，根据盆的大小，先在盆底填 2 ～ 4 cm 厚的君子兰专用营养土，然后将植株栽到盆中心，再添加营养土，使根部用土压实，填土至离盆缘 1 ～ 2 cm，上盆后浇透水（图 3-48）。

图 3-48　君子兰上盆

四、换盆及换盆后管理

1. 换盆

君子兰每年都要换盆，最好在生长旺盛的时候换，炎热的夏季和寒冷的冬季都是君子兰的休眠期，春季和秋季温度适宜，正是君子兰换盆的最佳时机，这两个时间段换盆，既可以修剪君子兰的根部，又不影响植株的萌芽和生长。将植株从花盆中取出，抖掉旧土，摘除烂根、干瘪老根。

2. 换土

换盆的同时还要结合换土。一般来说，君子兰每年都要换土一次，这样更有助于君子兰生长，但是并不是说任何时候都可以换，换土最好选择在春、秋两季进行，因为这时温度适宜，君子兰生长旺盛，不致因换土而影响长势（图 3-49）。

3. 换盆后管理

若让君子兰小苗快速生长，除了栽种时土壤要保证疏松、透气，平时浇水要根据季节确定，春秋季一两天浇一次，让土壤微

图 3-49　君子兰换土

湿，并在散射光环境下养护，生长季还要合理施肥，保证养分充足。

五、花箭管理

君子兰植株刚上箭，会从根茎中心处长出花苞，等花箭长到 15 ～ 20 cm 时，会绽放出花朵，整个过程需要 10 d 左右的时间。君子兰出箭后，需要加大温差 10 ～ 15 ℃，否则君子兰会夹箭，影响正常开花。生长温度一般在 12 ～ 28 ℃，否则会影响抽箭开花。元旦至春节前后百花盛开，此时忌强光、忌高温。君子兰喜肥厚、排水性良好的土壤和湿润的土壤，忌干燥环境。

君子兰在抽箭期间消耗的水分要比平时多，需要增加浇水次数才行。但是浇水量不能太大，土壤湿润即可，不能有积水情况。若是气候干燥，则可向周围喷洒水分，提高湿度，这样也利于花箭抽出。

六、坐果期管理

（1）环境温度要适宜。尤其是在刚刚坐果时，果实正处于膨大期，对于温度的需求更是严格，室内保证 15 ℃以上的温度才有利于生长。

（2）保持一定环境湿度。君子兰果实在成长发育期间，保证一定的空气湿度可以预防果实表皮由于空气干燥而破裂的现象发生。要经常往叶片及其盆土表面喷洒水雾，来增加空气湿度。切记水雾不要喷到花芯，预防烂芯。

七、花粉管理

一朵君子兰开花正常时 6 个瓣、6 支粉，有时可多 2 ～ 3 支粉，对应又多 2 ～ 3 个不太完整的花瓣。开花第二天，如果天晴光好，上午 8 时至下午 2 时花粉会由花初放时的大长条状缩小为原来的一半左右，且此时用手一碰花粉即可粘到手上时，这说明花粉“暴”好了。花粉长在花芯的细长杆顶端，叫作“花粉杆”，而雌蕊长在花芯处是一个长杆状，其顶端分叉，也有 1 ～ 5 叉的，叉多说明有重瓣花的特点。当雌蕊顶端也叫柱头部位有黏液时，说明此花成熟了，授粉正当时，可以用镊子掐一支花粉抹到被授粉的花柱头上，在柱头上留下花粉就可以了。当好花粉少且珍贵时，可用涂黑后的竹牙签粘花粉点雌蕊柱头上，在放大镜下可见到留下花粉就行。具体授粉方法：先用镊子取出君子兰花粉（雄蕊）；然后把花粉采摘到烟盒内的银色锡纸上，花粉适量即可；用锡纸包好，放冰箱冷冻或常温 2 ～ 3 年可用（花粉不怕冻，但时间长授粉效果会差一些）（图 3-50）。

八、日常养护管理

（1）温度管理。生长适温为 15 ～ 25 ℃，温度过高要及时通风降温。冬季温度应保持在 5 ℃以上，避免低温造成冻害。君子兰植株的花箭开始抽生之时，放兰的环境也需要有一定的温差度。一般白天可以控制在 20 ℃左右，晚上的温度可以调整为 10 ℃左右。使白天与夜间有 10 ℃左右的温差才能顺利地抽出花箭。

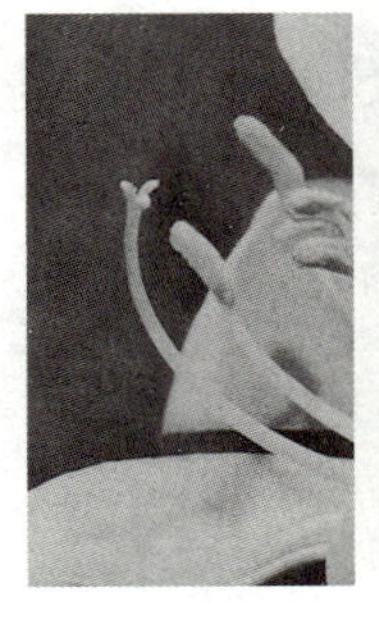

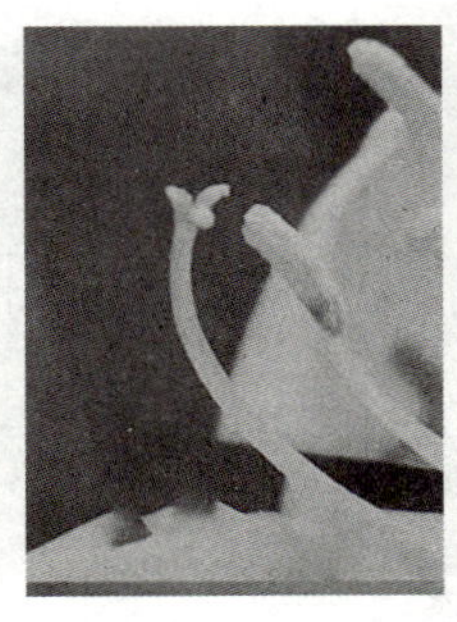

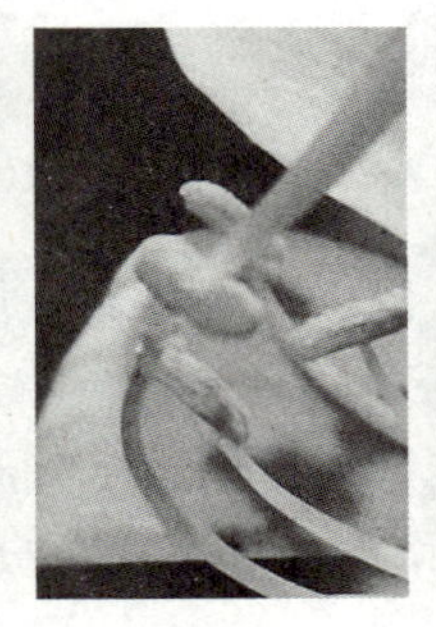

图 3-50　君子兰授粉过程

（a）带粉的是雌蕊；（b）三叉的是雄蕊；（c）花苞打开后；（d）点在三叉的雄蕊上；（e）授粉完成

（2）光照管理。君子兰较耐阴，在温室养护时，夏季须遮光，否则会造成叶片灼伤。可用遮阳网进行遮阴。冬季、晚秋、早春不需遮光。

（3）水分管理。君子兰耐干旱，盆土湿度以保持 40% 左右为宜。浇水原则是水温与土温保持一致，夏季尽量在清晨或傍晚浇水。小苗、中苗可以直接往植株上浇水，大苗不能浇在植株茎叶上。

（4）施肥管理。君子兰定植时加基肥，根据长势情况在生长旺季要进行追肥，保证花的品质。

（5）转盆。君子兰花盆摆放方向是使叶片方向与窗台、阳台、花窖垂直，使植株均匀接受阳光照射。每 10 d 左右按 180° 转动花盆，如此可以有效避免叶片向一侧偏斜。

（6）叶片矫正。对于偏斜的叶片可以人为采用机械方法和利用光照原理进行叶片矫正。

1）机械整形法：用小夹子（夹子处垫上软纸）将已经歪斜的叶片与相邻的正位叶片夹在一起，经过一段时间，歪斜的叶片基本可以恢复正位。

2）光照整形法：将不透明的香烟锡纸（或其他不透明厚纸）剪成与叶片长宽基本一致尺寸，然后纵向从中间对折，包住被阳光拉斜方向叶片的一半，再用透明胶条将锡纸粘贴在叶片的正反面上。经过 10 ～ 15 d，偏斜的叶片即可矫正过来。当矫正叶片的中心线基本与其他叶片一致时，及时撤除锡纸，以免矫正过度（图 3-51）。

图 3-51　君子兰叶片矫正

九、病虫害及生理病害防治

1. 叶斑症

叶片出现白色或橘红色小圆斑，以后斑点的颜色加深，面积也陆续加大，病部有轮纹，发病后期整个叶片很快就会变得千疮百孔。

采取换土方法防治。换土时要把肉质根用清水洗净，晾干后再上盆，盆土要充分腐熟并且消毒处理。

2. 软腐病

光照过强，土壤干旱，温度过低，浇水方式不对等均可造成植株的假鳞茎的芯里发生腐烂。叶片腐烂有时也会出现在新生叶片的基部。

避免光照过强晒伤植株，散光养护，适当施肥，注意浇水，避免叶芯积水，发病初期喷洒农用链霉素，严重的可用 0.1% 高锰酸钾浸泡 5 min，用清水洗净放阳光下晒 30 min，阴干，上盆。

3. 蛞蝓、蜗牛

蛞蝓主要危害君子兰的花粉、花瓣及嫩叶。常出现的是一种不长螺壳的蜗牛，俗称蛞蝓。成虫体长 40 mm 左右，体色为浅褐色或暗白色，体表分泌出一种胶状黏液，以保护软体水分的蒸发。另一种是体形如黄豆大小长螺壳的蜗牛。头部黑色，螺壳扁平，行走的体长有 15 mm 左右。蜗牛行走缓慢，活动的范围不大，白天隐藏在花盆、花案下面及底层花叶的背面等阴暗处，夜间出来活动觅食。君子兰开花季节，蜗牛的危害最大。君子兰开出第一朵花时，常常会有一两只（多时三五只）蜗牛等候在附近，随着花朵的相继开放，它们逐朵危害，当把整株花粉吃完后，又转到附近开花的植株上取食。

应采用人工捕捉和药剂防治相结合的方法。平时要经常查看花盆底部并捉拿；在花案上、下常放些嫩叶诱导，清晨及时捉拿在叶子上取食的蜗牛；君子兰在开花季节，夜间要巡回捉拿。对蜗牛危害较重的花窖要及时用农药防治，如喷洒 3 000 倍液万灵或 2 000 倍液敌杀死，1 ～ 2 次即可控制蜗牛的危害。

4. 夹箭

温度低、温差小、缺水、肥不足等原因造成君子兰的“夹箭”，是指抽葶时葶秆窜不出来，夹在假鳞茎中开花的现象。

保持适温 10 ～ 25 ℃，冬季花期注意提高温度，君子兰在夏季高温季节抽葶开花时，要注意降温处理。适时浇水，保持水温与盆土温度接近。适量施肥。

5. 烂根

温度高、湿度大、通风状况不良、水大、肥大、根受外伤等原因均可引起君子兰烂根。

采取措施：①减少浇水。君子兰有积水会烂根，要将多余水分排出，后期管理时，在盆土干燥后浇水。②更换土壤。土壤透气性差会导致君子兰烂根，要将其从原土中取出，削除腐根后更换土壤重栽。③科学施肥。生肥发酵导致烂根，要用清水冲刷肥料。④基质消毒处理，分株时清除腐烂肉质根，直到露出活性根白质断面为止，再涂上木炭灰或细炉灰涂伤口晾干，然后配土装盆。

如肉质根已烂掉半数以上，可放细沙中催根；如只有少数几条根烂掉，可直接移栽到更换后的营养土中，半月内控制浇水，一两个月后可恢复生机；如果肉质根已全部烂掉，也不要把植株扔掉，可把烂根全部剪掉，洗净根茎，涂木炭粉或细炉灰后，放细沙盆中催根，经过两三个月后，也可重新生根发叶。最好用绿豆粒大小的河砂，用清水洗净尘土后，再用开水烫洗，消除毒菌后再用，保证伤口部位不受腐蚀。

十、何氏花艺花团位置命名法

君子兰一杆花能开多朵小花，要求其不仅花多，而且要朵大。如果小花柄长，并且向四周辐射状散开，还能形成更大的花团。这样的花团居中，两侧由扇形绿叶簇拥衬托，就能更加展现君子兰的壮观、大气、豪放。因此花团在叶群中的位置十分重要，尤其是侧面欣赏。根据花团在叶群中的位置，从上至下依次命名为悬位、献位、显位、含位、夹位。

（1）花团的圆心正好在叶尖外缘的轮廓线上时，称为显位。此如少女含羞显美，是最佳花位。

（2）花团的圆正好高出花叶尖外缘轮廓线时称为献位，此如美女献花。

（3）花团整体全包在了花叶尖外缘轮廓线之内称为叫含位。此时如果心叶开张，角60° 以上时，也能够很好地展现花团之美。普通国兰的花团绝大多数开在此位置。

（4）花团夹开在花心叶当中称为夹位。此时花团已经不能很好地开放，显然花与叶不匹配，有压抑感。这是箭脖太短，心叶张开度不够，使花团只能夹缝中勉强开放，这就不美了。此多为高档次叶短板硬的兰，又因裤紧所致。

（5）与夹位相反，悬位花团高高在上，悬在半空中，脱离了叶群。绿叶已经不能很好地衬托花团，这常常是外血兰或其杂交品种。叶子窄长，有的下垂，使心角开度更大，箭细长而使花团孤立无助而不美。此时如果上二杆箭，或者还有一箭球，或黄、或红、一高一低，也不错。如果是含位有花蕾，显位有花，悬位有果，此乃花美、果秀、箭出奇，只要搭配巧妙、错落有序，就是盆好花。君子兰是一季赏花、三季观果、四季看叶的花卉，只要用心，就能做出好作品（图 3-52）。

十一、种子采收

君子兰从开完花以后授粉开始结种子到种子彻底成熟，一般需要 9 个月左右的时间。9 个月以后，果皮充分转色时，它的种子就已经长得非常饱满成熟，此时将果实连同 1/3 花葶（箭杆）取下，这个时候就可以把外皮剥掉，把种子剥出来，直接播种。这样播种以后，出苗率是非常高的。

授粉以后到种子长出来五六个月的时候，虽然种子已经饱满，摘下来种到盆中可以生根发芽，但是它的成熟度相对来说不够，出苗率会相对低一些（图 3-53）。

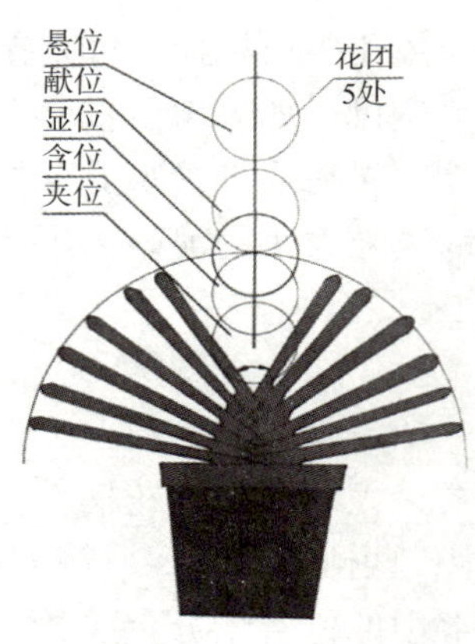

图 3-52　花团位置示意

图 3-53　君子兰种子采收

子项目二　观叶类花卉盆栽生产

任务一　发财树盆花生产

 任务描述

发财树学名瓜栗，英文名 Pachira macrocarpa Walp.，别名发财树、马拉巴栗、中美木棉，为木棉科、瓜栗属（中美木棉属）观叶植物。发财树为常绿乔木，树高可达 10 m 左右。掌状复叶互生，每枝叶柄上多有六七枚小叶，也有八枚的，因“八”与“发”谐音，一些花店老板就美其名为“发财树”。叶柄长 10 ~ 28 cm；小叶 5 ~ 9 枚，叶长椭圆形、全缘，叶前端尖，长 10 ~ 22 cm，羽状脉，小叶柄短。花单生于叶腋，有小苞片 2 ~ 3 枚，花朵淡黄色，有 5 个花瓣，花瓣长约 14 cm，宽约 1 cm，呈卷曲状。花丝粉白色，长约 11 cm，呈放射状，在细丝的顶端还有小米般大的黄色花蕊，有淡淡的清香（图 3-54）。

图 3-54　发财树

发财树盆花生产主要包括上盆、日常管理、整形修剪、病虫害防治等。通过本任务的完成，在掌握发财树盆花生产技术的同时，重点学会发财树播种育苗的方法及修剪整形技术，最终培育出合格的盆花产品。

环保效应

发财树可以很好地将甲醛、氨气、氮氧化合物等有害气体吸收掉。根据有关测算，每平方米发财树的叶面积 24 h 便可消除掉 0.48 mg 的甲醛及 2.37 mg 的氨气，堪称净化房间内空气的高手。

材料工具

材料：发财树种苗、草炭土、珍珠岩、沙子、尺、肥料、杀菌剂、多效唑等。

工具：铁锹、胶带纸、量筒、天平、花盆、剪枝剪、纸箱、遮阳网等。

任务要求

1. 能根据市场需求主持制订发财树盆花周年生产计划。
2. 能根据生产实际、花卉生长习性、不同生长发育阶段，主持制订发财树盆花生产管理方案。
3. 能按方案进行播种育苗组织与实施，并能根据实际情况调整方案，使之更符合生产实际。
4. 能耐心、细致地做发财树造型工作，并能与组内同学分工合作。
5. 能结合生产实际进行发财树盆花生产效益分析。

任务流程

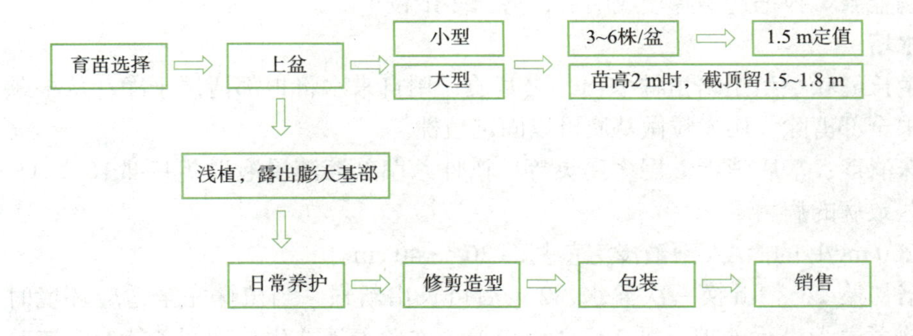

任务实施

一、品种选择

一般要根据市场前景来确定品种；要充分考虑产品的生产成本；主要考虑种子种苗

的成本，还要考虑产品的生产周期，要考虑品种的特性抗性、观赏性等，品种选择好了，能给种植者带来很大利润。发财树成品多由南方地区引进，为降低成本，华东或北方地区可引进半成品，养护后再上市。如南京地区引进发财树半成品进行栽培，春秋季约需 45 d，夏季约需 35 d，冬季约需 60 d 后即可上市。

二、育苗

1. 播种育苗

由于种子苗具有出苗齐、根直苗顺、便于编辫和能长出浑圆可爱的“萝卜头”等特点，因此播种育苗成为园艺生产者普遍采用的繁殖方法。目前大量的种子主要来源于境外，海南可自产少量。发财树花期在 4—5 月，果期在 9—11 月，当果实呈褐色时即可采收种子和播种。每个果实含 10 ～ 30 粒种子，敲开果壳取出种子即可撒于砂床，覆盖细沙 2 cm，喷水湿润砂床，播后约 7 d 可发芽。发芽温度为 22 ～ 26 ℃。每个粒种子可出苗 1 ～ 4 株。出苗后 25 d 左右，即可按 40 cm×25 cm 的距离移植到苗圃。每种植点需种 3 ～ 6 株。实生苗生长迅速，苗期要薄施氮肥和增施磷钾肥 2 ～ 3 次，促使茎秆基部膨大。长芽前，温度保持在 25 ～ 38 ℃，湿度为 50% ～ 75%。芽长至 7 cm 时，加强通风，温度保持在 20 ～ 35 ℃。

播种前和幼苗期用多效唑处理种子和幼苗，能有效控制植株高度，为开发小型矮化盆栽发财树提供可能途径。

2. 扦插繁殖

发财树扦插繁殖容易，在华南地区一年四季均可进行，北方爱好者不妨在每年气温较高的 5—8 月进行。插条可用盆栽修剪下来的顶梢或枝干，长 10 ～ 15 cm，插于素沙或壤土中，保持一定湿度，30 d 左右可生根，成活率高。与播种苗相比，扦插苗存在头茎不膨大或只略微膨大、苗秆不美观的缺陷，一般不用于盆栽观赏生产。

3. 嫁接繁殖

嫁接繁殖可使植株提前开花结果。嫁接繁殖还可用于盆栽发财树的造型管理，制作微型动物盆景。根据造型嫁接成活后，剪掉多余枝干。

4. 水培

将生长健壮小型土培植株取出，去基质，用自来水将根部清洗干净，从根颈部将原有土生根全部剪除，用陶粒做基质可以固定植株。

植株消毒、基质消毒。用多菌灵等广谱性杀菌剂溶液浸泡根茎基部 10 ～ 15 cm，可消灭一些致病的病菌。

用 200 mg/L 的 NAA 溶液浸泡茎基部 20 ～ 40 cm。

水培初始 2 ～ 3 d 换一次清水，2 w 后可长出新根。当植株完全适应环境时，加入观叶植物营养液进行养护，每 2 ～ 3 w 更换一次营养液。生长期间若能经常向叶面喷施 0.1% 磷酸二氢钾溶液，不但能使叶保持油嫩翠绿，还能促使茎基膨大。

三、上盆

1. 小型发财树上盆

当苗长到 60 ～ 100 cm 高时，幼苗在阴凉地放置 2 ～ 3 d，使茎秆脱水柔软易于操

作，选择 3 ～ 6 株栽植在一个花盆里，加工编辫，编辫时用胶带纸绑住，成型后可解除绑带。单干发财树起苗较晚，一般在苗高 150 cm 时起苗定植（图 3-55）。

（a）

（b）

图 3-55　上盆

（a）编辫发财树；（b）单干发财树

2. 大型发财树上盆

发财树播种苗长至 2 m 左右时，从 1.5 ～ 1.8 m 处截去上部，让其成光杆，然后从地上崛起，放在半阴凉处让其自然晾干 1 ～ 2 d，使树干变得柔软易于弯曲。接着用绳子将同样粗度和高度的若干植株基部捆扎紧，将其茎秆编成辫状，放倒在地上，用重物（如石头、铁块）压实，固定形态，用铁线扎紧固定成直立辫状。编好后将植株直接上盆种植，让其长枝叶，加强肥水管理，尤其追施磷钾肥，使茎秆生长粗壮，辫状充实整齐一致。

市场上销售的“三龙”“五龙”“七龙”即用 3 株、5 株、7 株发财树植株经打成辫后植于盆中，使其身价倍增（图 3-56）。

图 3-56　发财树产品

四、日常养护管理

发财树耐阴，散射光比较好。盆土过湿容易烂根，导致生长缓慢、叶片变黄脱落等。增施磷钾肥有利于茎基部的膨大生长。若生长势变弱，则需要及时换盆。

1. 温度管理

发财树性喜高温湿润和阳光照射，不能长时间荫蔽。隆冬季节，只要室温保持在 18 ℃以上，阳光充足，科学地浇水、施肥，即可使其照常生长，展叶抽枝。室温低于 8 ℃，潮湿、干燥和不通风，叶片易生水渍状斑块，呈古铜色脱落。气温低于 3 ℃，叶片全落，嫩枝失水枯干，严重时春天整株死亡。

2. 水分

发财树对水分的适应性较强，在室外大水浇灌或在室内 10 多天不浇水，也不会发生水涝和旱象致使叶片发黄。生长期要保持盆土湿润，不干不浇，宁干勿湿，不可积水。如水分过多或积水，则生长不良或根茎腐烂。但土壤也不宜太干，尤其晴天空气干燥时，还需适当喷水，以保证叶片油绿而有光泽。

3. 光照

该树种既耐阴又喜阳光，适应性强。在室外全光照的环境中，叶节短，叶片宽，叶色浓绿，树冠丰满，茎基部肥大。长期在弱光下枝条细，叶柄下垂，叶淡绿。在管理上不要改变放盆的阴阳位置，特别是从室内转移至室外，要使其适应光照过程。否则，叶片易发生日灼现象。从 4 月下旬开始，选风和日丽的中午，将盆移出室外或阳台，直接见阳光 1 ～ 2 h，逐步延长时间，直到全光照管理。

4. 修剪造型

整形修剪视树冠形态，以确定修剪强度。影响树冠造型的徒长枝，从叶节以上 3 cm 剪除枝梢。对枯枝黄叶及主干上的萌发枝随时摘掉。若顶端枝全部萎蔫，可从适当部位平茬修剪，促使其重新发芽。该树种每年从顶端发育 2 ～ 5 层掌状复叶，而下层的老叶每两年自然脱落 1 ～ 3 层，因环境影响和管理不当，每年都有落叶现象。根据其生理特点，下部轮层空间，主干相继编辫。对过高植株可平茬处理，使之萌生侧枝，增大树冠，显其风韵之势。对叶节短、叶轮多、叶幕层丰厚的树冠，应将树冠部位辫尾处小心解开，松散树冠，使独立成伞形的 5 ～ 7 片掌状叶展向空间，以达到树冠蓬松。

五、病虫害防治

1. 病害防治

（1）茎腐病。茎腐病又称腐烂病，是发财树的常见病害，多在夏季闷热天气发生。感病初期茎部表皮发黑或露出黑色丝状纤维，若继续危害，病部将呈水浸状，用指按压，从内流出黄褐色液状物，并有酸腐味。感病初期每隔 7 ～ 10 d 喷 1 次 50% 百菌清可湿性粉剂 800 倍液或 50% 多菌灵可湿性粉剂 600 倍液。

（2）叶枯病。叶枯病是发财树的常见病、多发病，常在夏季发生。感病叶片呈黄色水渍状，并呈黑色霉菌斑点，树干晃动病叶易脱落。感病初期喷施 75% 甲基托布津可湿性粉剂 1 500 倍液或 50% 多菌灵可湿性粉剂 600 倍液，每 10 d 左右喷 1 次。

2. 主要虫害

危害发财树的害虫主要有蔗扁蛾、尺蠖、菜青虫、红蜘蛛等。蔗扁蛾、尺蠖、菜青虫常在 5 月下旬至 9 月下旬发生危害。可用 80% 敌敌畏乳油 1 000 倍液或 50% 辛硫磷乳油 1 500 倍液喷洒，每 10 ～ 15 d 喷洒 1 次。红蜘蛛多在 6 月上旬至 8 月下旬发生危害。可用 2.5% 阿巴丁乳油 1 500 倍液，或 40% 三氯杀螨醇乳油 1 200 倍液喷洒，每 7 ～ 10 d 喷洒 1 次。发财树抗病性较强，正常情况下病虫害较少，但高温高湿时易发生病虫害。常见的病害有炭疽病、叶枯病和茎基腐烂病。

常见的害虫还有毒刺蛾幼虫和凤蝶幼虫等，可用阿维菌素 1 500 ～ 2 000 倍液防治。80% 敌敌畏乳油 1 000 倍液可防治介壳虫幼虫，成虫可用 40% 氧化乐果乳油 1 000 倍液。

任务二　竹芋盆花生产

任务描述

竹芋科植物原生地为美洲的热带雨林，大多来自巴西、哥伦比亚、尼加拉瓜等地，后被广泛引种到世界各地。

竹芋科是热带植物中的一个大科，属于多年生常绿草本植物。竹芋具有根茎，大多有美观的叶丛，叶生于基部，多为薄革质，叶的大小和形状变化极多，长 15 ～ 60 cm，圆形到舌状的都有，植株成熟后开花。有的品种可开出较大的花，但多数品种的花没有多大的观赏价值。竹芋科分为不同的属，包括竹芋属、肖竹芋属、栉花竹芋属和卧花竹芋属等，其中品种有 100 余种，在国内非常畅销的品种有猫眼（豹纹）竹芋（*Calathea veitchiana*）、紫背波浪竹芋（*C. rufibarba*）、紫背天鹅绒竹芋（*C. warsewick*）、青苹果竹芋（*C. orbiforlia*）等（图 3-57）。

图 3-57　竹芋

环保效应

现在，家庭栽培绿植除用于观赏、装饰外，很多人还关心它是否具有净化空气的效果。美观、绿色、优良的绿植越来越受众多花友的追捧。紫背竹芋就是这样一种植物，它不仅株型美观大气，还具有非常好的净化空气的效果。

研究表明，紫背竹芋能够有效吸收空气中的甲醛、氨气等有害气体，营造一个绿色清新的空气环境，除此之外，它那硕大的叶片还具有吸附尘埃的作用，因此，紫背竹芋被誉为空气净化器。

材料工具

竹芋苗、泥炭土、珍珠岩、14/17 盆、杀菌剂等。

任务要求

能够根据任务内容制订竹芋生产技术方案，生产方案主要包括育苗、定植（上盆）、日常管理、病虫害防治等内容。实施过程中，要细致认真，保证产品质量。

生产流程

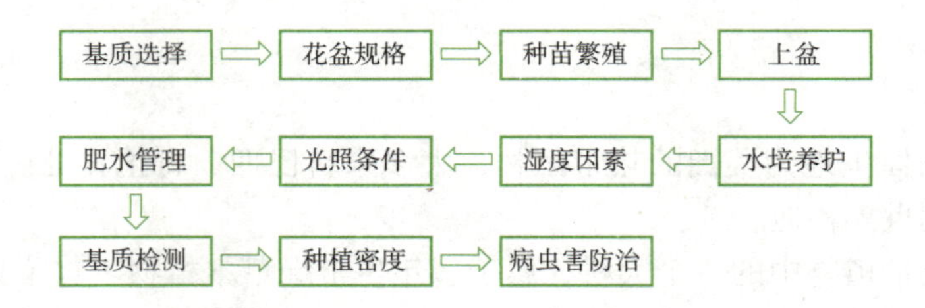

任务实施

竹芋原产于热带雨林，所以它们所适应的环境带有原生地所在环境的特点，喜欢半阴、温暖、潮湿、温差小的环境（图 3-58）。

图 3-58　竹芋

一、对基质的选择

对于竹芋，其基质应具有良好的透气性，并具有一定的持水性和保肥性。基质的成分最好是草炭，附加物可以是木屑或珍珠岩。竹芋基质必须是酸性的，pH 值为 5.5 左右。有的品种喜欢更低的 pH 值，如美丽竹芋 5.0；有的品种需要较高的 pH 值，如猫眼竹芋 6.0。一般情况下，不使用和基质混在一起的长效肥。保持基质的透气性与稳定性很重要。

二、花盆的规格

通常情况下，竹芋成品所需要的花盆直径有 17 cm、19 cm、21 cm 等。幼苗可以先种在 12 cm 或 14 cm 的小盆中，长到半成品后再移植到所需要的大盆内。盆径越大，生长的时间会相应加长，植株也更加高大茂盛。市场需求量最大的盆径规格是 17 cm、19 cm，当然大盆径的成品质量是很有优势的，目前市场所见到的大盆径植株较少，价格也较高。

三、种苗的繁殖

竹芋的常见繁殖方法有分株繁殖和组培技术繁殖。分株育苗一般结合换盆进行。分株栽培基质选择草炭土和珍珠岩，按 5 ∶ 1 混合。将过密的植株从盆内取出，去掉附土，将母株的根茎或根系，顺好纹理，分成数丛或使用利器将竹芋的根切开，使根的伤害度达到最小，根据植株大小每丛有 3 ～ 4 个小植株栽在一盆里。种植完后，使用 1 000 倍的多菌灵进行灌根；光照控制到 10 000 lx，湿度保持在 80%，保持盆土干燥。人们基本会采用组培繁殖方式育苗。这样的种苗一是无污染，环境稳定性更好；二是产量更多，能够满足生产需求；三是整齐度好，在后期养护中方便管理。

四、种植上盆

上盆时及以后的换盆时不要装得太满、太硬，深距盆沿 2 cm 即可；苗子不宜种得太深，刚埋住根部就行（图 3-59）。种苗要轻拿轻放，不要伤到枝、叶、根、茎。将植株放正，周围填入基质，轻轻按压，千万不要压得太死，否则不利于根系吸收营养，太松浇水时容易倒伏。

图 3-59　竹芋上盆

五、水培养护

竹芋还可以进行水培种植（图 3-60）。水培优于土壤种植，由于水培观赏性高，家庭维护清洁、卫生，管理方便，适合家庭装饰。

图 3-60　竹芋水盆养护

竹芋水培方法及要点：

（1）水培前，对玻璃容器进行消毒，然后选择生长强壮的植物，放入接近环境温度的清水中清洗，去除粘在根部的土壤、枯叶和烂根。

（2）将清洗后的竹芋根部浸泡在高锰酸钾水溶液中约 1h，可促进其早生新根，取出后用清水冲洗。

（3）然后将其固定在容器中，使 1/3 ～ 1/2 的根系暴露在空气中，然后将一定比例的复合花肥倒入水中，竹芋水培成功。

水赔竹芋注意事项：

（1）水培竹芋，可接受散光照射，特别是在夏季，不能阳光直射，否则会导致竹芋叶干黄，甚至死亡。

（2）水培竹芋时，应随时注意室内空气湿度。当空气太干燥时，应经常在竹芋的叶子上喷水，使其叶子看起来更绿。

六、日常养护管理

1. 环境条件

要调节到适宜植物生长的条件。白天适宜温度为 20 ～ 24 ℃，不得高于 30 ℃；夜间适宜温度为 18 ～ 22 ℃，不得低于 18 ℃。白天湿度为 65% ～ 70%；夜间湿度为 80%。幼苗期灌溉水的 EC 值为 0.8 mS/cm，植株生长三个月后，灌溉水的 EC 值为 1.2 mS/cm。应通过土样分析确保土壤 EC 值为 0.3 ～ 0.5 mS/cm。在夜间黑暗的情况下，叶片的生长量会明显增加。适宜光强为 6 000 ～ 8 000 lx。千万不能将植株放在充足的阳光下，除非

图 3-61　竹芋日常养护

有特殊的需要。另外，还应注意植株需要较多的水分和较大的空气湿度。但不管什么环境参数，都不要变化太大，保持环境的稳定是关键（图 3-61）。

2. 注意要点

在竹芋的生长过程中，必须避免高温和强光照。竹芋喜欢温差较小的环境，昼夜空气温度保持在 20 ～ 24 ℃比较适宜。如果低温持续在 15 ℃，或者高温持续在 35 ℃，对其生长很不利，如果能够避免这种情况的发生，植物将会非常健壮，而且会减少叶子的损伤。基质的温度最好维持在 18 ～ 20 ℃。北方温差有较大变化，特别是在冬季，昼夜温差过大，竹芋叶背容易出现水印。冬季冷凝水结在叶面时，就会使植株很快降温，此时温度计上显示的温度与植株本身的温度不同，最大有 5 ℃的温差，如果不注意细节，竹芋就会出现黄边、干尖，并引发病症，通常霉菌类的疾病较多。美丽、天鹅绒、青苹果、彩虹这几个品种更容易出现此状，还易出现枯黄斑，这是由冷凝水在叶片停留时间过长，细胞坏死所致。夏季，温度高，昼夜温差很小，植物吸收水分过量，温室内温度、湿度过高，植物体内的水分无法正常蒸发，也容易出现上述症状。因此，一定注意控制温差在适宜的范围内。第一，冬季到来时，每天早晚，温室的湿度通常达到 90% ～ 100%，温室内出现雾状，此时，要及时利用温室内循环系统排湿，使水雾没有机会在叶片上凝结成水滴；第二，要注意昼夜温度的变化，冬季通常在零点至凌晨 1 点是温度最低点，记录最低温之后，与第二天最高温比较，夜温不低于 18 ℃时，如果温差大于 8 ℃，就设法降低白天最高温。

3. 湿度因素

竹芋环境的相对湿度应在 65% ～ 80%，最好不超过 85%。湿度低于 50% 时，植株容易出现干边、黄尖、炭疽病、红蜘蛛等问题。湿度过高，叶子上会出现像油点似的斑点，这是植物细胞内水分过高而无法正常蒸发导致的，若这种情况持续时间较长，叶子上将会出现细胞破裂产生的斑点。地面温度太高也会出现类似问题，因为较高的地面温度会使植物吸收更多的水分；空气湿度太大或者温度较低，植物不能很快地蒸发掉水分，细胞就会破裂并在叶子上出现一些斑点。因此地面温度最好要比温室内低约 1 ℃。

4. 光照条件

温室内的光照强度建议为不高于 8 000 lx。栉花竹芋所需的光照强度稍高，强光照会促进植物分枝，使之更加健壮。建议温室四壁使用 75% 的内遮阳网，温室顶部用 90% 的外遮阳网。这样，在晴天光线很强的时间，就可以使光照低于 8 000 lx。尽管如此，温室内仍有光线不匀的情况，在朝阳的地方，光线仍可能高于 8 000 lx，建议把猫眼（豹纹）、双线、银双线等对光线不敏感的品种放于此处，把紫背、天鹅绒、灿烂之星等对光照较敏感的品种放于光线较弱处。

5. 施肥与浇水

种苗栽种后 7 ～ 10 d 第一次施肥，不要用 20-10-20 的高钾肥，而采用 N ：P ：K

比例为 9-45-15 的配方。这个配方的主要特点是：促进根系生长，增加分蘖，后期植株容易长得比较健壮、丰满。种苗生长 6 至 8 周后，改用均肥；种苗定植 3 个月后，开始施用 20-10-20 的高钾肥，植物在前期良好的呵护下，开始迅速长高、长大。

竹芋是喜肥的植物，但是施肥千万不能过量。竹芋对高浓度的肥料非常敏感，一旦过量，就会出现烧叶或烧管现象（管：卷曲的尚未打开的叶子），如此一来就会直接影响到植物生长的质量，因此要勤肥少施，注意方法，保持 EC 值稳定。

施用 EC 值高于 1.4 mS/cm 的肥水，就会烧叶；如果 EC 值在 1.0 ～ 1.4 mS/cm，就会出现烧管现象。因为肥水留在管中，当水分蒸发时，滞留在管中的养分浓度升高，就出现烧管，当叶片打开时，叶片上就会出现灼伤。

另外，如果盆中的含盐量太高就会引起烧叶的现象。可以定期测量基质的 EC 值，如每 2 w 一次，根据测定的 EC 值数据选用不同的养分供给，就会有效避免含盐量高而损伤叶片。不一定每次浇灌都要配肥，但是，浇肥时一定确保肥料的浓度不要过高，否则一次高浓度的浇灌后，就不容易再调整了。低养分含量的水非常重要，可以使用水质相当好的净化水，其效果也非常好。施肥前一定选择好肥料的配比，如果浇灌完毕后发现错误，那么肥料对基质的 pH 值会有相当大的影响，再想改变就太难了。浇灌方式，最好采用滴灌、漫灌、喷灌。

6. 基质检测

提取的土壤分析量比例为 1 ： 1.5，即 1 份土壤 ： 1.5 份水（因为盆土的湿度比温室中土壤的湿度大）。应保证基质具有适宜的 EC 值（图 3-62），在没有 Na^{+} 和 Cl^{-} 的情况下，NH_4^{+} 浓度应低于 0.1 mmol/L，K^{+} 约为 1.6 mmol/L，Ca^{2+} 浓度约为 1.2 mmol/L，Mg^{2+} 浓度约为 0.5 mmol/L，NO_3^{-} 浓度约为 4.0 mmol/L，SO_4^{2-} 浓度约为 0.8 mmol/L，PO_4^{3-} 浓度约为 0.5 mmol/L。

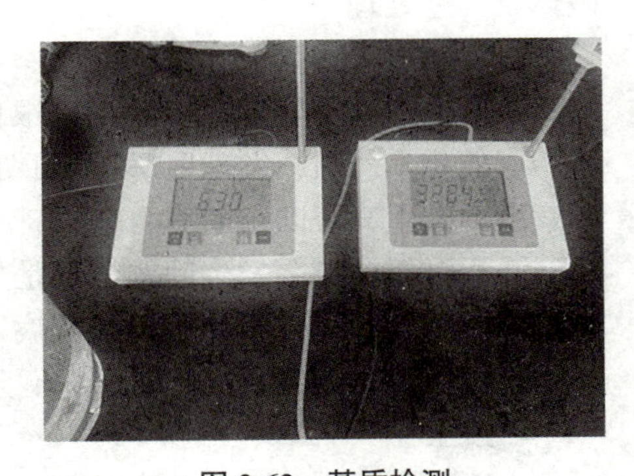

图 3-62　基质检测

浇水的时间一定选择在早晨，绝对不允许在阳光强射时浇水，否则叶子将被灼伤。

7. 种植密度及盆径选择

所种的常规品种从小苗到盆径 17 ～ 19 cm 的成品的生长期为 30 ～ 35 w，即 8 ～ 9 个月。通常每 12 w 变动一次盆间距，最终达到种植密度是 12 株 /m^2。在这个生长期内可以生长到 80 cm 株高。这些品种也可以种植到盆径 12 ～ 13 cm 的盆中，生长期为 16 ～ 20 w，最后的成品密度约为 24 株 /m^2，最终高度为 30 ～ 40 cm。这类品种有紫背波浪竹芋、青背波浪竹芋、紫背天鹅绒竹芋、青背天鹅绒竹芋、青苹果竹芋、美丽竹芋等。生长速度较快的品种有栉花竹芋，这类品种通常有长成瘦高株的可能，一般不种在小盆中，最小种植盆径为 15 cm，最好在盆径 17 ～ 19 cm 的盆中。每 8 w 换一次盆间距。最初的密度为 35 株 /m^2，8 w 后为 24 株 /m^2，最后 8 w 为 10 株 /m^2。生长速度较慢的品种有双线竹芋、孔雀竹芋、猫眼竹芋等，它们一开始就种植在 10 ～ 12 cm 的盆中约 6 个月，然后换到 17 cm 的大盆中，此盆景成品株高为 70 ～ 80 cm，生长期约一年

（图 3-63）。

图 3-63　竹芋种植密度

总之，竹芋起初的生长速度很慢，必须给它们足够的时间和养分以生根。竹芋只有长出丰满的侧根，才能在中后期长出漂亮而繁茂的叶子。小苗通常在移栽后的第 10 至第 12 w 后（第一次变换盆间距后）快速长大，因此及时增大空间对于它们生长是极其重要的，如果植物因为空间狭小而长成瘦高型，以后就难以改变了。

七、病虫害防治

一般的害虫主要有昆虫类，常见的有红蜘蛛、螨虫、牧草虫等。

1. 红蜘蛛

红蜘蛛通常躲在叶子背后，施用传统的化学药品即可。

2. 螨虫

螨虫常常破坏新叶，比较难发现，也可以用传统的刹虫剂进行防治，只要有新叶被破坏就马上处理。

3. 牧草虫

牧草虫的危害表现在叶面上有银灰色的小亮点。天鹅绒竹芋对此非常敏感，可以使用相应的化学药品，发现后每隔 4 d 处理一次，3 ～ 4 次基本可以解决。为了防止红蜘蛛和螨虫的发生，可以定期喷洒杀虫剂。

竹芋根部可能会发生问题，但是如果养殖措施得当则很少出现。种苗本身一般不带有病菌。倘若真的发现，很可能是腐霉菌或镰刀霉菌引起的，可以施用传统的杀菌剂等药物进行处理。但是通常情况根部不会有问题。

4. 线虫

一旦温室中发现线虫，无论施用什么措施都比较难以完全消灭，它们总是反复出现。线虫一般是植株分株繁殖时产生的。组培苗不存在线虫的问题，选用组培苗可以避免竹芋生长过程中可能出现的最大问题。

综上所述，竹芋的生产其实并不是很难，只要平时严格注意栽培过程中规范性的管理，高品质的竹芋产品一定会在您的精心培育下产成！

任务三　常春藤盆花生产

任务描述

常春藤又名洋常春藤、长春藤，属五加科常青藤属，常绿多年生藤本植物，茎木

质匍匐状，长 3 ～ 30 m，有气生根。幼枝具锈色鳞片。发育枝上叶三角形或戟形，长 5 ～ 12 cm，宽 3 ～ 10 cm，全缘或多裂；花枝上叶椭圆状披针形、长椭圆状卵形或披针形，全缘。叶柄细长，具锈色鳞片。伞形花序，花淡黄白色或淡绿白色，芳香。果实球形，成熟时红色或黄色（图 3-64）。常春藤盆花生产主要包括育苗、上盆、日常管理、病虫害防治等。

通过本任务的完成，在掌握常春藤盆花生产技术的同时，重点学会生产中常用常春藤等垂吊植物的育苗、养护技术，最终培育出合格的常春藤盆花产品。

图 3-64　常春藤

环保效应

常春藤能将甲醛、苯吸收掉，能很好地遏制香烟里的致癌物质。在 24 h 照明条件下，每平方米的常春藤可以吸收 1.48 mg 的甲醛和 0.91 mg 的苯，可以将 1 m^3 空间里 90% 的甲醛吸收掉。

一盆常春藤可以将面积为 8 ～ 10 m^2 空间中 90% 的苯消除掉。它还可以将吸烟产生的烟雾吸收掉，并遏制烟雾中一氧化碳等致癌物质。它的气味能起到抑制细菌、杀灭细菌的作用。它还有很强的吸收粉尘能力。

材料工具

材料：常春藤母本、广谱杀菌剂等。

工具：剪刀、喷壶、铁锹、花铲、手锄、量筒、天平、遮阳网等。

任务要求

1. 能根据市场需求主持制订常春藤盆花周年生产计划。

2. 能根据企业实际情况、常春藤生长习性、不同阶段的生长发育特点，主持制订常春藤盆花生产管理方案。

3. 能根据方案进行蕨类植物的孢子育苗及育苗后管理，并能根据实际情况调整方案，使之更符合生产实际。

4. 能提高室内垂吊植物养护的实践技能和操作技巧，并能与组内同学分工合作。

5. 培养学生对所学知识的综合应用能力、团结协作意识、吃苦耐劳精神。

6. 能结合生产实际进行常春藤盆花生产效益分析。

任务流程

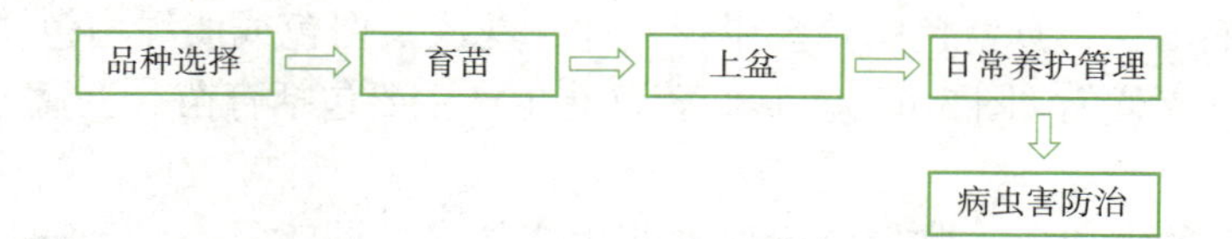

任务实施

一、品种选择

常春藤具有比较强的地域选择性，最适宜的栽种范围是在华北、西北以及东北的南部地区，在这样的地域中能够取得比较理想的经济效益。在品种选择上要发挥常春藤抗寒、快速生长以及室内观叶、净化室内空气的优势。也可根据叶形来选择具体品种，选择较多的是中华常春藤、日本常春藤、彩叶常春藤、金心常春藤和银边常春藤。

二、育苗

常用扦插、嫁接和压条的方法进行育苗。嫁接育苗：春季进行，以常春藤为砧木，用劈接法嫁接优良品种，室温为 13 ～ 15 ℃易成活。压条育苗：在生长期，采用波状压条法将茎长 30 ～ 40 cm 的常春藤埋入砂床中，保持湿润，从节间上长出新根后，剪取上盆，成苗快。生产上主要采用扦插方法进行育苗，扦插在生长期均可进行，以春、秋季为好。

视频：常春藤扦插育苗

1. 准备基质

在沙子中扦插成活率比较高，基质要进行杀菌杀虫处理。

2. 准备插穗

将生长充实的枝条剪成 6 ～ 8 cm 长的段，摘去枝条基部的叶片，切取枝条的工具为锋利的单面或双面刀片，使用前需经过 75% 的酒精浸泡，保证剪穗工作在无菌的条件下进行。

3. 扦插

将插穗插在消毒过的细沙土中，插入深度为插穗长度的 1/3 ～ 1/2。插后浇透水，然后覆膜保湿，室温保持在 15 ～ 20 ℃，以后经常喷水保湿，注意遮阴，半个月左右生根，这时可以进行分栽。扦插步骤如图 3-65 所示。

（1）剪制好的插穗。

（2）插在素沙中（可在花盆中或砂床中扦插），10 ～ 15 d 生根。

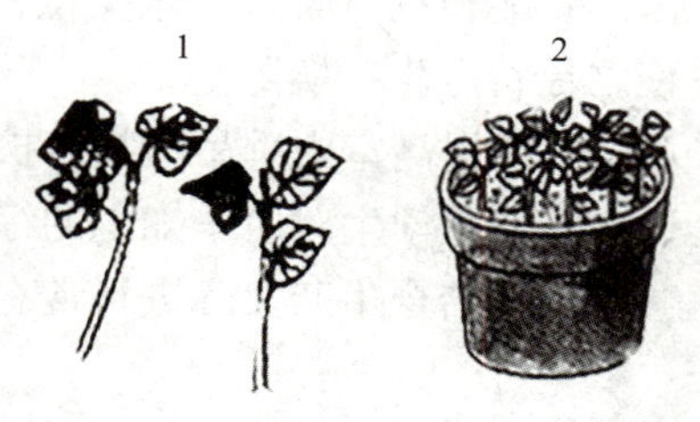

图 3-65　扦插步骤

三、上盆

基质一般使用由腐叶、河砂、园土所配成的混合基质，它们的体积比为1 ∶ 1 ∶ 2。根据地区环境的不同，扦插的基质混合比例也不同，材料也不相同。

常用10 ～ 15 cm的盆吊盆栽培。每盆可栽6 ～ 8株。先在盆中放入马蹄片或腐熟猪粪作为基肥，再填少量盆土以免烧根，种苗经扶正填土后，略加按压，并使盆土距盆口2 ～ 3 cm。浇透水后放到半阴处。注意在3周内不宜追肥。也可以水培，如图3-66所示。

图3-66 吊盆栽培

四、日常养护管理

1. 水分管理

常春藤喜微潮的土壤环境，生长季水分要充足，要经常向叶面和地面喷水，增加空气湿度，促进茎叶生长，切忌干燥，否则易发生叶片枯黄脱落。在冬季温度较低时可适当减少浇水，但不宜使基质过干。

2. 养分管理

除在定植时施用适量基肥外，生长旺盛阶段应该每隔2 ～ 3 w追1次液肥。花叶品种施氮、磷、钾比例为1 ∶ 1 ∶ 1的复合肥，冬季停止施肥。

3. 温度管理

常春藤喜温暖环境，越冬温度不宜低于0 ℃，但实践表明，常春藤可以忍耐短暂的 -5 ℃的低温环境。

4. 光照管理

夏季要遮阴，避免强光直射，冬季可以让植株接受全日照，经常保持通风的环境。

五、病虫害防治

1. 叶斑病防治

叶斑病在高温高湿天气容易发生。可用1%的波尔多液喷洒预防。发病初期用75%百菌清可湿性粉剂800倍液或50%甲双灵锰锌可湿性粉剂500倍液喷洒。

2. 圆盾蚧防治

该虫一年3 ～ 4代，孵化盛期可用40%氧化乐果1 000倍、2.5%溴氨菊酯2 500倍液、20%菊杀乳油2 500倍液防治，在成虫期可用40%速扑杀乳油1 500倍液防治。亦可于盆土中埋入涕灭威颗粒剂，深1 cm，每盆2 ～ 4g，覆土灌足水，7 ～ 10 d效果良好。

3. 粉虱防治

感染粉虱时喷施2.5%溴氨菊酯或40%氧化乐果，每隔7 ～ 10 d喷施一次，连续喷施3 ～ 4次。

任务四 豆瓣绿盆花生产

任务描述

豆瓣绿属于胡椒科植物，原产于巴拿马，南美洲北部、西印度群岛，无主茎，叶簇生，肉质肥厚，倒卵形，绿色。豆瓣绿是室内常绿型小型盆栽，常用白色塑料盆、白瓷盆栽培，置于茶几、装饰柜、博古架、办公桌上，十分美丽。或任枝条蔓延垂下，悬吊于室内窗前或浴室处，也极清新悦目（图 3-67）。

豆瓣绿盆花生产主要包括育苗、上盆、日常管理、病虫害防治等。

通过本任务的完成，在掌握豆瓣绿盆花生产技术的同时，重点学会生产中常见的室内小型盆栽育苗技术，最终培育出合格的豆瓣绿盆花产品。

图 3-67 豆瓣绿

环保效应

豆瓣绿对甲醛、二甲苯、二手烟有一定的净化作用，是吸收辐射最有效的植物。

材料工具

材料：豆瓣绿母本、草炭土、珍珠岩、沙子、包装袋、杀菌剂等。

工具：铁锹、花铲、手锄、喷雾器、量筒、天平、花盆、剪枝剪、纸箱、遮阳网等。

任务要求

1. 能根据市场需求主持制订豆瓣绿盆花周年生产计划。

2. 能根据企业实际情况、豆瓣绿植物生长习性、不同阶段的生长发育特点，主持制订豆瓣绿盆花生产管理方案。

3. 能根据方案进行豆瓣绿育苗及育苗后管理，并能根据实际情况调整方案，使之更符合生产实际。

4. 能提高室内盆花养护的实践技能和操作技巧，并能与组内同学分工合作。

5. 培养学生对所学知识的综合应用能力、团结协作意识和吃苦耐劳精神。

6. 能结合生产实际进行豆瓣绿盆花生产效益分析。

任务流程

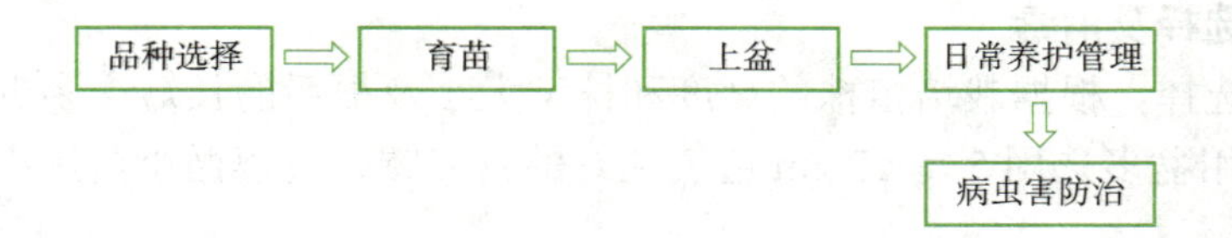

任务实施

一、品种选择

在温暖湿润的半阴环境下可以考虑选择豆瓣绿作为盆花栽培项目。叶片具有明亮的光泽和自然的绿色是豆瓣绿的特点，叶片肉质肥厚、光亮碧绿、形态优美是豆瓣绿品种选择上的外在要求，可选择普通豆瓣绿、花叶豆瓣绿、红边豆瓣绿、紫杆豆瓣绿、条纹豆瓣绿等诸多品种来满足盆花陈设中的具体需求。

二、育苗

豆瓣绿的繁殖方法有分株繁殖、扦插繁殖和水培法。扦插繁殖有茎插和叶插。

1. 茎插

（1）扦插基质的准备及消毒。将草炭、沙子、珍珠岩按 1 ∶ 1 ∶ 1 的体积比均匀混合，用多菌灵 700 倍进行消毒后，将基质装入棕色塑料育苗盆中。

（2）插穗的采集。从母株上选择生长健壮、叶片肥厚、茎秆粗壮、茎节匀称、无病虫害的枝条，用剪刀剪切下来。

（3）采后处理。每个插穗保留 1 ～ 2 片叶，插穗长度 6 ～ 8 cm，剪切后进行消毒，消毒后用清水冲洗干净。

（4）扦插。扦插深度在 3 ～ 4 cm，每盆扦插 5 个插穗，扦插后，将土压实。

（5）浇水。扦插完，浇透水，并放在遮阴处。

2. 叶片扦插

在株型丰满、节间匀称、无病虫害的健康植株上选取浓绿肥厚多汁叶片进行扦插。扦插方法同茎插。

3. 水培法

（1）无根插穗水培。从母株上选择生长健壮、无病虫害的枝条作为插穗，插穗带 2 ～ 3 片叶，长度 10 cm 左右，消毒后放在水培容器中，根据温度及水质情况 2 ～ 3 d 换一次水（用贮存的水就可以）；10 d 左右就可以有白色新根长出。

（2）土培转为水培。取株形较好的土培植株，洗净根部泥土，去除枯根、枯叶，消毒后定植于容器中，用介质固定根系，注入清水，前三天每天换一次贮存的清水，以后 2 ～ 3 d 换一次水就可以，一周后就看到有白色新的根尖长出，以后改用观叶植物营养液栽培，会使叶色更加浓绿，茎秆粗壮。根据长势情况 10 ～ 20 d 更换一次营养液。

三、上盆

1. 花盆的选择及消毒

（1）花盆选择。根据栽培植株的高度和株型大小及根系的长短、多少来选择花盆规格，一般生产用盆多选用 5 ～ 12 cm 透气性好的营养钵，应遵循小苗用小盆、大苗用大盆的原则。

（2）花盆消毒。重复利用的花盆，会滋生很多病菌，清洗干净后要进行消毒，浸泡在多菌灵或高锰酸钾 500 倍溶液中 20 min，晾干后备用。

2. 基质配制

豆瓣绿要求基质疏松透气，一般使用由腐叶、园土（或泥炭）、河砂所配成的混合基质，它们的体积比为 3 ∶ 2 ∶ 1，保持基质 pH 值在 5.5 ～ 6.3。

3. 基质消毒

基质消毒最常用的方法有蒸汽消毒和化学消毒。

生产上常选择具有广谱杀菌性，高效、低毒的药剂。使用时，可以根据实际需要，选择不同剂型、不同浓度药剂。豆瓣绿的基质可以用百菌清 600 倍液喷洒进行消毒。

4. 移栽上盆

豆瓣绿插穗一周左右，即开始从切口处长出新根。可对其进行移栽上盆。

移植前，基质湿度应保持在 80% 左右，忌阳光过强时移栽。上盆时，首先从扦插床中取出豆瓣绿扦插苗，检查是否生根，若根数目、根长度适宜即可上盆。上盆标准：先在盆中放入一层粗颗粒做排水层，将培养土喷水使湿度适宜，再往花盆中填配制好的培养土，然后将分出的小植株均匀栽在花盆中（以便以后有良好的盆型），略加按压，继续填培养土至距盆沿口 2 ～ 3 cm。

5. 上盆后管理

上盆后将花盆放到半阴处缓苗，每天喷水，一个星期左右，根系恢复后再浇透水，逐渐见光。

四、日常养护管理

1. 温度管理

豆瓣绿喜欢温和湿润半阴环境，不耐寒冷、强光和干旱。豆瓣绿在温室内的生长适温，白天应控制在 25 ～ 28 ℃，夜间 18 ～ 20 ℃。夏季采用外遮阳网和湿帘、加风机来降低温室的温度；冬季采用保温被、保温膜来保温，采用暖气加温提高温室的温度，二者结合使用。

2. 湿度管理

豆瓣绿喜欢湿润的生长环境，湿度大的环境，生长繁茂，叶色鲜艳。温室的相对湿度要控制在 60% 以上，最好控制在 70% ～ 80%，采用的办法是喷雾和往地面上洒水，或叶面喷水。

3. 水分管理

豆瓣绿喜水，不耐干旱。在整个生长阶段，要经常检查基质的湿度，通常在盆中的

基质干到 2/3 时要浇水，以此为标准，夏季一周浇 2 次水，冬季 7 ～ 10 d 浇一次水。浇水前要将水贮存 2 d，采用水管逐盆浇水。

4. 光照管理

豆瓣绿喜欢半阴或散射光照，除冬季补光外，其他季节应稍加遮阴。但是长期置于庇荫环境容易徒长，枝间变长，观赏价值降低，半阴环境下叶色明亮，光泽更佳。通常光照强度要控制在 15 000 ～ 25 000 lx，控制光照强度要通过内外遮阳网。

5. 施肥管理

豆瓣绿以观叶为主，四季叶片常绿，因此应予以叶面施肥，以氮磷肥为主。当气温高于 18 ℃时，少施肥。当气温低于 18 ℃或高于 30 ℃时，应少施肥或不施肥。施肥应结合灌溉浇水。

五、病虫害防治

豆瓣绿为小型盆栽观叶植物，病虫害的种类较少。其病害主要是叶部病害，有环斑病毒病、根茎腐烂病、缺氮症等。

豆瓣绿主要病害有花叶病毒病和腐烂病。环斑病毒为害后，受害植株产生矮化，叶片扭曲，可用等量式波尔多液喷洒。感染根颈腐烂病、栓痂病后，用 50% 多菌灵可湿性粉剂 1 000 倍液喷洒。

缺氮症：植物生长矮小，分枝很少，叶片小而薄，花果少且容易脱落；枝叶变黄，叶片早衰甚至干枯，产量降低。豆瓣绿缺氮，叶片会变黄，失去观赏价值，应及时补充氮肥（尿素），可采用灌根和叶面追肥方式施加尿素 1 000 倍液。

任务五　铁线蕨植物盆花生产

任务描述

铁线蕨为多年生草本植物，植株高度为 15 ～ 40 cm。它的根状茎细长横走，密被棕色披针形鳞片。它的叶远生或近生；柄长通常为 5 ～ 20 cm，粗约 1 mm，较为纤细，呈现栗黑色，表面有光泽，它的基部被与根状茎上相同的鳞片，叶片呈卵状三角形，长度在 10 ～ 25 cm，宽 8 ～ 16 cm，为尖头状（图 3-68）。

铁线蕨盆花生产主要包括育苗、上盆、日常管理、病虫害防治等。

通过本任务的完成，在掌握铁线蕨植物盆花生产技术的同时，重点学会生产中常用蕨类植物的分株育苗、孢子育苗技术，最终培育出合格的铁线蕨盆花产品。

图 3-68　铁线蕨

环保效应

铁线蕨每小时可吸收掉0.02 mg的甲醛，它还可以吸收烟雾，故时常碰触油漆、涂料或喜欢抽烟的人，适合在工作场所摆放蕨类植物，以减轻甲醛及烟雾对人身体的损害。另外，铁线蕨对计算机显示器、打印机、复印机所释放出的甲醛与二甲苯还有一定的抑制和吸收作用。

材料工具

材料：铁线蕨种苗、孢子、厩肥、骨粉、饼肥、草木灰、代森锰锌、克菌丹、福美双、肥皂水、氧化乐果、杀灭菊酯、三氯杀螨醇等。

工具：育苗箱、刷子、铁锹、花铲、手锄、喷雾器、量筒、天平、花盆等。

任务要求

1. 能根据市场需求主持制订铁线蕨植物盆花周年生产计划。

2. 能根据企业实际情况、铁线蕨植物生长习性、不同阶段的生长发育特点，主持制订铁线蕨植物盆花生产管理方案。

3. 能根据方案进行蕨类植物的孢子育苗及育苗后管理，并能根据实际情况调整方案，使之更符合生产实际。

4. 能提高室内蕨类植物盆花养护的实践技能和操作技巧，并能与组内同学分工合作。

5. 培养学生对所学知识的综合应用能力、团结协作意识和吃苦耐劳精神。

6. 能结合生产实际进行铁线蕨盆花生产效益分析。

任务流程

任务实施

一、品种选择

要根据盆花防治环境来选择铁线蕨的品种，在温暖、湿润和半阴冷、没有强烈阳光直射的环境可以考虑铁线蕨的栽培。另外，居室搭配中，简约风格比较适合搭配如铁线蕨这样的比较纤弱的细叶植物，这会为居室增添几分独特的艺术气息和清新之感。要尽量选择耐寒耐旱的铁线蕨品种，考虑到具体种类体现的风格和叶片形状，还可以选用常见的铁线蕨变种，如叶宽三角形的楔叶铁线蕨、叶线状披针形的鞭叶铁线蕨、叶片扇形至不整齐的阔卵形的扇叶铁线蕨。

二、育苗

1. 分株育苗

此法适合小面积生产，一般于春季结合换盆进行。把植株从盆中倒出，根据需要将一株分成数株，每株带有根和叶。分株时要小心，切勿损伤生长点，尽量保留根部原有的土壤，剪掉衰老和损伤的叶和根，按原来定植的深度栽植。分株繁殖无严格的季节要求，一年四季皆可进行。

2. 孢子育苗

此法适合规模化生产。蕨类植物孢子体发达，生殖器官孢子囊群生于叶背或叶缘，不同蕨类植物的着生部位是不同的，其色泽醒目，排列整齐（图 3-69、图 3-70）。

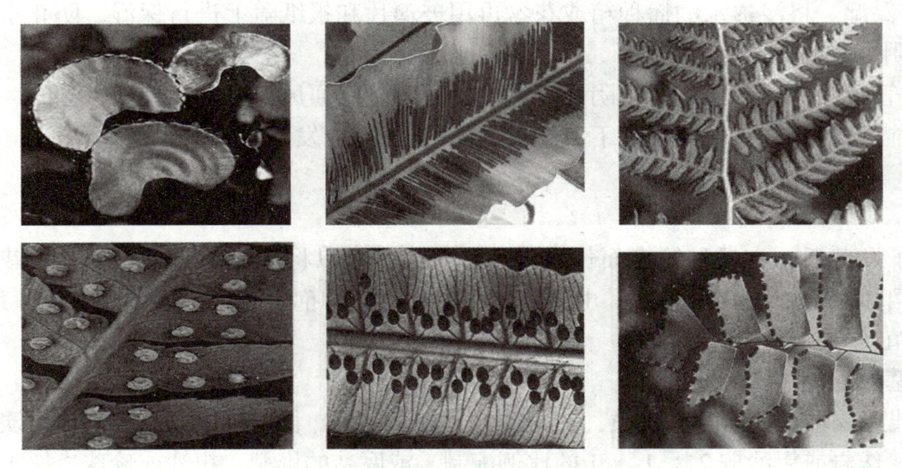

图 3-69　不同蕨类植物孢子囊群着生部位

（1）孢子形状。多数蕨类产生的孢子大小相同，称为孢子同型，而卷柏植物和少数水生蕨类的孢子有大小之分，称孢子异型。无论是孢子异型还是孢子同型，在形态上都可分为两类：一类是肾形，单裂缝，二侧对称的两面型孢子；另一类是圆形或钝三角形，三裂缝，辐射对称的四面型孢子。孢子的周壁通常具有不同的突起和纹饰。铁线蕨孢子属于四面型孢子，如图 3-71 所示。

图 3-70　铁线蕨孢子囊群着生部位

（2）孢子育苗方法。多数发育成熟的孢子呈棕色或褐色，能保持较长时间的发芽力，但发芽力随着保存时间的延长而降低；少数种类的孢子为绿色，这类孢子的寿命很短，一般只有几天，应随采随播。具体操作方法如下。

1）采成熟孢子。当叶背的孢子囊群变为褐色而孢子开始散出时，连同叶片一同采下，装入纸袋中，使其自行干燥散出孢子，散出后的成熟孢子即可播种。

2）播种用土配制。将草炭、沙子（珍珠岩）按2∶1的体积比配制播种用土，土壤消毒后备用。在消毒后的播种箱下层铺一层粗颗粒作排水层，上面装入配制好的播种土，然后将播种箱或花盆表面的土用刮板刮平。

3）播种。播种时用手轻轻振落孢子，使其均匀地洒落在装有基质的播种箱或花盆中，由于孢子非常小，因此播后不用覆土。播后用木板或手轻轻镇压，使孢子和土壤接触紧密。

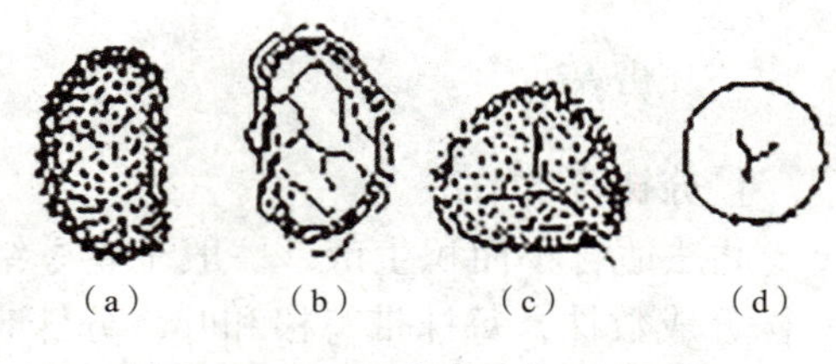

图3-71 不同蕨类植物孢子形状

（a）、（b）两面型孢子；（c）四面型孢子；（d）球形四面型孢子

4）浸水。将播种后的播种箱或花盆浸水，当播种箱表层土有水润即可拿出。

5）保湿。将浸透水的播种箱或花盆再用玻璃片和报纸盖上进行保湿，防止水分蒸发并要遮阴。

6）管理。将播种箱放在半阴处。温度高时要注意通风，尤其用玻璃保湿时，还要注意光不能强。在25 ℃左右条件下，20～30 d孢子即能发芽。

三、上盆

孢子发芽后，在播种箱表面长成成片原叶体。可以将原叶体分成多个小块栽到花盆内，也可以培养2～3个月后，由原叶体长出真叶，即孢子体。孢子体具3～4片叶时，分栽定植。

1. 基质配制

铁线蕨要求土壤富含有机质、疏松透气、排水良好、微酸性。基质一般以泥炭土、腐叶土、珍珠岩或粗沙按2∶1∶1的比例配制，或腐熟的堆肥、粗沙或珍珠岩按1∶1的比例配制。消毒后备用。

2. 上盆方法

蕨类植物有许多黑褐色的毛状根，因此在小苗移栽时，特别要注意保护根系，因为根系一旦受损，小苗就会生长不良甚至死亡。

（1）选盆：根据需要选合适的花盆，消毒后备用。

（2）垫排水孔：用瓦片垫上排水孔。

（3）将基质喷水：湿度以手握成团，似出水又不出水为原则。

（4）栽植：将基质放在消毒后的花盆中，将长有3～4片真叶的小苗栽入花盆中，根据花盆的大小，每盆栽2～3株。填入的基质离盆沿2 cm左右。

（5）栽后管理：将花盆放在半阴处，每天进行喷水，半个月左右，基质干透，缓苗后再浇透水。

四、日常养护管理

1. 水分管理

铁线蕨喜湿润的环境，生长旺季要充分浇水，除保持盆土湿润外，还要注意有较高的空气湿度，空气干燥时向植株周围洒水，生长期要每天浇水并进行叶面喷水。如果缺

水，就会引起叶片萎缩。忌盆土时干时湿，否则易使叶片变黄。浇水时间通常以水温和地温相接近为原则，最好在上午，如果下午或晚间浇水，水滴滞留在叶隙间，蒸发慢，易引起叶部病害。

2. 养分管理

铁线蕨喜肥，但其根系细弱，不宜施重肥，每月可施 2 ～ 3 次稀薄液肥，施肥时不要沾污叶面，以免引起烂叶。铁线蕨喜钙，盆土宜加适量碎蛋壳，经常施钙质肥料效果则会更好。冬季要减少浇水，停止施肥。蕨类植物栽植时，基质中可加入基肥。生长期内可追施液肥，浓度不超过 1%，直接撒施，最多每周一次。充足的氮肥会使植物生长旺盛，不足会使植株老叶呈灰绿色并逐渐变黄，叶片细小。总之，蕨类植物的施肥应薄施勤施，同时根据需要进行叶面喷施。

3. 温度管理

铁线蕨喜温和气候，生长适宜温度白天为 21 ～ 25 ℃，夜间为 12 ～ 15 ℃。铁线蕨冬季应入温室，温度在 5 ℃以上叶片仍能保持鲜绿，但低于 5 ℃时叶片会出现冻害。铁线蕨忌闷热，在夏季需多通风，使环境中空气新鲜且不干燥。

4. 光照管理

蕨类植物的叶根据功能可分为孢子叶和营养叶两种。孢子叶是指能产生孢子囊和孢子的叶，又叫能育叶；营养叶仅能进行光合作用，不能产生孢子囊和孢子，又叫不育叶。铁线蕨喜明亮的散射光，忌阳光直射。夏季可适当遮阴，长时间强光直射会造成大部分叶片枯黄。

五、病虫害防治

1. 常见病害

（1）叶枯病：主要为害叶片。

（2）防治方法：适当降低空气湿度，注意通风透光。在发病初期喷洒 200 倍波尔多液，或 50% 多菌灵可湿性粉剂 500 ～ 600 倍液，每隔 10 d 喷 1 次，连续喷 2 ～ 3 次。

2. 常见害虫

（1）介壳虫：暖湿润环境，通风不良时容易发生。

（2）防治方法：在若虫期用 40% 氧化乐果乳油剂 1 000 倍液喷杀。

子项目三　观果类花卉盆栽生产

任务一　金橘盆花生产

金橘［*Fortunella margarita*（Lour.）Swingle］又名金弹、金枣等，为芸香科金橘属

常绿灌木或小乔木，原产于亚热带，喜暖畏寒，喜微酸性土壤。在南方地区可地栽亦可盆栽，北方地区多盆栽。

金橘盆花生产主要包括品种选择、苗木培育、上盆定植、日常养护、修剪管理、病虫害防治等。通过本任务的完成，可以了解金橘的生长习性，掌握金橘盆花生产栽培管理技术。

环保效应

金橘四季常青，夏日开花，芳香四溢，果实成熟时金黄橙红的橘果挂满枝头，分外诱人。金橘是可观花观果又可食用的植物，可以摆放在厅堂，既增添新意又显雅致。

材料工具

材料：嫁接砧木枳树，金橘接穗，腐叶土、沙土等基质，饼肥、复合肥、磷酸二氢钾、尿素等肥料，多菌灵等杀菌剂，吡虫啉、扑虱灵等杀虫剂。

工具：剪刀、塑料薄膜、刀片、花盆等。

任务要求

1. 能根据市场需求制订金橘盆花周年生产计划。

2. 能根据企业实际情况制订金橘盆花生产管理方案。

3. 能根据金橘生长习性、不同生长发育阶段的特点，采取不同的养护管理措施，并能根据实际情况调整方案，保证产品质量。

4. 能结合生产实际进行金橘盆花生产效益分析。

任务流程

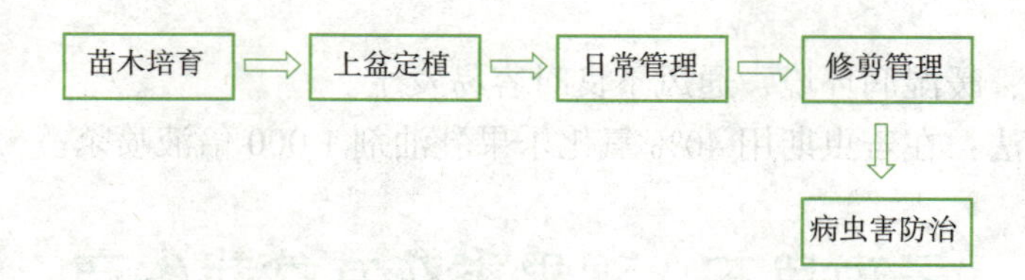

任务实施

一、苗木培育

金橘幼苗通过嫁接培育而成。北方金橘苗木多用枳树作砧木，以纯度高的金橘为接穗进行嫁接。

1. 砧木培育

金桔嫁接砧木为枳树，常用播种繁殖法，多在春季3—4月进行播种，每亩用种30～40 kg，撒播或条播，上面覆土1 cm并覆膜。幼苗出土后，逐渐掀膜锻炼至去膜，两片真叶后，浇水时加少量清粪水追肥，以后每月追水肥2次，秋季停肥，防止其贪长影响越冬。当苗高达15～20 cm时，可进行移植，高30 cm时摘心，促其加粗生长。一般于当年秋季或第二年春季，砧苗即可达到嫁接标准。

2. 金橘嫁接

盆栽金橘以嫁接苗木为宜。金橘嫁接繁殖方法有枝接、芽接和靠接。嫁接多在秋季（6—9月）进行，采用单芽腹接法嫁接，或在第二年春季（3—4月）采用单芽切接法嫁接。嫁接成活后及时去除绑扎薄膜，进行抹芽，施肥管理。

二、上盆定植

1. 盆土配制

金橘喜肥和微酸性土壤，因此盆土要用排水透气、疏松肥沃并且含有丰富腐殖质的酸性土壤，可用腐叶土、沙土、饼肥按4∶5∶1的比例混合制成营养土，也可用酸性泥炭土、菜园土、堆肥土按1∶1∶1的比例配置成营养土，并加入适量氮、磷、钾复合肥以及粗沙搅拌均匀。

2. 盆器选择

盆栽金橘选用盆的类型和大小根据消费水平及金橘苗株大小而定。从材质来看有紫砂盆、釉陶盆、泥瓦盆、瓷盆和塑料盆等，瓷盆透气性差，塑料盆排水功能差且易老化。一般选盆口直径为20～25 cm的花盆。

3. 上盆定植

选择根系发达、生长健壮的金橘嫁接苗，在春季萌芽前上盆。先在盆底渗水孔上放2块碎瓦片，然后在盆地铺一层粗沙或炉渣（厚2 cm左右），再加配置好的营养土，将金橘苗的根系舒展地铺在盆土上，加入营养土并压实，要求土面低于盆口2 cm左右，以利于浇水。上盆后，浇透定根水，最后加一些营养土补充下沉的部分。需注意的是，上盆时需要保留2/3的旧土团，剪去烂根、粗根。一般7～10 d后即可发新根。10 d内避光放置，保持盆土湿润，待植株恢复生长后再见光，正常管理。

三、日常管理

1. 温度管理

金橘生长最适宜的温度为22～29 ℃，室内观赏的最佳温度为10～15 ℃。北方地区的盆栽金橘应在晚秋初冬气温下降时搬入室内或温室越冬，并保持温度在5～10 ℃，以安全越冬。此时，室内温度不宜过高也不宜过低，过高会影响植株的休眠，从而导致生长衰弱。当越冬的金橘植株并未结果时，需要保持温度在3～5 ℃，最高不能超过10 ℃，否则植株得不到充分的休眠。

2. 光照管理

金橘具有向日性，因此养护时需要放置在阳光充足的地方，但夏季日照强度过大，可适当作遮阴处理。如果把金橘养殖在室内，需要每隔 2 ～ 3 d 移到室外进行 3 ～ 5 h 的日照处理，且日常保持摆放在室内有可见光的地方。

3. 水分管理

合理控制好浇水的量和次数是金橘开好花结好果的关键。金橘喜湿润的环境，但切忌盆土积水或花期往花上喷，以免烂根或烂花。浇水掌握“见干见湿，浇则浇透”的原则。开花期盆土可稍干，待坐果稳定后正常浇水，一般春秋季 2 ～ 3 d 浇一次水，夏季每天喷水 2 ～ 3 次，越冬休眠的植株越应控制浇水。夏季可在处暑前适当控水，避免夏梢生长过旺，促进树体养分积累，形成花芽。

4. 养分管理

金橘喜肥，除盆土要求肥沃外，通常还要适时适量施肥。有机肥一定要充分腐熟，一般分别于 3 月中下旬、5 月中下旬和 7 月中下旬各施 1 次肥，每株施腐熟人粪尿混合 0.2% ～ 0.4% 尿素，以水肥为主，勤施薄施，每株用量 1.5 ～ 2 kg，然后随树的生长逐年增加。从萌芽到开花阶段，每 7 ～ 10 d 需要施 1 次腐熟的饼肥水，为了苗株更好地吸收，可在盆土干燥时结合浇水进行施肥。一般前期施入以氮肥为主的有机肥水，7—8 月适量施入尿素和磷酸二氢钾，叶面喷施 0.3% 尿素加 0.3% 磷酸二氢钾液 2 ～ 3 次，促进枝条健壮老熟。10 月之后不再施肥，冬季可施基肥，施入腐熟的有机肥料，促使花蕾茁壮，开花繁茂。

注意的是，金橘一年多次开花，多次结果，因此要根据树势情况适时追肥，叶面喷施磷酸二氢钾，满足植株生长、开花、结果的需要。

5. 换盆换土

盆栽金橘一般 2 ～ 3 年需要换盆或换土 1 次，换土时需移出金橘苗株并剪除部分根系，然后放回原盆，加入新配置的营养土，浇透定根水。

换盆，可在 3—4 月或 9—10 月进行，3—4 月金橘发芽前换盆最好，或秋季秋梢转绿后进行。盆大小依植株大小而定。换盆方法同上盆。

四、修剪管理

1. 整形修剪

金橘幼树要及时摘心抹芽，以利于株型矮化紧凑、丰产稳产。2 ～ 3 年生树每次抽生新梢时，应保留健壮、位置好的枝梢，抹掉过密、丛生枝芽。开春气温上升，金橘生长较快，及时进行修剪。剪去全部果实，以及过密枝、交叉枝、部分徒长枝和内膛不见光枝，按自然圆头形树冠留枝的需要，每个主干上仅保留 4 ～ 5 个健壮主枝，然后根据所留主干强弱的情况，分别短截，强壮枝可留 4 ～ 5 个芽剪截，较弱枝可留 2 ～ 3 个芽剪截，以使树冠开张。注意秋天生长的枝条都剪去，只保留夏天生长的枝条，以提高坐果率。

2. 促花保果

在加强养分管理的基础上，对大株采用环割加控水法促进营养积累，利于开花。具体做法：在结果母枝梢龄 20 ～ 25 d 时，选主干或生长特旺的大枝基部环割 1 圈，割后不浇水或少浇水，以不卷叶为宜，环割后 15 d 叶变黄，25 d 即可形成花芽，但此法不适合弱树和弱枝。

培养健壮的树势和结果母枝，可在花谢后，幼果阶段喷 0.3% ～ 0.4% 尿素或 0.3% 复合肥，并加 15ppm 的 2，4-D，可促进盆栽金橘的保果效果。花期遇高温闷热天气时，于傍晚向树冠喷水降温；夏季适当置于阴棚下，否则引起日灼、流胶；结果后形成的夏梢留 3 ～ 5 cm，其余及时摘除，以免与果实争夺养分。

3. 疏花疏果

在花期以及果期应适当疏花疏果。花期按分布均匀、去弱留强的原则，除去过密以及弱小的花蕾，一般 5—6 月开的花坐果率高，因此 7 月后的花应全部去掉；果期摘去生长弱、色发黄、果形不正的小果，每个壮枝留 2 ～ 3 个果，细弱的枝条只保留 1 个果，以提高坐果率。

五、病虫害防治

1. 病害

金橘主要病害有溃疡病、炭疽病、疮痂病、流胶病等。

溃疡病主要为害叶、枝梢和果实。防治要点为合理施肥，不偏施氮肥，防止新梢旺长，增强抗病能力，发病时用波尔多液喷雾或代森铵喷施防治。

炭疽病为害叶、枝梢以及果实，严重时造成枝梢干枯、落叶、落果，甚至全株干枯。防治要点：加强栽培管理，增施有机肥和钾肥，勤松土除草，保持盆土干湿适宜，清除病叶病枝，发病时用代森锌或退菌特喷雾连喷 2 次，每隔 10 d 喷 1 次。

2. 虫害

金橘主要害虫有红蜘蛛、介壳虫、潜叶蛾、蚜虫、天牛和椿象等。

红蜘蛛主要为害叶片及果实，导致金橘叶片缺损或黄叶，可依虫情喷施适量化学用药进行防治，如尼索朗或托尔克，最好交替使用，防止产生抗药性。

潜叶蛾为害的主要是嫩叶，因此可以在新芽刚长出不久时喷药防治，可选用敌杀死乳油、灭扫利乳油等，每 4 ～ 5 d 喷施 1 次，连续喷 3 次药剂效果较好。

任务二　佛手盆花生产

任务描述

佛手（Citrus medica var. sarcodactylis）又称佛手柑、五指柑，为常绿小乔木或灌木，佛手原产自印度，主要分布在热带、亚热带。喜光喜温暖，不耐寒，耐阴，耐瘠，耐涝，喜排水良好、肥沃湿润的酸性砂壤土（图 3-72）。

佛手盆花生产主要包括苗木培育、上盆定植、日常养护、修剪管理、病虫害防治等。通过本任务的完成，可以了解佛手的生长习性，掌握佛手盆花生产栽培管理技术。

任务分析

图 3-72　佛手

由于自然结果的佛手柑果实因质重而下垂，而且盆栽时植株又比较高，果实数量少或者分布不均衡，会导致整株的观赏价值受到影响，因此需要对佛手进行定期修剪造型、生长环境控制。

环保效应

盆栽佛手柑周年常绿，四季开花不断，花朵芳香。其果实形如人手，姿态奇特，散发出醉人的清香，而且越放越香，即使长期放置至果肉变硬，仍然能发出淡淡幽香。果实在植株上的挂果时间可达数月，因而佛手柑是不可多得的一种观赏植物，观树、观叶、观花和观果皆宜，具有很高的摆设装饰价值。即使是在厅堂或房间里摆放几个摘下的佛手柑果实，也一样满堂满室充满芳香。

佛手不仅具有较高的药用和食用价值，还可以提取精油作化妆品。

材料工具

材料：嫁接砧木香橼或橘，佛手接穗，砂质土壤，饼肥、有机肥、复合肥、冬肥等肥料，退菌特、多菌灵等杀菌剂，西维因、波美度石硫合剂等杀虫剂。

工具：剪刀、塑料薄膜、刀片、花盆等。

任务要求

1. 能根据市场需求制订佛手盆花周年生产计划。

2. 能根据企业实际情况制订佛手盆花生产管理方案。

3. 能根据佛手生长习性、不同生长发育阶段的特点，采取不同的养护管理措施，并能根据实际情况调整方案，保证产品质量。

4. 能结合生产实际进行佛手盆花生产效益分析。

任务流程

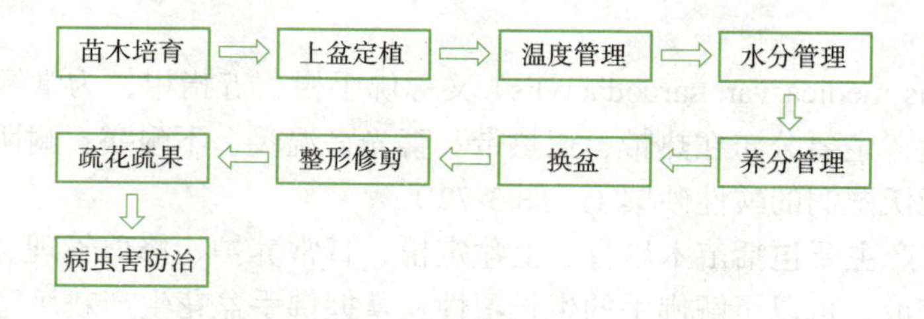

任务实施

一、苗木培育

佛手的主要繁殖方式为扦插和嫁接。

1. 扦插繁殖

扦插繁殖在春、夏季都可进行，但以新梢扦插较好。5 月上旬为扦插最佳时期。应选用生长健壮、节间较短的枝条。剪取一二年生的嫩枝，剪去上端过嫩和下端过老部分，留下的长度为 10 ～ 12 cm，剪去插条下端的叶子，保留上端叶子，但都要剪去半叶，以减少水分蒸腾消耗。不宜选用幼树枝和徒长枝，因为这种枝条扦插成活后结果较晚。

可选用泥炭与珍珠岩按 3 ：1 或 3 ：2 体积比组成的混合基质，或选用粗砂及适量稻壳灰与少量细土的混合基质。基质装盆后，将插条的 1/3 ～ 1/2 长度插入基质中，浇透水。然后将花盆放在阴凉处，不让太阳直晒。白天经常浇水保湿，约 1 个月可生根，2 个月可发芽生长。

2. 嫁接繁殖

选香橼、橘、柠檬苗为砧木，选带有 2 ～ 3 个芽的佛手茎段为接穗，采用切接、插皮接或靠接方法进行嫁接。切接法多在早春佛手树开始萌动，新枝尚未萌发前进行。在离地面 10 cm 处横切掉砧木上部，纵切 2 ～ 3 cm 深。接穗削成楔形，插入砧木，使砧木韧皮部与接穗的韧皮部形成层对齐，最后用塑料袋紧包切口。插皮接法是用嫁接刀在砧木边缘将皮层纵切一刀，深至形成层，切口长约 2.5 cm，接穗底端削成一侧长约 2 cm 的长斜面，另一侧削成长约 1 cm 的小斜面，然后将接穗长斜面朝内插入挑开的砧木皮层和形成层之间，使接穗与砧木结合，最后用塑料膜将伤口扎紧。嫁接后放置遮阴处，经 7 ～ 10 d 愈合，半个月后去掉套袋，转入正常管理。

二、上盆定植

1. 盆土配制

佛手对土壤要求不严，其根系属菌根，怕积水，因此一定要排水良好，以砂质土壤为宜，并且施入一些有机质。如使用一般的土壤（如水稻土、腐叶土、较黏的菜园土等），可以混入约 1/3 量的砂子。可选用的盆栽基质有紫砂土、我国东北产的泥炭与珍珠岩按 3 ：1 或 3 ：2 的体积比组成的混合基质、用珍珠岩加经腐熟的菌棒渣以 6 ：4 的体积比组成的混合基质等。

2. 盆器选择

佛手一般生长比较快，因此选择的花盆深度最好在 35 cm 左右，口径最好在 30 cm 左右，要根据苗木大小选择适宜的花盆，做到苗盆相宜。而且佛手的根部较为脆弱，需要选择具有良好透气性和排水性的花盆。

3. 上盆定植

在上盆时，先于盆底放一层粗石砾或碎砖块以利排水，然后装入部分基质。把幼苗在盆中摆正，理顺根系，再填入基质，基质装至离花盆沿口 2 ～ 3 cm 处，根颈要与基质齐平，然后浇透水。上盆后将花盆置于阴凉处，10～15 d后再逐步见阳光，适应后再在全光照下进行正常的管理。

三、日常管理

1. 温度管理

佛手喜温暖湿润气候，不耐寒，最适宜生长温度为22～24 ℃，冬季要求在5 ℃以上，短期−2 ℃就会引起冻害，−6 ℃将会造成死亡。

2. 水分管理

浇水是种植佛手的关键。生长旺盛期需水量大，要及时浇水，并要经常喷洒枝叶和向花盆周围地面洒水。在高温炎热的夏季，早晚都要浇水、喷水。浇水宜在上午10时前或下午4时以后浇透水，中午可叶面喷水，四周洒水，增加湿度。雨季要防止佛手徒长。坐果初期浇水宜适当控制，以免水多落果，立秋以后浇水要逐渐减少。北方霜降前移入室内阳光充足处，室温保持5 ℃以上，控制浇水，7～10 d浇一次水即可，每周用与室温相近的清水喷洗枝叶一次，以防叶面沾染尘埃，引起落叶。为防止发生黄化，宜每隔15～20 d浇一次0.2%的硫酸亚铁溶液，以保持土壤微酸性。

3. 养分管理

幼龄佛手春季上盆后，如果盆土用的是肥力较高的营养土，一般当年可不用再施肥；第2年春季每隔15～20 d施一次腐熟的饼肥水，连续施2～3次，8月下旬再施一次腐熟的有机肥；第3年开始结果，可按常规管理施肥。佛手喜肥，如施肥不及时或少施肥，易发生落花落果，宜施淡肥。3—6月上旬是抽发春梢的时期，可结合浇水，每10 d施一次稀薄饼肥水，6月中旬到7月中旬是生长的旺盛期，施肥量大，施以骨粉、腐熟的动物内脏液或复合肥等，可结合浇水每隔一周施一次肥，施肥浓度可比前期浓一些。孕蕾期用0.2%的磷酸二氢钾液喷施叶面1～2次。7月下旬到9月下旬是果实生长期，施肥量应逐渐减少，可约10 d施肥一次。要少施氮肥，多施钙、磷、钾等复合肥，否则会使果实成熟期推迟。10月以后，果实成熟采收。为恢复树势，促进花芽分化，以便第二年开花结果，应结合浇水施腐熟的厩肥、堆肥、饼肥、蕉泥灰等冬肥。

4. 换盆换土

佛手通常2～3年换一次盆，脱盆后去宿土1/4～1/3，再栽入大一号的盆内。佛手喜酸性土壤，pH值应保持在5.3，盆土的体积配比为腐殖土60%、河砂30%、泥炭土或灰渣10%，换盆时施足基肥，肥料以腐熟的饼渣为主，加少量骨粉，缓苗后放到室外背风向阳处养护。

四、修剪管理

1. 整形修剪

要提高佛手的坐果率，应及时整形修剪。修剪宜在休眠期进行，一般保持3～5个主枝，构成树形骨架。一般早春进行一次修剪，剪除纤弱枝、过密枝及病虫枝；夏季徒长枝可剪去2/5，让其抽生果枝，6—7月的夏梢宜适当摘除；秋梢需适当保留，以备第2

年结果，凡长度适中、节间较短、叶厚枝粗的枝条，坐果率高，应多留。

2. 疏花疏果

疏花佛手一年可多次开花，4—6月的单性花全部摘除，6月下旬前开的花每一短枝留1～2朵，其余疏去。去雄花，除保留少数生长的雄花外，其余的特别是雌花周围的雄花要全部除掉；去雌花，开花时在一个花序上只保留2个最大的雌蕊发绿的两性花，有病虫害的花不得保留。同时注意，老树、弱树多留春花结果，健壮树多疏春花多留夏花结果。

（1）疏幼果。一般在一个果序上只留一个果实，以使其健壮肥大。

（2）环剥。在生长良好的结果枝基部，对皮层做环剥或环切，可提高开花坐果率。

（3）摘心。虽春季已进行抹芽和摘心，但夏季仍可不断地发芽开花结果。夏季长出的叶片能保持到翌年而不落，因此应多保留叶片，在每个枝条上保留6～8片叶，并将过密芽、病虫芽抹掉。

五、病虫害防治

1. 病害

佛手的病害主要有煤污病，是腐生真菌引起的。发病时，枝叶密布浅黑色的黑霉，影响叶片光合作用，可用50%退菌特800倍液或多菌灵防治。

2. 虫害

害虫主要有蚜虫和介壳虫。5—6月份和8—9月份，在蚜虫为害佛手花枝顶端嫩叶时，喷50%的西维因500倍液。6—7月份，干热天气红蜘蛛易为害叶片，发现后可喷布0.3波美度石硫合剂进行防治。

任务三　富贵子盆花生产

任务描述

富贵子又称朱砂根、红凉伞、百两金，自然生长于山谷林下或丘陵荫蔽湿润的灌木丛中。性喜阴凉、湿润的中性沙质土壤，喜薄肥勤施，忌浓肥，耐高温。

富贵子作为花卉大家族中的一支新秀，一直成为圣诞、元旦、春节、元宵佳节时尚的口彩花卉，深受盈富巨室的喜爱，在昆明世博会和海峡两岸花卉博览会上，获得观果类花卉的最高奖。

环保效应

随着人们对环境保护意识的日益增强，越来越多的人意识到绿色植物对环境的重要作用。植物对于环境的影响，主要是通过吸收二氧化碳、释放氧气、净化大气、降尘等方面来体现的。

材料工具

材料：富贵子种子、草炭土、沙子、珍珠岩、穴盘、多菌灵、代森锌、阿维菌素、腈菌唑、高锰酸钾、生根剂、包装袋、胶带等。

工具：剪刀、铁锹、花铲、手锄、纸箱、喷雾器、量筒、天平、花盆、花托、遮阳网等。

任务要求

1. 能根据市场需求主持制订富贵子周年生产计划。
2. 能根据企业实际情况、品种的生长习性主持制订富贵子生产管理方案。
3. 能按方案进行富贵子繁殖、养护管理，并能根据实际情况调整方案，使之更符合生产实际。
4. 能结合生产实际进行富贵子生产效益分析。

任务流程

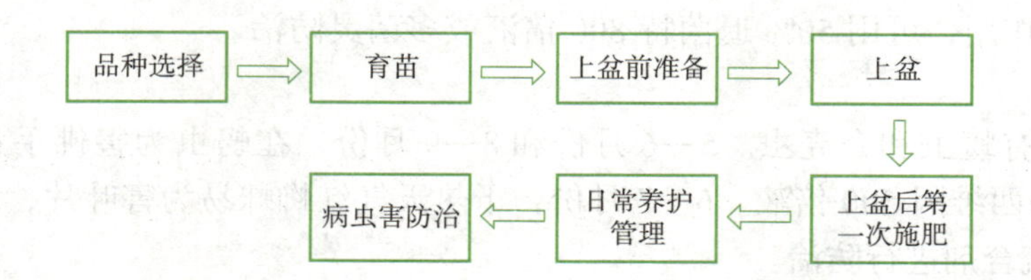

任务实施

一、品种选择

品种选择具体从以下两个方面来进行。

1. 叶片颜色

富贵子按叶色来区分，分为绿色叶品种和红色叶品种（图 3-73）。一般来说，绿色叶品种的果实饱满，色泽艳丽，果型较大一些，而红色叶品种的果实相对较小，但果量大，比较密集。

图 3-73　绿色叶和红色叶品种

2. 株型

富贵子按照株型区分，可分为矮小型和高大型（图 3-74）。矮小型株高在 10 ～ 25 cm，非常适合作小型盆栽，摆放于窗台、桌面、茶几等地方。高大型株高在 50 cm 以上，一般可落地摆放。

二、育苗

富贵子一般采用播种育苗方式。

（1）基质准备。基质一般可用草炭与珍珠岩组合。地区环境不同，播种的基质混合比例也不同，材料也不相同。现在生产上一般选择珍珠岩和草炭土的混合基质。这种基质保水性能好，而且材料简单。

图 3-74　矮小型和高大型品种

（2）种子准备。富贵子种皮坚硬（图 3-75），不易吸水发芽，因此在播前应磋磨后用 45 ～ 50 ℃温水浸泡一天进行催芽。

（3）播种。富贵子的种子在温度 18 ～ 25 ℃的环境中容易发芽，因此适合播种的时间是春季。这个季节不光是温度比较适宜，生长萌动性也很强，播种后发芽率高。

图 3-75　富贵子种子

播种一般采用 200 孔穴盘进行，每个穴盘放一粒种子，覆土厚度 0.2 cm 即可，然后放于散光处盖膜保湿。30 d 左右能生根发芽。

（4）播种后管理。播种之后做好养护管理，注意定期浇水保持湿润，放在散光好的地方，等小苗生长稳定后追肥一次。幼苗长出 4 ～ 5 片真叶后（图 3-76），就可以准备好盆土进行移栽。

三、上盆前准备

1. 基质选择及消毒

（1）基质选择。选择适当的栽培基质对富贵子栽培十分重要，这不但会影响富贵子的生产过程管理，还是栽培富贵子成功的关键。好的栽培基质，应该具备质轻、多孔、通气良好、排水良好、适当的含肥量及容易操作调配等基本特性。富贵子的栽培基质用草炭、珍珠岩、河砂等按 3 ∶ 1 ∶ 2 的体积比混合较好。

图 3-76　4 ～ 5 片真叶小苗

（2）基质消毒。基质消毒是生产高品质富贵子至关重要的一环。常用的消毒方法有烟剂消毒、菌剂消毒等。

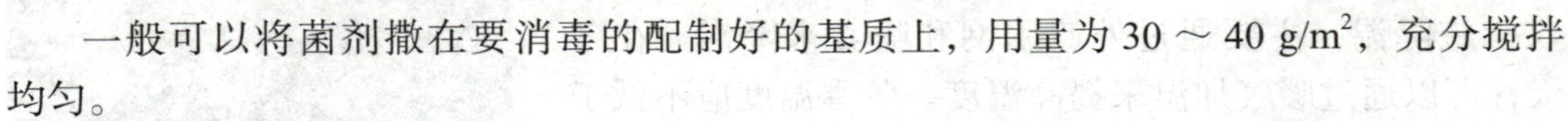

一般可以将菌剂撒在要消毒的配制好的基质上，用量为 30 ～ 40 g/m^2，充分搅拌均匀。

2. 花盆的选择及消毒

富贵子的根系对透气性要求较高，应选用壁较厚、颜色较深、空隙较多的盆具。一般选择控根盆，盆的规格按所栽培植株的高度和株型大小要求而选择。旧的、使用过的花盆要进行消毒处理后方可使用。

四、上盆

1. 种苗的选择

优质种苗的标准是生长好、健壮、无病虫害、根系发育良好、根系多、苗高。

2. 上盆

先用花铲往营养钵中装入 2/3 盆基质，将小苗连同土球一同放入盆中，然后填充基质，切忌种植过深，用手轻轻压实，以淋透水后花盆内基质表面与种苗的基质表面齐平为宜，一般花盆基质表面要低于盆口 1 ～ 2 cm。定植之后立即用杀菌剂给富贵子灌根，灌根时以盆土全部浸润为宜。在灌根操作时应尽量避免淋到叶片上，第二天上午再淋透一次清水。

五、上盆后第一次施肥

富贵子种苗定植后 12 ～ 15 d，将种苗从盆内脱出，在基质边上能看到有新根长出。第一次施肥，一般用育苗期肥料，用 2 000 倍液就可以，20 cm 盆口直径通常每盆施肥量 200 mL 左右。

六、日常养护管理

1. 水分管理

富贵子不耐干旱，又不耐水湿，因此浇水要根据天气、基质和植株生长情况灵活掌握。浇水以保持盆土湿润又不积水为度，一般 1/3 盆内基质干了就应浇水，在开花后要尽量多浇水，浇水较少会导致授粉不良，影响果实量。

2. 养分管理

栽植两周后开始追肥，每 7 ～ 10 d 施一次肥。在生产上，采用有机肥与无机肥相结合的方式进行追肥，每两周施一次饼肥和每周施一次 NPK 速效肥（20-20-20）。在植株生长前期，一般每盆施饼肥 10 g、NPK 速效肥 1 ～ 2 g；在花芽分化前一周至开花前，每两周施一次饼肥和每周施一次 NPK 速效肥（13-2-13），一般每盆施饼肥 10 g、NPK 速效肥 1 ～ 2 g；在开花期，每周施一次 NPK 速效肥（9-45-15），一般是每盆 1 g；施肥在生产上一般与灌溉结合起来，肥料可以配置到蓄水池中，随水浇到花盆中。

3. 温度管理

温室的温度白天最好控制在 20 ～ 25 ℃，夜温要不低于 15 ℃。在夏天，当室内温度超过 30 ℃时，要采取措施降温，主要通过外遮阳网和喷雾来降温。在冬天，可以通过暖气加温来提高温度。冬季温度应不低于 10 ℃，否则会引起叶片泛黄，基部叶片易脱落，形成“脱脚”现象。

图 3-77　生长健壮的富贵子

4. 光照管理

富贵子喜光照充足，向光性强，需要通风良好的环境（图 3-77）。如果光照不足，枝条易徒长，易感病害，

花色暗淡，长期放置在阴暗处，则不开花，不结果，冬季会落叶。因此，在夏季，采用 50% 的遮阳网遮光，在春秋季节，不用遮阳网遮光，在冬季，要经常擦洗温室棚膜或玻璃。

七、病虫害防治

1. 病害防治

在养护富贵子的过程中，如果土壤太过结实，透水性不好，则很容易发生根（茎）腐病和叶斑病，一旦发病，就会导致富贵子出现生长不良、叶片发黄等异常状况。

解决方法：治疗富贵子因病害发生的黄叶问题，需要及时喷施药物。每隔 10 d 左右喷洒 1 次，连续喷洒 2 次，防止病害加深。所用药物是甲基托布津 800 倍液。

2. 虫害防治

富贵子很少会生害虫，但是有可能出现蚜虫，它寄生在叶片上，吸食里面的汁液。

解决方法：如果发现此病害，需及时用水冲洗，要是蚜虫过多，可用敌敌畏 1 200 倍水溶液喷杀。

子项目四　仙人掌及多浆类花卉盆栽生产

任务一　金琥盆花生产

任务描述

金琥（*Echinocactus grusonii* Hildm.）原产于墨西哥沙漠地区，茎为肥圆球状，球体深绿，株高及直径随生长而逐渐变大。金琥喜阳光充足，喜肥沃且透水性相当好的沙质壤土。

金琥盆花生产主要包括繁殖、基质配制、水分管理、施肥管理、温度管理、病虫害防治等。通过本任务的完成，可以了解金琥的生长习性，掌握金琥盆花生产栽培管理技术。

环保效应

金琥能昼夜吸收二氧化碳，释放氧气，有净化空气、吸收甲醛、杀灭病菌、抵抗辐射等功效，易成活，管理方便。室内应用前景广泛。

材料工具

材料：金琥、蛭石或沙子、碳化稻壳、有机肥、复合肥、多菌灵等杀菌剂、吡虫啉和扑虱灵等杀虫剂。

工具：剪刀、刀片、嫁接刀等。

任务要求

1. 能根据市场需求制订金琥盆花周年生产计划。

2. 能根据企业实际情况制订金琥盆花生产管理方案。

3. 能根据金琥生长习性、不同生长发育阶段的特点采取不同的养护管理措施，并能根据实际情况调整方案，保证产品质量。

4. 能结合生产实际进行金琥盆花生产效益分析。

任务流程

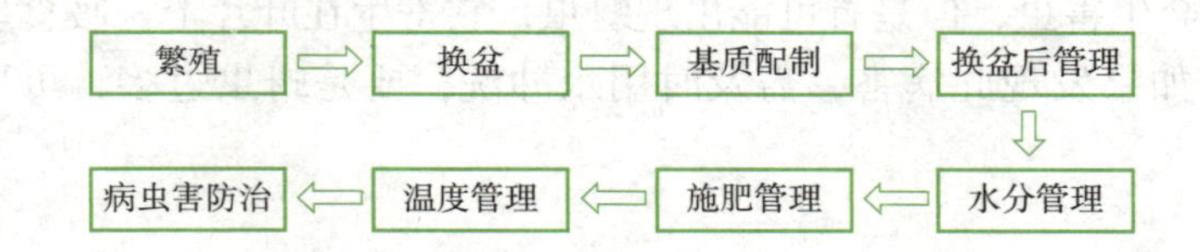

任务实施

生产中栽培的金琥多为其变种，如白刺金琥、短刺金琥、金琥锦、金琥冠等，可以说是特别稀有。

一、繁殖

1. 播种法

金琥播种应选用当年采收的饱满种子，其出苗率高。播种最好在春季或秋季进行。播种时种子需要提前进行消毒、浸种催芽处理。播种基质要消毒，基质含水率在30%左右。播种后用玻璃片盖住容器口保湿。早晚将玻璃片掀开，使之通风透气，播后7～10 d发芽。发芽后要注意病虫害防治，定期喷药。待子球直径长至1 cm时，按株行距5 cm×5 cm间苗。长至2～4 cm时，即可定植或嫁接。

2. 砍头繁殖法

选用4～7 cm实生球，在球上1/3处进行切顶，待伤口晾干后移入温床定植，10～15 d后会在切口边缘处长出许多子球。当子球长到2～4 cm时，用消毒后的刀将其与母株分开，进行嫁接或直接扦插。

3. 扦插法

扦插法一年四季均可施行，是最常用的繁殖方法。其做法是，将母株上成熟小子球切下，置于通风荫凉处晾干伤口，然后扦插在微湿基质中，适当遮阴，直到幼根长出。扦插基质应选择通气良好的基质，如珍珠岩、蛭石、河砂等。

4. 子球嫁接法

嫁接采用平接法。此法可促进子球的刺座大，刺更长、更黄、更宽，顶部金黄色

棉毛更多、更大，并可提前开花。在整个生长季节，除高温多湿和低温天气不宜嫁接外，其他时间均可进行，但秋季最为适宜。在天气干燥、温度适宜时，选用直径 1 ～ 3 cm、长势良好、无病虫害的小球作接穗，砧木选用与“金琥”有较强亲和力的 1 ～ 2 年生三棱箭。嫁接后置于通风阴凉处 3 ～ 7 d，然后移植到温棚内。

二、换盆

1. 基质配制

要求土质疏松，肥力适中，呈中性或微酸性，富含有机质。常见基质配制比例如下。

（1）煤炭灰、腐熟猪粪、碳化稻壳，其体积比为 6 ：3 ：1。

（2）粗砂、腐熟猪粪、碳化稻壳，其体积比为 6 ：3 ：1。

可在按照比例配制好的基质中加入少量钙镁磷肥或复合肥。基质消毒常采用阳光曝晒法或药剂处理法。药剂常用杀螟松、马拉松、地虫灵等杀虫剂和甲醛、代森锰锌等杀菌剂。基质喷药消毒后用薄膜覆盖 2 d 后使用。在苗床上先施一层 3 ～ 5 cm 底肥，再铺基质。

2. 换盆

视金琥生长情况进行翻盆换土和剪除老根。修根时勿伤主根。修根后将其放在通风处晾 4 ～ 5 d，使剪口风干。

换盆时，先松动植株四周泥土，再将球用软绵物包好，套在球体中部偏下部，拉紧瓶口结，提出绑好的金琥。然后清除宿土，修剪枯根和过长的老根。待根部晾干，才将其移入另一盆中，填好周围新土，分几次摇动，直至盆土充实、球体不动摇为止。

3. 换盆后管理

换盆后先将植株放阴凉通风而不受冻害处，再逐步移至阳光下。但夏季宜半阴，当气温达到 35 ℃以上时，中午前后应遮阴，避免强阳光灼伤球体。在上午 10 时以前或下午 5 时以后，可将它置于阳光下，促其多育花蕾，并可避免过分遮阴使球体变长而降低观赏价值。

三、栽植要点

1. 水分管理

金琥耐旱，但又需水。如遇干旱要勤浇水。最好在清晨和傍晚浇水，切忌在炎热的中午浇过凉的水，否则植株易“着凉”而致病。有的“金琥”始终养不大，甚至缩小，与长时间不浇水有关。在春、秋季生长期应给予充足的水分，在冬、夏季休眠期应控制浇水量。4 月下旬至 6 月，“金琥”需水量增大，培养土要保持一定湿度。 7—8 月进入夏季休眠，要控制水。9 月下旬—10 月又进入生长期，需 3 ～ 4 d 浇 1 次水。11 月生长趋于停滞，可 10 ～ 15 d 浇 1 次水。12 月进入休眠期，可不浇水，以增强其抗寒能力。

2. 施肥管理

春、秋两季和初夏是其生长期，要增施肥料，盛夏高温期停止施肥。施肥原则要掌握薄肥勤施。春季应勤施薄肥，每周 1 次，施肥后隔天浇水。5—6 月每 4 ～ 5 d 施肥 1 次，浓度可略高些。9—10 月可每周施肥 1 次，11 月至翌春不施肥。肥料可随水浇施。

油粕饼、禽粪等有机肥需腐熟后兑水稀释 20 ～ 30 倍施用。施肥不能施在球体上，施后应喷水 1 次。同时，应定期根外追肥。

3. 温度管理

金琥生长适温为 18 ～ 30 ℃，气温超过 35 ℃即进入夏眠。6—9 月气温超过 30 ℃时，应在早上 9 点至下午 4 点间用 60% 遮阳网遮阴，同时温棚两边薄膜卷起数十厘米，以利空气对流降温。通风后要加强喷水雾，以提高空气湿度，避免强阳光灼伤球体。11 月中下旬，气温降至 10 ℃以下，金琥渐入休眠期，温度过低，球体会产生黄斑。此时，温棚薄膜要密封保温，并保持培养土干燥，提高其抗寒能力。

四、病虫害防治

金琥抗病力强，但湿、热、通风不良等因素导致金琥易受红蜘蛛、根虱、线虫、蛞蝓和蜗牛等害虫为害，或感染斑点病、赤腐病、菌核病、锈病等病害，应加强防治。栽培时应保持通风、干湿适中、合理密植、温棚内无杂草等，减少病虫害的发生，同时还需要定期用药预防。

1. 虫害

（1）红蜘蛛。可用 15% 哒螨灵乳油 2 000 倍液或 20% 三氯杀螨醇 600 ～ 800 倍液防治。

（2）根虱。可用马拉松乳油 1 000 倍液灌土或用地虫灵酌量埋入防治。

（3）线虫。主要做好播种前土壤消毒工作，移植时发现有根瘤彻底剪除。

（4）蛞蝓和蜗牛。可酌量放些密达来防治。

2. 病害

（1）根腐病。可用 3% 井冈霉素水剂 600 倍液或敌克松 500 倍液，同时向叶根部浇营养液 500 倍液灌根防治。

（2）锈病。应加强通风，避免从植株顶部浇水，生长季节定期用杀菌剂防治。

任务二 蟹爪兰盆花生产

任务描述

蟹爪兰［*Schlumbergera truncata*（Haw.）Moran］别称很多，各地称谓不一，比如蟹爪莲、仙指花、圣诞仙人掌等。茎悬垂，多分枝无刺，老茎木质化，幼茎扁平，边缘稍带紫色，顶端截形，花单生于茎节顶端，花被开张反卷，花色多样，有红、紫、白、黄、粉红、橙和双色等，花期从 10 月至翌年 2 月。

蟹爪兰盆花生产主要包括品种选择、繁殖、基质配制、光照管理、水分管理、施肥管理、温度调控、整形修剪、花期调控、病虫害防治、出室与运输等。通过本任务的完成，可以了解金琥的生长习性，掌握蟹爪兰盆花生产栽培管理技术。

环保效应

蟹爪兰可吸收二氧化碳等气体，并释放出大量新鲜的氧气，起到净化空气的作用。另外，蟹爪兰全株可入药，具有解毒消肿之功效。《广西中草药》中记载："民间常用于治疗疮疖肿毒。"

材料工具

材料：蟹爪兰、蛭石或沙子、碳化稻壳、有机肥、复合肥、多菌灵等杀菌剂、吡虫啉和扑虱灵等杀虫剂。

工具：剪刀、刀片、嫁接刀等。

任务要求

1. 能根据市场需求制订蟹爪兰盆花周年生产计划。
2. 能根据企业实际情况制订蟹爪兰盆花生产管理方案。
3. 能根据蟹爪兰生长习性、不同生长发育阶段的特点采取不同的养护管理措施，并能根据实际情况调整方案，保证产品质量。
4. 能结合生产实际进行蟹爪兰盆花生产效益分析。

任务流程

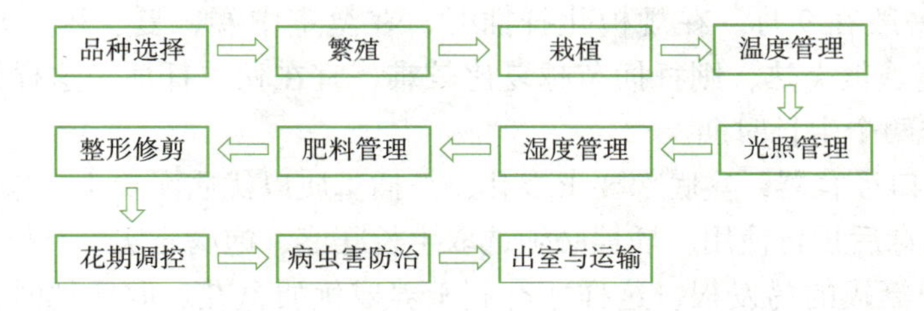

任务实施

一、品种选择

蟹爪兰人工栽培品种花色已近百个，杂交品种主产区在巴西、荷兰、英国、法国、德国、美国、比利时、日本和丹麦等国家，我国也有育出新品种的报道，并大规模栽培。常见杂交品种有红色系的"红色火焰""圣诞快乐""丽达""卡门红"，紫色系的"紫色火焰""溪静寒露""贝托拉斯"等，白色系的"白色火焰""白雪公主""北国风光"，黄色系的"超级肯尼亚""快乐新娘""金色明亮"，橙色系的"橙色火焰""奥林奇""安特"，粉色系的"粉色火焰""粉红魅力""卡米拉"，双色系的"双色""童话""巴西桑巴舞"等，大多从巴西、美国、日本、荷兰、丹麦等国家引进。

二、繁殖

1. 播种法

蟹爪兰在原产地由鸟类或蜂类授粉。在室内栽培时，需要人工授粉才能正常结实。一般在花朵刚盛开时授粉最佳，此时授粉后易坐果。冬季温度应保持在 15 ℃以上，以保证果实正常发育。果实于 7—8 月成熟，成熟的种子采后便可播种。

（1）播种方法。将泥炭土、珍珠岩按 2 ∶ 1 的体积比混匀，并利用高温或药物消毒。容器可用育苗盘。将基质压实刮平，用水喷透。将种子均匀地播在育苗内，覆土，以盖住种子为宜。苗床上覆盖塑料膜薄，保持基质湿润，温度控制在 20 ～ 22 ℃，白天若光照太强应注意遮阴。一般经过 20 d 左右出苗。出苗后要及时打开薄膜，以利通风透气。床内湿度不宜过大，否则幼苗根茎易腐烂。

（2）出苗后管理。蟹爪兰幼苗十分娇嫩，早晚可用喷雾器喷润基质，每天保持喷水 1 次，同时隔 5 ～ 7 d 喷 1 次杀菌剂预防幼苗病害。当小苗长出真叶后，要进行第一次移植。移植 7 ～ 10 d 后，每隔 10 d 左右浇灌 1 次 0.05% 的磷酸二氢钾水溶液，促进幼苗健壮成长。1 ～ 2 个月后再进行 1 次移植，便于今后定植取苗操作。蟹爪兰播种苗生长较缓慢，在冬季应进入温室内栽培。次年春季，当幼苗高约 5 cm 时便可用小盆进行分栽。播种苗一般要培育 3 ～ 5 年后才能开花，生长周期长，不利于大规模生产，只能用作杂交新品种选育。

2. 扦插繁殖

蟹爪兰再生能力强，扦插易成活而且生根快，发育迅速，扦插后次年就能开花，被广泛应用于现代化温室盆花生产中。扦插选春、秋生长旺盛期的初期，春季一般在花后 3—4 月，秋季一般在 9 月。在规模化扦插时，在温室中春、夏、秋三季都可以扦插繁殖。如果当地夏季很炎热，则扦插苗越夏比较难，宜在秋季扦插，这样扦插苗可经历秋季和第 2 年春季两个生长时期。

扦插选择小口径容器，盆底部要求多孔，扦插基质以优质泥炭土、珍珠岩按 2 ∶ 1 的体积比混合，消毒后再行使用。插穗必须选取生长旺盛、饱满充实、有机物和水分贮存充足、表面油光而挺拔的易发根，这样才有利于养成优质盆花。取插穗时，应从植株上部的几节茎节片用利刀将两节相连处的维管束切断，并去除顶端生长不够充实的一节，留 2 ～ 3 片茎节即可。秋插可结合修剪进行。剪下的插穗置于阴凉通风处 2 ～ 3 d，待伤口干燥发白后扦插。扦插时用扁形竹签打孔。根据花盆大小插 1 ～ 3 个或 4 ～ 6 个插穗。插后浇水不宜过多，只需用细孔喷灌 1 次表面水，使基质干湿适度。插后应保持光线明亮，高温时注意遮阳，每天早晚需进行 1 次雾状喷水，大约 1 w 后，基部生成愈伤组织，可喷 1 次透水，以后见基质表面发白再喷透水。一般 15 ～ 20 d 就能生根，1 个月后发出新芽，就可进入常规管理。

3. 分株繁殖

蟹爪兰属于丛生性植物。一般 3 年以上可进行分株，分株后当年就能见花，但繁殖数量小，不适合规模化生产。分株时间一般在植株经过开花和短暂的休眠时进行，最好当地气温稳定在 15 ～ 20 ℃时分株。分株时将其从盆中崛起，用消毒刀具分割成几部分，

保证每份都有茎带根。切口处涂抹多菌灵或石灰粉，使伤口迅速干燥，保证植株体内水分不受损失，伤口收缩后栽植。分株后浇水要少，切勿浇透，否则伤口消过毒后难形成愈合组织，一旦水分过大，刀口处进水易引起溃烂。上盆后必须保持湿度，每天上午 10 时和下午 4 时，用细孔喷雾器喷雾 2 次。

4. 嫁接繁殖

以蟹爪兰叶状茎作接穗，嫁接在霸王花、量天尺、仙人掌等柱状茎上。嫁接时间多在 4—5 月进行，在设施内全年均可嫁接。砧木切成 30 ～ 40 cm 茎段，先行扦插，出根后上盆，待成活后即可嫁接。每个砧木一般可以嫁接 2 条接穗，也可根据砧木大小嫁接 3 ～ 6 条接穗。接穗可以选择蟹爪兰母株不老不嫩而又健壮的分枝，剪下 2 ～ 3 节，刀片需用酒精消毒，接穗下边削成楔形，长为 1.2 ～ 2 cm，两边轻轻刮去表皮，砧木顶端横切一刀，将插穗插入，切口要紧密贴合，用牙签将砧木和接穗穿刺固定，以利切口愈合。嫁接后置于温室阴凉处，1 周内接口不能沾水，1 个月内少浇水，伤口处不能进水，以免引起伤口溃烂。

盆土不干不浇，浇则浇透，保持盆土微湿润最好。嫁接成活后，每隔半月施 1 次腐熟豆饼肥水，促进接穗加速生长，当年嫁接当年可开花。

三、栽培要点

1. 栽培基质

蟹爪兰是附生须根花卉，播种苗和扦插苗宜采用质地疏松、富含有机质、排水透气良好而呈中性或微酸性的基质。建议规模化生产时，最好进行无土栽培，基质可用砻糠壳与泥炭、珍珠岩、陶粒、蜂窝煤渣或小石子等混合配制。

2. 栽植

小苗宜栽于小盆里，随着苗龄的增长，植株成簇悬垂，要及时移至大盆中，以确保植株旺盛生长。嫁接植株，由于其砧木根系比较发达，具有较强的吸收能力，对基质要求不严，但为了使植株生长健壮、迅速，仍须选择好的基质。

四、日常管理

1. 温度管理

蟹爪兰喜中温环境，最适宜生长温度为 15 ～ 25 ℃，在这个温度范围内，植株生长迅速。当温度再升高或降低时，植株生长缓慢。温度继续降至 5 ℃或升高到 35 ℃时，植株会停止生长，如果持续时间过长，会使植株衰弱。蟹爪兰不耐寒，在北方地区规模化生产时，冬季室温必须维持在 10 ℃以上，若温度下降到 0 ℃以下，则要启动供暖系统进行保温，否则，低于 −5 ℃以下就会受寒害，严重危及其生存。

2. 光照管理

蟹爪兰属于短日照植物，生长环境以散射光照为主，忌强光直射，光线越充足长势越好，且开花越多。夏季强光照时注意遮阴，到 9 月需进行短日照，如此可促进花芽生长。晚秋至冬季现蕾期应给予充足的光照，否则易出现落蕾现象。

3. 湿度管理

蟹爪兰虽是仙人掌科植物，但贮水组织和根系不够发达，植株庞大，株体表面积又较大，所以不像陆生仙人掌那样有较强的抗旱能力。它喜欢比较湿润的栽培基质和较高的空气湿度，相对湿度以 50% ～ 80% 为宜。春季空气湿度大，可隔 2 ～ 3 d 浇水 1 次。夏季高温，其处于休眠或半休眠状态，应少浇水，使盆土保持半湿状态。空气高温干燥时，每天应对植株进行喷水数次，保持小环境湿度。秋季天气转凉后，植株逐渐恢复生长，开始正常浇水，盆土应保持湿润。现蕾期要经常喷水雾，保持植株及花蕾湿润。冬季气温低、空气湿度小，需避免叶片积水，否则易导致叶片冻伤。花期水不能过多喷洒到花蕾和花朵上。同时，要保持良好的通风、透气环境，以免发生病虫害。

4. 肥料管理

蟹爪兰较喜肥，上盆时可用少量缓效肥作基肥。春季至入夏，每隔 10 ～ 15 d 施 1 次 10% ～ 15% 的有机液肥或 1 000 倍液的花多多速效肥，促其多分枝，多开花。入夏以后，其长势趋缓，并逐渐进入半休眠或休眠状态，此时应停止施肥。从立秋至开花应加强施肥，当植株抽出花蕾时，要施重肥，以促进孕蕾开花，延长花期。施肥以磷、钾肥为主。一般每隔 10 d 左右施 1 次花多多 2 号、15 号、8 号等，可交替使用。每盆也可用 2 ～ 3 g 奥绿肥 A2（9-14-19+MgO+Fe）沿盆边施入盆土中。花蕾期还可喷施花朵壮蒂灵，可促使花蕾强壮、花瓣肥大、花色艳丽、花期延长。

五、整形修剪

整形修剪一般在春、秋进行，用工具刀疏除老、密、病残及内向多发性茎节，便于植株通风。如若顶端长出 4 ～ 5 个新枝时，应及时剪去 2 ～ 3 个，留 2 个新枝即可。在花芽长出后，为保证植株有充足养分供应花朵，要及时摘除新发嫩芽。花后及时在残花下的 3 ～ 4 片茎节处短截，以促进新茎萌发，保持植株冠幅姿态优美。

六、花期调控

花期一般在冬季至早春。如需提早开花，需要进行 8 ～ 12 h 的短日照处理。温度 18 ～ 25 ℃，经过 50 ～ 60 d 即可育蕾，元旦前后即可开花。如欲花期在国庆，要提前 65 ～ 70 d 采取短日照处理，7：00—15：00 给光，其余时间避光，避光期间温度超过 20 ℃时，需要通风，1 个月左右，花芽开始分化，50 d 左右现蕾，到国庆节便可开花。在遮光处理期间，每天浇 1 次水，保持盆土略湿润，并注意通风。如需延迟花期，可将其置于 15 ℃左右的环境下，或每天光照 14h 以上。若要将花期推迟到次年五一，适当控水和光处理同时进行，除正常日照，其余时间都用 40 W 的电灯进行补光，到次年春分才开始育蕾，谷雨时节便可开花。

防落蕾要多接受光照。花蕾过多时可根据植株大小和生长情况进行疏蕾，一般 1 个茎节留 1 ～ 3 个花蕾。现蕾期需每 7 d 施 1 次花多多 1 号肥，10 d 对花蕾喷 1 次 1 000 倍液的花宝 2 号肥或 0.2% 的磷酸二氢钾溶液。

七、病虫害防治

1. 病害

（1）炭疽病。炭疽病在炎热潮湿季多发。生产中浇水过多、放置过密、施氮肥过量，都易发病。

防治方法：注意通风和光照，盆土排水要良好。适当增施磷、钾肥，控氮肥。发病初期，可用80%福·福锌可湿性粉剂800倍液，或25%炭克1 500～2 000倍液，或80%代森锰锌可湿性粉剂800～1 000倍液，或50%扑克拉锰可湿性粉剂3 000～6 000倍液，每周1次，连续2～3次，能预防和治疗。

（2）细菌性软腐病。细菌性软腐病多发生在扦插繁殖期。插条成活后，从茎节基部呈水渍状软腐斑，后期病株折倒，甚至软腐死亡。若发现病株，应立即清除，并喷施10%四环霉素2 000～3 000倍液或50%扑克拉锰3 000～6 000倍液，35%的克土菌1 500～3 000倍液，连续2～3次。

防治方法：扦插繁育期，温度保持在32 ℃以下，避免基质水分过多。注意通风，高温季节，避免伤口及叶片互相摩擦，减少高温高湿可防止该病发生。

（3）根（茎）腐病。根（茎）腐病多在根茎及根部发病。发病株呈褐色腐烂，最后枯萎。浇水过多、基质长期过湿多发此病。

防治方法：生产时避免高温高湿、长期过量浇水和温度忽高忽低，保持通风透气，光线充足。染病后，要严格控水，清除发病植株。选用2%宁南霉素700～1 500倍液，或56%甲霜灵·锰锌1 000倍液进行灌根或喷施，每周1次，连续用药2～3次。

（4）灰霉病。灰霉病是生产中常见病害。全年都可能出现，冬季低温高湿下易发生。

防治方法：保持空气流通，控制株行距，冬季低温高湿时应及时加温并降低湿度。同时，避免将水溅到花朵上，及时清除病死株和落花，可用50%异菌脲（朴海因）可湿性粉剂1 000倍液，或40%嘧霉胺悬浮剂800～1 200倍液，或53%腐绝快得宁可湿性粉剂1 200～500倍液防治。

（5）腐烂病。腐烂病在嫁接苗砧木上多发。基质菌、施入未腐熟肥料以及盆土排水通气不良、持续过度潮湿等可造成砧木腐烂。

防治措施：基质消毒，施用充分腐熟的肥料，是防治此病的关键。防止空气湿度过高和基质积水，加强通风。定期喷多菌灵500倍液杀菌。

2. 虫害

（1）介壳虫。介壳虫多为害植株茎节密生处。加强通风，发病后可用2.5%蛟必治1 000倍液，或90%万灵粉剂3 000倍液、40%杀扑磷乳油1 000倍液等喷杀。

（2）红蜘蛛。红蜘蛛在高温干燥环境易发生。加强通风，多喷水增加空气湿度。发生后可喷洒24%满危4 000～5 000倍液、16%阿维·乙螨唑6 000～8 000倍液、5%噻嗪酮悬浮剂2 000倍液、20%丁氟螨酯悬浮剂1 500～2 500倍液防治。

（3）蚜虫。蚜虫危害嫩茎及花蕾。用黄色捕虫板诱杀成虫，喷洒40%噻虫琳或70%吡蚜酮水分散粒剂、10%吡虫啉可湿性粉剂、5%啶虫脒乳油1 000倍液喷雾防治。

（4）斜纹夜蛾。进入6月常有夜蛾幼虫为害、啃食植株，当年可繁殖数代，成虫通过天窗飞入温室内，需不断进行灭杀，可用透捕灯诱杀成虫，防止其温室内产卵。若有幼虫为害，药剂可选用48%毒死蜱乳油1 000～1 500倍液，或2.5%敌杀死乳油2 000倍液，或90%万灵可湿性粉剂800～1 500倍液喷施。

若有其他害虫为害时，可选用敌杀死、阿维菌素、印楝素微乳剂等农药按说明书稀释兑水喷杀。

八、出室与运输

蟹爪兰盆花一般在花蕾长至2 cm见色时，尽快出温室上市销售。出室前减少施肥，控制浇水。在出室包装前，需对温室全株喷1次杀菌剂，并做好分级或组盆等工作。出成品花要求植株长势良好，无病虫害。同时在花盆口贴标签，注明产品品种名、生产商、电话及地址等。盆花在运输过程中，不能遭受风吹雨打，尤其是冬、春两季的冷风天气，否则会造成花蕾脱落。

装运前保持盆土湿润。包装时每个单盆用报纸或塑料膜套筒后，将植株套袋平放于纸箱内，稳妥固定密封。包装纸箱需要在侧面设置小孔，包装完毕后，应尽快运输，温度以10～12 ℃，黑暗一般不超过4 d。

任务三 昙花盆花生产

任务描述

昙花［*Epiphyllum oxypetalum*（DC.）Haw.］又名琼花、昙华、鬼仔花、韦陀花等，为仙人掌科、昙花属附生肉质灌木（图3-78），原产于墨西哥至南美洲的亚热带地区以及西印度群岛等地，喜温暖、湿润及半阴环境，喜排水良好、疏松肥沃且富含腐殖质的砂壤土，忌水淹，喜淡有机肥液。

昙花盆花生产主要包括品种选择、苗木培育、上盆定植、日常养护、修剪管理、病虫害防治等。通过本任务的完成，可以了解昙花的生长习性，掌握昙花盆花生产栽培管理技术。

图3-78 昙花

环保效应

昙花枝叶翠绿，颇为潇洒，花香四溢，光彩夺目，且昙花一现，珍奇名贵。昙花适合点缀客厅、阳台。将其置于温室内，满展于架，花开时令，犹如大片飞雪，甚为奇景。

材料工具

材料：健康昙花植株、微酸性砂壤土、饼肥、氮肥、磷酸亚铁、磷酸钙等肥料，甲基托布津、高锰酸钾、多菌灵等杀菌剂，杀螟松、乐果等杀虫剂。

工具：剪刀、塑料薄膜、刀片、花盆等。

任务要求

1. 能根据市场需求制订昙花盆花周年生产计划。

2. 能根据企业实际情况制订昙花盆花生产管理方案。

3. 能根据昙花生长习性、不同生长发育阶段的特点采取不同的养护管理措施，并能根据实际情况调整方案，保证产品质量。

4. 能结合生产实际进行昙花盆花生产效益分析。

任务流程

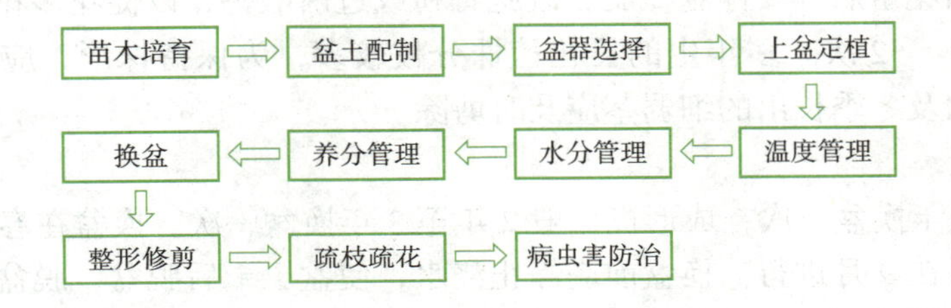

任务实施

一、苗木培育

苗木培育多用扦插方式，在5—6月进行。选择生长强健的二年生片状枝或棒状枝，剪成苗木，培育长10～15 cm的插条，将插条基部削平，置于阴凉处晾2～3 d，待剪口不流汁液时插入细沙做成的插床内，深度为总长的1/3左右。保持60%左右的基质湿度和较高的空气湿度，半遮阳，在20～25 ℃条件下，30 d左右可生根，生根较多时即可移栽入盆。

二、上盆定植

1. 盆土配制

盆土宜用富含腐殖质、排水良好、疏松肥沃的微酸性砂壤土。

2. 盆器选择

选择透气性好、排水孔较多的陶盆，以便昙花的根系能够得到足够的氧气和水分。

3. 上盆定植

上盆种植前，使盆土微微湿润，种植后先不浇水，放在阴凉通风处，缓苗3～5 d再浇水。

三、日常管理

1. 温度管理

夏季忌阳光暴晒，当夏季温度过高时，必须把昙花放在没有直晒的阴凉地方。昙花生长最适温度为 13 ～ 20 ℃。在冬季，昙花不耐霜冻，且需要充足的光线，当温度较低时，需要将昙花移至室内，并且将其置于室内阳光下。越冬温度不得低于 12 ℃。

2. 水分管理

昙花生长旺盛时，要充分浇水。可视天气情况，1 ～ 2 d 浇水 1 次，早晚还应向其周围地面喷水或者只洒水，以增加空气湿度。夏季要避免烈日直晒，应适当遮光，同时要避免大量浇水，以免浸泡烂根。春、秋季可适当减少浇水，每隔 3 ～ 4 d 浇水 1 次。冬季休眠期要严格控制浇水，严寒期间停止浇水。

3. 养分管理

昙花花期较长，每年 6— 10 月可开花 4 ～ 5 次，因此需供给较多养料。生长期间每半月追施 1 次充分腐熟的稀薄饼肥水，并可在肥水中加入 0.2% 的硫酸亚铁溶液，以使茎浓绿发亮。现出花蕾后，要停施氮肥，改施骨粉或过磷酸钙，以促花多花大。花凋谢后，应立即施氮肥 1 ～ 2 次。多年生的昙花植株分枝较多，为保持株形，应及时设立支架，以防倒伏。晚秋及冬季长出的细弱茎应及时剪除。

4. 换盆换土

昙花幼株每年换盆一次，成形株一般 2 年至 3 年换盆一次。换盆在春季气温 12 ℃以上时进行，亦可在 9 月进行。换盆前应停止浇水，使盆土干后脱盆，脱盆时应轻拿轻放，避免碰到植株。脱盆后除去根外旧土，修剪去枯死根、断根，栽后放置半阴处，暂不浇水，2 d 后略浇水，保持盆土偏干。

四、修剪管理

1. 整形修剪

掐头是昙花修剪的重要环节。因为在昙花生长的时候，植株需要控制高度，将其掐头可以去掉顶端优势，枝干会生长得比较健壮，并且可以生长出许多的侧芽来。可采用诱芽修剪造型，即在合适的地方刺伤生长点，使叶子长在自己需要的地方。养殖昙花的时候，原则上需要每盆都保留 5 ～ 6 根枝条作为骨架，植株的高度一般控制在 1 ～ 2 m，株型要丰满整齐。在植株生长较高的时候还需要搭设支架。一般昙花上面的枯枝残叶需要及时修剪，病弱枝和过于密集的枝条都需要及时剪掉，因为这些枝叶会影响昙花的生长和美观。

2. 疏枝

疏枝除了可以使昙花保持良好的造型，还可以改善其开花不良的现象。合理疏枝可以抑制营养的消耗，使其有充足的养分开花，并且可以避免根系过于庞大。

五、病虫害防治

1. 病害

昙花的炭疽病主要表现为昙花的叶片出现许多淡褐色或白色斑点。发病期，小黑点由叶尖转至叶面，使整个叶片呈现枯黑的现象，严重的会导致植株死亡。平时要做好防范措施，保持室内通风透气透光。若是发病，则可先清除病叶，然后用 50% 甲基托布津可湿性粉剂进行喷杀。

昙花的根腐病主要表现为根部腐烂，叶子逐渐发黄，甚至植株枯萎。发病后，植株吸收水和养分的功能逐渐减弱，发病严重时，会造成植株死亡。在发病前期，要及时进行脱盆处理，腐烂的根系要一一剪除，然后用高锰酸钾溶液消毒处理。若较为严重，则可直接用 50% 多菌灵 500 ～ 600 倍液喷施或灌根。

2. 虫害

当昙花有蚜虫时，叶片呈现大量的青绿色虫体。它们吸食叶面的汁液，导致叶绿色破坏，最后使枝叶枯黄脱落。若是虫体较少，可摘除虫体，做好通风透气，保持合适的光照和温度。若是虫害比较严重，则可用 50% 杀螟松乳剂 1 000 倍液进行喷杀。

昙花出现红蜘蛛时，若虫害较轻，可以将其摘除，同时保持通风透气的环境，还要喷施水保持空气湿润。当虫害比较严重的时候，则可用 40% 乐果乳剂 600 ～ 800 倍液进行喷杀。

任务四　仙人球盆花生产

任务描述

仙人球，俗称草球，又名长盛球，仙人掌科仙人球属。原产阿根廷及巴西南部的干旱草原 。仙人球因其茎球针刺艳丽，姿形奇特，成为盆栽花卉的重要成员，是点缀居室环境的新颖绿色装饰植物，是有生命的“工艺品”。仙人球有吸收电磁辐射的作用，也是天然的空气清新器，还具有吸附尘土、净化空气的作用（图 3-79）。

图 3-79　仙人球

仙人球盆花生产主要包括育苗、上盆、日常管理、病虫害防治等。

通过本任务的完成，在掌握仙人球盆花生产技术的同时，重点学会生产中常用多浆类植物的嫁接育苗技术，最终培育出合格的多浆类植物盆花产品。

环保效应

仙人球对二氧化硫和硫化氢具有比较强的抵抗力，能强力吸收一氧化碳、二氧化碳及氮化物，同时可制造并释放出大量清新的氧气，增加室内空气中负离子浓度，有利于人体健康。仙人球白天释放二氧化碳，夜间吸收二氧化碳，释放氧气，在居室内摆放，晚上可补充氧气，利于睡眠。

材料工具

材料：仙人球、花盆、过磷酸盐、骨粉、氧氯化铜、亚胺硫磷、杀螟松、三氯杀螨醇、灭蜗灵。

工具：锋利刀具。

任务要求

1. 能根据市场需求主持制订仙人球盆花周年生产计划。

2. 能根据企业实际情况、仙人球生长习性、不同阶段的生长发育特点，主持制订仙人球盆花生产管理方案。

3. 能根据方案进行仙人球嫁接育苗及育苗后管理，并能根据实际情况调整方案，使之更符合生产实际。

4. 能提高多浆类盆花养护的实践技能和操作技巧，并能与组内同学分工合作。

5. 培养学生对所学知识的综合应用能力、团结协作意识、吃苦耐劳精神。

6. 能结合生产实际进行仙人球盆花生产效益分析。

任务流程

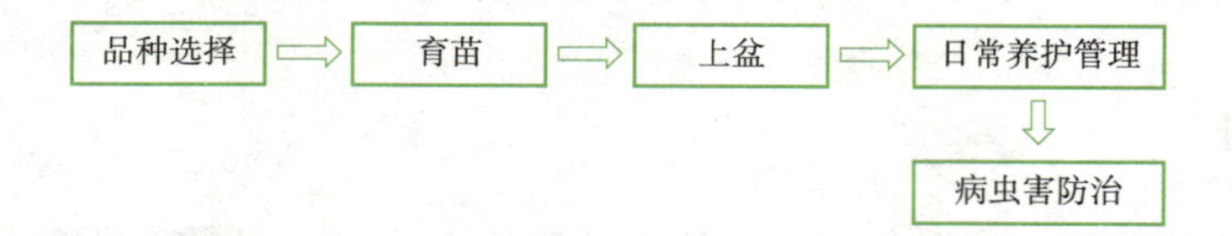

任务实施

一、品种选择

光照充足和空气流通的环境适宜仙人球生长。要从仙人球盆花陈设环境实际情况出发进行品种选择。室外空间大，可选择大型的、强刺的品种；室内空间小，光照欠佳的，可用形状别致、色彩鲜艳的仙人球进行点缀。总体来说，应选择球体壮、刺硬色亮、外形端正、球鲜嫩且根发达的品种。

二、育苗

育苗通常采用扦插育苗、嫁接育苗和播种育苗。

1. 扦插育苗

选取的插穗要求株形完整、成熟，过嫩或过于老化都不易成活。仙人球属植物很容易出子球，而且只要轻轻一掰就能取下，可以在伤口干燥后扦插或直接上盆栽种。母株上的子球一次不要取得太多，否则会导致母株越冬困难，而且下一批子球不容易长出。

2. 嫁接育苗

嫁接育苗通常采用平接方法。平接常用于嫁接球状、圆筒状和柱状仙人掌，方法简便，成活率高，其亲和原理不是依靠皮层内的形成层对齐，而是让肉质茎中央的髓部相吻合，使茎肉之间的维管束相接通来传递水分和营养。嫁接时使用的接穗和砧木都

不能过老，中心的髓部如果已经完全木质化，则不易接活。操作时先在砧木适当高度用利刀横切。仙人球属种类作砧木时，因生长点凹陷在球顶中心，一定要把生长点切除。横切后再沿切面边缘作 20° ～ 45° 的切削，紧接着将接穗下部横切一刀。一般不要切去过多，但接穗下部有虫斑或表皮老化的可切去，只要接穗不过分薄（厚度为直径的 1/3 ～ 1/2），都能成活。接穗立即放置在砧木切面上，放时注意将接穗与砧木的维管束对准，至少要有部分接触。多数情况下只要把接穗放在砧木切面中心即可。当接穗和砧木大小悬殊时，一侧对齐即可。然后用细线作纵向捆绑，由于砧木和接穗的切面都会凹缩，因此捆绑后还要“加压”。最简单的办法是仍用细线横向蜷缩勒紧。带盆的砧木嫁接，还可用橡皮筋等连盆纵向套住，如图 3-80 所示。

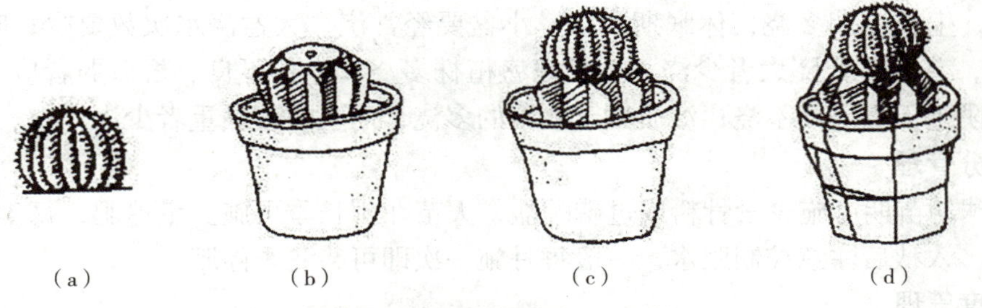

图 3-80　仙人球嫁接过程（平接）

（a）削接穗；（b）削砧木；（c）结合；（d）绑缚

3. 播种育苗

仙人球在原产地极易结实，进行种子繁殖。室内盆栽仙人球常因光照不充足或授粉不良而花后不易结实，可采取人工辅助授粉的方法促进结实。

仙人球类种子发芽较慢，可在播种前 2 ～ 3 d 浸种，促其发芽。播种期以春夏为好，多数种子在 24 ℃条件下发芽率较高。

三、上盆

1. 准备基质

盆栽仙人球用土要求排水性和透气性良好的含石灰质的沙土（或砂壤土），可用壤土、腐叶土各 2 份，粗沙 3 份配制。消毒后备用。

2. 花盆选择

花盆不宜过大，以能容纳球体且略有缝隙为宜。花盆过大，浇足水后吸收不了，盆内空气不通，易使根系腐烂。少数直根性的种类和鸟羽玉、巨象球等要求用较深的筒子盆。银毛球、子孙球等根系较浅的种类，可用较浅的普通花盆。消毒后备用。

3. 上盆、换盆

上盆时，应在盆底部垫一层碎砖石、瓦片作排水层，将已消毒基质喷水至“手握似有水又挤不出水”的程度，将配制的培养土放入盆内，距离盆沿大约 3 cm，并刮平，然后将仙人球放在花盆中心处并使球底部与土壤接触紧密。放在半阴处缓苗，晴天时每天喷水，20 ～ 30 d 后逐渐见光，恢复正常管理。

换盆时，应剪去一部分老根。晾一周后再上盆栽植。栽种不宜太深，以球体根茎处与土面持平为宜。为避免烂根，新栽植的仙人球放在半阴处不要浇水，只需每天喷雾 2 ～ 3 次，半月后可少量浇水，逐渐见光，一个月后新根长出才能逐渐增加浇水量。

四、日常养护管理

1. 水分管理

仙人球水分管理遵循“不干不浇，浇则浇足”的原则。多数种类要求土壤排水良好，盆内不应积水，否则会造成烂根现象。仙人球有细刺不能从上部浇水，可采用浸水的方法，否则上部存水易造成植株溃烂而有碍观赏，甚至死亡。在生长季可充分浇水，休眠期控制浇水（一般在冬季）。高温高湿可促进其生长。

总之，生长盛期多浇，休眠期少浇；小盆要经常浇，大盆浇水次数要少；叶大和叶多得多浇，茎和茎秆膨大者少浇；生长旺盛植株多浇，生长不良、根系弱者应少浇；晴天多浇，阴雨天少浇或不浇；沙质壤土栽培的多浇，而土质较黏重者少浇。

2. 养分管理

仙人球幼苗期可施少量骨粉或过磷酸盐，大苗在生长季可施少量追肥，每 10 ～ 15 d 施用一次。入秋后注意控制肥水，一般每月施一次即可，冬季停肥。

3. 温度管理

仙人球生长适宜温度为白天 22 ～ 25 ℃，夜晚 10 ～ 13 ℃。冬季通常 5 ℃以上就能安全越冬，但也可置于温度较高的室内继续生长。若冬季温度过低，球体上会出现各种形状的黄斑。

4. 光照管理

仙人球喜光照充足，耐强光，光线不足则引起落刺或植株变小。每天至少需要有 6 h 的太阳直射光照。夏季应适当遮阴，但不能遮阴过度，否则球体变长，会降低观赏价值。夏季在露地放置的小苗应有遮阴设施。

五、病虫害防治

1. 病害防治

常见的病害主要是腐烂病。

腐烂病的发生常常与浇水不当、盆土排水不良、持续过度的潮湿有关。发现病株后，立即用利刀切除有病组织，并在切口涂上木炭粉或硫黄粉，同时控制浇水或换盆，另行扦插或嫁接。最好在栽植场所及植株上定期喷洒 40% 氧氯化铜悬浮剂 800 ～ 1 000 倍液预防，但主要还是改善通风条件及避免持续过度潮湿。

2. 虫害防治

（1）介壳虫防治。可在介壳虫孵化若虫期用 25% 亚胺硫磷 1 000 倍液或 50% 杀螟松 1 000 倍液在晴天喷施。

（2）红蜘蛛防治。可喷施 20% 三氯杀螨醇可湿性粉剂 600 倍液或 40% 三氯杀螨醇乳油 1 000 倍液。

（3）蜗牛和蛞蝓防治。可在花盆周围喷洒石灰粉，也可以施用 8% 灭蜗灵颗粒药剂。

项目四　切花生产

项目情景

切花，又称鲜切花，是指从活体植株上切取的，具有观赏价值，带有较长茎部的花枝和花序，用于花卉装饰的茎、叶、花、果等植物材料。鲜切花应用十分广泛，可以瓶插水养，可以做成花束、花篮、花环、壁花、胸饰花或插花等。其优点有很多，最具自然花材之美，色彩绚丽，花香四溢，饱含真实的生命力，有强烈的艺术魅力，应用范围广泛。但也存在水养不持久、费用较高、不宜在暗光下摆放等缺点。鲜切花根据切取部位不同，包括切花、切叶、切枝。其中，切花类主要观赏部位是花朵与整个花序，花朵一般颜色艳丽，花形娇娆或奇特，如月季、独轮菊、百合、唐菖蒲、小苍兰等；切叶类观赏部位以叶片为主，叶形奇特美丽，如肾蕨、富贵竹、棕榈、天门冬等。

经设施栽培，运用现代化栽培技术，达到规模生产，并能周年生产供应鲜花的栽培方式就是切花生产。切花生产具有以下四个特点：一是单位面积产量高、效益高；二是生产周期短，易于周年生产供应；三是贮存包装运输简便，易于国际贸易交流；四是可采用大规模工厂化生产。

本项目重点介绍花卉生产企业对目前市场上主要流行品种的生产流程和内容，包括品种选择、土壤改良、育苗、定植、温度、光照和水肥管理、病虫害防治、切花的采收、包装、保鲜和贮运等。重点叙述月季、独轮菊、百合、唐菖蒲、小苍兰、紫罗兰、满天星、郁金香等切花和银芽柳、尤加利、南天竹等切枝及肾蕨、富贵竹、棕榈、天门冬等切叶的生产，目的是使读者掌握重要品种生产技术。通过巩固训练项目，使读者能做到举一反三，在生产中能够组织并实际参与切花周年生产。

切花项目参照园林园艺行业职业岗位对人才的需要和花卉园艺师国家职业标准，实行“项目引导＋任务驱动”教学模式，系统地介绍切花生产应用的基本知识，如切花常规栽培、采收、分级和包装，并附带常见切花的观赏特性及花语知识及切花常见病虫害的化学防治等安全生产知识，实现专业教学与园艺师考试内容最大限度地对接，帮助学生熟练掌握花卉园艺师所要求的核心技能，养成良好的职业习惯，最后获取国家中级“花卉园艺工”职业资格证。

学习目标

➢ 知识目标

1. 了解月季、独轮菊、百合、唐菖蒲、小苍兰等花卉的生长习性和生长发育规律。

2. 掌握月季、独轮菊、百合、唐菖蒲、小苍兰等周年生产技术规程。

3. 掌握鲜切花周年生产计划制订方法。

4. 掌握鲜切花周年生产管理方案制订方法。

5. 掌握花卉生产经济效益分析方法。

6. 熟练掌握花卉园艺师所要求的核心技能，如切花生产、栽培、繁育及产后处理等，应对花卉园艺师理论知识考试。

➢ 能力目标

1. 能指导、组织和实际参与月季、独轮菊、百合、唐菖蒲、小苍兰等鲜切花产品和银芽柳、尤加利、南天竹等切枝及肾蕨、富贵竹、棕榈、天门冬等切叶产品周年生产。

2. 能根据市场需求主持制订花卉产品周年生产计划，能根据企业实际情况主持制订花卉生产管理方案，并能结合生产实际进行花卉生产效益分析。

3. 能根据所掌握切花生产相关知识，应对花卉园艺师技能操作考核。

➢ 素质目标

1. 通过实际花卉生产的项目教学，培养学生不怕脏、不怕苦、不怕累的品质。

2. 通过生产计划、方案的编制，培养学生独立学习、分析总结和提升完善的能力。

3. 通过分组完成任务，提高竞争意识，培养学生交流、互助、合作和组织的能力。

4. 通过生产方案的实施，锻炼学生独立发现、分析和解决突发问题的能力。

5. 通过不同的生产方案实施，提高学生的创新意识和创新能力。

切花生产流程

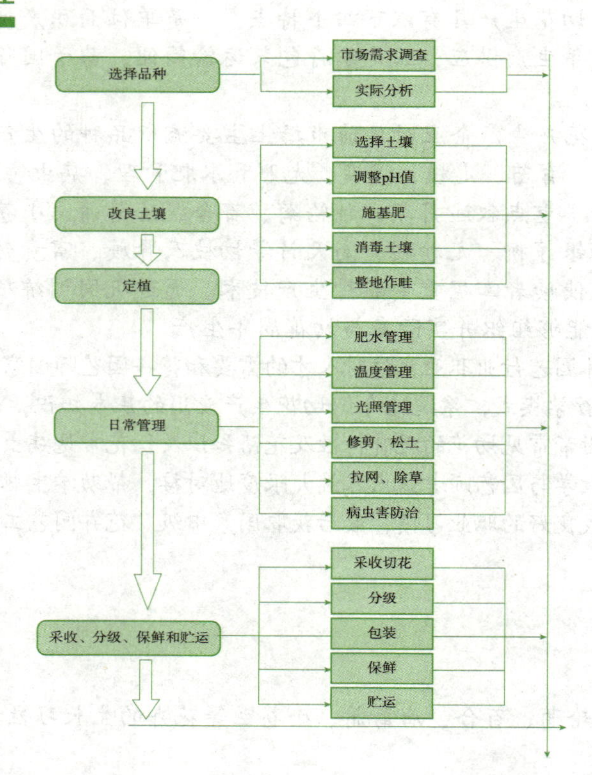

理论知识

一、选择品种

作为一个切花生产者，必须时刻关注市场动态，了解市场目前最流行的品种，了解市场行情、产品的生产成本和生产周期，还要对本地区的气候条件进行详细了解，包括生产技术以及资金和风险问题等因素，都要认真评估，尽量做到利润最大化。

二、土壤准备

1. 土壤选择

切花生产需要排水良好、疏松肥沃，又具有较好保水能力的微酸性土壤。含砂重和黏性强的土壤均不适合要求。除水分和养分外，土壤里的氧气对植物的根系生长也非常重要。如果表土熟度不够，可用一层稻草、稻壳、阔叶土、松针土、草炭土等混合物来改良。另外，土壤中的含盐量、矿质营养总量和酸碱度都会影响植物的生长，因此，在种植之前 6 周应取土壤样品，测定土壤中的总盐量、矿质营养总量和 pH 值等。如果土壤中含盐的成分较高，则应预先用适当的水彻底冲洗，才能阻止土壤结构的退化。尤其在使用有机肥料时，要确保盐分不要太高，且不要同时使用大量的无机肥料。

2. 理化调节

保持土壤合适的酸碱度。如果 pH 值太低，会导致吸收过多的矿质营养，如锰、铁、硫；若 pH 值过高，又会导致磷、铁和锰的吸收不足，造成缺素症。通常，切花品种要求微酸性土壤，但不同品种、不同品系又有不同要求。降低 pH 值，可在表土上施泥炭，或者施用尿素和铵态氮的肥料。提高 pH 值，可在种植之前用含石灰的化合物或含镁的石灰彻底与土壤混合。使用石灰后至少要等一周才能种植。

3. 施基肥

充足的基肥是十分重要的，它不仅能提供切花生长发育时所需营养，而且使土壤更松软，改变团粒结构，更有利于植物根部吸收营养。应根据土壤的结构、营养状况和盐分含量，在种植之前施用完全分解的有机肥，无机肥料最好可与有机肥料配合施用。

4. 土壤消毒

土壤消毒工作对于防治病虫害的发生、保证切花的正常生长十分必要。普遍采用的土壤消毒方法有蒸汽消毒法和药剂消毒法，其他还有淹水消毒法等。

5. 整地作畦

应先进行翻耕，同时清除碎石瓦片、残根断株，再翻入腐熟的有机肥料或土壤改良物，翻匀后细碎耙平。翻耕深度依切花种类不同而定：一二年生草花，因其根系较浅，翻耕深度一般在 20 ～ 25 cm；球根类、宿根类切花，翻耕深度一般在 30 ～ 40 cm；木本切花因根系强大，需深翻或挖穴种植，翻耕深度在 40 ～ 50 cm。

整地后作畦，作畦方式因不同地区的地势及切花种类不同而有差异，主要目的是便于排灌。南方多雨、地势低的地区，作高畦以利排水；北方少雨、高燥地区，宜用低畦，便于保水、灌溉。畦多为南北走向。

三、切花繁殖

1. 分球繁殖法

球根花卉是多年生花卉中的一类，其种类多，品种极为丰富，适应性强，栽培容易，管理简便，因此是商品切花的优良材料，如百合、郁金香、唐菖蒲、小苍兰等。其中，以鳞茎类球根花卉为主，其通常采用分球法进行繁殖，应用最普遍的有百合、朱顶红、风信子、水仙等。

2. 播种繁殖法

一年生露地草花多采用春播，春播宜早，如紫罗兰、翠菊等。

二年生露地花卉多采用秋播，如金鱼草、金盏菊等。

3. 扦插繁殖法

扦插繁殖是切花繁殖的重要方法之一，如菊花种苗生产采用枝插，百合可通过鳞片扦插获得更多子球。

（1）扦插繁殖分类。扦插繁殖常用枝插，包括硬枝插、软枝插、单芽插。

1）硬枝插：以 1 ～ 2 年生枝为插穗，落叶后或早春萌芽前进行。

2）软枝插：以当年生枝为插穗，生长季进行。

3）单芽插：仅带一个芽的茎段为插穗，材料缺乏时才用。

（2）扦插繁殖过程。扦插繁殖过程包括基质选择、基质配制消毒、插穗采集、采后消毒及生根处理、扦插、浇水、插后管理。

4. 组培繁殖法

在无菌条件下，将离体植物的组织、器官接种在人工培养基上，通过脱分化和再分化，形成植株的过程，称为组织培养。目前，切花生产中，非洲菊、香石竹、菊花、满天星等都可利用组培方式进行繁殖。该法具有效率高、能够脱除病毒、繁殖不受季节限制、能够充分利用空间、便于运输和交换等特点。

四、定植

定植的时间一般要根据切花的生长周期和市场的需要而定。根据市场的需要及时下花。根据下花时间，再根据植株的生长周期向前推算，即可获得定植时间。另外，还要考虑季节，一般来说，夏季栽培的植株生长周期偏短，冬季的生长周期偏长。

定植时以密植为主，并注重浅植。株行距大小依据不同切花植物后期的生长特性、剪花要求来决定。对于种苗，定植后的第一次浇水以刚浇透为宜；对于种球，定植后的第一次浇水要浇透，浇水少易造成种球失水，不利于发新根。

五、日常养护管理

1. 温度管理

温度对植物的生长发育有重要影响。温度影响花卉发育过程，包括花芽分化及发育、花芽伸长、花色及花期。在切花生产管理中，尽量调节温度到适宜生长的范围。夏季可采取外遮阳、喷雾、加强通风、挂湿帘等方式降温；冬季可采用暖气、热风炉、火墙、地热等设施加温，也可采取增加覆盖物等方式保温。

2. 光照管理

光照不仅能为植物的光合作用提供能量，还对植物的生长有重要影响。首先，光照强度影响花的颜色，光照越强，花色越艳丽；其次，光照强度影响花蕾开放。在夏、春、秋的切花生产中，主要通过遮阳网遮光的方式来调节光照强度；冬季通过清洗屋面的方式来加强光照。光周期长短主要通过加补光灯和遮光的方式调节。

3. 水肥管理

（1）灌溉。水分管理是一项经常性的细致工作，在很大程度上决定了切花栽培的成败。

水质以清澈的活水为上，如河水、湖水、雨水、池水，避免用死水或含矿物质较多的硬水（如井水等）。若使用自来水，应注意当地的自来水水质，如酸碱度、含盐量等，可采取存水的方法，让氟离子、氯离子及其他重金属离子等有害物质充分挥发、沉淀后再使用。

依不同切花植物的特性浇水；根据不同生育期浇水；根据不同季节、土质浇水。

浇水时间的原则就是使水温与土壤温度相近，如水温、土温的温差较大，会影响植株的根系活动，甚至伤根。最好在上午浇水，切忌在炎热季节的下午浇水。

浇水可以采取滴灌、漫灌、喷灌等方式。在生产上最好采用滴灌方式浇水，滴灌浇水除节水外，浇水较均匀，不易造成土壤板结，还会减少因水温低对根系造成的伤害。

（2）追肥。追肥可以采取根际追肥和叶面追肥两种方式。根据植株生长周期，大致可以分为三个时期，分别为前期（花芽分化前）、中期（花芽分化至现蕾）、后期（现蕾后）。前期是植株生长的旺盛期，应以氮肥和磷肥为主；中期是花蕾孕育期，应以磷肥、钾肥为主，其中磷肥偏多；后期是花蕾生长期，应以磷肥、钾肥为主，其中钾肥偏多。

在施肥过程中，要做到有机肥与无机肥相结合，提倡施用多元复合肥或专用肥，逐步实行营养诊断平衡施肥。目前，先进国家的大型工厂化花卉生产中，采取测定植株体内元素的含量水平的方式来测定其养分的吸收利用率和营养型。

保护地土壤的施肥，要按切花生长必要养分的最小限度施肥，如此可以减少盐分的积累，并选择浓度障碍出现少的肥料，如磷酸铵、硝酸铵、硝酸钾等。

根外追肥旨在补充花卉急需的某种营养元素或微量元素。其最大优点是吸收快、肥料利用率高。根外追肥喷施的时间以清晨、傍晚或阴雨时为宜，注意喷于叶背。喷施浓度不能过高，一般掌握在 0.1% ～ 0.2%。

4. 病虫害管理

病虫害管理以防为主，防治结合。每个品种主要病虫害已经详细介绍过，这里不再赘述。

六、松土、除草、拉网、修剪

1. 整形修剪

整形修剪是切花生产过程中技术性很强的管理措施，包括摘心、除芽、除蕾、修剪枝条等工作。

通过整枝可以控制植株的高度，还可增加分枝数以提高产花量，或通过除去多余的枝叶，减少其对养分的消耗；整枝也可作为控制花期或使植株第二次开花的技术措施。整枝不能孤立进行，必须根据植株本身的长势，与肥水等其他管理措施相配合，才能达到目的。

（1）摘心。摘心，即摘除枝梢顶芽。如香石竹每摘一次心，花期可延长 30 d 左右，每分枝可增加 3 ～ 4 个开花枝。

（2）除芽。除芽的目的是除去过多的腋芽，以限制枝条增加和过多的花蕾发生，并可使主茎粗壮挺直，花朵大而美丽，如多本菊和独本菊在栽培过程中应及时抹去侧枝上的腋芽。

（3）剥蕾。剥蕾，通常是摘除侧蕾，保留主蕾（顶蕾）或除去过早发生的花蕾和过多的花蕾，保证主蕾的养分供应。切花菊的除蕾工作在主蕾呈豌豆大小时进行，操作时注意勿碰伤主蕾。

（4）修枝。剪除枯枝、病虫害枝、开花后的残枝，可改进通风透光条件并减少养分消耗，提高开花质量。

（5）剥叶。经常剥去多余的老叶、病叶及多余叶片，可协调植株营养生长与生殖生长的关系，利于提高开花率和花卉品质。

2. 张网立桩

切花产品对茎秆的笔直程度要求较高，因此，在生长期间要用倒伏网支撑切花植物，保证切花茎秆笔直挺拔、生长均匀。

3. 中耕除草

中耕除草旨在为切花生长和养分吸收创造良好的条件。中耕的作用：疏松表土；切断土壤毛细管，减少水分蒸发，增加土温；使土壤内空气流通；促进有机质分解。除草可以避免杂草与切花争夺土壤中的养分、水分以及争夺阳光。除草一般结合中耕，在花苗栽植初期，特别是在秋季植株欲闭之前将杂草除尽。可用地膜覆盖防止杂草生长，黑膜效果最佳。目前除人工方法外，还可使用除草剂，但浓度一定要严格掌握。

七、采收、分级、包装和贮运

1. 采收

为保证切花有较长的瓶插寿命，大部分切花尽可能在蕾期采收。蕾期采收具有切花受损伤少、便于贮运、减少生产成本等优越性，因此采收是切花生产中的关键技术之一。

由于切花种类多，各类之间在生长习性及贮运技术上存在明显差异。因此，具体的采收时间因花而异。采收最好在早上进行，这样可以避免植株脱水。

2. 分级

对成为商品的切花进行评估和分级是非常重要的，直接关系到切花的价格和生产效益。出售前的分级主要是针对切花生长过程中产生的个体间的差异、大小混杂，成熟度不一、良莠不齐等问题的有效操作。通过分级，有利于按级定价，同时便于包装、运输和销售。

切花产品分级标准可以参照国际质量标准、国家标准和行业标准等。

3. 切花包装

切花包装应做到切花质量不损失，切花不失水萎蔫，外观不损伤变形。包装方法分为内包装和外包装。

（1）内包装。常用的内包装方式有两种，即成束包装和单枝散装。

1）成束包装。一般根据切花大小或购买者要求，按品种等级以 10 枝、12 枝或 15 枝或更多枝捆扎成束，然后用耐湿纸、湿报纸或塑料袋包裹。

2）单枝散装。装箱数量可视箱子大小、购买者的要求而定。

（2）外包装。包装箱和包装盒是最为常用的外包装，包装箱多用于运输包装，包装盒一般用于销售包装。

切花经捆扎成束后，正常以耐湿纸或塑料袋包裹即可装箱。包装箱一般为瓦楞纸箱，箱中衬以聚乙烯膜或抗湿纸以保持箱内高湿度。为了防止包装材料过冷、过热对切花影响，装箱可在预冷前或预冷后进行。如果用强风预冷，则可以在装箱后进行。否则，应将切花预冷后装箱，而且应在冷库或低温条件下进行。

切花装箱时，花朵应靠近两头，分层交替放置于包装箱内，层间应放纸衬垫，每箱应装满，但装箱也不能过紧，防止花枝彼此挤压。对一些名贵切花，箱中还要充填泡沫塑料碎屑或碎纸。

对一些贮运时间长，易发生花茎向上变曲的切花，如唐菖蒲、晚香玉等，包装时需垂直放置于专门设计的包装箱中。

需要湿藏的切花，如月季、百合等，可在箱底固定盛有保鲜液的容器，将切花垂直插入，或直接插入塑料桶中。对一些娇嫩的切花品种，如石斛，就需在花枝的基部缚以浸湿的脱脂棉再用蜡纸或塑料薄膜包裹捆牢，以避免花枝在贮运过程中缺水。

4. 预冷处理

如果田间的温度比室内的温度高，当花卉进入贮藏室后体温就会降低，其所释放的热量叫作田间热。花卉采收后进入冷库前尽快除去所带的田间热，以使花卉产品的呼吸代谢保持较低水平，此过程叫作预冷处理。预冷处理方法有接触冰预冷、冷库预冷、强制通风预冷、水预冷、真空预冷。

5. 贮运

（1）冷藏。低温冷藏是延缓衰老的有效方法。一般切花冷藏温度为 0 ～ 2 ℃；一些原产于热带的种类，如热带兰、红掌等对低温敏感，需要贮藏在较高的温度环境中。冷藏中相对湿度是个重要因子，相对湿度高（90% ～ 95%），能保证切花贮藏品质和贮藏后的正常开放。

（2）保鲜。保鲜剂的主要作用是抑制微生物的繁殖、补充养分、抑制乙烯的产生和释放、抑制切花体内酶的活性、防止花茎的生理堵塞、减少蒸腾失水、提高水的表面活力等。

（3）切花运输。由于运输过程中的环境温度、湿度和运输工具的振动都直接影响到切花产品的质量，因此需要做好保温、保湿和减少振动等工作。

（4）切花运输工具。根据目的地远近、切花运输条件采取不同的运输形式和工具。切花运输方式有陆路运输、海路运输和航空运输，应视实际情况选择运输方式。

考核标准

切花生产品种选择考核标准

项目	质量要求	赋分	得分
品种选择	根据市场前景确定品种	40	
	生产成本在预算控制内	30	
	生长周期符合实际上市需求	30	
总分		100	

切花生产土壤改良考核标准

序号	项目	质量要求	赋分	得分
1	土壤改良	草炭土及沙子撒施均匀	10	
2	施基肥	基肥选择合理，用量适当	20	
3	土壤消毒	药剂选择合理，用量适当	20	
4	旋耕	旋耕深度至少保证 20 cm，旋耕次数至少保证 3 次	20	
5	平整土地	土地平整并清除杂物	20	
6	土壤 pH 值调节	调节到最适酸碱度范围	10	
		总分	100	

切花定植考核标准

序号	项目	质量要求	赋分	得分
1	繁殖方法	选择正确的繁殖方法	20	
2	种植方式	依据不同品种，选择平畦或高畦	20	
3	种球处理	对种球进行合理挑选	10	
		采用正确方法对种球进行消毒	10	
4	种植密度	依据品种、种球大小及栽培季节而定	20	
5	种植深度	依不同品种，对种球或种苗进行种植，种球覆土厚度或种苗种植深度应满足要求	10	
6	浇水	定植后浇透水	10	
		总分	100	

切花生产中温光水肥管理考核标准

序号	项目	质量要求	赋分	得分
1	光照管理	光照适宜	30	
2	温湿度管理	温湿度适宜	30	
3	水分管理	水质及浇水量适宜	20	
4	营养管理	肥料选择合理，用量适当	20	
		总分	100	

切花生产田间管理考核标准

序号	项目	质量要求	赋分	得分
1	除草	除草及时，操作准确，未弄伤植株	20	
		除草效果好，清理得干净	20	
2	拉网	网规格选择准确，操作方法得当	20	
		网线拉紧、绷直	20	
		随着植株生长，及时提高网线高度	10	
3	整形修剪	株型美观，合乎标准	10	
		总分	100	

切花病虫害防治考核标准

序号	项目	质量要求	赋分	得分
1	病虫害识别	病虫害种类鉴定	10	
		主要病虫害的形态描述及主要识别要点	10	
		主要病虫害为害部位	10	
2	病虫害防治	农药种类选择	10	
		农药的稀释	10	
		农药的使用方法	10	
3	完成时间	在规定时间内完成病虫害防治任务	20	
4	成本控制	成本控制没有超过预算	20	
总分			100	

切花采收质量考核标准

序号	项目	评价标准	赋分	得分
1	采收时期	严格按照不同品种的采收标准（花蕾着色或花瓣打开）对其进行适时采收	20	
2	采收时间	在早晨或傍晚采收	20	
3	分级标准	按照不同切花质量等级划分标准，分别从花（花色、花形、花瓣、花蕾数目等）、花茎（长度、粗细、韧性等）、叶形和色泽几方面对切花进行正确分级	20	
4	加工、包装	用剪子去掉枝条基部 10 cm 的叶子，剪齐茎基部。10 枝捆为 1 扎。每扎中切花最长与最短的差别不超过 1 cm 是一级品；不超过 3 cm 是二级品；不超过 5 cm 是三级品	20	
5	贮运	包装后立即放入预冷水中，贮藏温度为 2～5 ℃	20	
总分			100	

子项目一　切花生产技术

任务一　月季切花生产

任务描述

月季（*Rosa chinensis* Jacq.）为蔷薇科蔷薇属植物，主要分布在北半球的温带和亚热带，有 150 种之多。月季花型高雅，色彩绚丽，气味芬芳，被誉为“花中皇后”，是观赏价值极高的多年生木本花卉植物之一。

月季切花生产主要包括品种选择、土壤改良、定植、日常养护、田间管理、病虫害防治、切花采收、分级、包装、加工等。通过本任务的完成，可以了解月季的生长习性，掌握月季切花生产栽培管理技术。

环保效应

切花月季是世界上四大切花之一，也是花卉市场上最重要的切花之一，其栽培面积仅次于康乃馨和菊花。切花月季在销售时常被称为“玫瑰”。

月季用于园林绿化，不仅能美化环境，还能净化空气，吸收硫化氢、氟化氢、苯、苯酚等有害气体，同时对二氧化硫、二氧化氮等有较强的抵抗能力。

材料工具

材料：月季、秸秆或沙子、有机肥、复合肥、多菌灵等杀菌剂、吡虫啉和扑虱灵等杀虫剂。

工具：剪刀、刀片、保鲜剂等。

任务要求

1. 能根据市场需求制订月季切花周年生产计划。
2. 能根据企业实际情况制订月季切花生产管理方案。
3. 能根据月季生长习性、不同生长发育阶段的特点采取不同的养护管理措施，并能根据实际情况调整方案，保证产品质量。
4. 能结合生产实际进行月季切花生产效益分析。

任务流程

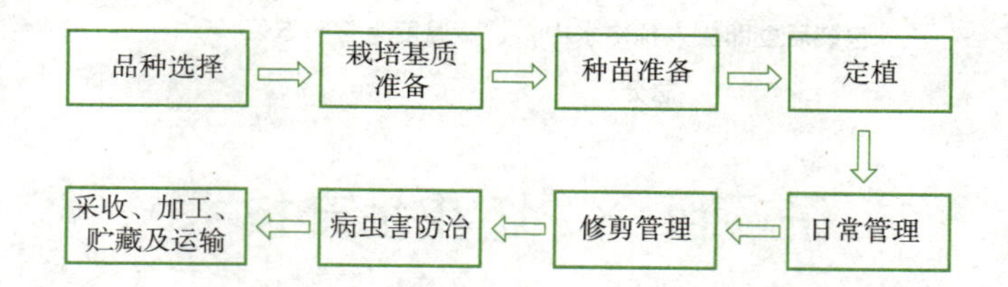

任务实施

一、品种选择

对于商品切花生产来说，品种的选择非常重要，应根据气候类型、市场需要、设施状况、经济价值和种植规模等客观因素，慎重选择品种，合理搭配颜色比例，以取得最佳的经济效益。目前，栽培的园艺切花月季品种主要来源于中国月季（*Rosa chinensis*）、突厥蔷薇（*R. damascena*）、黄玫瑰（*R. foetida*）、欧洲玫瑰（*R. moschata*）、香水月季（*R. odorata*）、多花蔷薇（*R. multiflora*）、野玫瑰（*R. rugosa*）和光叶蔷薇（*R. wichuraiana*）等原种的种间杂交种。

1. 切花月季品种选择

切花月季品种选择时，不仅要从花型、花色、花瓣、茎秆、叶片及瓶插寿命等商品性上进行选择（表 4-1），还要选择产量高（大花型年产量为 100 支 /m^2，中型花年产量为 150 支 /m^2）、有旺盛的生长能力、耐修剪、萌芽力强、上花率高、不易出现盲枝（封顶条）的品种，同时，还要便于栽培管理，可选择株型直立、抗病性强、单朵着花、少刺或无刺的品种，以降低人工及种植成本，提高生产效率。

表 4-1　切花月季品种选择的商品性标准

序号	指标	标准
1	花型	花型优美，高心卷边或高心翘角，特别是在花朵开放 1/3 或 1/2 时，含而不露，开放过程缓慢，具清香味
2	花色	花色纯正干净，不要有碎色，最好表面有绒光，在室内灯光下不发灰，不发暗
3	花瓣	质硬，开放慢，半开时间长，外瓣整齐无碎瓣，不容易焦边蓝变
4	茎秆	花枝、花梗必须硬挺、直顺、垂直向上，支撑能力好。花枝长度至少为 40 cm
5	叶片	叶片大小适中，形状端正，不要有畸形叶，表面平整，最好有光泽
6	瓶插寿命	耐水插，不易出现弯头

2. 适合生产条件

（1）生产类型。周年切花型月季和冬季切花型月季应以冬季产花为中心，因此应选择冬季低温条件下能正常开花的品种，而夏秋切花型月季要选择抗热和适合炎热气候条件的品种。

（2）栽培条件。温室栽培湿度大，容易发生白粉病、霜霉病，要选择抗白粉病、霜霉病的品种，露地栽培在雨季容易感染黑斑病，因此要挑选抗黑斑病的品种。

3. 顺应市场行情

根据人们的消费习惯和市场流行情况合理搭配各种花色品种。东方人喜欢红色系，西方人喜欢浅色系；市场上有时流行大花型，有时流行小花型。

（1）出口生产。对俄罗斯可以较单一地选择红色大花型的品种，对日本和东南亚国家要选择中小花型的品种，颜色以淡雅为主，而且品种要多。

（2）内销生产。北方以红色品种为主，南方则要适当增加淡雅颜色品种的比例。

切花月季的花色大致可按红色 40%、朱红色 15%、粉红色 15%、黄色 20%、白色及其他色 10% 的比例搭配。

二、栽培基质准备

1. 土壤理化性状分析

月季原产北半球温带、寒温带地区。其适应性强，喜阳光，耐半阴，生长适温为 15 ～ 25 ℃。月季具有耐干旱、怕潮湿、怕积水的特性。种植切花月季要选择地下水位低、疏松通气性好的砂壤土，土壤需含有丰富的有机质，含量最好能达到 10% ～ 15%，土壤 pH 值在 5.5 ～ 6.5（呈弱酸性），在土壤有效耕作层 50 ～ 80 cm 的地块种植，有利于切花月季的水肥管理和根系的生长。

2. 增加土壤有机质

按每亩 8 m^3 牛粪和 2 m^3 鸡粪的比例将其均匀撒布在土壤表层，然后开始深翻地，混匀整细。在土壤有机质含量少的棚室可加入草炭、秸秆、菇渣等有机物。

3. 土壤消毒

如果温室没有种植过月季，可以用多菌灵、五氯硝基苯等杀菌剂和辛硫磷、甲基异硫磷等杀虫剂进行简单的土壤消毒。如果温室长期进行月季生产或发现线虫或根瘤，就需要进行严格的土壤消毒。

消毒方法：可通过向土壤中施用氯化苦、溴甲烷、必速灭等化学药剂，利用毒气在土壤中的扩散来杀死土壤中的病原菌、害虫和杂草种子。为了使气体在土壤中充分扩散，消毒前进行土壤翻耕，使土壤结构疏松。施药后要用塑料薄膜覆盖地面，保持地温在 10 ℃以上，并达到药剂要求的消毒天数。消毒后要翻耕土壤，待残药排尽后再定植，以免造成药害。

目前国际上较为看好的新型熏蒸剂就是必速灭，它对土壤真菌、地下害虫、杂草、线虫等都有良好的防效。施药之前，应进行整地，使土壤有团粒结构，因为气体不易渗入大块土内。在施药之前，使土壤的持水力达到 60% ～ 70%，土壤温度保持在 10 ℃以上并维持 8 ～ 14 d。防治苗期病害、立枯病、全蚀病、线虫病及土壤昆虫，处理深度至少 20 cm；防治茎腐、根腐病，以及引起枯萎病、黄萎病的真菌病原，处理深度至少 30 cm。使用颗粒剂撒布器或手撒，使之均匀地撒布在土壤表面。撒下之后，应立即按要求的深度尽可能完全混入土中。在混入土之后，必须使土壤保持湿润，可在土壤表面浇水后加盖聚乙烯薄膜，薄膜必须密封，以便保持气体。

4. 整地作畦

沙性土壤定植畦一般高 20 ～ 25 cm，畦面宽 100 ～ 120 cm 或 80 ～ 100 cm，畦沟宽 50 ～ 60 cm，将畦沟中的土及土块敲碎后放到畦面上，畦边高于畦中，利于浇水。

三、种苗准备

（1）嫁接苗。嫁接苗根系发达，生长旺盛，切花产量高，产花周期长（5 ～ 6 年），是栽培的理想选择；但是嫁接苗对修剪技术要求较高，而且价格较高，还必须考虑砧木的适应性。

（2）扦插苗。扦插苗繁殖快，成本低，管理简单，生产上应用较多；但是扦插苗的根系较弱，长势不如嫁接苗，产花周期较短（4 ～ 5 年）。

（3）组培苗。组培苗生产烦琐，种苗供应较少，因此生产上很少应用。

四、定植

1. 定植时间

在有遮阴条件下全年全天都可以定植，但春季定植最好，因为春季定植后幼苗迅速生长，植株进入采花期早，当年冬季切花产量高，见效快。

2. 定植方法

高品质切花月季生产多采用折枝栽培法，定植方式为单畦双行栽培，以利于植株生长。株行距为 20 ～ 25 cm × 50 ～ 60 cm，每亩定植 5 000 株。嫁接苗定植时，要将嫁接

口部位向阳，并露出地面 2 ～ 3 cm，防止接穗生根。如果是扦插杯苗或穴盘苗，脱杯（盘）后的土坨栽植深度略低于畦面。同一温室内尽可能栽种一个品种，这样便于管理和预防病害交叉感染。

3. 定植后管理

定植后及时浇足定根水，在高温天气定植时注意遮阴降温并向叶面喷水。定植后第二天扶苗，将位置不好的歪、高、斜苗和浇水后位置改变的苗扶正、扶直。定植后 1 周内充分保证根部土壤和表土湿润，白天叶面喷水，适当遮阴。3 ～ 5 d 后即可检查是否有白色的新根，如有白色的新根说明定植成功。7 d 后逐渐降低叶面浇水量，但要保持表土湿润；15 d 后逐渐减少土壤浇水量，此后根据土壤干湿情况适时浇水，保持土壤湿润，并喷洒多菌灵或百菌清等农药进行病害防治，同时注意中耕除草。20 d 后当有大量的新根萌发时，可继续减少浇水量，适当蹲苗，促进根系进一步生长，经过 30 d 后即可进行正常的管理。

五、日常管理

1. 温度管理

切花月季生产最适宜的生长发育温度：白天 24 ～ 26 ℃，夜间 14 ～ 16 ℃。冬季，当夜间低于 8 ℃时，许多品种生长缓慢，枝条变短，畸形花增多。夜间温度低于 5 ℃时，大多数切花月季品种不能发出新枝，或者发出的新枝较短，盲枝增多。因此，冬季低温严重影响切花枝条长度、发芽及花芽分化，从而影响产量和质量。夏季，夜间温度高于 18 ℃，白天温度高于 28 ℃时，多数切花月季品种生育期缩短，切花的花瓣数减少，花朵变小，瓶插寿命变短，对切花的品质有较大的影响。理想的昼夜温差是 10 ～ 12 ℃，温差过大，容易导致花瓣黑边。

在适宜的生长发育温度范围内，花冠、花瓣数随温度升高而减小，切花质量随之下降；反之，温度降低到适宜范围，花冠、花瓣数增大和增多，切花质量随之提高。

2. 光照管理

切花月季喜光，特别是散射光。日光中含紫外线是某些品种花瓣黑边的主要原因之一。冬季连续阴天，造成阶段性光照不足，影响切花的生长和品质。使用高品质的月季专用膜，在保证透光率的前提下，可阻挡大量紫外光。在阴雨天，一定要保证足够的散射光进入棚内。在切花月季抽枝期间不使用遮光网，保障植株有充足的光照；现蕾后可以在晴天 10：00—16：00 期间，使用 60% ～ 75% 银灰色的遮阳网；冬季不遮光，大棚内土壤过湿和有霜霉病、灰霉病时不遮光。

3. 土壤水分管理

切花月季是喜水又怕涝的作物，土壤水分不足时会影响切花月季的切花产量和质量；相反，土壤水分过多又会造成根系通气不足而影响根系发育。

（1）水质。一般切花月季最适宜的水分 EC 值为 0.25 mS/cm，适宜 EC 的范围为 0.25 ～ 0.75 mS/cm，当 EC 值达到 1.5 mS/cm 以上时会造成生理伤害。此外，水中的硼含量超过 0.4 ppm 时，会发生硼过剩症，最好避免使用。

（2）浇水次数和浇水量。浇水量取决于土壤的类型、气候条件和植株的生长状况，每亩温室一次浇水 8 t 左右。夏季 3 ～ 5 d 浇一次水，春秋季 7 ～ 10 d 浇一次水，冬季 10 ～ 15 d 浇一次水。光照不足时要控制浇水量，以防止植株徒长。在切花月季生产时，尽量做到每次浇水必须浇透，尽量减少浇水次数。

（3）浇水方式。最好采用膜下滴灌系统，这样既能节约人工，又能节约用水，还能有效降低温室内的空气湿度，有利于病虫害防治。

4. 环境湿度管理

优质切花月季萌芽和枝叶生长期需要的相对湿度为 70% ～ 80%，开花期需要的相对湿度为 40% ～ 60%，白天湿度控制在 40%，夜间湿度应控制在 60%。

湿度不足时，色彩会变淡，花色不鲜艳，影响品质。大棚内湿度高于 90% 时，大棚棚膜、水槽、植株及叶片开始形成水滴，易诱发多种病害发生，如灰霉病、霜霉病、褐斑病等。

根据大棚内的湿度计来管理湿度。在一年的管理中，春季及春夏之交雨季来临之前，空气干燥时，大棚内需增加湿度，可采用增加浇水次数和关闭风口等方法增加湿度。夏季、雨季空气较潮湿，一般采用减少浇水次数的方法适当控制土壤湿度，使土壤表面稍干，植株表面不沾水，注意通风，降低湿度。夏季、冬春夜间和早上多湿、多雾天气，应在上午通风排湿，还要注意浇水时间，一般夏季晴天上午浇水，冬季晴天中午浇水。

5. 不同季节管理要点

（1）春、夏季高温会造成植株暂时萎蔫，导致植株内部生理紊乱，严重影响生长，对下一阶段的生长发育影响较大，影响切花品质。棚室湿度过低会影响切花月季的花色，甚至引起花朵外瓣枯焦，严重影响切花月季的品质。并且过低的湿度易导致红蜘蛛、蚜虫等虫害的发生和蔓延。因此，春夏季棚内要控制好温度和湿度，防止高温干燥。

（2）秋季昼夜温差大，有利于切花月季的干物质积累，切花月季头大，花瓣数多，花色艳丽。但昼夜温差过大，会造成许多切花月季品种花瓣边缘变黑和花朵畸形，最理想的昼夜温差为 10 ～ 12 ℃。

（3）冬季，切花月季生长最低夜温要求在 8 ℃以上，夜温过低不利于切花月季生长，主要影响发芽和抽枝，导致产量低。大棚内温度低，同时，棚内温度低、湿度大，还易诱发霜霉病、灰霉病等，因此要注意夜间保温，控制夜间湿度。

六、修剪管理

为保证切花月季的优质高产，扦插苗一般 3 ～ 4 年，嫁接苗一般 5 ～ 6 年更换一次。不同品种的切花月季枝条、叶形、叶腋形态、腋芽生长速度和花型均有差异。枝条顶端的芽最早发育为花芽并成花，花朵下面的 1 ～ 6 个腋芽，依次抽发新枝，并依次增长，形成花芽并开花；枝条基部、中部的腋芽形成的花枝质量差异不大，但从中部到基部花枝开花的时间依次延长。可根据这些特性进行修剪，调节开花期。切花月季具有连续开花的习性，大多数新抽枝条的顶端都能开花。只有温度、光照、养分、水分等供应不足的枝条才不会开花，形成盲枝。

切花月季修剪主要采用折枝和剪枝方法，控制并保持合理的株型结构，以达到提高切花产量和质量的目的。根据切花月季植株的分枝层次，将切花月季的枝分为一级枝、

二级枝、三级枝（或一次枝、二次枝、三次枝）。幼苗植株折枝后，从植株基部发出的脚芽称为一级枝，一级枝上发出的枝称为二级枝，二级枝上发出的枝称为三级枝。

根据切花月季植株枝条的功能和用途，可把枝条分为切花枝和营养枝。将来要让它产花的枝条叫作切花枝；切花月季植株上经过折枝处理后不需要它开花的枝叫作营养枝，其主要是进行光合作用，制造养料供应切花枝生长。

优质切花月季高产株型的植株有切花枝 4 ～ 5 枝，均匀饱满的营养枝 5 ～ 6 枝，植株高 50 ～ 60 cm。根据高产优质切花株型结构，分期逐步培养成型，并保持株型的合理结构。

1. 折枝

压枝绳（铁丝或尼龙线）距苗 25 ～ 30 cm，在定植畦的两边用铁桩或木桩拉紧固定，将所有作营养枝的枝条压于压枝绳下。苗期所有花头在豌豆大时打去，保留叶片，当枝条长度为 40 ～ 50 cm 时将枝条压下，注意不要将枝条压断。新萌发出的过细的枝条压作营养枝，营养枝上发出的枝条继续压枝。压枝时注意各株之间、枝条之间不能相互交叉，折枝数量以铺满畦面为宜，让叶片能得到充足的光照。

折枝不论一年四季还是一天早晚均可进行，是一项经常性的工作。一般早上枝条较脆，压枝时容易断裂，要尽量使其不断裂。折枝的操作：用一只手把握枝条需要折的部位，另一只手向下扭折，将枝条压于压枝绳下。对粗枝条可在距根部 10 cm 处将枝条扭折后再压下，注意扭折时双手操作，避免折断枝条。

2. 苗期压枝

苗期开花植株的培养方法是以压枝为主，以利于切花株型的快速培养。在定植畦的两边，距苗 25 ～ 30 cm，用铁桩或木桩拉紧固定压枝绳（铁丝或尼龙线），苗期所有花头在豌豆大时打去，保留叶片，当枝条长度为 40 ～ 50 cm 时将枝条压下，注意压枝时要边扭边压，防止将枝条压断。新萌发出的过细的枝条压作营养枝，营养枝上发出的枝条继续压作营养枝，营养枝最多保留两层。压枝时注意各株之间、枝条之间不能相互交叉，折枝数量以铺满畦面为宜，让叶片能得到充足的光照。折枝是一项经常性的工作。植株压枝后会迅速长出水枝（脚芽、犟条、徒长枝），粗壮的水枝作切花枝，也可以在水枝现蕾后留 4 ～ 6 枚叶短截作切花母枝，细的水枝继续压枝作营养枝。

3. 初花期株型培养

经过苗期开花植株的培养，有部分植株开始采收切花，大部分植株发出大量的新枝，这时期以培养株型为主兼顾切花采收。株型的培养方法，即对各级枝的培养，对粗壮的水枝留 25 ～ 30 cm（4 ～ 5 个小叶片）高摘心，培养成植株的一级枝，对一级枝上发出的枝，粗壮的可作切花，细弱的可压作营养枝。一级枝上萌发出来的切花枝，采花时留 10 ～ 15 cm 高（2 ～ 3 个小叶）剪切，培养二级枝；对二级枝上发出来的枝条，强壮的可作切花枝，细弱的压作营养枝，采花时留 5 ～ 10 cm 高（1 ～ 2 个叶片）剪切，培养为三级枝。

一般切花月季品种植株培养三级枝，可以达到高产优质株型，有些切花月季品种培养二级枝即可成型。在株型培养期间，合理保留各级枝的高度非常重要，它们与切花的产量和质量密切相关。一般越强壮的枝，留枝越高，剪切后发出来的枝条越多，达到切花标准的枝条越多；相反，越弱的枝，留枝越矮，剪切后发出的枝条越少，达到标准的枝条越少。留枝过高，发枝过多，会造成产量高、质量低的现象；相反，留枝过低，则产量受影响。当营养枝过多时，应该逐步淘汰底部的枝条和有病虫害的枝条。植株每年都有新的水枝发出，新水枝逐步长高期间应剪除已老化的主枝，培养新的产花母枝。

4. 产花期修剪

在产花期，营养枝和切花枝要按一定比例选留，一般植株有切花主枝 3 ～ 5 枝，均匀饱满的营养枝 5 ～ 6 枝，株型高度 50 ～ 60 cm。冬季株型的培养非常重要，一般每年 10 月开始将植株高度逐步提高，形成更多的产花枝条。情人节采花后，将植株修剪整理至正常切花高度 50 ～ 60 cm。产花期要不断折压培养新的营养枝，注意不要将营养枝折断，剪除相互交叉和过密的枝，病枝、枯枝、弱枝要及时剪除，对切花枝上的侧蕾及侧芽及时抹除。在每一个切花高峰后适当修剪整理，剪除部分已老化的主枝，注意培养从基部发出的水枝留作新的产花主枝，健壮的营养枝上发出的新枝条，冬季可留部分产花，其余压作营养枝。

七、病虫害防治

1. 病害防治

（1）霜霉病。发病初期叶上出现不规则水渍状淡绿斑纹，后扩展成黄褐色，叶片失绿，晚期枯黄脱落。霜霉病通常在空气潮湿、棚室通风不良、光照不足、植株生长密集，氮肥过多情况下发生，可借助雨水或昆虫等传播。

1）预防措施：①挑选抗性强的品种。②定植前，土壤消毒。③改善栽培环境，包括增强光照、加强通风、降低湿度、合理疏植、增施钾肥、及时清除植株病残体及杂草，防雨、防虫。④孢子萌发最适温度为 18 ℃，高于 21 ℃萌发率降低，26 ℃以上基本不萌发，根据这一特点，合理控制温度。

2）治疗方法：①轻度发病，可每 7 ～ 10 d 喷药防病一次，用 50% 多菌灵 500 ～ 1 000 倍液，或 75% 百菌清可湿性粉 500 倍液，或 80% 代森锰锌可湿性粉 500 倍液，或 70% 甲基托布津 1 000 ～ 1 200 倍液。②发病较重时，可喷宝丽安 500 倍液、普力克 600 倍液、阿米西达 800 倍液。

（2）白粉病。发病初期，叶上出现褪绿黄斑，发病植株的新枝、嫩叶、幼芽、花蕾上着生灰白色的菌丝，逐渐扩大，以后着生一层白色粉状物，由点连成片粘着一层白粉。严重时全叶披上白粉层。嫩叶染病后叶片反卷、皱缩、变厚，有时为紫红色。白粉病通常在有病芽、病叶或病枝存在，空气干燥，通风不良，氮肥过多的情况下发生。

1）发病原因：有病芽、病叶或病枝存在，空气干燥，通风不良，氮肥过多。

2）预防措施：①挑选抗性强的品种。②定植前，土壤消毒。③改善栽培环境，加强通风，空气湿度控制在 60%，增施钾肥，及时清除植株病残体及杂草。④ 25 ℃是发病高峰，18 ℃以下和 30 ℃以上受抑制，根据这一特点，合理控制温度。

3）治疗方法：①初期摘除病叶，秋季清除病叶。②使用硫黄熏蒸器，8 ～ 10 m^2 挂 1 个，每天熏 15 ～ 20 min。③喷洒 50% 硫黄胶悬剂 3 000 倍液，7 ～ 10 d 1 次，连续 2 ～ 3 次。④喷洒 50% 多菌灵可湿性粉剂 800 倍稀释液，80% 代森锰锌可湿性粉 500 倍液，发病较重时，可喷普力克 600 倍液、阿米西达 800 倍液。

（3）月季锈病。

1）性状描述：主要危害叶片和芽。早春新芽初放时，可见芽上布满鲜黄色的粉状

物，形似一朵朵小黄花。叶片背面出现黄色稍隆起的小斑点，成熟后突破表皮散出橘红色粉末，外围往往有褪色晕圈。随着病情的发展，叶面出现褪绿小黄斑，叶背产生近圆形的橘黄色粉堆，生长后期，叶背出现大量的黑色小粉堆，嫩梢、叶柄、果实等部位的病斑明显地隆起。嫩梢、叶柄上的病斑呈长椭圆形；果实上的呈圆形。通风透气差，温室内湿度过大，最易发生月季锈病。

2）发病原因：通风透光差，温室内湿度过大。

3）预防措施：①及时摘除病芽、病叶并集中烧毁，及时清除、烧毁枯枝败叶，以减少浸染源。②加强栽培管理，增施磷钾肥，以增强抵抗力。③注意通风透光及排水，以降低周围环境的湿度，减少发病条件。④在酸性土壤中施入石灰等能提高月季的抗病性。

4）治疗方法：①可在5—8月每两周喷一次1 ∶ 1的150～200倍波尔多液、波美0.3度石硫合剂。也可选用下列农药进行喷雾：97%敌锈钠250～300倍液（每百斤药液中加入50～100 g肥皂粉），20%三唑酮（粉锈宁）可湿性粉剂2 000倍液，30%绿得保300～400倍液，25%福星乳油5 000～8 000倍液，30%特富灵可湿性粉剂3 000～5 000倍液或代森锰锌可湿性粉剂500倍液，或25%粉锈宁可湿性粉剂1 500倍液。②在6月下旬和8月中旬发病盛期前喷药，每隔8～10 d喷1次，连续2～3次。药剂用75%百菌清800倍液、10%世高水分散粒剂3 000～5 000倍液、50%代森铵800～1 000倍液、50%退菌特500倍液。

2. 虫害防治

（1）红蜘蛛。红蜘蛛发生初期，叶正面有大量针尖大小失绿的黄褐色小点，以后红蜘蛛吐丝结网，叶背出现红色斑块且有大量红蜘蛛潜伏其中，造成受害叶局部以至全部卷缩、枯黄甚至脱落。

防治方法：及时清除杂草和病株，保持棚室卫生，合理控制棚室湿度在60%～80%，施用酸性肥料及农药，也可经常喷施醋酸。三氯杀螨醇800倍液喷洒有特效，也可用氧化乐果、敌敌畏、阿维菌素、灭扫利，也可喷0.5%螨死净等药物防治红蜘蛛。

（2）鳞翅目幼虫。幼虫啃食叶片和花蕾，三龄以上的幼虫食量显著增加，将叶片或花蕾吃出孔洞或缺刻，严重时仅存叶脉、叶柄，苗期受害时整株枯死。幼虫排出的粪便污染花蕾和叶片，遇雨可引起腐烂。被害的伤口易诱发软腐病。

防治方法：①清洁田园，及时处理残株、老叶和杂草，深耕细耙，尽量减少虫源。②在幼虫二龄前，药剂可选用高效氯氰菊酯800～1 000倍液，或1%杀虫素乳油2 000～2 500倍液，或0.6%灭虫灵乳油1 000～1 500倍液等喷雾；在二龄后，害虫耐药性增强，只能采取人工捕捉。

（3）蚜虫。月季上最常见的是长管蚜，春、秋两季群居为害新梢、嫩叶和花蕾，使花卉生长势衰弱，不能正常生长，乃至不能开花，并可引起煤污病和病毒病的发生。

防治方法：秋后剪除有虫枝条，及时清除杂草和落叶。保护和利用天敌，如寄生性的蜂类和捕食性的瓢虫类。可在温室和花卉大棚内，使用黄色粘胶板诱杀有翅蚜虫。大面积发生时，喷施25%灭蚜威（乙硫苯威）1 000倍液，或0.5%醇溶液（虫敌）500倍液或50%辟蚜雾1 500倍液防治。

八、采收、加工、贮藏及运输

1. 采收

采收时间因品种、季节和市场需求而不同，对花蕾开放程度的要求也不同。当地销售应在花蕾开放或半开放时采收；远距离运输时，红色和粉色品种要在花蕾外面花瓣的边缘伸开时采收，黄色品种要略早些，白色品种则要略晚些。冬季采收花蕾开放得要大些，夏季采收花蕾开放得要小些。花瓣多的品种采收时花蕾开放得要大些，花瓣少的品种采收时花蕾开放得要小些。月季切花采收后，尽快插入水中并转移到阴凉处。

2. 加工

采收后，按照枝条的长度和坚硬度以及叶片与花蕾是否畸形来对月季切花进行分级，去掉枝条基部 20 cm 的叶子和刺，并按长度分级，中小花型枝条最短 40 cm，大花型枝条最短 50 cm ，每 10 cm 一个等级。20 枝捆成一扎，花头部位用白纸等进行包装，捆好后将花束下部剪齐，然后插入水中吸水 4 h，捞出，根部水分控干后进行包装。各层切花反向叠放箱中，花朵朝外，离箱边 5 cm ；小箱装 10 扎或 20 扎，大箱装 40 扎；装箱时，中间需捆绑固定；纸箱两侧需打孔，孔口距离箱口 8 cm; 纸箱宽度为 30 cm 或 40 cm。装箱完成后必须在箱的外部注明切花种类、品种名、花色、级别、花茎长度、装箱容量、生产单位和采切时间。

3. 贮藏

短期储藏，加工完之后，可将月季切花直接放入清洁的、预先冷却的水中，再放进冷藏室，水和冷藏室的温度为 2 ～ 3 ℃。需要贮藏两周以上时，最好干藏在保湿容器中，温度保持在 -0.5 ～ 0 ℃，相对湿度要求 85% ～ 95%。可选用 0.04 ～ 0.06 mm 厚度的聚乙烯薄膜包装。

4. 运输

运输时温度要求在 2 ～ 8 ℃，空气相对湿度保持在 85% ～ 95%。近距离运输可以采用湿运，即将切花的茎基用湿棉球包扎或直接浸入盛有水的容器中。

任务二 独轮菊切花生产

任务描述

菊花又名九花、帝王花、秋菊，多年生宿根亚灌木，世界著名的四大切花之一，现广为栽培。营养繁殖苗的茎，分为地上茎和地下茎两部分。菊花的花是头状花序，生于枝顶，径长 2 ～ 30 cm，花序外由绿色苞片构成花苞。花序上着生两种形式的花：一种为筒状花，另一种为舌状花。舌状花生于花序边缘，俗称“花瓣”，瘦果（一般称为“种子”）上端稍尖，呈扁平楔形，表面有纵棱纹，褐色，果内结一粒无胚乳的种子，果实翌年 1—2 月成熟，千粒重约 1 g。

菊花切花生产主要包括品种选择、种植技术、日常管理、田间管理、花期调控、病

虫害防治、采收、加工、贮藏和种苗生产等。

通过本任务的完成，能生产出适合市场需要的切花菊和种苗。

环保效应

独轮菊属于浅根性作物，要求土壤通透性和排水性良好，且具有较好的持肥保水能力以及少有病虫侵染。

材料工具

材料：切花菊种苗、地膜、草炭土、沙子、粪肥、磷酸二铵、尿素、硝酸钙、硝酸钾、硫酸钾、硼砂、多菌灵、甲基硫菌灵、包装袋、皮套、铁管、防倒伏网等。

工具：旋耕机、铁锹、手推车、平耙、花铲、手锄、镰刀、喷雾器、皮尺、量筒、天平、测绳、枝剪、纸箱等。

任务要求

1. 能根据市场需求主持制订切花菊周年生产计划。
2. 能根据生产实际情况主持制订切花菊生产管理方案。
3. 能够组织并实际参与切花菊生产。
4. 能结合生产实际进行效益分析。

任务流程

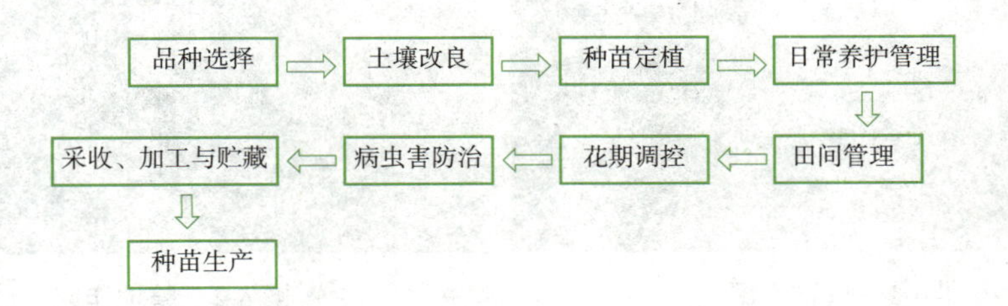

任务实施

一、品种选择

品种选择上要注重菊花以下特性：外形优美，株高在 80 cm 以上，茎直立，不弯曲；叶片肥厚光亮，上下布局均衡，大小适中；花头下第一节间要短而粗；花色纯正，有光泽；花朵耐贮藏，耐运输，耐水插；抗逆性强，病虫害少，植株健壮、充实。此外，还应考虑其对温度的反应敏感与否，以中花品种最为适宜。

我国作为切花菊栽培的大多数品种是从日本和欧美引进的。夏菊品种主要有夏满月、朝凤、银河、春娘、白王冠、夏女王和松之光等；秋菊品种主要有黄秀芳、白秀芳、神马和牡丹红等；寒菊品种主要有寒樱、春姬、春之光和岩之霜等。

我国菊花切花周年生产主要是应用秋菊类品种进行调配，秋菊品种具有性状佳、品种多、花型好、花色全的特点，深受消费者欢迎。而其他类群品种仅作为周年切花生产的辅助品种。通常通过人工加光或遮光及调节气温和湿度的方式使秋菊类品种提前开花，使夏菊延迟开花，实现切花生产全年分批均衡上市的目的。

二、种植

（1）土壤改良。黏重的土壤一般用草炭土与沙子混合来改良。

（2）施基肥。在实际生产中，一般结合施用有机肥和无机肥，在种植之前都要均匀撒到土壤中。

（3）土壤消毒。将杀菌剂与杀虫剂混合对土壤消毒。这些药剂施用的方法是先用沙子混匀，然后在旋地之前均匀撒到土壤上。

（4）旋耕。用旋耕机将草炭土、沙子、肥料和药剂旋入土壤中，搅拌混匀，打碎土块，旋耕的深度至少保证 20 cm，旋耕的次数至少保证 4 次（图 4-1）。

（5）平整土地。旋耕完土地之后，用耙子将土地整平，同时将杂物、大的土块清理干净。

（6）作床。栽植床一般采用高床，要求床面宽 1 m、作业道宽 50 cm、床的高度为 10 cm（图 4-2）。

图 4-1　旋耕土壤

图 4-2　整地作床

（7）滴灌安装。每个苗床上面铺两根滴灌带，间隔 30 cm，滴头间距以 15 ～ 20 cm 为宜，滴灌安装结束后，必须立即检查滴水效果，如有问题，立即解决，确保苗床每一处滴水均匀（图 4-3）。

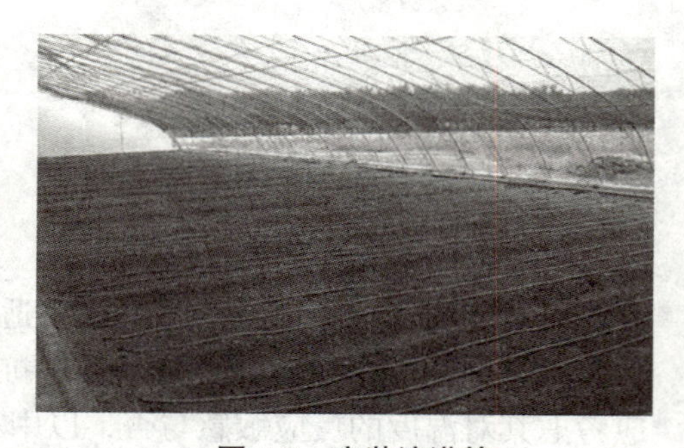

图 4-3　安装滴灌管

（8）润湿苗床。在正式定植前 3 d，打开滴灌对苗床进行浇水，使苗床的含水量达到饱和。

（9）覆膜。苗床润湿两天后，用地膜将苗床和垄沟全部覆盖，目前有的生产企业不覆膜，

通过定植前药剂处理，也能预防杂草丛生（图 4-4）。

（10）张网立桩、栽植。将规格为 12 cm × 12 cm 的 8 孔铁网展开，平铺到苗床上，在苗床的四个角以及中间适当位置立上铁管，按照网格间距栽植即可，随着植株的生长，要不断提高网的位置（图 4-5）。

图 4-4　覆盖黑色塑料薄膜

（11）种苗定植后水分管理。定植后马上浇水，用水量以花苗周围 3 cm、根下 2 cm 土壤含水量达 95% ～ 99% 为宜。定植后 3 ～ 5 d 进行第二次浇水，一般第二次浇水与第一次间隔不超过 5 d，用水量为第一次的 2/3，确保花苗安全度过缓苗期。

三、日常养护管理

1. 水分管理

在生产上，浇水通常采用滴灌。定植之后，要立即浇水。缓苗期，通常两天浇一次水，一周后适当控水；生长期通常一周浇一次水；花芽分化期，花芽分化前 7 d，开始控制水分，以偏旱为宜。人为地创造一种“逆境”条件，有利于菊花的营养生长向生殖生长的过渡。到花芽分化中后期，应适量浇水，以保证顶部叶片的正常生长。此时期若水分不足，极易造成顶叶小而簇生，严重影响商品价值。开花期，要减少浇水的次数。浇水的最佳时间是早上，切忌在中午烈日、温度很高时浇水。

图 4-5　栽植

2. 光照与光周期调节

在定植和缓苗期，除冬季外，都必须用 50% 的遮阳网遮光。其他生长季节，只有在夏季才遮阳，遮光量为 50%，遮阳的方式为外遮阳。

3. 温度管理

温室的温度最好控制在 17 ～ 25 ℃，夜晚的温度不能低于 13 ℃，花芽分化期间夜温最好保持在 17 ℃以上，绝不能低于 15 ℃，白天的温度要尽量控制在 30 ℃以下，温度过高会出现花朵畸形现象。

花芽分化期间温度管理：夏季，尽量采取一些降温的措施，如使用遮阳网、高压喷雾、水帘和风扇降温系统；冬季，要采取加温和保温措施，如用暖气加温和用二层膜保温。

4. 湿度管理

温室的相对湿度要控制在 60% ～ 70%，主要通过通风来调节相对湿度，放风应从上午开始缓慢进行。

5. 施肥

栽植一周后开始追肥，每 7 ～ 10 d 施一次肥，切花采收之前两周停止施肥。在菊花生长前期，可将有机肥与无机肥结合施用，每两周施一次稀释的饼肥液，每周施一次硝酸钙、硝酸钾、尿素和硼砂混合液，用量一般是每 100 m^2 施硝酸钙 1 kg、硝酸钾 500 g、尿素 500 g、硼砂 5 g；在菊花生长后期，进入花芽分化阶段，视生长情况，追施 1 次钾肥。切花菊追肥不是必需的，要看植株具体生长情况而定，如地力充足，植株长势健壮，茎秆较粗，则不能追肥。在孕蕾期间，应增施磷钾肥，减少氮肥使用量。

四、田间管理

1. 清除杂草

清除杂草，防止杂草与菊花争夺养分。杂草应连根去尽，尤其不能在杂草结实成熟以后才除草，那样会留下后患（图 4-6）。

图 4-6　清除杂草

2. 提网

当网上部分植株高度达到 25 cm 左右时要及时提网，保持网上部分长度在 15 ～ 25 cm，网上部分过长，植株容易弯曲；相反，网上部分过短，由于植株未完全木质化，也容易弯曲。提网最好在晴天的下午进行，因为这时叶子比较柔软，提网时不易受伤。提网时把花网向外侧绷紧，同时向上提起，提网一定要及时。

3. 打侧芽

要及时打去叶腋里的腋芽。去侧芽的最佳时机是侧芽不超过 0.5 cm，以手指能够伸进叶腋，彻底将其掰去而又不伤叶时为宜。侧芽去得过晚，易造成伤口，降低商品质量，甚至失去观赏价值。也不能在芽很小时就抹芽，这样容易弄掉叶片。该项工作贯穿整个菊花生长过程。

打侧芽方法：用食指扶住花茎，大拇指在叶柄内侧，顺叶柄向下抠掉腋芽（图 4–7）。

图 4-7　打侧芽

4. 打侧蕾

花芽开始分化后一个月左右时间，主蕾边上的侧蕾已长到绿豆粒大小，应及时抹掉侧蕾。抹蕾原则：以不伤害菊花叶片，能抹掉侧蕾而不伤及主蕾为原则，注意抹蕾时也不能留橛（图 4-8）。

图 4-8　打侧蕾

五、花期调控

1. 促成栽培

遮光栽培和补光栽培是相对的。当自然光照高于栽培品种的临界日长时就应对栽培品种进行遮光处理。遮光处理必须使棚室内光照强度小于 5 lx。不同的品种、不同的栽培阶段，遮光时植株的高度也不同，一般遮光后植株还会生长 50 cm。

遮光材料是决定遮光效果的关键，一般选择延伸性好、不透光、质轻的材料。遮光方式一般有外遮和内遮两种。外遮即把遮光材料直接覆在温室的外膜上；内遮要在内部架设钢丝成屋状结构，然后上遮光材料。遮光的关键是不能透光，如遮光效果不好（材料透光率大或有漏缺），可造成双层萼片、空蕾、花瓣过少等现象。如进行遮光时温度较高，夜间应把遮光物打开并强制通风，降低棚室温度，次日天亮前再遮好。如果遮光期温度长时间高于 25 ℃，则会造成花朵畸形、萼片肥厚、花瓣扭曲和花瓣过少等现象（图 4-9）。

图 4-9　促成栽培

2. 抑制栽培

补光栽培是抑制切花菊花芽分化的一个重要手段。“神马”等秋菊品种是典型的短日照植物，当自然日照短于 13 h 后就应进行电照补光。补光可用高压钠灯或白炽灯，补光灯的布置应根据灯的实际功率确定，一般每 100 W 可照射 9 m^2。补光灯应架设在距地面 1.7 ～ 1.8 m 的位置，该高度是光照面积和光照强度的最合理搭配。补光时间可根据日长的缩短而逐渐加长，一般从开始的 2 h 到后期的 4 h。补光一般采取中间补光法，即在夜间 11 时到第二天凌晨 2 时进行补光，光照强度要求在 50 lx 以上。当植株高度达到 60 cm 时就应停止电照，使植株转入生殖生长，这时可以适当地控制水分（图 4-10）。

图 4-10　抑制栽培

六、病虫害防治

在菊花大面积生产中，要注意控制温室的温湿度，加强通风，通常在温室中安装风扇，主要在夜间使用，尤其是在冬季和遮光期间，风扇的使用更重要。在防治虫害方面，主要是在温室的窗户、门以及放风口处安装防虫网。

1. 病害防治

（1）菊花锈病。菊花锈病是菊花生产中最易感染的病害，也是生产中重点防治的病害。发病后叶片的背面密生白色或橙黄色小斑点，并逐渐扩大，表皮破裂后散出橙黄色粉末，最终导致叶片枯黄脱落。防治方法：加强通风，降低湿度；每周喷施一次 500 倍三唑酮乳油液或 800 倍腈菌唑液；发现病叶要及时摘除并销毁，每 3 ～ 5 d 喷施一次 800 倍宝丽安液。

（2）菊花叶斑病。感病后，叶片上出现规则或不规则病斑，呈黑褐色或黄褐色，叶面产生黑色小点，严重时叶片变黑、干枯，甚至脱落。防治方法：加强通风，降低湿度；发现病叶要及时摘除并销毁，每 3 ～ 5 d 喷施一次 800 倍好力克液或 600 倍甲基托布津液。

（3）菊花黑斑病。发病时，叶片上出现不规则、圆形斑点，有时呈轮纹状，开始为黄色，逐渐凹陷转为黑褐色，后期病斑转为灰白色，最终导致叶片脱落。防治方法同叶斑病。

2. 虫害防治

（1）蚜虫。蚜虫对菊花的危害最为普遍，主要危害叶片和花蕾。幼叶被蚜虫为害后卷曲变形，花蕾受蚜虫侵害后，产生绿色斑点，花朵畸形。防治方法：及时清除杂草；发现蚜虫时，喷施吡虫啉 800 倍液或敌杀死 600 倍液。

（2）蛴螬。蛴螬主要危害菊花根茎，使植株萎蔫枯死。防治方法：种植菊花之前撒施甲拌磷；在生长过程中撒施敌百虫。

除此之外，危害菊花的还有潜叶蝇、蜗牛等害虫，可采用灭蝇胺、阿维菌素、敌杀死等类的杀虫剂进行防治（图 4-11）。

图 4-11　喷施药剂

七、采收、加工与贮藏

1. 采收

尽量在清晨或傍晚采收。注意清晨采收时要等待露水干时采收，避免花心有水不耐存储或影响鲜花品质。根据各国或地区不同采收标准有所差异，如中、日、韩根据花朵开放的程度，将花朵从花瓣露出到外围花瓣张开分成 6°，每一度代表花朵开放的一个阶段。我国一般要求在 4° ～ 5° 时采收（图 4-12）。日本采收标准基本控制在 1° 范围内，即花蕾刚刚破膜或露一点点白花瓣并未展开时，日本对花开放度要求非常严格，所以没有浮动，要严格控制在这个范围内。相对来说，韩国没有日本那么高的要求，开放度有时会调整，正常情况下 2° 左右花瓣完全伸展一圈或者两圈时采收，如遇冷空气天气可以采 3° 花瓣张开 3 圈左右，即有 1 片舌状花外展时采收。采花的位置在距离枝条 10 cm 以上的部位，采收的花朵要端正，无磨损现象，花朵呈现原品种固有色泽，采收长度为 1 m 左右、叶片分布均匀、无病虫害、花脖长 1.5 ～ 2.5 cm，花茎下叶片与花蕾上平面平齐或略高的植株，采收时要轻拿轻放、花头对齐，避免挤压花头现象发生。

图 4-12　采收

2. 分级及加工

采收后，按照《国家菊花切花产品质量等级标准》，可通过机选和手选的方式对菊花切花进行分级和处理。使用菊花选别机可以根据长度、质量选别。可根据花朵开放程度、茎秆直立程度、花脖长短、叶片颜色均匀程度、商品外观性状将菊花归类放置。一般国际市场上常用的长度有 90 cm、80 cm、70 cm 三种规格，国内市场上还有 60 cm 和 50 cm 两个规格；可按质量分级，2L 级 75 ～ 90 g，L 级 65 ～ 74 g，M 级 64 g 以下或 100 g 以上；根据花头大小分级。花瓣应无擦伤及污染，花托应占整个花头长度的 1/ 4 以上。1 扎内花头的大小差异不能大于 0.4 cm。去掉枝条基部 10 cm 的叶子和刺，并及时抹掉叶腋处落抹的侧芽。 然后捆绑成束，花枝长度为 90 cm、85 cm。每 10 枝 1 捆，每扎保证是同一级别并且花头对齐，在一个水平面上，下部用剪子剪齐茎基部，保证切口对齐。

切花装箱时花朵不能置于箱子中间，而应靠近箱子两头。切花在箱内分层交替放置，层与层之间填放衬垫（图 4-13）。

3. 贮藏

加工完之后，应将菊花切花放入保鲜液中，再放进冷藏室（图 4-14）。大规模生产中常用 25 mg/L 硝酸银溶液作为保鲜液。将打好把的切花立刻垂直放入配制好的保鲜液中，一般保鲜液装在菊花专用吸水车内，要保证切花根部 5 cm 在液面以下。吸水车装满后，马上推进 8 ～ 10 ℃的预冷室内吸水，鲜切花吸水 6 ～ 8 h 后马上捞出，垂直放置进行控水，待干后装箱。

图 4-13　分级、包装

图 4-14　贮藏

八、种苗生产

荷兰采用三层立体式栽培，第一层 2 m 高，第二层 3 m 高，第三层 5 m 高（图 4-15）。

图 4-15　荷兰三层立体式栽培

1. 培养母株

种植技术与前面相同，只是母株种苗尽量采用经过春化处理的脚芽，并且在苗长至 6 ～ 8 片叶时摘心，待新梢发出后，留上部三个健壮嫩梢，在这三个枝条长至 4 ～ 6 片叶时进行二次摘心，以后再萌发的嫩梢就可以作为扦插穗。

2. 准备育苗床

做成砂床，在扦插的前一天喷透水。

3. 采穗

在母株上采集充实健壮、无病害的枝条，要求穗长 8 ～ 10 cm，采集部位在枝条基部

第四片叶上部 1 cm 处（图 4-16）。

图 4-16　采穗

4. 采后处理

采穗后，立即将穗放入水中浸泡 2 h，然后取出，去叶，留 4 ～ 5 片叶，再将插穗上部对齐，按 50 株 1 捆，用手将穗基部掰齐，放在塑料袋内备用（图 4-17）。

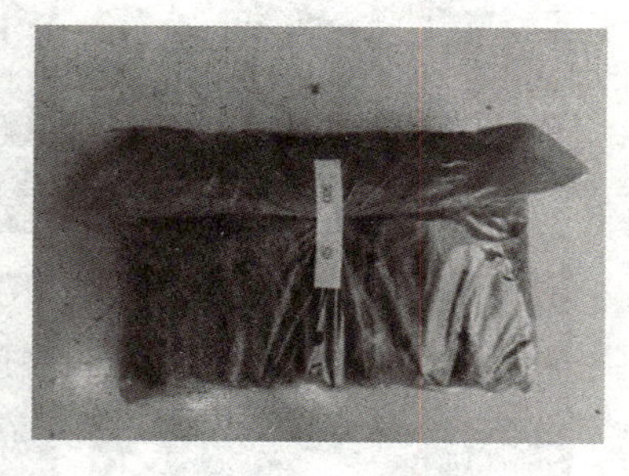

图 4-17　采后处理

5. 扦插

先用竹签或钉子在苗床上按株行距 3 cm × 3 cm 开洞，再将插穗放入配制好的 1 000 倍萘乙酸溶液中速蘸其基部，然后将插穗插入沙中，插入的深度为 1.5 ～ 2 cm，在插入的同时将沙按实，使沙与插穗密切结合。荷兰采用种苗扦插生产线，每个生根扦插生产线由一个机器人负责扦插。

6. 温度、水分和光照管理

尽量保持温室的温度在 18 ～ 23 ℃；扦插后要立即用喷灌系统或喷壶浇透水，在生根之前视天气情况决定喷水次数，确保叶片不失水。通常在夏季要每隔 1 h 喷一次水，在春秋季节要每隔 2 ～ 3 h 喷一次水，在冬季通常每天上下午分别喷一次水。生根后，浇水量要减少，保持土壤湿润即可。在夏季，采用遮光率为 70% 的遮阳网遮光，在春秋季节，采用遮光率为 50% 的遮阳网遮光，在冬季不用遮光。生根后，早晚可适当多接受些光照。在光照时间不足时，要采取人工补光法延长光照时间，方法同日常管理。

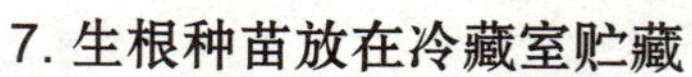

7. 生根种苗放在冷藏室贮藏

冷藏室贮藏如图 4-18 所示。

图 4-18　冷藏室贮藏

任务三　百合切花生产

任务描述

百合（Lilium），别名山丹、番韭，是百合科百合属多年生草本植物。地下具鳞茎，

为常见的球根花卉。花朵直立、下垂或平伸，花色常鲜艳，是四大切花之一（图 4-19）。

图 4-19　百合

百合切花生产主要包括品种选择、土壤改良、定植、日常养护、田间管理、病虫害防治、切花采收、分级、包装、加工、种球采收、种球处理和种球贮运、种球种苗生产等。通过本任务的完成，可以了解百合的生长习性，掌握百合切花生产技术的同时，重点学会百合在生产中的环境调控技术及花期调控技术，最终培育出高品质的百合切花产品。

环保效应

百合可以美化家居，同时释放一种淡而不俗的清香，长期把百合花放在家里，可以吸附异味，通过光合作用释放出氧气和阵阵的幽香。

同时，百合还具有明显的消除有害气体的功能，可以消除空气中的一氧化碳和二氧化硫。此外，它释放的挥发性油也能明显杀死细菌和消毒。

材料工具

材料：百合种球、秸秆或沙子、有机肥、复合肥、多菌灵等杀菌剂、吡虫啉和扑虱灵等杀虫剂。

工具：剪刀、刀片、保鲜剂等。

任务要求

1. 能根据市场需求制订百合切花周年生产计划。
2. 能根据企业实际情况制订百合切花生产管理方案。
3. 能根据百合生长习性、不同生长发育阶段的特点，采取不同的养护管理措施，并能根据实际情况调整方案，保证产品质量。
4. 能结合生产实际进行百合切花生产效益分析。

任务流程

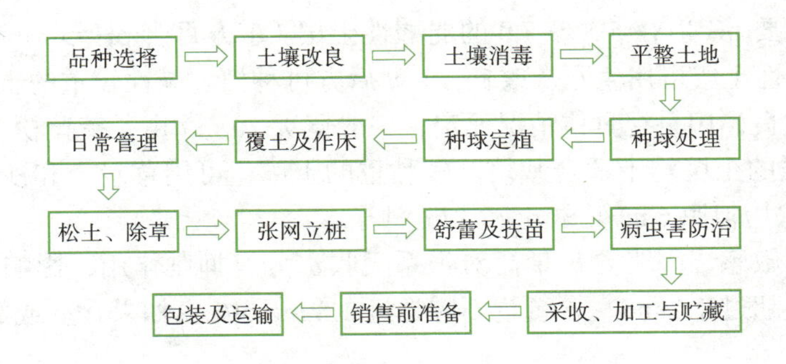

任务实施

一、品种选择

对于百合种植者来说，品种的选择很重要，因为品种的选择对其商业的效果非常重要。在选择百合的种群和品种时，各种各样的因素综合发挥作用。品种一般要根据以下几方面条件来选择：第一，要根据市场前景来确定品种。目前市场上销量最大的为东方杂种系，其次为麝香杂种系，再次为亚洲杂种系。第二，要充分考虑产品的生产成本。主要考虑种球的成本和产品的生产周期，有的百合生产周期很长，会造成生产成本过高。第三，要考虑品种的特性。温室种植百合时，可以选择花朵大、具有浓郁香味且销量较好、切花售价较高的东方百合系，品种可以选择粉色花的“索蚌”或白色花的“西伯利亚”(表 4-2)。

表 4-2 百合品种分类

主要品种分类	特点	常见品种
亚洲百合（Asiatic Hybrids）（图 4–20）	花型姿态主要有三种类型：花朵向上开放型、花朵向外开放型、花朵下垂且外瓣反卷型。颜色丰富，有白花品系、橘红花品系、黄花品系和粉花品系等。种球成本低廉，切花售价低	主要品种有 Prato、Elite、Lyon 等
麝香百合（Longiflorum Hybrids）（图 4–21）	花朵呈喇叭状，水平伸展或稍下垂，并具有浓郁的香味，花色主要为纯白色。切花售价较东方杂种系低	主要品种有 Snow Queen、White Eleg、White Fox 等
东方百合（Oriental Hybrids）（图 4–22）	主要为白色、粉红色和粉色，花朵大且美丽，花朵直径可达 30 cm，具有浓郁的香味，种球成本高，切花售价高	主要品种有 Siberia、Sorbonne、Tiber、Acapulco、Berlin、Mouther's Choice、Casaablanc 等

二、改良土壤

1. 清理地面

在改良土壤之前，先清理土壤表层，清除杂物、石块、杂草、垃圾等，确保土壤无异物。

视频：百合土壤改良

2. 土壤改良

种植百合需要 pH 值在 5.5 ～ 7.0 的弱酸性土壤（东方百合 pH=5.5 ～ 6.5，亚洲百合 pH=6 ～ 7）。酸性土壤可用生石灰改良，1 w 后方可种植。碱性较重的土壤可加入泥炭、硫黄粉等进行改良，用量视具体情况而定，一般草炭 20 m^3/ 亩，硫黄粉 30 ～ 40 kg/ 亩。含沙重和黏性强的土壤均不适合栽培。较黏重的土壤，可用草炭土和沙子改良比较好，如每 100 m^2 土壤均匀撒 6 m^3 草炭土和 4 m^3 沙子。

百合对盐极敏感，因为含盐量高对根系吸收水分有抑制作用，影响植物茎的长度。一般含盐量不应超过 1.5 mS，含氯量不应超过 1.5 mmol/L。如果含盐或氯成分较高，则

预先应该用适当的水冲洗，并且要彻底，这样能够阻止土壤结构的退化。

图 4-20　亚洲百合

图 4-21　麝香百合

图 4-22　东方百合

3. 施基肥

在实际生产中，一般采取有机肥和无机肥相结合的方式施基肥，如 100 m^2 土壤施 1 m^3 腐熟的牛粪和 5 kg 磷酸二铵，牛粪一定要腐熟，否则易引起烧根。

4. 土壤消毒

可用 40% 的福尔马林配成 1 ∶ 50 的药液泼洒土壤，泼洒后用塑料薄膜覆盖 5 ～ 7 d，然后揭开膜 10 ～ 15 d，待药气散尽后才可种植。也可用土壤杀菌剂和杀虫剂，如 100 m^2 均匀撒施 250 g 五氯硝基苯和 500 g 甲拌磷，这些药剂施用的方法是先用沙子混匀，然后在旋地之前均匀撒到土壤中。杀地下害虫的农药还可以用呋喃丹、巴丹、辛硫磷等。

5. 翻地

在改良基质、有机肥和无机肥料、杀菌剂和杀虫剂都均匀撒在土壤表面之后，用旋耕机深翻土壤，深度至少 20 cm，旋耕至少 3 次，将土壤与肥料和改良基质搅拌均匀，大块土坨敲碎。

6. 平整土地

旋耕完土地之后，用耙子将土地整平，同时将杂物、大的土块清理干净。整地之后，检查土壤的湿度，要求土壤湿润。

三、种球定植

1. 种球解冻

某个时间段计划栽植多少百合种球，就取多少百合种球。如果种球在运输前已经解冻，到手后应该立即种植；如果尚未解冻，将百合种球从贮藏室取出之后，应在阴凉地方缓慢解冻。解冻方法是把塑料袋打开，摊放在 10 ～ 15 ℃的遮阴环境下解冻 24 ～ 36 h。解冻后的种球应该立即种植，不能再冷冻。如果不能及时种植，应该置于 2 ～ 5 ℃环境下保存，同时打开塑料袋，最多只能放一周。

视频：百合种球定植

2. 种球挑选及消毒

挑选大小整齐、鳞茎饱满、根系发育良好、有芽眼、没有病害的种球（如果发现有感病的种球，应该及时剔除）。然后放至配制好的消毒溶液中进行消毒。消毒剂可采用

3% 恶甲水剂 500 倍和 50% 扑海因粉剂 600 倍混合溶液或 50% 扑海因 600 倍液和农用链霉素 1 500 倍混合溶液消毒 3 ～ 5 min。也可用恶霉灵 2 000 倍液 + 代森锌 800 倍液 + 多菌灵 500 倍液，浸泡 30 min，消毒后即可直接定植。

3. 定植种球

为了防止种球干枯，种植时一次在苗床上少倒一些种球，或直接从箱中拿出种植。干枯的种球鳞片或种球根系将导致品质下降。

种植密度根据种群、栽培品种、种球的大小、季节和土壤类型而有一定的差异。在光照充足、温度高的月份应适当密植；在光照不足、温度低的冬季种植密度应低一些。土壤结构好，可以种植得密一些；土壤结构差，可以种植得稀一些。表 4-3 列出百合不同种群、不同类型和不同大小的种球每平方米的最小和最大种植密度。通常，株距在 10 cm 左右，行距为种球周径的 1.5 倍。栽培的深度一般为种球高度的 3 倍（在种球顶部覆盖 2 倍于种球高度的土壤）(图 4-23)，冬季栽植时种球上方的覆土厚度一般在 6 ～ 8 cm，夏季栽植深度在 8 ～ 10 cm。

表 4-3　不同种群、不同类型和不同大小的球根每平方米的种植密度

球茎 /cm	10 ～ 12	12 ～ 14	14 ～ 16	16 ～ 18	18 ～ 20
亚洲杂种 / 个	60 ～ 70	55 ～ 65	50 ～ 60	40 ～ 50	
东方杂种 / 个	45 ～ 55	40 ～ 50	30 ～ 40	30 ～ 40	25 ～ 35
麝香杂种 / 个	55 ～ 65	45 ～ 55	40 ～ 50	35 ～ 45	
麝香（亚洲杂种）/ 个	50 ～ 50	40 ～ 50	40 ～ 50		

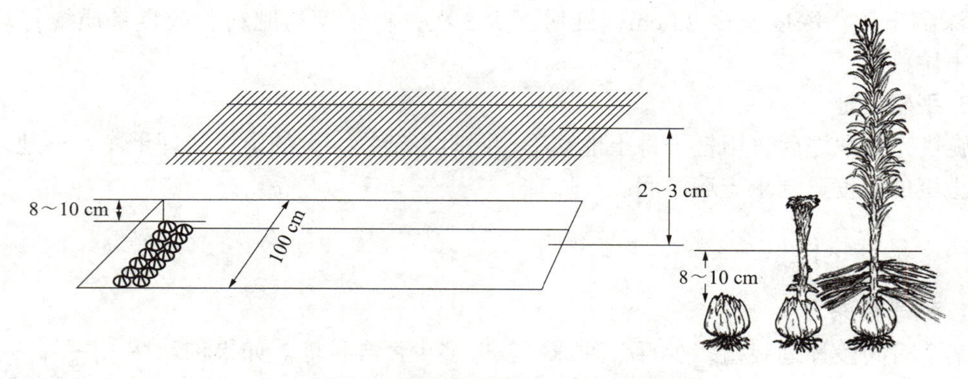

图 4-23　百合种植深度及种植

定植时，要先挖出栽植床。百合栽植床为高床，种植深度为 8 ～ 10 cm。首先应进行定点放线，确定苗床位置。其次，将覆土厚度的土挖到步道上，再用耙子将栽植百合的床底搂平。最后，当一整床种球全部栽植好后进行覆土。栽植床的覆土采用的是下一床的表土，这样一床倒一床，既省时又省力。挖好栽植床后进行种球定植。栽植百合种球时要注意避开光照强和温度高的时间段。种球需要简单覆盖，应避免阳光直射。栽植时，种球正向上摆放，芽尖与水平线呈 90° 角（芽尖向上），不要窝根。

4. 覆土及作床

百合栽植床一般采用高床，床面宽 1 m，作业道宽 30 cm，床面长度依据不同温室大小而定（图 4-24），便于进行日常管理和通风。作床与覆土工作同时进行，覆完土之后，用耙子将床面搂平，达到平整一致。种植后立即浇水，保证基质全部浇透，使种球与基质充分接触，浇水要均匀。表土保持湿润。

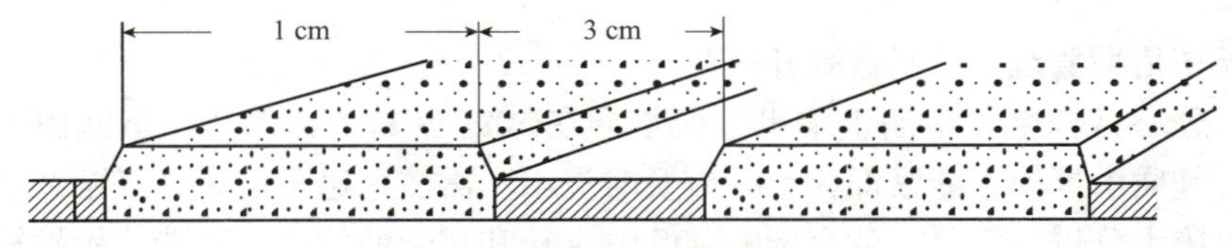

图 4-24　百合种球种植床

5. 作物覆盖

百合种球种植后的前 3 w 内，主要靠种球提供营养，当茎长出土壤后，这些茎根是百合的主要根系。因此，为了有利于种球发根，浇水后应立即用适当的物体覆盖土壤，以降低土壤的温度和保证土壤的湿度。覆盖物可以是稻草、谷壳或锯末等，厚度为 2 ～ 3 cm，薄厚均匀。作物覆盖夏天可隔热保湿，冬天则保温保湿，还可防止土壤干燥和结构变差。

四、日常养护管理

百合主要原产于北半球温带地区、中南美洲、非洲南部各地以及地中海地区，喜冷凉湿润的气候，忌干冷与强烈阳光，喜肥沃疏松和排水良好的砂壤土，pH 值在 5.5 ～ 6.5 为宜。

视频：百合日常养护管理

1. 生长前期管理（从种植到现蕾）

（1）土壤水分。百合对土壤湿度的要求较高，在种植前几天就应使土壤湿润，以便种植后种球能直接开始生根。在定植之后立即进行几次大量地浇水，以保土壤的肥力，同时也能使球根的根系与土壤结合更紧密。土壤湿度保持在 80% ～ 85%，最简易的判断方法是用手捏住一团土，可渗出少量水即可。表层覆盖物保持湿润。最好采用滴灌方式浇水，浇水时间最好是早上。

（2）空气相对湿度。百合适宜的相对湿度是 80% ～ 85%，可以利用遮阴、浇水和及时通风来调节空气湿度。当室外的相对湿度非常低时，不宜在非常冷或非常热的白天突然通风，最好在室外湿度较高的早晨进行缓慢通风。

（3）温度。百合在生长的前 1/3 生长周期内或至少在茎生根长出之前，控制地温是前期管理的关键。此时，最适宜的温度应保持在 12 ～ 13 ℃，超过 15 ℃或低于 10 ℃均对根系发育不利。当温度高于 15 ℃时会缩短生长周期，导致生根质量下降，以致植株枝条软弱，产品质量降低。当温度过低（夜晚低于 15 ℃）时会延长生长周期，甚至引起花蕾干缩和落蕾，叶片黄化。发根后温度可以提高，白天温度保持在 20 ～ 25 ℃，夜晚在 15 ～ 18 ℃。夏季可以采用通风、喷雾、遮阴等方式降温，冬季则注意加温保温。

（4）光照。光照不足不利于花芽的形成，易造成植株生长不良并引起落芽、植株变弱、叶色变浅、花色不艳和瓶插寿命缩短等现象；光照过强，易造成植株矮小、花色过艳等现象。从下种到苗高 40 cm 左右，即出苗后的四五十天要遮阴，这有利于提高植株高度。株高 20 cm 至现蕾期间，光照很强时要求必须遮阴，以免棚内温度过高，造成对植株及花蕾的伤害。

（5）通风。春夏秋三季节气温有保证，午间气温较高，可于上午即开棚膜及开顶窗通风，在温度稍低的环境下调节湿度，避免高温阶段湿度大幅变动；冬季气温低，应采取保温措施。

2. 生长中后期管理（从现蕾到开花）

（1）水分。百合生长中期土壤水分应掌握在 50% ～ 60%，保持土壤润而不湿。检测方式以表面基质手握团不能紧即为干，应及时浇水。需注意边角通风处经常补水。如果浇水不透或土壤水分供应不足，就会影响茎叶的生长和花蕾的发育，易造成植株矮小、瘦弱以及花苞小和消蕾的现象。相反，如果土壤的湿度过大，则易出现徒长、枝条软弱现象。

（2）温度。白天气温保持在 20 ～ 25 ℃，夜晚 15 ～ 20 ℃，冬季加温保证 10 ℃以上。白天温度过高会降低植株的高度，减少每枝花的花蕾数，并产生盲花。

（3）通风。加强通风，促进棚内外空气交换。冬天采取选择性间断通风。

（4）光照。大多数百合对光照比较敏感，光照不足会引起花芽干枯（盲花）。花蕾分化期（手摸可感到有花蕾，但外观不见花苞）至花苞长出时是叶烧敏感期，注意光照和湿度变化不能过大。

夏季栽培时，可采用外遮阳方式来遮光和降温。亚洲百合和麝香百合杂种遮去 50% 光照，东方百合宜遮去 70% 光照。冬季栽培时，可人工补光。补光的具体做法是，在百合花长到 0.5 ～ 1.0 cm 时开始补光，简易办法是在百合植株上方约 1 m 处，每 5 m^2 设置一盏 100 W 的普通灯泡，每天晚上补 4 ～ 6 h，并需持续至花蕾发育到 3 cm 以上。补光时间及强度与品种的光敏感性有关，应根据具体品种而定。

（5）养分。百合生长期间应按时追肥。通常在种植之后 3 w 就可以进行追肥，切花采收之前两周停止追肥。土壤追肥可用液体肥或固体肥，固体肥施后应立即浇水稀释。以复合肥、尿素、钾肥、磷肥配合作土壤追肥，一般每次每亩用肥 10 ～ 15 kg，共追肥 3 ～ 4 次。为了减少土壤盐分积累，可以采用叶面追肥。在百合生长前期，可以用 0.15% 的尿素 +0.2% 磷酸二氢钾 +0.2% 硫酸亚铁，每周喷一次，共喷施 5 ～ 8 次；在花芽分化期，除施用两次饼肥外，还要施液态无机肥，但要降低氮肥的使用量，一般使用硝酸钾和磷酸二氢钾的混合液，用量是每 100 m^2 施硝酸钾 1 kg、磷酸二氢钾 500 g，还可以喷一次腐殖酸肥料或 0.1% 硝酸钾和 0.05% 硫酸铵加 0.1% 硝酸钾 2 次；现蕾期到采收前，可喷 2 次腐殖酸肥。

百合易出现缺硼和缺铁症状，因此应经常施加含有这两种元素的肥料。硼砂一般在施肥过程中每次都追加进去，用量是每 100 m^2 施加 5 g；植株如果出现黄化病时，要及时喷施 600 倍硫酸亚铁液。

五、田间管理

1. 松土、除草

在百合生长初期，除草时要注意不能损伤幼茎。除草时不宜太深，防止伤及鳞片和

根系；当百合茎叶生长繁茂时，一般不需要进行松土除草，以免损伤花茎。

2. 张网立桩

通常在百合植株长到 30 cm 高时开始张网，在苗床的四个角立桩固定，通常每隔 2 m 立 1 根柱，再在苗床面上拉支撑网，使每个植株都在网格内。在百合整个生长期，支撑网应随着百合的生长同步增高。支撑网一般选用和畦同宽的塑料或尼龙网，网格宽一般为 15 ～ 20 cm（图 4-25、图 4-26）

图 4-25　百合栽培环境

3. 疏蕾

当花苞长到 0.5 cm 左右时可以将花苞数为 5 个或 5 个以上的花苞去掉其中 1 个或 1 个以上，保留 4 个即可，畸形花蕾及早去掉。

图 4-26　百合张网立桩

4. 扶苗

小苗长出地面 2 cm 后应及时将长得不正的小苗扶正，必须严格把握此关键时期，若错过扶苗时机会伤到根系，不扶苗将严重影响切花质量。

六、病虫害防治

1. 主要病害

（1）灰霉病。

1）症状：灰霉病是百合病害种危害最严重、分布最普遍的一种病害，常危害幼嫩茎叶的顶端部，使生长点变软、腐烂，在叶上则形成黄色或褐色圆形斑点，在花蕾发病时则产生逐渐扩大的褐色斑点，腐烂成粘连状，湿度大时病斑上产生灰色的霉。

视频：百合病虫害防治

2）防治措施：①加强通风，保证适宜的温、湿度。②一旦发现灰霉病，应立即剪除病叶，并加以焚烧，以防止蔓延。③喷洒药剂，可采用 600 倍扑海因溶液或 800 倍百菌清溶液，3 d 喷施一次，连续 2 ～ 3 次，可达到治愈的效果。

（2）炭疽病。

1）症状：炭疽病会危害叶片、花和球根。叶片发病会产生椭圆形淡黄色而周围黑褐色稍下凹的斑点。花瓣发病产生椭圆形的病斑，花蕾发病则产生几个至十几个卵圆形或不整齐形、周围黑褐色中间淡黄色下凹的病斑，成熟后病斑中央稍透明。遇雨茎叶上产生黑色小点，最后全部落叶。

2）防治措施：①种植前进行种球和土壤消毒；②加强管理，注意通风；③喷施药剂，可用 600 倍 50% 扑海因液或 800 倍 75% 百菌清液或 600 倍 45% 甲基托布津液，3 d·喷施一次，连续 2 ～ 3 次，可达到治愈的效果。

（3）茎腐病。

1）症状：茎腐病是百合的常见病害。在地下，褐色的斑点首先出现在鳞片顶部、侧

面或鳞片与基盘连接处，这些斑点将逐渐开始腐烂，如果基盘和鳞片在基部被侵染，那么鳞片就会腐烂。在茎地下部分，出现橙色到黑褐色的斑点，以后病斑扩大，然后扩展到茎内部，以后继续腐烂，最后植株未成年就死亡。在地上，茎叶及鳞茎染病，病鳞茎长出的叶片发黄，早期枯死，从下部叶逐渐到上部叶，变黄枯萎。植株根发育较差，几乎无基生根，茎生根较少。

2）防治措施：①种植前进行种球和土壤消毒；种植后保证适宜的土壤湿度。②在植株长到 20 cm 高时要经常检查地下茎部分是否有橙色或黄褐色斑点，在发病初期应用杀菌剂灌根及喷雾相结合，如用甲霜灵锰锌 500 倍液喷施植株及表面，用 500 倍多菌灵 +500 倍代森锌 +500 倍五氯硝基苯灌根 2 ～ 3 次，或用 500 倍 3% 恶甲水剂或 400 倍多菌灵溶液进行灌根。若在小苗前期，个别植株发病，则可将病株拔除，并对病株周围 30 cm 直径范围给予杀菌药水处理。

（4）根腐病。

1）症状：地上部分叶片从下往上逐渐外卷脱落，向上发展较快。将病株拔起后可发现，茎生根尤其是下层的茎生根的根尖发黄甚至全部根腐烂，茎部留下黑褐色斑点。一旦发生根腐烂往往难以再发根。

2）防治方法：①加强栽培管理，降低土壤及空气湿度，降低苗床温度。②药剂处理，叶面及地表可喷施 800 倍代森锰锌或绿亨一号，两者交替使用。也可用 2 000 倍恶霉灵液或 500 ～ 600 倍多菌灵液或 500 ～ 800 倍福美双液进行灌根。

（5）病毒病。

1）症状：病毒病会为害花叶，叶子扭曲、畸形、长势差，无法开花或开出花无商品价值。

2）防治方法：①拔除病株并销毁；②出苗整齐后喷施 7.5% 克毒灵水剂 800 倍液 1 ～ 2 次；③控制蚜虫，避免传播。

2. 主要虫害

（1）蚜虫。

1）症状：受害叶片及花蕾在发育初期卷曲并呈畸形。

2）防治措施：及时清除杂草；可交替使用 40% 甲胺磷乳油 2 000 倍液或蚜扫光 2 000 倍液或 65% 辛硫磷乳油 800 倍液或 50% 敌杀死 600 倍液等。施药时注意均匀仔细，尤其是叶片背面。

（2）蝼蛄。

1）症状：其为害百合鳞茎，咬食根系，使植株萎蔫枯死。

2）防治措施：种植前撒施甲拌磷；及时清除杂草，保持温室清洁；在百合生长过程中发现此虫可以撒施敌百虫。

七、切花采收、加工与贮藏

1. 采收

（1）采收时间。当 10 个或者 10 个以上花蕾的花枝上至少有 3 个花蕾已着色或 5 个花蕾的花枝上至少有 1 个花蕾着色时即可采收。过早采收，花开放时的色泽不好，显得苍白，一些花不能开放；过晚采收，又会给采

视频：百合切花采收

收后的处理和销售带来困难，主要包括花瓣被花粉碰脏，以及已经开放的花释放的乙烯对其他植株有催熟的影响。

（2）采收方式。最好采用剪切法，只有花茎不够长时，才用拔起法。尽量在早上进行采收，可以避免百合脱水。采收后应立即送到加工车间进行包装（图 4-27）。

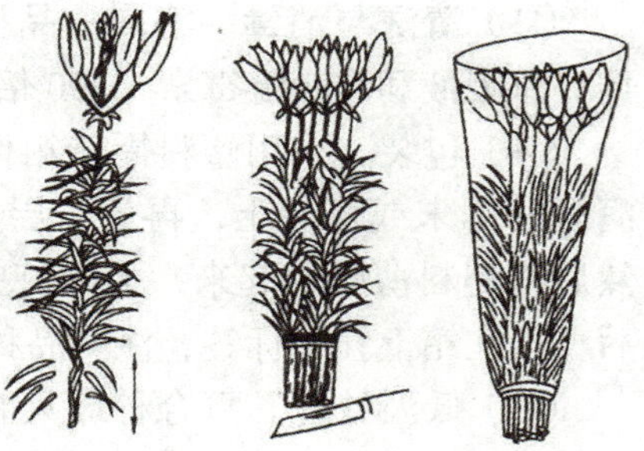

图 4-27　百合切花采收与加工

2. 分级处理

采收后，依照国际标准或亚洲标准进行分级，主要根据每枝花的花蕾数目、枝条的长度和坚硬度以及叶子与花蕾是否畸形来对百合切花进行分级。分级后将花茎下部 10 cm 内的叶片去除，依品种每 10 支捆成一扎，每扎中最长花茎与最短花茎相差不能超过 5 cm，捆绑成束。捆绑完之后，进行包装。

3. 贮藏

包装后，用剪子剪齐茎基部，将捆绑后的花枝插入事先预冷（2 ～ 3 ℃）的水中 4 ～ 8 h，不能少于 2 h，以防花蕾过快成熟开放，改善保存品质。当百合吸足水分后，就可以干燥贮藏在 2 ～ 3 ℃冷库中。整个加工过程最多只能持续 1 h。亚洲百合冷处理后还应加入保鲜剂。保鲜剂配方：硫代硫酸银 0.2 mmol+ 赤霉素 1 g+ 蔗糖 30 g+ 8- 羟基喹啉柠檬酸盐 0.2 g，加水至 1 L。保鲜剂通常可保存 1 w，混浊时即要更换新液。

4. 包装及运输

各层切花反向叠放箱中，花朵朝外，离箱边 5 cm，每箱装 30 扎。装箱后中间需捆绑固定，纸箱两侧需打孔，孔口距离箱口 8 cm。纸箱长 80 cm、宽 40 cm、高 30 cm。同时，注明切花种类、品种名、花色、级别、花茎长度、装箱容量、生产单位、采切时间。多数品种温度宜在 2 ～ 4 ℃，不超过 8 ℃；空气相对湿度保持在 85% ～ 90%。运输一般采用干运。

八、种球的处理、运输和贮藏

1. 种球的处理

（1）采收。一般在秋季植株地上部位开始枯萎时，就应及时挖出鳞茎。挖鳞茎时从苗床一端开始，逐渐向内推进，边挖边整理集中。为防止伤球，保证根系完整，挖掘时应离种球 15 cm 斜向种球下锹，挖掘深度为 20 cm。挖掘一定数量后，去掉鳞茎上的泥土，剪除枯萎的茎轴，然后，将种球进行集中，轻轻放入箱中。

（2）分级。通常根据鳞茎周径大小，将能产生切花的鳞茎（商品球）分类（表 4-4）。周径小于 9 cm 的鳞茎生长发育差，开花质量不高因而不宜供切花生产用，再培养 1 年后可供作商品种球。

表 4-4　百合切花鳞茎规格（单位：cm）

品种群	鳞茎大小（周径）
亚洲百合杂种系	9 ～ 10、10 ～ 12、12 ～ 14、14 ～ 16
东方百合杂种系	12 ～ 14、14 ～ 16、16 ～ 18、18 ～ 20、20 ～ 22、22 ～ 24
麝香百合杂种系	10 ～ 12、12 ～ 14、14 ～ 16、16 ～ 18

（3）清洗与消毒。将同一品种同一级别的鳞茎放在一起，先用清水冲洗，再用600倍扑海因液和农用链霉素1 500倍混合溶液浸泡3 min，再阴干。

（4）包装。采用塑料周转箱作存放容器，放置时先在筐底铺一层塑料薄膜，撒一层润湿的锯末或草炭土，再放一层塑料薄膜，这样一层一层交替存放，一直到放满为止，然后将塑料薄膜包起来，上面打些小洞以利通气。每箱可放150～400粒种球。装完箱后，再在箱上挂个标签，注明品种名称、种球规格、数量和存放日期。

（5）低温处理。百合种球只有放入冷库进行低温处理，打破休眠，才能进行促成栽培。具体做法是，将装有百合种球的塑料周转箱一层层堆放在冷库里，最底层应用木板垫起来，避免与地直接接触，以保证空气流通。箱子与冷库墙也应有10 cm左右的距离，箱子与冷库顶则要留50～80 cm高的空间，箱子中间要留人行道，便于经常查看。贮存的温度必须保持在2～5 ℃。温度变化过大可能导致冻害，低温贮藏时间为6～8周。贮藏时间过长，会减少花芽的数量，贮藏时间越长，减少量就越大。在贮藏期间，要经常检查箱内湿度，要保持锯末或草炭土潮湿，如果变干，要及时喷水。注意包装材料不能太湿或积水，否则鳞茎会腐烂。冷库还要定时换气，保持库内空气新鲜。

（6）冷冻处理。百合种球要长期贮藏，须采取冷冻处理。冷冻百合种球要用塑料薄膜包装（要有透气孔），里面填充稍微潮湿的草炭土或锯末；冷冻处理要求温度稳定，若由于温度升高而解冻的种球不能再冷冻，否则会造成冻害，冻害的程度取决于品种的类型、季节和解冻时间的长短。在百合种球冷冻过程中，必须在7～10 d较短的时间范围内被冷冻到适宜的温度。保持整个冷冻温度一致非常重要，很小的温度差异都可能引起冻害或发芽。种球冷冻和贮藏的温度因种类而异，具体温度要求如下：亚洲百合杂种：-2 ℃；东方百合杂种：-1.5 ℃；麝香百合杂种：-1.5 ℃。

百合种球在冷藏室中摆放时，要求箱与箱之间及堆与堆之间要有适当的空间，整个冷藏室必须有一致的空气环流，这样可以保证整个冷藏室温度一致，这对于百合种球的贮藏很重要，因为很小的温度差异都能引起百合种球的冻害或发芽。没有冷冻的百合和解冻的百合仅能短期贮藏，在0～5 ℃条件下，最长可贮藏一周时间，如果是解冻的百合，种植者必须立即将百合种球种植完。

2. 种球运输

百合种球采收处理后要销往各地，为此要保证必要的低温和湿度条件。以荷兰为例，海上运输百合种球要采用冷藏集装箱，冷藏集装箱的温度和通风要调到适宜的温度（表4-5）。

表4-5　不同类型百合种球在不同时期的运输温度

百合类型	运送时期	运输温度/℃
亚洲百合杂种系	采收—12月15日	1～0
	12月15日—1月1日	-1～-2
	1月1日以后	-2
东方百合杂种系	采收—1月1日	-2～0
	1月1日—1月15日	-1
	1月15日以后	-1.5

续表

百合类型	运送时期	运输温度 /℃
麝香百合杂种系	采收—12 月 15 日	1 ~ 0
	12 月 15 日—1 月 1 日	−1
	1 月 1 日以后	−1.5

百合种球在港口卸下后，应装入冷藏卡车，保证整个运输过程中温度保持在 0 ℃以下，使百合种球继续保持冰冻状态。而那些交付后即直接种植的百合可在 0 ～ 5 ℃运输，在此温度下运输时间最长不要超过一周。

九、百合种球、种苗生产

1. 播种育苗

（1）基质选择及消毒。基质可用肥沃园土、河砂和草炭土配制，比例为 2 ∶ 1 ∶ 1，每立方米添加 100 kg 腐熟的牛粪，并且要进行消毒和杀虫处理。

（2）播种时间与方法。在温室中，可于 1—2 月播种。播种前种子用 60 ℃温水浸种，播种后覆土厚度为 1 cm，温度维持在 20 ～ 25 ℃；保持播种基质的适度潮湿；约 14 d 可发芽。

（3）分苗与移植。第一片真叶出现后，应进行分苗移栽。分苗前准备好培养土的土壤，以疏松、肥沃土壤为宜，并要进行消毒和杀虫处理，添加肥料，还要使土壤湿润。分苗时（参见定植部分内容），将育苗土壤浇透，轻轻将苗剔出，注意切勿伤根，然后将移苗区定点部扎一种植孔，孔深比幼苗的根系深 1 cm，随之将幼苗缓缓放入穴中，然后轻轻合拢穴口。分苗后，用细眼喷壶喷水（图 4-28）。

图 4-28　百合果实及种子

2. 鳞片扦插育苗

通常选用健康鳞片进行扦插来繁育小鳞茎。生产中，选用秋季成熟的健壮种球，剥去外围的萎缩鳞片瓣后，健康的第三（层）鳞片肥大，质厚，贮存的营养物质最丰富，是最好的繁殖材料。每个鳞片基部最好能带上一部分基盘组织，以利于形成小鳞茎。内层小而薄的鳞片不适宜作扦插繁殖的材料，留下的中心小轴可单独栽培，自成一个新的鳞茎。将鳞片放入 1 ∶ 500 苯菌灵或克菌丹水溶液中浸 30 min，杀死病菌，阴干后直接插入苗床中。

扦插基质以草炭土为好，利于鳞片的存活和新子球的形成。插后最好保持黑暗，3 周后，基部逐渐长出 1 条或数条肉质根；一个月后，有的小鳞茎可抽生出细小叶片，成为一个可独立生活的个体。繁殖率通常是 50 ～ 100 倍（图 4-29）。

图 4-29　百合鳞片扦插繁殖

3. 分球繁育

分球繁育是采用植物茎基部生长出来的小鳞茎来繁殖百合。在秋季，在植株地上部分开始枯萎时，要及时采挖。采挖后的鳞茎摊放在室内或阴凉的地方，切勿在阳光下暴晒，以防止鳞片干枯，母球与子球待阴凉 1 ～ 2 d 后即可掰开、可栽植（图 4-30）。

4. 组织培养繁育

目前，这一方法是繁殖百合种球的主要方法。百合植株不同部位均可进行离体繁殖，通常利用经过低温处理的健康鳞茎，选用近外部及中间部位的健壮鳞片（或生产期的幼嫩花蕾）作外植体。组织培养繁育主要目的是获得更多的性状优良的子球，子球再经过培养，即可获得商品种球。

图 4-30　百合分球繁殖

任务四　唐菖蒲切花生产

任务描述

唐菖蒲（*Gladiolus hybridus* Hort）又名自兰、剑兰、十样锦，为鸢尾科唐菖蒲属多年生球茎类草本植物，其花色艳丽，花序高挺，花期长，为世界四大切花之一，被广泛栽培于世界各地。

唐菖蒲切花生产主要包括定植前准备、种球定植、日常管理、花期调控、病虫害防治、采收、分级及包装、种球收获与贮藏等。通过本任务的完成，在掌握唐菖蒲切花生产技术的同时，重点学会唐菖蒲在生产中的环境调控技术及花期调控技术，最终培育出高品质的唐菖蒲切花产品。

环保效应

唐菖蒲作为线形花枝材料，在切花应用中广泛采用，有“切花之王”的盛誉，具有较高的观赏价值。

唐菖蒲可以净化空气，吸收空气中的有毒物质。其对氟化物很敏感，当空气中氟化物达到一定浓度时，叶片就会因吸收氟表现出伤斑、坏死等现象，因此可作为监测氟污染的指示植物。唐菖蒲叶片细长而碧绿，在室内的环境中摆放，可以吸收空气中的二氧化碳，对于甲醛等物质还有一定的抵抗作用。

材料工具

材料：唐菖蒲种球、秸秆或沙子、有机肥、复合肥、多菌灵等杀菌剂、吡虫啉和扑虱灵等杀虫剂。

工具：剪刀、刀片、保鲜剂等。

任务要求

1. 能根据市场需求制订唐菖蒲切花周年生产计划。

2. 能根据企业实际情况制订唐菖蒲切花生产管理方案。

3. 能根据唐菖蒲生长习性、不同生长发育阶段的特点，采取不同的养护管理措施，并能根据实际情况调整方案，保证产品质量。

4. 能结合生产实际进行唐菖蒲切花生产效益分析。

任务流程

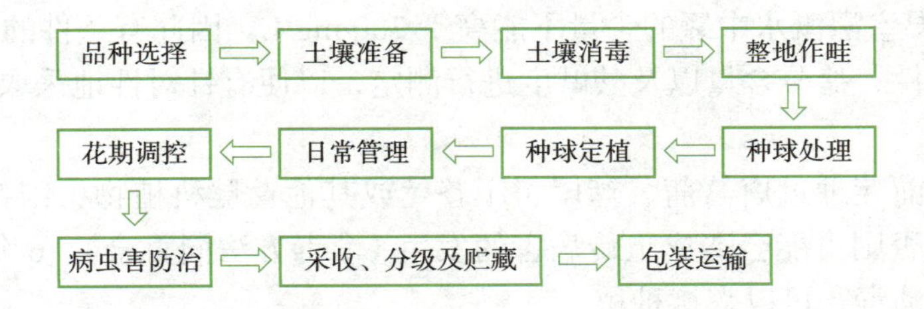

任务实施

一、品种选择

国内外唐菖蒲切花品种很多，近年引进作商品生产的唐菖蒲品种大约有 30 个，主要来自荷兰，少数来自美国与日本。生长良好的主要栽培品种见表 4-6。

表 4-6　切花唐菖蒲常见品种及生长特性

序号	品种	花色	生长特性
1	马斯卡尼	花红色	生长健壮，对光的敏感度不强，春季露地栽培，花期在 6 月上旬，花质优
2	青骨红	花红色	抗病性比马斯卡尼差
3	猎歌	花红色	花期早，但抗病性差，易退化
4	欧洲之梦	花红色	对光敏感度不强，可利用早春栽培
5	欢呼	花玫瑰红色	生长健壮，但花茎较细
6	萨克森	花橘红色	生长健壮，但小花在花轴上分布较稀疏
7	友谊	花粉红色	对光照不敏感，花期早，但易退化
8	无上玫瑰	花粉红色	花质优，生长强健，退化程度轻
9	西班牙	花粉红色	生长中等
10	金色田野	花金黄色	皱边，内瓣基部有红点，花质优，花期较晚
11	新星	花金色	生长健壮，不易退化，花期集中，成花率高，子球着生多
12	白友谊	花白色	对光照不敏感，可作早春栽培
13	白花女神	花白色	皱边，花质优，花期较晚
14	普利西拉	花白色红边	花形差，生长健壮
15	忠诚	花紫色	生长健壮，不易退化，花期晚

二、种植前准备

1. 土壤准备

唐菖蒲是一种喜光花卉，不耐盐碱，适宜种植在中性偏酸（pH=5.5 ～ 7.5）的土壤中。因此，栽培土壤最好选择向阳，肥沃、通透性良好、富含腐殖质的砂质土壤。若种植地的土壤比较黏重，可在种植前掺入有机肥、秸秆或沙子进行改良。若土壤 pH 值低于 5，会引起氟毒害，可于种植前一个月在土壤中加入生石灰（同土壤混合均匀）进行矫正。土壤 pH 值高于 7.5，则会引起缺素症，可通过在土壤中增施有机肥来预防。

唐菖蒲最常见的缺素症是缺铁，一般在种植前往土壤中施加螯合铁溶液进行预防。此外，唐菖蒲对盐分很敏感，土壤的电导率 EC 值应小于 2 mS/cm，土壤中氯的含量必须低于 50 mg/L，温室灌溉水中氯的含量不能高于 200 mg/L。因此有条件的可在种植前 6 w 对土壤的营养条件、盐分含量以及酸碱度进行测定，以便有针对性地采取改良措施。

2. 土壤消毒

如果土壤的前茬种过唐菖蒲、鸢尾、小苍兰或其他鸢尾科植物，则在种植前必须对土壤彻底消毒，否则可能会造成土传病害的发生（消毒方法同百合）。6 年未种过鸢尾科植物的土壤不用消毒，可以直接种植。

3. 种球处理

种球到达后需立即打开包装，以避免滋生菌类和种球生根、长芽。打开包装后，应尽快播种，如果不能及时种完，可以在通风良好的干燥处进行短期贮存。种植前对种球进行严格的选择，种球要求大小均匀、饱满、无病斑、芽眼健壮，并用 800 倍甲基托布津和多菌灵混合液或 40% 的百菌清 800 倍液浸种 30 min。

三、种植

1. 种植时间

根据不同目标花期确定种植时间。一般情况下，10—12 月产花，种球需在 7—9 月定植。露地栽培，当地温达到 5 ℃以上时就可播种。为延长切花的供应期，种球应该错开播种。自播种到采收切花的周期，与品种特性、种球大小、栽培时期的温度条件等因素有关。早花品种与晚花品种同时播种，花期可相隔 20 ～ 30 d；周径为 12 ～ 14 cm 的大球比 8 cm 左右的球径可提早 2 ～ 3 周开花；栽培温度在 25 ℃条件下经 60 ～ 70 d 开花的品种，栽培温度降低至 12 ～ 15 ℃时，开花周期则要延长到 90 ～ 120 d。长江下游地区露地栽培的种植期，可以从 3 月上旬开始，每隔 10 ～ 15 d 播种 1 次。利用地膜与小拱棚栽培，播种期还可提前 1 个月左右。5 月后播种的种球因气温升高，在贮藏期间容易发根，因此，后期种植的球茎应该在通风、干燥环境条件下贮藏，或在 2 ～ 5 ℃低温下冷藏。唐菖蒲种球种植时间与采收时间见表 4-7。

表 4-7　唐菖蒲种球种植时间与采收时间

种植时间	采收时间
7 月中下旬	9 月下旬—10 月上旬
8 月	10 月底—11 月初

续表

种植时间	采收时间
9月	11月初—12月初
10月	12月初—2月初

2. 种植方式

平畦用漫灌方式，平畦或高畦用滴灌方式。采用条播方式种植，每畦5行，深7 cm，覆土3 cm以上，用子球300 kg/hm^2，要求播种深浅均匀一致。

3. 种植密度

种植密度对植株的坚实度和花的品质有决定性影响。种植密度要依据品种、种球大小及栽培季节而定，一般情况下，春季的栽培密度大于秋季。一般作切花栽培的唐菖蒲可按行距20 cm、株距10～15 cm的规格栽植。不同规格种球适宜栽植密度见表4-8。

表4-8　不同规格唐菖蒲种球的种植密度

等级	种球规格（周径/cm）	种植密度/（个/m^2）
特级	14以上	30～40
一级	12～14	40～50
二级	10～12	50～60
三级	8～10	60～70
四级	6～8	70～80

4. 种植深度

种植深度要依土壤形态和种植时间而定，一般来说，种在黏重土壤中要比疏松土壤中的深度浅一些，春季的深度比秋季的要浅一些。一般情况下，覆土标准为球茎高度的2～3倍，通常春栽深度掌握在5～10 cm，夏秋栽植可加深到10～15 cm。深栽不易倒伏，有利于保持花茎挺直，并能创造上层根生育条件，有利于花茎发育。夏秋栽植深，主要是利用较低气温减轻病害，当然深栽也会推迟花期。栽植后畦面覆盖稻草、麦壳、锯木屑，可以保持土壤湿度，对根的生长、芽的萌发与花的品质都有较好的效果。

四、日常管理

1. 温度管理

唐菖蒲种植后两周内应保持夜温12 ℃，日温22 ℃，出芽后夜温可升至13～14 ℃，白天23～25 ℃。在第3片叶刚出现到第6、第7片叶出现的这段时间是唐营蒲的花芽分化期，此期间若温度偏低会引起盲花，使开花率降低；温度偏高，会发生消蕾。

2. 湿度管理

种植前土壤需先浇一次水，以保证种植时土壤的湿润，种植后两周内不需浇水。在唐菖蒲的整个生长过程中，土壤始终要保持湿润。若土壤干燥，可选在晴天的上午浇水。有时，需用覆盖物来保持土壤湿度。3～7片叶时水分供应要充足，否则会影响花芽形成。

3. 光照管理

唐菖蒲属长日照花卉，尤其在生长过程中，需要较强的光照，特别是叶片萌发后，植株通过光合作用制造养分来维持生长。3～7片叶时（花分化期），光照不足会导致叶同化作用产生的养分不足，使开花受到影响，所以第三片叶出现至开花应尽可能增加光照。

4. 通风管理

进入冬季以后，温室管理往往处于完全封闭的状态，以达到良好的保温效果，加之持续的水分管理，往往会造成内部潮湿闷热、通风不良，长期如此，将造成植株的徒长和盲花现象，还会伴随发生植株抗性下降、病虫害滋生。因此，必须进行适当通风。通风过程中要特别注意，温室的温度和相对湿度的波动幅度不能太剧烈，以免引发叶片枯尖现象。

5. 养分管理

在唐菖蒲种植后的前几周，种球本身能够提供足够的养分，使植株很好地生长，而且新种植球茎的根对盐分很敏感，因此一般情况下在种植后几周（第3至第4周）才开始施肥，当第3片叶抽出时，结合灌水每亩追施12～18 kg的颗粒状硝酸钙，可分三次追入。在苗期还要进行追肥，尤其是磷钾肥，这样既可提高切花和球茎的质量，还可增强植株的抗病、抗倒伏能力。追肥一般在苗期、旺盛生长期、开花前后及养球期间进行，以少量多次为原则。生殖生长阶段，植株长至6～7叶期即开始孕蕾，此时应及时灌好孕蕾水，并结合灌水，每亩施硫酸钾或氯化钾15 kg，灌水后及时中耕除草；8～9叶期，花穗开始抽出，此时植株需水量最大，可视天气情况10～15 d灌水一次，同时也要防止田间积水。采花后酌情灌水，并松土除草，以利种球生长。

五、花期调控

1. 抑制栽培

抑制栽培是采用冷藏种球延迟种植期而达到延迟开花的要求。例如，5—6月露地种植，于8—9月开花，9月温室种植，于12月至次年1月开花，10—11月种植，于次年2—4月开花。

抑制栽培的主要技术环节：种球贮藏在2～4 ℃库中，防止萌芽与霉烂；选用早花、抗病品种，缩短冬季育花周期以节约成本；选用健壮大球，大球在低温冷藏后保存营养多，有利于提高花枝品质，栽植后初期保持10 ℃以上，旺盛生长期保持夜温12～18 ℃、昼温20～25 ℃为宜。冬季光照不足应加光。低温会延迟开花，温度过低、光照不足会导致盲枝。

2. 促成栽培

初秋（或其他季节）提早收获种球，应用人工打破休眠和提前种植的技术调节开花期。人工打破休眠的方法有多种：

（1）低温冷藏法。例如，提前于6—8月起球，经3～5 ℃低温冷藏30～40 d，于9—10月种植，可于次年2—4月开花。

（2）人工高低变温处理。收球后保持种球干燥，先在35 ℃下经15～20 d，再转入2～3 ℃中经20 d加速打破休眠。

（3）化学药剂处理。将挖起的种球先冷藏 1 w，密封于每升容量含 4 ml 40% 2- 氯乙醇的容器中，在 23 ℃室温中经 2 ～ 3 d 即可解除休眠。或将种球浸上述药剂 3% 溶液中经 2 ～ 4 min，然后密封在容器中，在 23 ℃室温下经 24 h 亦有效。处理后的种球应立即种植，2 ～ 3 w 可发芽。

六、病虫害防治

1. 主要病害

（1）灰霉病。

1）症状：灰霉病主要发生在叶片、花瓣上，可引起球茎腐烂，直接影响观赏。叶片感病初出现黄褐色小点，逐渐扩大为圆形或椭圆形红褐色的病斑，最后，叶片变黄枯死，侵染叶基部，引起茎腐，严重者茎全部变软，呈红褐色。

2）防治方法：球茎贮藏期间相对湿度控制在 80% 以下，并注意通风；严格实行轮作，球茎消毒；种植密度不宜过大，保持表土干燥；当感染的最初症状出现时，可用 50% 可湿性甲基托布津 800 ～ 1 000 倍液喷洒；病区用 50% 代森锌 1 000 倍液或 70% 甲基托布津 1 000 倍液喷药防治，并将已受感染的植株及球茎彻底清除；温室栽培必须通风良好，也可以通过加温来降低室内湿度，在清晨灌水，以利晚间植株表面与土壤表面干燥；在球茎萌芽后定期喷洒甲基托布津、粉锈宁、多菌灵等杀菌剂，在气候潮湿的情况下至少每周一次。

（2）干腐病。

1）症状：植株和球茎均可感病。最初植株呈现良好生长态势，过一段时间后，感病植株叶基部产生许多小的、坚硬的黑色菌核。球茎上出现黑色或褐色病斑，连成一片引起球茎腐烂，最终感病球茎皱缩变黑。在干燥季节发病轻。贮藏期若环境潮湿发病加重，整个球茎都可皱缩成黑色。生长期植株叶片变黄，基部腐烂，新球茎不能很好生根。

2）防治方法：栽植前与贮藏前种球用 42 ℃热水消毒处理 3 h 左右，或用 0.5% 的高锰酸钾消毒，土壤用氯硝胺处理；及时清理并销毁病株和病球。用 50% 多菌灵可湿粉剂 500 ～ 1 000 倍液或 50% 氯硝胺粉剂 300 倍液防治。

（3）根腐病。

1）症状：根腐病表现为，植株幼嫩叶柄弯曲皱缩，叶簇过早变黄干枯，花梗弯曲，色泽变深，严重时全株枯黄死亡。球茎感病后出现水浸状不规则近圆形斑，逐渐变为淡褐色至棕黄色，病斑凹陷成环状皱缩，扩展到整个球茎，变为黑褐色干腐症。

2）防治方法：在播种前进行球茎消毒，用 0.5% 高锰酸钾溶液浸 15 min，再用清水冲洗，晾干后种植；生长过程中及时除去病株。氮肥施用不可过多，发病初期用 50% 多菌灵可湿性粉剂 500 ～ 1 000 倍液或 75% 百菌清可湿性粉剂 800 倍液或 70% 甲基托布津可湿性粉剂 2 000 倍液喷雾。球茎贮藏前置于 30 ℃下 10 ～ 15 d，促进伤口愈合；贮藏期间要保持干燥通风。

（4）唐菖蒲病毒病。危害唐菖蒲的主要病毒是菜豆黄花叶病毒（BYMV）和黄瓜花叶病毒（CMV）。这两种病毒是世界性病毒。两种病毒引起的花叶病症状相似，能引起种球退化，植株矮小，严重影响产量和质量。发病初期，叶片上出现褪绿角斑与圆斑。病斑扩展因受叶脉限制常呈多角形，最后变为褐色，病叶黄化、扭曲、植株小，严重的抽不出花穗，花瓣变为杂色。多数病毒是通过蚜虫、叶蝉、线虫和机械损伤传播的。

防治方法：土壤消毒；施杀线虫剂；建立无毒良种繁育基地，生产中应用脱毒的组培苗；拔除病株。

2. 主要虫害

（1）线虫。线虫主要危害植株根部。造成地上部分生长受阻，叶片弯曲变弱且发黄。受害病状如软腐病，但球茎保持完整。根呈不同程度加粗，形成根瘤，有些局部能造成肿大。

防治方法：销毁受害种球和植株；种植前彻底消毒土壤，在土壤中施用涕灭威，用20% 可湿性螨卵脂稀释 800 ～ 1 600 倍液喷雾，40% 杀线酯乳油剂每亩用 0.2 ～ 0.3 kg，加水后，开沟灌浇施后覆土；使用 50% 除线特可湿性粉剂，每亩用 0.5 ～ 1.5 kg，加水开沟灌浇，灌后覆土踏实。

（2）蓟马。蓟马雌虫一般在叶片裂缝处和叶鞘间产卵，在球茎表皮下过冬。受害植株的叶片呈散乱的银白色斑点，严重侵害时，小斑点相接形成灰色到浅褐色大斑点。花褪色，出现斑点，以致不能开放。这些斑点最初出现在重叠的叶及花序与叶之间。

防治方法：清除杂草；用 40% 乐果乳剂 1 000 ～1 500 倍液喷洒；用 1 000 倍液的乙酰甲胺磷浸泡球茎；喷洒 2 500 倍液的灭杀菊酯；也可用 50% 杀螟松 1 000 倍液处理。

七、采收、分级及贮藏

1. 采收

唐菖蒲切花在花序最下部的第 1 至第 2 朵花显色时，即可采收。采收过早花开不好，延迟至花盛开后采收，则运输、贮藏过程中花朵易受损。就地销售的切花在花穗基部2 ～ 3 朵花半开时剪切。远途运输或贮藏者宜在基部 1 ～ 2 朵小花花蕾显色时采收。注意：在剪切部位以下保留 4 ～ 5 片叶，切花剪切高度可在植株离地面 5 ～ 10 cm 处切断，以作为后期新球、子球发育的营养来源。剪下的花枝立即插于清水中。

蕾期采收的花枝含糖量低，经贮藏、运输后水养时达不到满意的开花品质，应以含糖和杀菌剂的保鲜液处理。

2. 分级、贮藏及运输

切花按长度分级，各国所定长度标准不同，有的国家还规定每枝必需的花朵数。具体分级标准见表 4-9。

表 4-9　唐菖蒲切花分级标准

分级	枝条长度
合格	70 cm 或 80 cm 以上
中等	80 cm 或 96 cm 以上
良	90 cm 或 107 cm 以上
优	100 cm 或 130 cm 以上

切花采收后按品种、花色等分级包装，以 10 ～ 12 枝为一束，直立存放于 4 ～ 6 ℃冷库中临时贮藏，一般不超过 24 h。长期贮藏或远途运输的花枝需干藏于包装箱中，每箱内有塑料膜衬里保湿。在 4 ℃下可保存 3 ～ 7 d。运输与冷藏中仍需注意花枝直立以防弯曲。

花枝到达目的地后应立即开箱，将茎基剪去 2 cm 左右，插入清水或保鲜液中，需用时，转入 21 ～ 23 ℃的有散射光处即可开放。

八、种球收获与贮藏

1. 种球收获

一般在种植第二年 4 月底，经过 8 个月生长的种球平均周径在 12 cm 以上，地上部分 1/3 叶片开始枯黄，通过控水的方式强迫植株休眠，地上部分基本枯死时挖掘种球。

2. 种球冷藏处理

起球后连叶晾干，待叶全枯时清除枯叶、残球及残根。分级后置于网袋或筛盘内，保持通风、干燥。将唐菖蒲种球用 40% 甲醛 800 倍液浸泡 30 min 或用 0.3% 高锰酸钾溶液浸泡 20 ～ 30 min，晾干后放入 1 ～ 2 ℃ 冷库贮藏至少 3 个月，越冬期保持相对湿度 70% ～ 80%，每天通风 1 ～ 2 次，每次 30 min。

任务五　小苍兰切花生产

任务描述

小苍兰（图 4-31）花色艳丽，高雅芳香，花序柔美摇曳，深受消费者喜爱，在国际花卉市场上占据重要地位。近年来，其产量和销量迅速增长，仅在荷兰地区，每年的切花产量就超过 5 亿枝。小苍兰为异花虫媒授粉植物，在自然条件下结实率只有 10% 左右。种球繁殖属于无性繁殖，通过分球的方式可以获得种球来源，经夏季高温打破休眠后，秋季栽植，翌年春即可开花。

小苍兰切花生产主要包括品种选择、整地作畦、种球准备、栽植方法、肥水管理、温度管理、光照管理、拉网、花期调控、病虫害防治、切花采收、分级及上市、球茎收获与贮藏。通过本任务的完成，能获得小苍兰切花产品。

图 4-31　小苍兰切花

环保效应

花卉中有不少敏感的植物哨兵，可作为空气污染的监测器。小苍兰对臭氧比较敏感，对臭氧大气污染能及时做出反应。

材料工具

材料：小苍兰、有机肥、饼肥、过磷酸钙、五氯硝基苯、溴甲烷、呋喃丹、生石灰、乙烯、多菌灵、福美双、磷酸二氢钾、赤霉素、托布津、氧化乐果、遮阳网、竹竿、铅丝、线网等。

工具：旋耕机、铁锹、皮尺等。

任务要求

1. 能根据小苍兰习性对土壤进行正确改良。
2. 能正确处理小苍兰种球。
3. 能正确栽植小苍兰种球。
4. 能根据小苍兰生长情况进行日常养护管理。
5. 能掌握小苍兰花期调控技术。
6. 能准确识别小苍兰病虫害症状并进行有效防治。
7. 会正确采收小苍兰切花并分级上市。
8. 会对小苍兰球茎进行收获和贮藏。
9. 在实施任务时，分组进行，每个小组要分工明确、团结协作、齐心合力完成任务。

任务流程

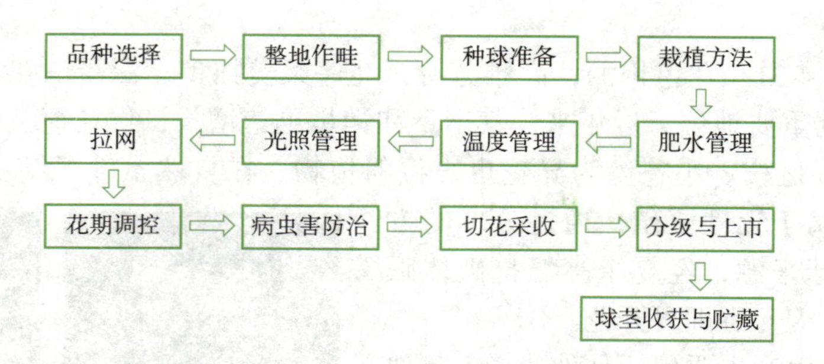

任务实施

一、品种选择

小苍兰目前商业品种多达200种以上。花有白、黄、粉、桃红、玫红、紫红、雪青、蓝紫诸色及复色，在生产上常根据花色分为红色系、黄色系、白色系、蓝色系等栽培品系，还有复色和重瓣品种。

二、种植技术

图 4-32　小苍兰种球

小苍兰可用分球、播种或组织培养等方法繁殖。用种子繁殖的子代因基因不同，苗木不整齐，有时会产生变异。生产上常用分球法繁殖（图 4-32）。

1. 整地作畦

小苍兰喜欢土壤疏松肥沃、富含有机质、保水力强、排水良好的中性或微酸性沙质壤土，pH 值要求为 6.5 ～ 7.2。忌含盐量高的土壤。若含盐量偏高，则种植前需换土或对土壤进行适当改良（如用大量清水淋洗）。此外，小苍兰最忌连作，切花生产中种球易染病，会影响其产量和质量，从而影响经济效益。种植过小苍兰的地块，至少要间隔 3 年才能再种植。

在对土壤进行改良时，先将有机肥、无机肥和消毒剂均匀撒在土壤表面，采用机械或人工方法浅耕，使土肥充分混均匀。有机肥用量为每 100 m^2 施家畜粪 750 kg、饼肥 12.5 kg，无机肥用量为每 100 m^2 施过磷酸钙 5 kg。消毒剂可用五氯硝基苯 6 ～ 10 g/m^2、溴甲烷 50 ～ 70 g/m^2、呋喃丹 8 ～ 12 g/m^2。用有机肥或生石灰调节土壤 pH 值。

土壤改良消毒后，耙平，做成高 10 cm、宽 1 ～ 1.2 m 的高床，步道宽 50 cm。干旱地区畦高可为 5 cm 左右，土壤湿度大、不易排水的地区，宜加高至 20 ～ 25 cm。

2. 种球准备

（1）种球的休眠。小苍兰种球的自然休眠期为 50 ～ 60 d。种球起挖后，在 28 ～ 30 ℃条件下贮存，一般 50 ～ 60 d 才发芽，而在低温 13 ℃条件下休眠可达 240 d 左右。如果在高温处理前采用熏烟或用乙烯处理，效果更好。熏烟的方法是在熏烟室内，把球茎摆放在架子上，每立方米用 2 ～ 3 dm^3 谷糠或锯末点燃，熏 4 h 后，打开门窗，连续处理 3 ～ 4 d。

（2）种球选择。在选择种球时，剔除带病种球。对种球进行分级，好的种球细长而充实，不好的种球短而形状不正。一般按种球大小或质量分成大球、中球和小球三级（栽培用种球应选直径为 1 cm 以上的大球），进行分级栽植、分级管理。一级种球质量大于 3 g，二级种球质量为 1 ～ 3 g，三级种球质量小于 1 g。一般一级种球用于切花栽培，二级种球用于盆花栽培，三级种球用于留种。为减轻病毒感染，最好能选用脱毒的组培球，或由种子、子球培育的新球，小球培育 1 ～ 2 年后可育成优质种球。

（3）种球消毒。种球消毒可用 50% 多菌灵 500 ～ 800 倍液浸泡 30 min，再以 50% 福美双 500 倍液拌种后才能种植。在处理过程中要经常搅动，防止药剂沉积而影响药效。小苍兰球茎进行促根处理，在根长出后栽植，但催根不宜过长，否则栽植时易伤根系。

3. 栽植方法

种植时间一般在开花前 3 ～ 4 个月。在 9—11 月定植。通过保护设施越冬，主要花期在 4—6 月。定植时，采用不同栽培时间和相应管理措施，可以实现周年供花。

种植密度因品种、球茎大小、栽培季节而有一定差别。一般种植株行距为 8 cm ×（10 ～ 14）cm，每平方米种植 80 ～ 110 株。狭叶品种比宽叶品种种植密，冬季栽培比夏季栽培密，小球比大球密。覆土厚度一般为球茎大小的2倍，切忌太厚，种植后土表常覆盖一层薄薄的草炭土或松针、稻草、锯木屑等，以保持土壤湿润。

三、日常养护管理

1. 肥水管理

栽植之后至出芽前必须保持土壤湿润，特别是已出芽和生根的种球。但种植球时气温若高于30 ℃则不能立即浇水，以免烂球。出苗后，在气温较高的情况下，要适当控制水分以防徒长，一般每周浇一次水。浇水时间秋季以早晚为宜，冬季及早春气温低时则以晴天中午较好。现蕾后要适当逐步减少浇水量，尽量保持土表干燥，以利于降低空气湿度，预防病害。

小苍兰追肥以无机肥为主。从定植到抽生2片叶时，通常只浇水不施肥。地上部分抽生3片叶时要开始追肥，采用施肥与浇水相结合的方法，薄肥勤施。一般每7～10 d追肥一次。营养生长期间以追施无机氮肥为主，进入花芽分化阶段以追施磷肥为主，还可用0.1%～0.3%的磷酸二氢钾溶液作叶面施肥，以提高切花品质。进入开花期，应停止追肥。花后再追施1～2次综合化肥，促进球茎发育。

2. 温度管理

小苍兰生长的适宜温度为白天14～18 ℃，夜间8～10 ℃。一般栽后6 w左右花芽分化完成。如果温度低于12 ℃，植株与花梗生长受抑制而变短；而温度持续高于20 ℃，花芽分化受抑制就会产生畸形花。

3. 光照管理

栽培过程中，幼苗期与开花期要适当遮光。在第1叶生长期，适当遮阴，可以降低地温，促进根系的发育。在花芽分化前每天给予10 h左右的短日照处理，不仅有利于花芽分化，还有利于增加花茎长度与花序上的花朵数与侧穗数。花芽分化完成后适当延长日照，有利于促进花序的良好发育与提早开花。小苍兰虽然喜光，但也要避免强光照射，在光过强、温度较高的情况下，可用透光率70%的遮阳网遮阴。

4. 拉网

小苍兰花枝较软，花朵多而下垂，为防止倒伏，在植物生长到20 cm左右时要支架拉网。拉网之前，先在畦面四角及畦床两侧每隔1.5～2 m竖竹竿或铁管支杆，长约70 cm，其中20 cm打入土中，然后用粗铅丝或细竹竿串入网格两面的网格中，沿支杆张拉于距畦面20 cm高处，注意把网格拉直拉挺。距地面每隔25～30 cm拉一层10 cm×10 cm或10 cm×15 cm的线网，共2～3层，并随着植株生长，将枝叶扶正在网格中央。

四、小苍兰花期调控技术

为满足生产及消费要求，有必要进行小苍兰的花期控制。措施如下：

（1）小苍兰休眠球茎经28 ℃高温贮藏30 d后，用乙烯利加赤霉素处理，可在15 d内打破休眠。

（2）8～10 ℃低温处理40 d，可提早花期80 d，切花畸形率为4.3%，提早开花率为90.5%。

（3）赤霉素结合低温处理 40 d，可提早花期 80 d，切花畸形率为 4.3%，提早开花率为 60.6%。

五、病虫害防治

（1）球茎腐烂病。要选用无病种球，减少机械损伤，不连作，种球和土壤要消毒，发现病株连球拔起销毁，并对穴内消毒。

（2）灰霉病。在叶部发病。要保持通风和适宜的温湿度，栽种地用 70% 托布津 1 000 ～ 1 500 倍液消毒。

（3）病毒病。发现症状严重的拔除销毁，选用脱毒组培苗繁殖的种球，防止蚜虫传播病毒。

（4）蚜虫和蓟马。主要为害花和叶，蚜虫还传播病毒，可用 40% 氧化乐果 2 000 倍液防治。

六、切花采收、分级与上市

小苍兰鲜切花采收应根据用花部门对商品切花的要求和运输距离远近，以及当地的气温高低而定。1—2 月上市的小苍兰，在花蕾着色前、开一朵小花时，为切花采收时期；3—4 月上市的则在初花前 1 天进行采切为好。一般供应本市的鲜切花，采收时气温较低，可稍熟些；气温较高、发往外地或出口外销及需作短期冷藏的，则可稍生些。通常，判断适时采收的标准是：当主花枝上第一朵小花显色和含苞欲放时为采收适时。

剪切时，工具宜用酒精消毒，以防传染病害。剪切位置一般在植株主花枝基部，以使主花枝以下节位的侧花枝能继续第二次或第三次采收。操作要求轻拿轻放，切勿损伤侧花枝和碰落小花。采收后应立即插入清水中或用鲜切花保鲜剂延长保鲜期。当切花花序小、花茎过短影响商品质量时，在采切主花枝时可连同侧枝一起剪下后再剪除侧花枝。最后一次切花剪切至少保留 2 叶，以利于地下部分球茎发育。

采收后，应立即进行分级。小苍兰鲜切花的分级标准如下：

一级花花色纯正，花茎挺而粗，花枝长度在 45 cm 以上，带 2 个侧花枝、小花数 7 朵以上且排列整齐，第一朵小花含苞欲放。可出口外销或供高级宾馆用花。

二级花花茎挺直或稍斜，花枝长度为 35 ～ 45 cm，最好能带一个侧花枝，花穗发育正常，第一朵小花含苞欲放。供应国内花卉市场。

三级花花枝长度为 25 ～ 35 cm，花穗发育正常，第一朵小花含苞欲放。

其余则为等外花。分级后，分品种按花枝质量分级捆扎，每 10 支或 20 支一扎，花朵部分用纸包裹，花茎基部用橡皮筋捆扎剪齐，放入保鲜液或清水中。可直接供应市场或作短期低温贮藏。在 1 ～ 2 ℃与 90% 相对湿度下干贮或湿贮可保鲜 7 天。外运用纸箱包装，每箱 300 ～ 500 支。

小苍兰可用硫代硫酸银与细胞分裂素的混合液作催花液；或用糖、8- 羟基喹啉柠檬酸盐、硝酸银及矮壮素的混合液作瓶插保鲜液。

七、球茎收获与贮藏

5 月下旬至 6 月上旬左右，当小苍兰地上部分的叶片开始发黄时，表明球茎接近成熟，这时应停止浇水，待叶片全部枯黄后收球。收球时间最好选择晴天早上进行。收球时，一般用刀在行间逐行横向挖掘，将球逐一挖出，操作时必须小心，切勿弄伤球茎。球茎挖起后，除净枯叶和附在球茎表面上的泥土及干瘪的老球，先在床面上晾晒到下午5时左右。然后收起平摊在室内通风处阴干，切勿将刚收获的球茎堆积在一起，以免腐烂。阴干一周后，除去球茎基部的肉质根，将病球、腐烂球和机械损伤球清除，将大球上的中球、小球分离出，进行分级整理，并分别摊放在室内通风处直到种植或进行低温处理。贮藏期间，要经常检查。伏季要注意保持室内有 30 ℃以上的高温约一个月，必要时可关闭门窗提高温度，起到打破球茎休眠的作用。

任务六 紫罗兰切花生产

任务描述

紫罗兰［*Matthiola incana*（L.）R. Br］又名草桂花、四桃克、草紫罗兰等，为十字花科紫罗兰属二年生或多年生草本植物。原产于欧洲南部的地中海地区，在中国南方大城市中常有引种。花朵艳丽，美观大方。它的大部分品种颜色均为紫色，有“神秘而优雅”的寓意，具有极高的观赏价值（图 4-33）。

紫罗兰切花生产主要包括品种选择、土壤选择、播种育苗、移植、苗期管理、定植管理、花期管理、病虫害防治、采收等。

图 4-33 紫罗兰

环保效应

紫罗兰花朵能释放出挥发性油类，具有显著的杀菌作用，有利于人体的呼吸道健康。紫罗兰还能吸收氯气和二氧化碳，起到净化空气的作用。

材料工具

材料：紫罗兰、速克灵、百菌清、敌克松、大富丹、扑海因、氧化乐果等。

工具：枝剪。

任务要求

1. 能根据紫罗兰习性对土壤进行正确选择。
2. 会规范操作紫罗兰播种育苗。
3. 能正确移植紫罗兰幼苗。
4. 能根据紫罗兰生长情况进行日常养护管理。

5. 能掌握紫罗兰花期调控技术。

6. 能准确识别紫罗兰病虫害症状并进行有效防治。

7. 会正确采收紫罗兰切花。

任务流程

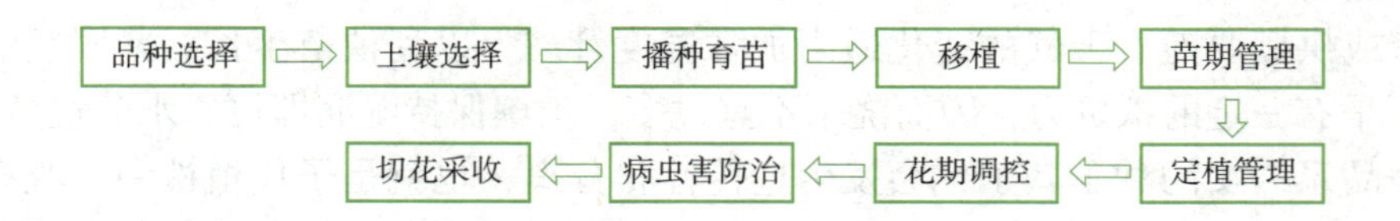

任务实施

一、品种选择

紫罗兰园艺品种类型丰富，依株型可分为高、中、矮三类。花坛用中矮生种，一般株高 30 ～ 40 cm，切花用高生种，一般株高 60 ～ 90 cm。花型分单瓣和重瓣。依栽培习性不同可分为 1 年生和 2 年生类型。依花期不同分为夏紫罗兰、秋紫罗兰和冬紫罗兰。

二、种植技术

紫罗兰主要以播种繁殖为主。播种时间因品种类型及花期要求而定，可分期播种以分期开花。15 ～ 20 ℃条件下 7 ～ 10 d 发芽，再经 30 ～ 40 d，具有 6 ～ 7 片真叶时定植。紫罗兰苗床播种量每平方米 3 ～ 5g，出苗率 75% 左右。穴盘播种可采用 128 目穴盘。2 ～ 3 片真叶时进行移植。大棚或温室作畦按 8 cm × 8 cm 间距移苗，最好移入塑料钵中。随着天气变冷，大棚和温室要控制秧苗生长适宜的温度，大棚可采取多层覆盖进行保温。

1. 土壤选择

紫罗兰的栽培土壤要疏松、透气、肥沃。可以使用腐殖土、泥炭土、河砂混配，或用腐叶土、园土、煤渣、堆肥等混合均匀后作培养土。紫罗兰属于直根性植物，要求土壤具有一定的厚度以保证紫罗兰根系的自由伸展，以便充分吸收养分，保证发育正常。同时，紫罗兰忌涝，特别是在其幼苗期，若土壤过于湿渍，根系很容易腐烂。

2. 播种育苗

由于南方夏季气温高，春播苗长势弱，易死亡。二年生品种发育过程需经过春化阶段，因此，一般采用秋播，在 9 月上旬露地苗床播种。由于种子喜光，播种后不用覆土，保持苗床湿润，在 15 ～ 20 ℃条件下约 1 w 后出苗。也可于 9 月上旬进行盆播，播种前将盆土浇足水，播种后保持盆土湿润，若土壤干旱不宜直接浇水，可用喷壶喷水，一般播种后约 2 w 即可发芽。在我国中部地区于 9 月中旬露地播种，在华北及东北地区于 9 月上旬播种，幼苗在保护地越冬。北方地区可进行春播，育苗期间要加以保护。

3. 移植

当幼苗长出 2 片叶后选择阴天或晴天下午移栽。紫罗兰为直根系植物，须根不发达，断根再生能力差，不耐移植，因此为保证成活，移植时要多带土坨，尽量不伤根。定植时应在栽植穴中施充分腐熟的农家肥作基肥。定植后浇足定植水，遮阴后不使其闷气。盆栽的紫罗兰宜放置阴凉通风处，待缓苗后再移至阳光充足处，不宜多浇水，以保持盆土偏干为好，不可过干或过湿，这样可使植株矮化，防止植株徒长。当幼苗长出 10 片叶时摘心促发分枝。生长期间每隔 10 天浇施 1 次腐熟液肥，开花后立即停止施肥。

4. 苗期管理

温室或拱棚要随着天气的变化适当加强温度管理，以利秧苗生长。紫罗兰的叶片质厚，对干旱有一定的抵抗力，因而浇水不宜过多，土壤保持湿润即可，水分过多会烂根。

重瓣品系结实的种子其子代会发生遗传性状分离，也就是子代植株中，既有开重瓣花，又有开单瓣花的现象。在栽培中要保证栽培的植株都开重瓣花，必须在幼苗期根据形态特征进行鉴别和筛选。具体做法是：当子叶展开时，将苗盘移置于 4 ～ 8 ℃的环境中养护 8 d。叶片呈淡绿色为开重瓣花的苗，深绿色则为单瓣品花的苗。或是在幼苗生出 3 ～ 4 片叶时观察，其中叶缘呈锯齿状为开重瓣花，叶缘平滑为开单瓣花。栽培期间去单瓣花的苗，保留开重瓣花的苗。

5. 定植管理

紫罗兰秧苗 8 ～ 10 片真叶时进行定植。作为切花栽培的，直接定植于保护地栽培床内，可按 6 cm × 8 cm 的株行距分栽于苗床内。起苗时，要带土球，勿伤根系。定植前，应在土中施放些腐熟的干的猪粪、鸡粪作基肥。定植后浇足定根水，遮阴；准备在露地花坛定植的，最先定植在花盆中，放在阴凉通风处，成活后再移至阳光充足处，株行距 30 ～ 40 cm，隔天浇水 1 次，每隔 10 d 施一次腐熟液肥，见花后立即停止施肥。对高大品种，花后宜剪去花枝，再追施稀薄液肥 1 ～ 2 次，能促使再发侧枝，初霜到来之前，地栽的要带土团崛起，囤入向阳畦或上花盆置室内越冬。

6. 花期调控

为了控制花期，多采用囤苗假植的办法抑制生长。早春要早些移植至畦地，经栽植、灌水后生长迅速，可于 4 月中旬绽蕾。紫罗兰花后可保留各枝条基部 4 ～ 5 片叶进行重剪，并施追肥 1 ～ 2 次，促生新枝，至 7 月可再度开花。霜降前老枝顶部剪去，保留分枝基部 3 ～ 4 cm 囤入阳畦越冬，翌年春天再定植于花坛。

三、病虫害防治

1. 病害

（1）灰霉病。苗期发病，引起幼苗猝倒。成株期发病，花变褐腐烂。在高湿条件下，病部密布灰霉层。此病有时发生在茎端，引起生长点和幼花芽的腐烂。

防治方法：控制棚室内温度保持在 20 ～ 33 ℃，通风透气，注意棚室内卫生。也可使用烟剂或粉尘剂进行有效防治。用 10% 速克灵烟剂熏烟，每 667 m^2 用药 200 ～ 250 g；或用 45% 百菌清烟剂，每 667 m^2 用药 250 g，于傍晚分几处点燃，封闭棚室，过夜即可。也可选用 10% 灭克粉尘剂或 10% 腐霉利粉剂，每 667 m^2 用药粉量为 1 000 g，烟剂和粉剂每 7 ～ 10 d 用 1 次，连续用 2 ～ 3 次，效果好。

（2）花叶病。感病植株叶片变小、皱缩、扭曲、反卷，呈明显的花叶症。发生严重

时，植株矮小并提早枯萎。

防治方法：防治花叶病首先要除去紫罗兰种植地附近的毒源植物，发现病株及时拔除。用杀虫剂防治蚜虫，可减少本病的发生。在养护过程中，对使用工具进行消毒以防止通过汁液传播。

（3）立枯病。感病植株最初在靠近地面的茎基部产生暗水渍状色斑点，随后逐渐扩大成不规则形状的大斑，呈棕褐色，收缩腐烂。当病斑环绕茎部一周时，植株倒伏死亡。

防治方法：选择土壤疏松排水良好的地块种植，避免用黏土种植；施用充分腐熟的有机肥，注意补充磷、钾肥，加强植株间通风，及时摘除病叶。发病时喷施 65% 敌克松 600 ～ 800 倍液或高锰酸钾 1 000 ～ 1 500 倍液，土壤消毒可用多菌灵或五氯硝基苯，每平方米用 5 ～ 6 g。

（4）炭疽病。一般从植株下部开始发病，初期为水渍状的小斑点，后病斑周围变成淡红褐色。老病斑穿孔，茎部受害处变色，以后被害部弯曲。

防治方法：增施基肥，提高植株抗病力；及时摘除病叶，减少菌源；发病前可喷施 75% 百菌清可湿性粉剂 500 ～ 600 倍液或 40% 大富丹及 50% 克菌丹可湿性粉剂 400 倍液、50% 扑海因可湿性粉剂 1 500 倍液、50% 速克灵可湿性粉剂 2 000 倍液，每隔 7 ～ 10 d 喷 1 次，连续防治 2 ～ 3 次。

2. 虫害

害虫主要是蚜虫，积聚在叶、嫩芽及花蕾上，以刺吸式口器刺入植物组织内吸取汁液，使受害部位出现黄斑或黑斑，受害叶片皱缩、脱落，花蕾萎缩或畸形生长，严重时可使植株死亡。蚜虫能分泌蜜露，导致细菌生产，诱发煤烟病等病害。

防治方法：通过清除附近杂草来消除；喷施 40% 乐果或氧化乐果 1 000 ～ 1 500 倍液，或杀灭菊酯 2 000 ～ 3 000 倍液或 80% 敌敌畏 1 000 倍液等。

四、采收及处理

当紫罗兰的花枝上 1/2 ～ 2/3 小花开放时采收。采收时间以早晨或傍晚为好。采收时，从茎基部采剪，使花枝更长。每束 10 ～ 20 支，绑好后插入水中，再用包装纸或塑料薄膜包裹后，冷藏或装箱上市。切花花枝在 4 ℃下可保持 3 ～ 4 d。

任务七　满天星切花生产

任务描述

满天星（*Gypsophila paniculata*）又名霞草、重瓣丝石竹、小白花等，为石竹科丝石竹属多年生宿根草本花卉。原产于欧洲中部至东部及中亚、西亚地区，地中海沿岸，目前已流行全球各地。满天星花似点点繁星、洁白高雅，繁盛细致、分布匀称、朦胧飘逸，是切花、花束和花篮的配花材料，也是市场需求量日增的世界十大切花之一。

满天星切花生产主要包括品种选择、土壤选择、苗木培育、分苗、定植、打顶、花期调控、苗期管理、苔期管理、花期管理、温度管理、水肥管理、病虫害防治、切花采收等。

环保效应

满天星是一种极富观赏价值的植物，其花朵呈现出天蓝色、紫色、粉红色等不同颜色，且花期长达数月之久。因此，它经常被人们用于园林观赏、花坛点缀等场合。同时，满天星还能够吸收空气中的有害物质，可以起到净化空气的作用。

材料工具

材料：满天星、腐熟牛粪、氮磷钾复合肥、矮壮素等。

工具：枝剪等。

任务要求

1. 能根据满天星的习性对土壤进行正确改良。
2. 能正确繁殖满天星小苗。
3. 能根据满天星生长情况进行日常养护管理。
4. 能掌握满天星花期调控技术。
5. 能准确识别满天星病虫害症状并进行有效防治。
6. 在实施任务时，分组进行，每个小组要分工明确、团结协作、齐心合力完成任务。

任务流程

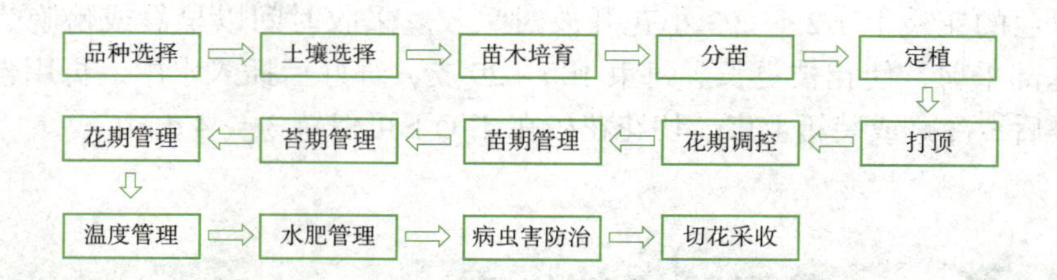

任务实施

一、品种选择

满天星的花语“甘愿做配角的爱，只愿在你身边”极其感人和浪漫，因而其经常被用于花束、花篮、插花的陪衬等。常见的栽培品种有小花仙女、新客、钻石、重瓣完美、火烈鸟、红海洋等。

二、种植技术

1. 土壤选择

满天星稍耐干旱，喜石灰质钙土和空气流通干爽的环境。应选择光照充足，土层深厚、疏松、通透性良好、富含有机质，给排水方便，pH 值为 6.5 ～ 7.5 的土地栽植。一般将土地深耕，施入腐熟的牛粪，每亩用优质厩肥 4 000 kg、氮磷钾复合肥 40 kg 作基肥。整高畦，畦宽 70 ～ 80 cm，高 15 ～ 20 cm，畦间走道宽 50 ～ 60 cm。

2. 种植技术

（1）苗木培育。以播种育苗或组培育苗为主，也可利用基部萌生的芽条扦插育苗。

扦插育苗要选用健壮母株上茎高 1/2 以下的侧芽，发叶 4 ～ 5 对时，摘下作插穗。春秋两季最为适宜，扦插的气温宜在 15 ～ 25 ℃。介质用细河砂、珍珠岩、蛭石等均可。插前浇足水，插穗下端浸泡于生根粉或吲哚乙酸溶液中 5 ～ 10 min，在全光照下进行。经常喷雾，保持周围空气湿润，约 20 d 可发根，1 个月左右移入小容器内定植，2 个月左右再移至大田定植，当年或次年即可开花。

播种育苗：在 21 ～ 27 ℃条件下约 10 d 出芽。播种时间可根据当地的适宜温度和上市时间分批播种。在 2 月中旬，用 1 m 见方的苗箱撒播。为防止徒长，在播种前先撒一层矮壮素，浇水后再进行播种。

（2）分苗。在温室播种育苗后，需分苗两次。分苗时间需根据播种密度而定，一般播种密的应早一些分苗。正常情况下，在真叶长出 2 ～ 3 叶时即可分苗。起苗前苗箱土壤要求呈半湿润状态。在分苗时，先切主根然后选择细弱的 2 ～ 3 株成簇移出，一般 1 个苗箱可移苗 15 ～ 200 株。栽植株行距 2 ～ 3 cm，不宜栽得过深。第 1 次分苗用细喷壶浇水，对倒伏的苗在第 2 d 用木棍扶起，放于阴凉处，待其恢复生根能力后，再放于阳光下。

（3）定植。当苗长至 30 ～ 40 cm，出现 4 ～ 5 对真叶、8 ～ 9 个节时，即可进行定植。在定植前要先蹲苗，控制浇水，降低温度，以增强其抗病力。要选择健壮苗，主根过长时需剪除部分主根，以促进侧根生长发育。在定植时，先行整地，每公顷施有机肥 45 000 kg、复合肥 750 kg。畦面要高出地面 10 ～ 15 cm，畦宽 100 cm。分灌水，以吸足水、不积水为最好。要选择阴天定植，每畦种 3 行，株行距为 20 cm × 30 cm。

三、日常养护管理

1. 打顶

栽后 20 ～ 35 d，植株下部开始萌发侧芽，应及时整枝与打顶，否则虽可提前 7 ～ 10 d 开花，但无效盲花枝增多，不利于通风透光，严重影响切花的质量和产量。常规打顶法是保留下部 3 ～ 4 对叶，打去主顶，促进下部侧枝整齐萌发生长；同时疏去基部过多的莲座状侧枝，集中养分供上部侧枝生长，以便获得高产。一般每株保留 6 ～ 8 个侧枝。多数品种从打顶到开花需要 70 ～ 90 d。

2. 花期调控

满天星莲座化可用激素来防止，在形成莲座前，喷洒氨基嘌呤（300×10^{-6}）或赤霉素（300×10^{-6}），均可显著促进满天星的伸长和开花。

四、田间管理

1. 苗期管理

小苗定植后 10 ～ 15 d 应施速效肥，以人粪尿、豆饼肥为最好。当长到 7 ～ 8 对真叶时进行摘心，在摘心 14 d 后会长出许多侧枝，一般只保留 4 ～ 5 个侧枝，其余的要抹掉。在肥水管理上应薄肥多施，结合施肥补充水分。同时进行松土、培土、中耕。

2. 苔期管理

植株能否抽薹与切花产量有直接关系。应减少氮肥施用量，多施磷钾肥，以增加茎秆硬度，提高花的质量，避免植株产生莲座，及时防治灰霉病、红蜘蛛、蚜虫的危害。

3. 花期管理

在抽薹现蕾后陆续开花，当小花数达 80% 左右时，就可在侧枝近茎部把整枝剪下，并放入清水中保鲜待售。在开花期可以采用 0.2% 磷酸二氢钾根外追肥，这时，水分不宜过多，宜偏干，但也不能缺水。浇水时切勿浇在盛开的鲜花上，否则会影响花的质量。

4. 温度管理

满天星生长的最适温度，夜温为 15 ～ 20 ℃，昼温为 22 ～ 28 ℃，高于 32 ℃或低于 10 ℃时，均易引起莲座状丛生，只长叶不开花。当气温在 10 ℃以下、日照减少到 10 h 以下时，节间停止生长，叶丛生，植株进入半休眠状态，植株将生长不良，表现为生长缓慢，叶片变小，节间变短，花芽畸形或转变成营养芽，莲座化，降低花的产量和品质。

在温室栽培条件下，进入 10 月就要保持室温白天在 15 ～ 25 ℃、夜间 10 ～ 14 ℃，并每日增加光照 4 h 以上，使植株受光时间达到 16 h。

5. 水肥管理

栽后及时浇足定根水，并用百树得喷洒植株及根部土壤，预防地下害虫咬根。晴天采用 70% 的遮光网覆盖 3 ～ 5 d，以提高成活率。营养生长期即缓苗后至抽薹前，采用尿素、普钙、硫酸钾按 2 ：2 ：1 的比例，浓度为 1% ～ 3% 作追肥，每周浇施一次。生殖生长期至采花期，追施比例为 1 ：1 ：1、浓度为 3% ～ 5% 的 NPK 复合肥，10 ～ 15 d 追一次。开花前 20 d 停止追肥。在满天星的整个生育期，灌水量应适当减少。前期要适当控水，防止徒长引起早衰，中期根据墒情可适当灌溉，可采用沟灌，沟灌后应及时排除积水，切忌大水漫灌。因雨淋容易引起苗茎腐烂，开花后会使花朵变黑，所以整个生育期忌雨淋。

定植 30 d 后即可追肥，追肥成分以氮、磷、钾的比例为 2.2 ：2 ：2.5 为宜。每周追肥 1 次或与灌溉相结合，至开花前 20 d 停止追肥。氮肥过多，会引起徒长，茎秆软弱，影响切花的质量。

定植 1 个月以后要摘心，通常在苗木长出 7 ～ 8 对叶时，摘掉顶芽，保留下部叶腋发出的侧枝，让其生长发育。摘心 2 周后，侧枝长到 10 cm 左右时，抹掉瘦弱的芽，保留健壮的芽。一般在 1 m^2 的面积上，保留 15 ～ 20 枝切花即可。植株生长旺盛时，株丛大，易倒伏，可用拉网固定或用竹竿支撑。

五、病虫害防治

1. 虫害

满天星最严重的害虫是潜叶蝇，受潜叶蝇为害的叶片，叶肉被幼虫取食，形成弯弯曲曲的潜道，仅剩下白色的表皮。虫害严重者植株叶片叶肉被食尽，整株叶片枯黄，生长严重受阻。目前对潜叶蝇较好的防治方法是：用 1.8 % 爱福丁乳油 3 000 倍液、90 % 巴丹可湿性粉剂 1 000 倍液、75 % 灭蝇胺可湿性粉剂 5 000 倍液交替喷洒，每 7 d 喷一次，连续喷药 3 次后，视虫情再进行重点防治。喷药时间应在上午 10 时以前和下午 4 时以后。

常见的害虫还有蚜虫或蜗牛，对这类虫害，一般用风油精稀释或中性洗衣粉稀释进行喷施。

2. 病害

（1）根腐病：采用保护地栽培，做好地块排水工作，避免连作，发病初期可喷施杀毒矾防治，但整个生育期不可超过三次，否则，会使植株叶绿素增加，影响花卉品质。

（2）白粉病：多发生在空气湿度小的季节。发病初期喷施新星进行防治，效果非常好。

（3）灰霉病：发生初期可用 50% 扑海因，或 70% 甲基托布津可湿性粉剂 800 倍液～1 000 倍液或百菌清 1 000 倍液～1 500 倍液，一周喷 1 次，连喷 3 ～ 4 次即可。

（4）冠瘿病是发生于整个生长期的病害。枝条萎蔫、缺绿，继之叶片死亡，病症自基部向上逐渐蔓延。通常在主根上或茎的末端形成软瘿，成熟植株则在根上形成冠瘿，沿根产生鳞片状增厚或肥大。防治方法：把植株浸泡在次氯酸钙溶液中 2 min 可以防治，药液浓度是 1 000 mL 水中加 27.4 g 次氯酸钙。

（5）疫霉冠腐病：在 32 ℃高温与高湿条件下，发病迅速。所有叶片变为浅绿色至灰色，萎蔫并死亡。根冠组织变软，发生湿腐症状，在腐烂过程中常有强烈的细菌性腐烂气味。防治方法：在 100 L 水中加 60 ～ 120 g 氯唑灵进行防治。

六、切花采收

满天星的切花适期为春季 75% 左右的花开放，若推迟切花则先开的花易变色。用剪刀采收成熟花枝，先剪中心花枝，长 60 ～ 80 cm，留下部侧枝分期分批采收。因花枝吸水性较差，故切花时最好提着水桶到田间，花枝切下后立即插入桶中，让其充分吸水，以防失水干枯。田间剪下的满天星及时包装处理，一般采切后可用糖与硝酸银的混合液处理 0.5 h，尽快进入市场或放进冷库。一般分束包湿棉球，再在湿棉球外包聚乙烯薄膜。为了得到高品质的鲜花，还可以用灯光及催花液催花处理 12 ～ 24 h。满天星因其分枝性强，花朵细小，通常按质分束装箱上市。装箱时注意花枝部分不要过度挤压。

（1）在高寒地区，3—4 月扦插，5—6 月定植，7—10 月采收，生长期约为 4 个月；在温暖地区，通常秋季定植，次年 5—6 月采收。温室温度维持在 15 ～ 25 ℃，每日光照不少于 14 h，则周年可以采花。

（2）花枝采收后，应立即插到水中冷藏 5 ～ 7 d。花枝可自然干燥，成为优质干花，可观赏 1 年之久。

（3）采花后如无适当的处理，即使让其充分吸水，也不再开花，为使其开花，可用 10% 蔗糖 +200 mg/L STS 溶液进行处理后上市，开花率最终可以达到 70% ～ 100%。瓶插保鲜可用 2% 蔗糖 +200 mg/L8- HQC 的液体。

任务八　郁金香切花生产

 任务描述

郁金香（*Tulipa gesneriana* L.）又名洋荷花、草麝香、郁香、何兰花等，为百合科郁金香属草本植物（图 4-34）。原产地为地中海沿岸、土耳其山区、中国新疆等地，现中国各地均有栽培。

郁金香切花生产主要包括品种选择、整地、种球处理、种球栽植、出苗前管理、出苗后管理、花后管理、病虫害防治、切花采收、种球收集与贮藏等。

 环保效应

郁金香能截留住空气中的微粒，可减少室内 20% ～ 60% 的尘埃，是空气中有害气体的过滤器。郁金香对金黄色葡萄球菌有抗菌作用，其茎和叶的酒精提取液也有抗菌作用。

图 4-34　郁金香

 材料工具

材料：郁金香鳞茎、氮磷钾复合肥、磷酸二氢钾、硝酸铵、过磷酸钙、硝酸钾、甲基硫菌灵、咪酰胺、多菌灵、恶霉灵、氟啶胺、克菌丹、施加乐悬浮剂、阿米西达、灭霉灵、辛硫磷、吡虫啉、毒死蜱、阿维菌素乳油、斑潜净微乳剂、毒啶乳油、硫丹等。

工具：铁锹、旋耕机、皮尺等。

 任务要求

1. 能根据郁金香习性对土壤进行正确改良。
2. 能正确处理郁金香种球。
3. 能正确栽植郁金香种球。
4. 能根据郁金香生长情况进行栽植后的管理。

5. 能准确识别郁金香病虫害症状并进行有效防治。
6. 会对郁金香种球进行收获和贮藏。
7. 在实施任务时，分组进行，每个小组要分工明确、团结协作、齐心合力完成任务。

任务流程

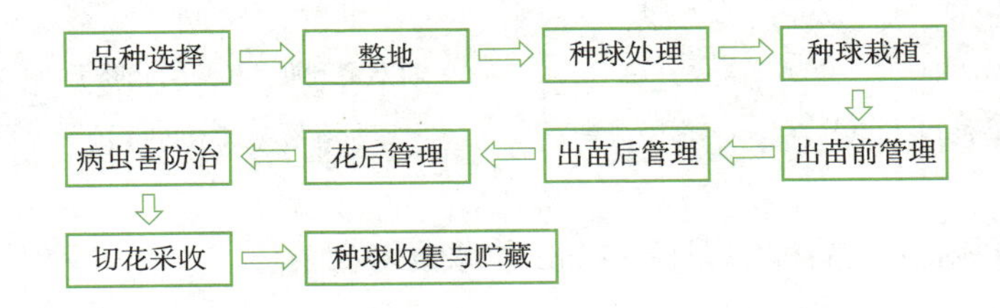

任务实施

一、品种选择

郁金香栽培品种已有 8 000 多个，是由原产于葡萄牙、地中海、希腊、伊朗等地的多种郁金香原种杂交而成的。中国引入的郁金香常见栽培切花品种见表 4-10。

表 4-10　中国常见栽培的切花郁金香品种

名称	花色	名称	花色
阿巴（Abba）	红重瓣	天使（Angelique）	粉
阿普尔多（Apeldoom）	红	美杏（Apricot Beauty）	粉
阿波拉（Abra）	红带黄晕	圣诞的惊奇（Christmas Marvel）	深粉
法国的埃尔（Ilede France）	正红	紫威木（Primavera）	粉
山羊（Capri）	红	万得福（Wonder fut）	粉
快乐的圣诞（Merry Christmas）	红	粉奖杯（Pink Trophy）	粉
亨利杜南（Henry Dunant）	红	高星（Up star）	粉
洛可可（Rococo）	红皱瓣	第一夫人（First Lady）	紫
亲信（Dir Fanouoote）	红	内格里特（Negrita）	紫
卓越（Prominence）	红	紫星（Purple Star）	紫
游行（Parade）	红	热可拉多（Recreado）	深紫
阿梯拉（Attile）	紫	紫王子（Purple prince）	紫
贝洛纳（Bellone）	黄	橙异（Drange wonder）	橙紫
黄金时代（Golden Age）	黄	黄阿普尔多（Golden Apeldoorn）	黄
汤米（Tommy）	橙	火焰鹦鹉（Flaming Parrot）	黄色带红边
丰收（Goldentarset）	黄	阿拉伯（Arbian Mystery）	紫色带白边
玛曼沙（Mamase）	黄	阿普尔多的精华（Apeldoorn's Etite）	黄色带红边

续表

名称	花色	名称	花色
日光（Sunray）	黄	阿拉第（Aladdin）	红色带黄边
希伯尼（Hibernid）	白	李汪德商标（Leen vander Mark）	红色带白边
白色的梦（White Dream）	白	玫瑰经（Rosario）	红色瓣基部乳黄
堪萨斯（Kansas）	白	高星（Up star）	乳白带粉晕
因在尔（Inzell）	白	凯斯尼利斯（Kees Nelis）	红色带黄边
卡萨布兰卡（Casablanca）	白带黄晕	摩尔赛拉（Monsella）	黄重瓣中肋红色

选择一级品种和二级品种的周径 11 cm 种球栽培为最佳。

二、种植技术

郁金香常采用分球繁殖方式。分球繁殖就是当年栽植的母球经过一季生长后，在其周围分生出 1 ～ 2 个大鳞茎和几个小鳞茎，将其与母球分离，按种球大小分开种植，大种球当年可开花，小种球培养 1 ～ 2 年后开花。

视频：郁金香种球定植

1. 种植前准备

（1）整地。郁金香一般于秋季（9—11 月）种植，种球种植之前先整地。选择地势平坦、排水良好、富含腐殖质的沙土或砂性壤土。如土壤黏重则用沙土和草炭进行改良。使用铁锹或机械设备深耕土壤，清除杂草、枯枝、烂叶。用干鸡粪或腐熟的农家肥作基肥，将其均匀撒至土壤表面，并对其洒水，一次性浇透，定植前 2 ～ 3 d 保持土质疏松。土壤施基肥后再喷洒福尔马林溶液进行消毒，然后盖上塑料薄膜，种植前 1 d 揭开塑料薄膜。这样既可提高土壤肥力，又可预防病虫害。

视频：郁金香土壤改良

（2）种球处理。选择品种优良、球径大、外种皮无损伤的种球，去除根盘处包裹的种皮。去皮种球发根快，根系长势好，有利于后期营养吸收。根盘以外其他部位种皮尽可能保留，如此可起到保护种球的作用，降低被病菌和害虫危害的概率。将种球放在百菌清溶液中浸泡消毒。也可用甲基托布津、除螨特溶液浸泡种球 30 ～ 40 min，浸泡时间不宜过长，避免影响种球肉质。处理后的种球放置于通风、干燥的地方保存，贮藏温度控制在 10 ～ 20 ℃。露地贮藏时间最多不超过 2 d，若种植条件不允许，可将种球放置于 15 ～ 17 ℃的冷藏室中，避免种球肉质受损。

2. 种球栽植

郁金香露地栽培多采用开沟点播方式，根据种球周径的大小确定株行距，使用周径为 12 cm 的种球，株行距以 10 cm × 15 cm 或 15 cm × 20 cm 为宜，栽植深度以鳞茎高度的 2 倍为宜。种植过深，幼芽出土困难；种植过浅，秋季温度过高会导致种球过早发芽，不利于越冬。栽植后立即浇透水，一般 1 w 后便可生根。

3. 栽植后管理

（1）出苗前管理。种球栽植之后马上浇 1 次透水。待郁金香发根后可在自然低温阶段不断伸长，其间保持土壤湿润，但不能积水。水分过大，容易发生烂球。栽植后如遇大幅降温，可覆盖厚约 10 cm 的稻草或草帘进行防寒。萌芽期、营养生长期每 7 d 浇水 1 次，叶片展开后需水量增加，一般 3 ～ 4 d 浇水 1 次，现蕾后适当控制浇水。

（2）出苗后管理。种球萌芽后，要经常检查新芽生长情况，如果没有降雨，立即浇 1 次透水。当气温升至 5 ℃以上，幼芽逐渐生长。植株进入生长旺盛期，可结合浇水，667 m^2 每 10 d 施入 N ： P ： K=1 ： 2 ： 2 的复合肥 10 kg，连续施用 2 ～ 3 次。花蕾期每隔 1 w 喷施 1 次 0.2% 磷酸二氢钾溶液，连续喷施 3 次。

（3）花后管理。花期过后，气温逐渐升高，采用适当的降温措施，延长生育期，以积累更多的同化物。另外，花谢后地下新球开始膨大充实，此时需加强水肥管理，并及时剪除花茎，使养分集中供给新鳞茎的发育。此阶段 667 m^2 追施硝酸铵 3 kg、过磷酸钙 5 kg 和硝酸钾 3 kg。

三、病虫害防治

1. 病害

郁金香病虫害以预防为主，其中主要的病虫害分为以下几种。

（1）病毒病。在叶片和花瓣上出现斑纹及褪绿条斑，严重时，甚至产生坏死斑。对于感染病毒病的植株，一旦发现，应立即拔除，并及时销毁或深埋处理。田间管理时减少机械和人为损伤，注意防控蚜虫等病毒传播媒介。

（2）基腐病。植株及茎叶发黄、根系减少、根部土壤会变成褐色，部分根系出现腐烂症状，后期整个植株全部死亡。栽植前将种球浸泡于甲基硫菌灵 100 倍液 + 咪酰胺 80 倍液或 50% 多菌灵可湿性粉剂 100 倍液的消毒液中，浸泡 2 h。生长期发病后用 30% 恶霉灵水剂 600 ～ 700 倍液直接灌根。

（3）灰霉病。鳞茎外鳞片初期会产生灰色或暗褐色凹斑，随后扩大变为黄褐色或深褐色。染病后植株矮化，花瓣部分产生褐色斑点。栽植前种球用氟啶胺 60 倍液 + 克菌丹 200 倍液浸泡消毒，浸泡 2 h。营养期应减少氮肥施用量；生长期发病可用 40% 施佳乐悬浮剂 1 200 倍液、25% 阿米西达 1 500 倍液或 50% 灭霉灵可湿性粉剂 800 倍液进行叶面喷施。

（4）青霉病。鳞茎表层覆盖绿色层，严重时里层鳞片也产生清霉，导致种球腐烂。栽植前用 50% 多菌灵可湿性粉剂 1 000 倍液浸泡种球 30 min 防治。

2. 虫害

郁金香主要虫害有蚜虫、潜叶蝇、蓟马、刺足根螨等。

（1）蚜虫。蚜虫主要为害新叶、嫩梢、花等处。蚜虫聚集吸吮汁液，产生黑色蜜露，严重降低观赏价值，蚜虫还携带传播病毒病。种植区释放七星瓢虫、草蛉、食蚜蝇等天敌；定期修剪枝叶，及时清除病株，做好补植；处理种球时，按照种球量的 0.2% ～ 0.3% 使用 40% 辛硫磷、60% 吡虫啉、48% 毒死蜱进行拌种包衣处理，可有效预防蚜虫，也可用 10% 吡虫啉可湿性粉剂或 1.8% 阿维菌素乳油 1 500 倍液喷雾防治。

（2）潜叶蝇。叶片遭潜叶蝇啃食后，会布满不规则灰白色线状蛀道。发现后立即喷洒 1.8% 阿维菌素乳油 2 000 倍液和 20% 斑潜净微乳剂 1 500 倍液进行防治。也可悬挂黄色粘虫板，可有效诱杀成虫，降低危害。

（3）蓟马。蓟马体小、细长，黑褐色。受害的植株出现银灰色条形或片状斑纹或枯黄，可危害花、茎、叶等。可用20%毒啶乳油1 500倍液与10%吡虫啉可湿性粉剂1 000倍液交替使用，或35%硫丹700倍液进行叶面喷雾。喷药时要均匀，尤其花心、叶腋等处要喷到。

（4）刺足根螨。虫体洋梨形，乳白色，在16～26 ℃高温高湿条件下活动最强。受害鳞茎的外表皮变硬并呈巧克力色，肉质鳞片干缩，破裂成似木栓化的碎片。可用25%乙酯杀螨醇1 000倍液灌根或用1%甲氨基阿维菌素苯甲酸盐（威克达）乳油800倍液灌根防治。

四、切花采收

郁金香花蕾透色后，便可开始采收。采收时花苞还未展开，这有利于贮藏和运输，通常采收整株植物，包括鳞茎。切花采收后，立即捆成束立起放入2～5 ℃的水中30～60 min。在运出之前冷藏，保持冷藏室相对湿度在90%以上，温度保持在2～5 ℃，冷藏不要超过3 d。郁金香切花捆扎的位置应在花茎下部1/3处。装箱时，水平放置。

五、种球收集与贮藏

郁金香种球的收集贮藏是生产中必不可少的环节。贮藏期间的温度、湿度等都会对种球的品质产生影响，进而影响开花效果。郁金香在盛花期后便逐步干枯休眠。距离球茎1 cm的茎秆开始干瘪时，为种球最佳收获期。在种球收获期前半个月内不再浇水，种球应整体挖出以减少机械损伤。及时清除新挖出的种球表面泥土，用百菌清消毒晾干后装箱贮藏，贮藏场所要保持通风，且在贮藏期间要定期查看种球情况，及时清除被病原菌侵染的种球。

郁金香种球成熟后也可不挖出直接留作宿根。将干枯茎叶清理后，种球留在地下，第二年气温回暖后可重新发芽、生长开花。种球直接留作宿根可节省园林养护成本，但是此方法留种的郁金香长势、花期稍有差别，只能在林下郁闭度较高的区域使用。

子项目二　切枝生产技术

任务一　银芽柳切枝生产

任务描述

银芽柳（*Salix Leucopithecia*）又名银柳、棉花柳、猫柳、银苞柳、毛毛狗，为杨柳科柳属落叶灌木（图4-35），原产于我国北方，目前在上海、云南、江苏、浙江、四川等地都开始大量地商品化生产。

银芽柳切枝生产主要包括品种选择、苗木繁育、田间管理、病虫害防治、采收、种

苗保存与染色等。通过本任务的完成，可以了解银芽柳的生长习性，掌握银芽柳切枝生产栽培管理技术。

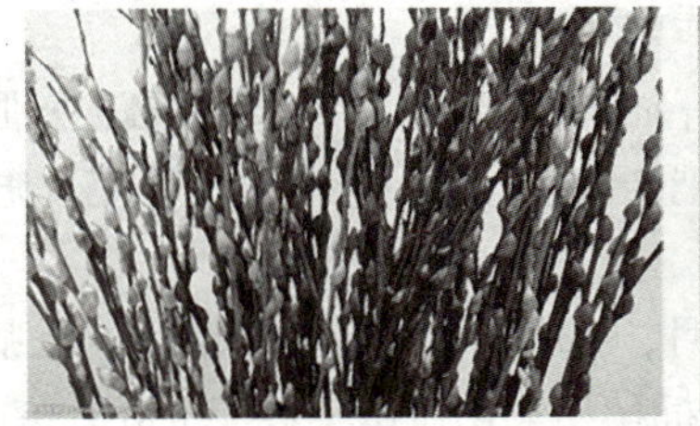

图 4-35　银芽柳

环保效应

银芽柳的抗逆性强，能耐一定程度的盐碱，是北方地区造林、绿化、防风、固沙等优良树种。此外，银芽柳的生命力较强，也比较耐贫瘠，有很高的生态价值。

材料工具

材料：银芽柳、农家肥、尿素、复合肥、磷酸二氢钾、多菌灵、托布津、退菌特、多硫合剂、衬膜瓦楞纸箱等。

工具：枝剪。

任务要求

1. 能制订出银芽柳切枝生产方案。
2. 会进行银芽柳的扦插繁殖操作。
3. 会根据银芽柳的生长习性进行田间管理。
4. 能识别银芽柳的病虫害症状并进行有效防治。

任务流程

任务实施

一、品种选择

人们利用种间杂交技术培育出红芽柳以及银芽柳优良无性系 J887、J1037、J1050、J1052 和 J1055。

二、苗木繁育

银芽柳可采用多种繁殖方法进行扩繁，如硬枝扦插、嫩枝扦插、分株繁殖、组织培养等。市场上用得最多的繁殖方式是硬枝扦插。

1. 整地作畦

银芽柳扦插前要整地，要求土壤疏松肥沃，排灌方便。育苗地翻耕前需施入腐熟的农家肥作底肥，每公顷施入 3.75 万千克。畦面 1.2 m 宽，30 cm 高。

2. 扦插

在 3—4 月，选取 1 ~ 2 年生健壮、无病虫害、已木质化枝条，截成 10 ~ 12 cm 长、2 ~ 3 个芽的插穗，上切口位于首芽上 0.5 cm，呈平面，下切口一般在末芽下 0.2 ~ 0.3 cm 处，呈 45° 斜面。插穗以不带花或少带花为好，这样的插穗养分消耗少，易愈合生根。取与插穗同等粗的干净木签在苗床上打孔，将插穗插入沙土 2/3 左右，地上部分保留 1 ~ 2 个芽，然后浇透水，地上部分展叶，20 d 左右伤口愈合生根。亦可结合秋季修剪进行温室扦插。

三、田间管理

1. 水肥管理

银芽柳定植后需浇透水一次。遇天气干旱及时灌水，以傍晚或夜间浇灌为好；遇连雨天，注意排涝，使之干湿相宜。9—10 月天气渐凉，连续无雨超过 10 d 亦应灌水。落叶前停止灌水，促进枝条成熟充实。

银芽柳生长期追施三次速效肥：第一次是在插穗抽生出 10 cm 左右枝条时，施尿素 150 ~ 225 kg/hm^2，促使银芽柳早发旺长；第二次是在银芽柳生长最旺盛时期，施以氮肥为主的复合肥 375 ~ 450 kg/hm^2；第三次是在花蕾膨大期，施氮磷钾均衡的复合肥 450 ~ 525 kg/hm^2，促使枝条上部花蕾形成和充实，防止梢部缺苞；在 9 月用 0.2% 磷酸二氢钾加 0.5% 尿素进行叶面喷肥 2 ~ 3 次，对花蕾膨大和着色有明显促进作用。

2. 中耕除草

中耕除草也是日常一项重要的管理工作。经常将表土疏松，可以减少水分蒸发，提高地温，促进土壤中养分的分解，为根系营养的吸收和生长创造良好的条件。在幼苗期需要尽早及时进行中耕，随植株的长大，逐渐终止中耕，而以除草为主。

3. 抹芽摘心

当插条萌芽后一般同时发出 4 ~ 5 个芽，如果是二年生留茬银芽柳，则发芽更多，抹芽时每株只保留 2 ~ 3 个芽。如果只生产单头银芽柳，不需要进行摘心。当新梢长达 80 ~ 100 cm 时，摘除顶部嫩梢 3 ~ 5 cm。摘心过迟，所发分枝将达不到 60 cm 以上的要求。为保证多头银芽柳的商品品质，须选用生长势强的新梢进行摘心处理，通常多在二年生留茬植株上进行。

银芽柳在雨季萌枝能力更强，因此需要及时抹除萌芽枝，以保证所留枝条有更多的养分供应。抹除时要注意从基部用手掰除，最好在萌枝未木质化时抹除。一般银芽柳的萌枝 3 ~ 5 d 即可木质化，所以银芽柳的抹除萌芽最长应在 3 ~ 5 d 进行一次。

四、病虫害防治

1. 病害

银芽柳的病害主要有立枯病和黑斑病。

（1）立枯病。

1）立枯病症状：立枯病发病以苗期为多，发病后引起插条腐烂和嫩梢枯萎。

2）防治方法：应注意插条消毒，扦插前用多菌灵或托布津 800 ～ 1 000 倍液浸插条。

（2）黑斑病。

1）黑斑病症状：黑斑病危害叶、茎和芽，初发病时叶片产生褐色小斑，严重时病斑扩大，叶片干枯，后期可以危害花或枝条，形成黑斑。

2）防治方法：可用退菌特、可杀得、多硫合剂、甲基托布津等药剂防治。

2. 虫害

危害银芽柳的害虫主要有红蜘蛛、介壳虫、刺蛾、袋蛾、夜蛾、蚜虫等，也需要注意及时进行防治。可用 50% 敌敌畏乳油 1 000 倍液喷杀。

五、采收

当叶片已完全脱落、花芽饱满充实时为银芽柳采收时期，所收获的切枝在整理分级后 50 支一束进行捆绑。通常采用 90 cm × 45 cm × 30 cm 的瓦楞纸箱进行包膜、衬膜，瓦楞纸箱上要设置透气孔。

六、种苗保存与染色

可将地栽银芽柳作为种苗保存，以供扦插繁殖取材使用。染色时必须把银芽柳外面的苞片去掉，露出白色绒毛，然后按同等长度捆扎成束，再将花束扎成一大捆。随后，将银芽柳在事先调制好的染料溶液中浸泡。所需染料化工市场的一般染料店都有供应。染料溶液由染料、水和少量胶水、光亮剂组成。用适量的染料兑适量的清水，然后加入少量的胶水和光亮剂。浸泡 1 ～ 2 min 后即可取出晾晒，到染料风干为止。

任务二　尤加利切枝生产

任务描述

尤加利（*Eucalyptus robusta* Smith）又名桉树，是桃金娘科桉属植物的统称（图 4-36）。原产于澳大利亚，在美国西部也有分布。我国海南、云南、福建等地有少量引种和栽培，主要用于切枝，供应国内鲜切花市场。

尤加利切枝生产主要包括品种选择、苗木培育、定植、田间管理、病虫害防治等。通过本任务的完成，可以了解尤加利的生长习性，掌握尤加利盆花生产栽培管理技术。

图 4-36　尤加利

环保效应

尤加利有很强的抗生理胁迫能力，对干旱、水涝、盐碱、大风等均有一定的抵抗力，也可忍受一定的低温、霜冻。

材料工具

材料：尤加利种子或枝条、有机肥、钾肥、根腐灵、敌克松、波尔多液、多菌灵、甲基托布津、菌毒清、代森锌、代森锰锌、灭幼脲三号、溴氰菊酯乳油、敌百虫、二溴磷等。

工具：枝剪。

任务要求

1. 会正确繁殖尤加利苗木。
2. 会正确养护管理尤加利苗木生产。
3. 能准确识别尤加利病虫害症状并有针对性地进行防治。

任务流程

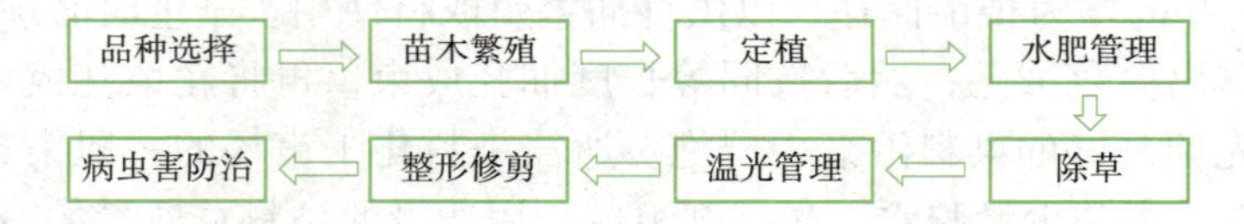

任务实施

一、品种选择

尤加利有600余种，大多品种是高大乔木，少数是小乔木，呈灌木状的很少。树冠有尖塔形、多枝形和垂枝形等，单叶，全缘，革质，有时被有一层薄蜡质，叶子可分为幼态叶、中间叶和成熟叶三类，多数品种的叶子对生，较小，呈心脏形或阔披针形。

常见品种有苹果叶、银水滴、蓝宝贝。多花桉、银圆、心叶尤加利、尤加利“冰点”、尤加利“蓝梦”等。

（1）尤加利“冰点”（Eucalyptus“Ice Dot”）：常绿大乔木，生长速度中等偏快，树高可达25 m。叶霜蓝色，被白粉，全缘，对生；幼树叶圆形或卵圆形，较厚。叶柄短，几近抱茎；大树叶变窄而长，近披针形，蓝灰色。在春末夏初绽开乳白色小花；蒴果。属于芳香植物或香料植物，它的树叶内含有桉叶油，可提取桉叶油素，应用于化妆品、食品、医药、工业等多个领域；叶片散发出来的挥发性气体还具有提神醒脑、清凉避暑的功效，同时具有驱避蚊虫的作用。

（2）尤加利“蓝梦”（Eucalyptus“Blue Dream”）：常绿阔叶乔木。高可达10～15 m。幼叶近圆形，直径为1～3 cm，对生，被白粉；大树叶则变成长卵圆形，渐尖，叶色蓝

绿。因其幼叶圆圆的，被白粉，很像一枚枚银币，所以国外又将其叫作“银圆”。小花乳白色，花序长约 3 cm。尤加利“蓝梦”既可以培养成单独主干的小乔木，也可以培养成多分枝的灌木。尤加利“蓝梦”被广泛用来制作干花、鲜切花或用于经典的景观植物配置。它也是一种芳香、保健植物，叶子含有桉叶油素。

二、苗木繁殖

尤加利一般采用扦插繁殖和播种繁殖。

扦插繁殖：在尤加利生长旺盛的季节，将 2 ～ 3 年生的绿枝或褐色枝条剪下来，长度为 15 ～ 20 cm，剪口应在叶芽或节处，剪好后浸泡在生根剂中，约一个星期后就可以将插穗移植到土壤中。

播种繁殖：将种子浸泡在温水中 24 h，然后将种子播在深度为 1 ～ 2 cm 的沙质土壤中或用田园土、泥炭土、腐叶土配制的营养土中，然后将混合细沙的种子均匀地播撒在土壤表面，播种量为 12 ～ 15 粒 /m^2。播种后覆盖一层过筛的细土，轻轻压实土壤，加上覆盖物来保湿。

三、定植

1. 整地

清除杂草，深耕土地，提高土壤蓄水能力，改善板结的土壤。施加足够的有机肥料和钾肥，提高土壤肥力和保持土壤湿润。

2. 种植

一般种植密度为行株距 4 m × 3 m，在整地并施基肥后，选择适当的栽培时间进行栽培，然后根据苗的成活率进行补栽（图 4-37）。

图 4-37　尤加利种植

四、田间管理

1. 水肥管理

尤加利生长过程中不需要经常浇水，只需要在土壤表层变干后再浇水，一般时间间隔 20 ～ 30 d。春、夏、秋三个季节需水量较多，冬季则适当减少浇水。尤加利的生长，需要大量的营养，每隔 20 d 追施一次稀薄的肥液，主要以元素肥为主。夏天和冬天，它会进入一个短暂的休眠期，可以在表面给点缓释肥。

2. 除草

应注意清除杂草，以确保幼苗有足够的光照和营养。此外，春天是杂草生长的旺季，所以除草是必需的工作。

3. 温光管理

尤加利喜温暖，耐寒性差，养植过程中环境温度应保持在 15 ～ 25 ℃。尤加利在生长过程中，需要充足的阳光，在培养尤加利时，最好每天给尤加利提供 6 ～ 8 h 的光照，但在炎热的夏季，光线太强，就应该对尤加利遮阳，否则会导致尤加利因为缺水而死亡。

4. 整形修剪

为了促进尤加利生出更多侧枝，同时，为了保持尤加利的健康和美观，在尤加利的生长过程中，需要不断进行修剪。尤加利处于幼苗期时，应将顶部长出的嫩芽全部摘除，从而使尤加利更加茂盛。在春季对尤加利进行修剪时，也应该将生长不良或者生长过长的枝条剪去。

五、病虫害防治

尤加利在生长过程中很容易受到病虫害的影响，因此需要采取有针对性的防治方法来保护植株。其中常见的病害有尤加利青枯病、尤加利茎腐病、尤加利焦枯病、尤加利灰霉病、尤加利褐斑病等，常见的虫害有同安钮夜蛾、油桐尺蛾、云斑天牛、桉大蝙蛾等。可以通过及时的病虫害防治来避免尤加利的损失。

1. 病害

（1）尤加利青枯病。

1）症状：尤加利青枯病主要为害苗木和三年生内的幼树。急性型病株叶片萎蔫，保持青绿，稍卷曲而不脱落。茎、枝干上出现黑褐色条斑，根部腐烂。整株或顶端或中间枝叶干枯。慢性型病株发育不良，较矮小，下部变紫红色，最后落叶枯死，根腐烂。

2）防治方法：目前防治此病的有效化学药剂甚少，主要还是依赖于选用抗病力强的良种。林地发现病株要及时连根挖出，集中到空旷处暴晒后烧毁，植穴在翻土后对病穴及其周围用生石灰消毒。

（2）尤加利茎腐病。

1）症状：尤加利茎腐病主要发生在苗圃育苗过程中，此病可引起大量苗死亡。感病后，初期症状是离地面 0.5 ～ 1 cm 的茎基部出现黑褐色斑，扩展至茎部一圈后，茎部腐烂，下陷，严重者全株枯死，叶片下垂不易脱落。

2）防治方法：基质消毒彻底，苗木生长健康，避免苗圃地积水，发病率会显著降低。发现病株及时拔除、烧毁，发病初期用 40% 根腐灵、敌克松、1% 波尔多液、多菌灵、甲基托布津防治效果较好。扦插用的穗条在采穗开始到扦插结束均要严格消毒；扦插苗床要及时遮阴和揭开保湿薄膜，促进通风透光。

（3）尤加利焦枯病。

1）症状：尤加利焦枯病主要为害尤加利苗木和四年生以下的幼林，病叶和枝梢变为焦枯状，俗称落叶病。感病叶片初期有不规则的灰绿色病斑，边缘呈水渍状。后期病斑中部变浅色，有明显或不明显的轮纹晕圈。枝条、茎部的病斑扩大绕枝、茎一圈后，病区缢缩纵裂，呈黑褐色，上部失水干枯。

2）防治方法：在苗圃，应注意控制大棚温湿度、及时清除病枝叶并对场地消毒。发病初期，采用菌毒清、80% 代森锌或 80% 代森锰锌 600 ～ 800 倍液进行叶面喷雾。林地中焦枯病严重发生的，建议喷菌毒清。

2. 虫害

（1）同安钮夜蛾。

1）危害：同安钮夜蛾幼虫取食尤加利嫩梢与嫩叶，甚至将全树或部分叶片吃光。严

重影响尤加利生长，虽不致死，但生长量损失大。

2）防治方法：建议加强营林管理，中耕除草，清除中间寄主；增施复合肥，促进生长。加强测报，低龄幼虫阶段可用 25% 灭幼脲 3 号 2 000 倍液或 25% 溴氰菊酯（敌杀死）乳油 1 000 ～ 1 500 倍液，或 90% 敌百虫或 80% 二溴磷 1 000 ～ 2 000 倍液进行防治。

（2）油桐尺蛾。

1）危害：以幼虫取食叶片，严重者可将整片树林的叶子吃光。

2）防治方法：建议在害虫高密度情况下，在低龄幼虫发生期采取化学防治方法，喷洒 100 亿活芽孢 / 克苏云金杆菌可湿性粉剂 600 ～ 800 倍液，或 1.8% 阿维菌素乳油 2 000 ～ 3 000 倍液，25% 溴氰菊酯（敌杀死）乳油 1 000 ～ 1 500 倍液，90% 敌百虫、80% 二溴磷 1 000 ～ 2 000 倍液。若幼虫低龄时遇气候条件适宜，如三四月，温度一般在 18 ～ 25 ℃、相对湿度为 85% ～ 100%，可喷洒白僵菌粉剂进行防治。

任务三　南天竹切枝生产

任务描述

南天竹（*Nandina domestica*）又名南天竺、天竺、猫儿伞等，为小檗科南天竹属常绿小灌木（图 4-38），是我国南方常见的木本花卉。其茎秆直立丛生，秋季果实成熟期呈现枝红、叶红、果红景象，观赏价值高。南天竹原野生于疏林及灌木丛中，有一定的耐阴性和耐寒性，喜温暖及湿润的环境，比较喜肥，在肥沃、排水良好的砂质壤土中生长较好。对水分要求不高，既能耐湿也能耐旱。

南天竹切枝生产主要包括苗木培育、移栽定植、肥水管理、整形修剪、病虫害防治等。通过本任务的完成，可以了解南天竹的生长习性，掌握南天竹切枝生产栽培管理技术。

图 4-38　南天竹

环保效应

南天竹对环境的适应性强，原为我国南方常见的木本花卉，近年来逐渐被中原及北方地区引种栽培。南天竹虽然能净化空气，但其是一种全株都带有毒性的植物，如果误食的话，很容易导致出现昏迷等不适症状。因此，在养植南天竹时要注意这一点。

材料工具

材料：南天竹种子、湿沙、厩肥、饼肥、泥炭、蛭石、硫酸钾复合肥、过磷酸钙、磷酸二氢钾、敌克松、硫酸亚铁、乐果乳油、高锰酸钾、ABT 生根粉、吲哚丁酸、遮阳网、塑料薄膜、代森锌、甲基托布津、甲基硫菌灵、氯氰菊酯、敌百虫等。

工具：枝剪、利刀、铁锹、全光喷雾设备。

任务要求

1. 掌握南天竹播种繁殖技术。
2. 掌握南天竹扦插繁殖技术。
3. 掌握南天竹分株繁殖技术。
4. 会移栽定植南天竹的苗木。
5. 能准确识别南天竹的病虫害症状并有针对性地进行防治。

任务流程

任务实施

一、苗木培育

1. 播种繁殖

（1）种子采收。9—11 月，南天竹果实达到鲜红状态，但没发黑脱落，即可开始采收。采收时，选择长势健壮植株上的成熟饱满果实，采下后先去掉果柄，将果实堆沤或用干净水浸泡 3 d，使果皮变软，再用河砂搓揉除去果皮、果肉，最后晾干等待后熟。

（2）后熟催芽。由于南天竹种子为胚芽发育不完全的生理后熟型种子，因此采收后需要进行后熟处理，才能保证其正常发芽。生产上采用层积催芽后春播。一般从采摘种子到发芽要 6 ～ 8 个月。层积催芽处理方法：在地面铺一层厚 10 cm 左右的湿沙，然后将干种子 1 份、湿度 65% 的河砂 3 份混匀堆放，堆放高度为 40 ～ 50 cm，上面再盖一层 10 cm 湿沙。层积期间，要定期检查，发现沙粒过于干燥，可适当喷水。如发现种子发霉现象，则应及时清除发霉种子。贮存到翌年 9 月上旬至 10 月中旬，种子开始发芽露白，即可取出播种。

（3）整地作床。苗圃地应选择排灌方便、背风阴湿的地块，确保南天竹在生长期间阳光暴晒时间较少和土壤长期湿润的良好生长环境。在地块上，每亩施厩肥 3 000 kg，或腐熟的饼肥 200 kg，或硫酸钾型复合肥 100 kg，过磷酸钙 75 ～ 100 kg，将圃地进行深耕，深度 40 cm，耙平，作床。苗床规格为长 10 m、宽 1 ～ 1.2 m、高 10 ～ 20 cm，步道宽 30 cm。为防止病虫害发生或杂草滋生，影响幼苗生长，可用敌克松 1 ～ 1.5 kg/ 亩、硫酸亚铁 15 ～ 20 kg/ 亩拌细土撒施，用 30 mL 乐果乳油加 75 kg 水配制成除草剂，播种前喷洒苗床。

（4）播种。春季 3—4 月，将沙藏的南天竹种子用筛子筛出，进一步精挑细选，去除霉烂及损伤的种子。采用条播方式进行播种。在苗床上按行距 15 ～ 30 cm 开沟，沟深 5 ～ 7 cm，将已发芽露白的混沙种子均匀撒入沟内，种粒间距一般为 2 ～ 3 cm，种子用量为 7 kg/ 亩，然后覆盖一层 2 cm 厚的肥沃细土或草木灰压紧，保证种子不外露，接着均匀喷水至苗床湿润，最后覆盖地膜保温保湿。由于南天竹种子种皮紧硬，生理后熟期长，往往要到 8—9 月才能生根发芽。

（5）播后管理。在育苗期间，一是要保持苗床土壤长期湿润，如果幼芽冒出土面，要及时揭去覆盖的地膜；二是苗床内温度要保持在 28 ℃左右，超过 29 ℃时应及时搭建遮阳棚，以保证幼苗正常生长；三是要搞好肥水管理，并及时间苗。2 ～ 3 年后即可长成供绿化或盆栽观赏的大苗。

2. 扦插繁殖

南天竹扦插繁殖可采用硬枝扦插或嫩枝扦插。硬枝扦插在春季 2—3 月进行，用 1 ～ 2 年生木质化枝条作插穗。嫩枝扦插利用当年生半木质化枝条作插穗，在 5—7 月进行。

（1）硬枝扦插。

1）圃地准备。同播种圃地，但不施任何肥料，将圃地土粒充分整碎，用部分河砂与土壤混合。将苗床整理成龟背形，四周用木板固定。计算好扦插时间，在扦插前 24 h 用 0.1% 的高锰酸钾溶液充分浇灌杀菌。

2）搭遮阳网。根据扦插面积，搭建遮阳棚，铺上 50% 遮阳网，遮阳网用铁丝或绳子固定在木桩上，确保经得起大风吹。

3）采穗扦插。早春 2—3 月，选择生长健壮、无病虫害的穗苗。剪取树冠外围 1 ～ 2 年生枝条，在背风阴凉处截短。硬枝扦插尽量选用枝尖端部位作插穗。剪成 12 ～ 15 cm 长的带芽茎段，50 ～ 100 根为一捆，用 100 mg/kg ABT 或 IBA（吲哚丁酸）溶液浸泡基部 1 ～ 2 h，稍晾干即可扦插，插入 2/3。为使受光均匀，叶片尽量向一个方向，扦插密度以互不遮盖为宜。扦插完后浇透水。苗床上面用竹片搭建小拱棚，覆盖薄膜，薄膜四周用砖或土压盖，以保墒和防细菌侵入。

4）插后管理。南天竹扦插后的管理主要是湿度和温度管理。扦插后 40 d 内应保持小拱棚内空气湿度在 90% 以上，温度控制在 38 ℃以下。到 40 ～ 50 d 时，南天竹扦插苗开始生根。当扦插苗全部生根和 50% 发芽后，可适当通风，降低基质含水量，进行炼苗。逐步去除小拱棚上的薄膜、遮阳网。但需注意保持苗床适宜湿度。

（2）嫩枝扦插。

1）苗床准备。在全光喷雾大棚中铺建苗床，宽为 1 ～ 1.2 m，长为 15 m，用河砂混合泥炭、蛭石铺成厚 15 cm 的苗床，用高 15 cm 的挡板固定基质，在扦插前 24 h 用稀释 1 000 倍的高锰酸钾溶液浇灌。

2）采穗扦插。南天竹嫩枝扦插采穗尽量在清晨日出之前进行。将采下的穗条集中于室内，并经常喷雾保湿。原则上当天采条，当天扦插完毕。将插穗截成 8 ～ 10 cm 的带芽茎段，100 根一捆，下端用 0.1% 的 IBA 或 ABT 溶液速蘸 5s，稍晾干即可扦插。扦插完后迅速喷雾，以防穗条脱水。

3）全光间歇喷雾。当插床全部扦插好后，采用全光间歇喷雾管理。在生根前一般待南天竹叶片上水膜蒸发减少到1/3后开始喷雾，晴天大约间隙30 min喷雾1次，阴雨天及夜晚可减少喷雾次数，增加间歇时间。大量须根形成后，可只在晴天中午前后少量喷雾。在全光喷雾管理中，每间隔10 d将腐烂插条清除烧毁或掩埋，并用多菌灵1 000倍液或百菌清在傍晚喷雾杀菌。经炼苗后可于春季移栽至大田。

3. 分株繁殖

由于南天竹在生长过程中萌蘖较多，可在春秋季节将丛状植株掘出，抖去宿土，从根基结合处按每3个萌蘖分成1小丛株，在泥浆中施入适当的生根剂，将小丛株蘸上泥浆栽植。剪去一些较大的羽状复叶，在苗圃内按行、株距均为50 cm的标准定植，待新根长出后，即可松土施肥。

二、移栽定植

1. 地块选择

南天竹栽植，应选择排水良好、土壤肥沃疏松、富含腐殖质、有阴凉的弱酸性沙质土壤地块。

2. 定距打坑

12月上旬，在选择好的地块上，按行、株距均为2 m的标准定距打坑，坑的长、宽、深均为1 m，冬春季节集蓄雨雪，熟化土壤，等待定植。

3. 栽植时间与方法

南天竹大面积栽植时间一般在翌年3月上旬。栽植方法：先在每个坑内填入20 kg作物秸秆和15 kg牛羊粪作基肥，然后填充一层打坑排出的熟化土壤至坑顶下10 cm处，再将南天竹苗带土移栽到坑的中央，接着覆盖一层细土（高度超出坑顶5 cm），用脚踏实细土，最后灌足定根水湿润土壤。

4. 肥水管理

（1）浇水。进入夏季，天气炎热，要经常给南天竹植株下面的土壤浇水，保持小气候湿度；南天竹开花期，不能浇水过多，避免引起花朵脱落；进入秋冬季节，适当浇少量水即可。

（2）施肥。由于南天竹移栽定植时，有机肥施得充足，因此，整个生长期不宜施肥过多，5—6月每月追施2次1%过磷酸钙溶液，开花期可喷施2次0.2%磷酸二氢钾溶液。

5. 整形修剪

南天竹在生长期间，根茎部位会萌发出很多细枝条，要及时剪掉不需要的枝条，确保树形美观；每年秋后，要进行一次全面修枝整形，剪掉病虫枝、过长枝、弱短枝、老龄枝等，使植株矮化，利于翌年初萌发新枝，提高果实产量，增加经济收入。

三、病虫害防治

南天竹易患红斑病、炭疽病，害虫主要有尺蠖。

1. 红斑病

1）症状：红斑病多从叶尖或叶缘开始发生，初为褐色小点，后逐渐扩大成半圆形或

楔形病斑，直径 2 ～ 5 mm，褐色至深褐色，略呈放射状。后期簇生灰绿色至深绿色煤污状的块状物，即分生孢子梗和分生孢子。发病严重时，常引起提早落叶。

2）防治方法：及时摘除病叶，并集中销毁或深埋土中。春季喷 70% 代森锌可湿性粉剂 400 ～ 600 倍液或 70% 甲基托布津可湿性粉剂 1 000 ～ 1 500 倍液防治。每隔 10 ～ 15 d 喷 1 次，连续喷 2 ～ 3 次。

2. 炭疽病

1）症状：病害发生于叶部，初发时为褐色小点，后逐渐扩大成圆形、椭圆形及不规则形病斑，边缘有黑褐色带。病斑密集时汇成大病斑，可占小叶的一半以上。后期在病斑上产生密集的凸起小黑点，天气潮湿时，在小黑点上产生粉红色黏块。

2）防治方法：及时清除病叶，烧毁或掩埋。发病季节喷 50% 托布津可湿性粉剂 400 ～ 500 倍液，每 10 ～ 15 d 喷 1 次，连喷 3 次。

清除病叶，并集中烧毁，控制炭疽病扩散，或在炭疽病发生时，用 50% 甲基硫菌灵可湿性粉剂 500 倍液，每隔 10 d 喷雾 1 次，连喷 3 次，即可有效防治。

3. 尺蠖

1）症状：尺蠖幼虫蚕食叶片，严重时吃光全部叶片，导致植株不能进行光合作用而枯死。尺蠖以蛹在树干周围土中或石块下越冬，翌年春天 4—5 月初开始羽化，羽化盛期在 7 月中下旬。

2）防治方法：虫害严重的地方，可在早春或晚秋人工挖蛹；在成虫羽化期使用黑光灯诱杀；幼虫 4 龄前喷氯氰菊酯或 90% 敌百虫 300 倍液。

子项目三　切叶生产技术

任务一　肾蕨切叶生产

任务描述

肾蕨［*Nephrolepis cordifolia*（L.）Trinen］又名蜈蚣草，为骨碎补科肾蕨属地生或附生常绿草本（图 4-39）。原产全球热带和亚热带地区，我国华南、西南、台湾等地均有野生分布。

肾蕨切叶生产主要包括品种选择、苗木培育、选土与定植、浇水与施肥、水分管理、温度管理、光照管理、施肥管理、通风管理、中耕与修剪、病虫害防治、采收与包装、贮藏与运输等。

环保效应

肾蕨可吸附砷、铅等重金属，被誉为“土壤清

图 4-39　肾蕨

洁工”。肾蕨吸附土壤中砷的能力超过普通植物20万倍，一次种植可多年收成，且每年可收割三次，在吸附了大量重金属后，就地焚烧，整个处理过程经过严格的工艺化控制，不但在肾蕨焚烧过程中砷的挥发得到有效控制，且降低了污染土壤重金属的扩散，阻隔重金属进入食物链，以免带来二次污染。

材料工具

材料：肾蕨、有机肥、尿素、氮磷钾复合肥、饼肥、氧化乐果乳油、代森锌等。

工具：铁锹、塑料绳等。

任务要求

1. 会采用多种繁殖方法培育肾蕨。
2. 能正确选土与定植。
3. 会适时浇水与施肥。
4. 能根据肾蕨生长情况进行培育管理。
5. 能准确识别肾蕨病虫害症状并进行有效防治。
6. 会正确采收肾蕨切叶，并进行包装。
7. 会对肾蕨切叶进行贮藏与运输。
8. 在实施任务时，分组进行，每个小组要分工明确、团结协作、齐心合力完成任务。

任务流程

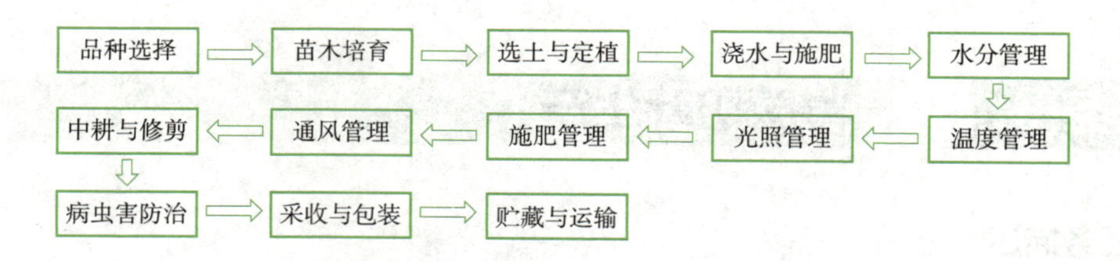

任务实施

一、品种选择

可用于观赏的肾蕨品种如下。

（1）波士顿蕨（*N.exaltata cv. Bostoniensis*）：植株强健而直立，小羽叶具波皱。

（2）长叶蜈蚣草（*N.exaltata* Schott）：强健直立，叶长而宽，栽培变种、品种很多。

（3）长叶肾蕨（*N.biserrata* Schott）：叶厚而粗糙，长约100 cm，小羽片相离。

二、苗木培育

肾蕨繁殖容易，可通过多种方法来繁殖，主要有孢子繁殖、分生繁殖及组织培养繁殖。

1. 孢子繁殖

孢子繁殖是蕨类植物广泛应用的繁殖方法，肾蕨成年植株在其羽状复叶的小叶背面形成孢子囊，其中产生大量的孢子，可收集这些孢子来进行播种。要注意掌握好孢子的采收时期，应在叶背肾形囊群盖还未脱落而孢子已变黑时采收。由于孢子非常微小，似灰尘状，不易收集，可在收集孢子前，预先糊一些长形纸袋，在叶背孢子囊显现初期，将这些纸袋套在叶片上，略微绑一下，以防滑落，待孢子成熟后，则会自动散落于纸袋内，将叶片连同纸袋一同剪下，收集纸袋内的孢子播种。

播种用的基质可选用泥炭、木屑、腐叶土、苔藓等，播前需进行消毒（烈日曝晒或蒸锅蒸），然后将基质放入繁殖盆内，先用浸盆法浇水，然后将孢子均匀地撒于基质表面，不用覆土；用报纸或玻璃盖好盆，置于 20 ～ 25 ℃室内，一个月左右就会发芽，长出细小的扇形原叶体，再生长一段时间，当幼小的植株长满盆时，即可分栽或上盆。

2. 分生繁殖

肾蕨的分生繁殖简单易行，更为普遍。春秋季气温适宜（15 ～ 20 ℃），选健壮、生长茂盛的植株、脱盆，将株丛用手轻轻撕开，或分割带根的盾状幼叶，另行上盆栽植即可。刚分生的新株，要适当遮阴，应多行叶面喷水，保持盆土湿润，注意不可使土壤过湿，同时土壤干燥也不利于新叶发生。分生的新株经 1 ～ 2 个月培养，即可长出新的较大的羽状叶片。

3. 组织培养繁殖

肾蕨还可通过组织培养来繁殖，以孢子或根状茎尖为外植体，接种于人工培养基上，诱导形成新植株。一般可采用 MS+$NaH_2PO_4$170 mg/L +KT0.05 ～ 0.5 mg/L +NAA 0.01 mg/L 的固体培养基，根的诱导在无激素的培养基上进行，培养条件为（25 ± 2）℃，光照度为 2 500 lx，每日光照 16 h。目前，肾蕨组织培养繁殖技术可完全用于商品化生产。

三、栽植技术

1. 选土与定植

宜选用温室地栽，有遮光设施。宜选用排水良好、富含钙元素的沙质壤土。

定植密度为 6 株 /m^2，将种苗保持相等间距进行穴栽。注意不要将植株埋地过深，会影响植株生长，以保持与原土面相齐略低一些为好。

2. 浇水与施肥

在定植后浇透水 1 次，以后保持土壤处于微潮状态。冬春两季低温阶段，是肾蕨需水量少的时期，即使是间隔半月浇水 1 次，也不会给植株造成伤害。

在定植前，可以施用畜禽粪作为基肥，用量为 1 kg/m^2，将基肥均匀地深翻于土壤中。夏秋两季是肾蕨的生长旺盛阶段，可以每周为植株追施 0.1% 的尿素溶液 1 次。

四、培育管理

肾蕨生长迅速，管理简单，是蕨类植物中比较容易栽培的种类之一。

1. 水分管理

肾蕨喜潮湿的环境，栽培中应注意保持土壤湿润，同时还应经常向叶面喷水，保持空气湿润，这对肾蕨的健壮生长和叶色的改善是非常必要的。浇水时要做到小水勤浇，夏季气温高，水分蒸发很快，每天向叶面喷洒清水 2 ～ 3 次，可使植株生长健壮、叶色青翠、更加富有生机。春秋季气温适宜，肾蕨生长较旺盛，盆中不断有幼叶萌发，此时应充分浇水，以使幼叶能正常、迅速地生长。冬季应减少浇水，并停止喷水，以保持盆土不干为宜。冬季室内栽培，如果室内有暖气或火炉，则往往会由于空气干燥而引起叶缘枯焦，应予以注意。另外，栽培中当土壤缺水、空气过于干燥或浇水忽多忽少时，常会导致植株叶色变淡、苍白、失绿，叶片尖端枯焦，严重时叶片大量脱落，降低观赏价值，因此一定要做好水分管理。

2. 温度管理

肾蕨不耐严寒，冬季应做好保暖，保持温度在 5 ℃以上，就不会受到冻害；温度 8 ℃以上时还能缓慢生长，但也不宜置于靠近热源的地方，否则往往会由于温度高而引起过旺生长影响整体株型。冬季栽培，应特别注意防止夜间霜冻及冷风吹袭。肾蕨也怕酷暑，夏季气温高，蒸腾剧烈，必须做好防暑降温工作，注意保持良好的通风，并不断地向植株喷水，这样也可使叶色更加嫩绿。夏季，在充分浇水、喷水的情况下，肾蕨在气温 30 ～ 35 ℃时还能够正常生长。春秋季气温适宜，是肾蕨生长的旺盛时期，应注意通风良好，同时经常转盆，以防生长偏向一侧。

3. 光照管理

肾蕨比较耐荫，只要能受到散射光的照射，便可较长时间地置于室内陈设观赏，几乎不需专门给它照光。栽培中，当光照过强时，常会造成肾蕨叶片干枯、凋萎、脱落。虽然肾蕨是较为耐阴的植物，但长期荫蔽不见光，也会导致生长柔弱，叶色变淡，叶片脱落，同时由于叶片伸长而改变其原有的姿态，造成生长不整齐，观赏性变差。因此，为了保持植株长期具有良好的观赏效果，应注意使之定期见光，春秋两季可在早晚略微照光，每天保证 4 h 的光照。

4. 施肥管理

作为蕨类植物，肾蕨不开花、不结实，养分消耗不多，对肥分的要求比较微薄，但栽培中也应注意定期施肥。肾蕨的施肥以氮肥为主，在春秋季生长旺盛期，半月至 1 个月施 1 次稀薄饼肥水，或以氮为主的有机液肥或无机复合液肥，肥料一定要稀薄，不可过浓，否则极易造成肥害。适量的施肥能够保持叶色的持久翠绿，使植株充满蓬勃的生机和旺盛的生命力。

5. 通风管理

肾蕨的输导组织不发达，遇大风会造成羽片枯黄的现象。环境郁闭不通风，其切叶由于组织不充实而变软发蔫，故空气流通是肾蕨健壮生长的必要条件。

6. 中耕与修剪

每月松土 1 次有助于植株根系更好地生长，在操作时下锄要浅，注意不要碰伤肾蕨在土里的匍匐茎。随时剪去植株的枯黄枝、畸形枝。

五、病虫害防治

肾蕨在栽培中病虫害较少，高湿热环境下易遭受蚜虫和红蜘蛛危害，可用肥皂水或

40% 氧化乐果乳油 1 000 倍液喷洒防治。在浇水过多或空气湿度过大时，易发生生理性叶枯病，可用 65% 代森锌可湿性粉剂 600 倍液喷洒防治。

六、采收与包装

肾蕨切叶采收时期是当叶色由浅绿变为深绿色，且叶柄坚挺而具有韧性时。采收过早，采后容易失水萎蔫；过晚，叶片背面会出现大量深褐色孢子囊群，影响叶片的美观。将叶片摆平层叠，分束绑扎，10 枚或 20 枚一捆。

七、贮藏与运输

肾蕨在 0 ～ 5 ℃湿藏为佳。可进行湿运或经过塑料膜包装后干运较为理想，生产上都采用干运。

任务二　富贵竹切叶生产

任务描述

富贵竹（*Dracaena sanderiana*）又名万年竹、状元竹、万寿竹、绿竹叶龙血树等，为百合科龙血树属常绿观叶植物（图 4-40、图 4-41）。富贵竹原产非洲热带地区，20 世纪 80 年代初引进我国广东湛江，现在我国广东、福建、浙江、海南等南方省区大量生产。

富贵竹切叶生产主要包括品种选择、苗木培育、田间管理、病虫害防治、螺旋竹造型、开运塔造型、采收等。

环保效应

富贵竹能大量吸附空气中的有害气体，并释放出大量氧气，对室内空气的净化、消除异味等较有益。富贵竹作为水养植物，水分可自由蒸发，在调节空气湿度方面具有明显的作用。

图 4-40　开运塔造型　　图 4-41　螺旋竹造型

材料工具

材料：富贵竹、农家肥、过磷酸钙、尿素、含硫复合肥、遮阳网、农用链霉素、IBA、生石灰、甲基托布津、瑞毒霉锰锌、百菌清、爱多收、速扑杀、喹硫磷、塑料圆筒等。

工具：锋利刀具、线绳、金色纸条、红色丝带等。

任务要求

1. 会对富贵竹进行干插和湿插。
2. 能根据富贵竹生长情况进行田间管理。
3. 能准确识别富贵竹病虫害症状并进行有效防治。
4. 会用富贵竹设计造型。
5. 能对富贵竹适时采收。
6. 在实施任务时，分组进行，每个小组要分工明确、团结协作、齐心合力完成任务。

任务流程

任务实施

一、品种选择

富贵竹常栽的品种有以下三种。

（1）银边富贵竹：植株矮，茎直立，高 20 ～ 30 cm。叶片长披针形，长 12 ～ 22 cm、宽 1.8 ～ 3.0 cm，绿色，叶片边缘有银白色的纵条纹。

（2）金边富贵竹：植株直立细长，高 1.2 ～ 1.5 m。茎基部易萌生分蘖。茎有节如竹，黄绿色，叶片卵圆状披针形，叶端渐尖，长 12 ～ 22 cm、宽 1.8 ～ 3.0 cm，绿色，叶片边缘有黄色纵条纹。

（3）银心富贵竹：茎秆粗壮，直立而挺拔，节间短。叶面中央嵌有银白色的纵条纹。

二、苗木培育

1. 栽植前准备

（1）整地。平整土地、将土块耙碎、耙平、做畦，畦宽 90 cm，畦高 25 cm，沟宽 35 cm 左右。

（2）施肥。在整地的同时施入基肥，做到基肥与土壤充分混合，每公顷 15 000 ～ 30 000 kg 农家肥 +3% 的过磷酸钙一起堆沤腐熟，施前再加入 0.1% 尿素。应根据土壤的实际肥力情况对施肥量进行调整。

（3）插条选择。选用健壮、无病虫害、茎粗 ≥ 13 mm、长 30 ～ 35 cm、茎秆不弯曲、下切口平滑的梢部作插条。

2. 栽植

（1）干插。用引插棍按株行距打好栽植孔，深度为 6 ～ 8 cm，将插条基部垂直插入栽植孔内并压实周围土壤。

（2）湿插。放水泡田 2 ～ 3 d，水深平畦面。土壤达到松、软，直接插条。插苗深度

6～8 cm。

（3）栽植密度。株行距：直竹为 12 cm×（20～25）cm，螺旋竹为 20 cm×28 cm。

（4）栽植时间。月平均最低温度≥17 ℃均可栽植。

（5）灌水。插条栽植后应尽快灌水，使土壤湿透或保持水深畦面，时间为 7 d，生根后保持土壤湿润。

（6）遮阴。插条栽植后的 1～2 d 应覆盖 50% 遮阴度的遮阳网。

用于观叶的富贵竹和螺旋竹，在整个生长期内都要覆盖遮阳网直到采收。

用于扎作产品的富贵竹，栽植的插条发根后可揭掉遮阳网，露地生长直到采收。如插条发根后的 2 个月正处在 4—8 月内，要到 9 月再揭掉遮阳网，露地生长直到采收。

三、田间管理

1. 灌水

生长期间需充足水分，干则灌透，保持土壤湿润，但不能渍水。雨季应及时排水。

2. 追肥

第一次追肥可使用尿素，以后各次追肥均不能使用尿素，应使用含硫复合肥（N ：P ：K=15 ：15 ：15）。追肥次数、时间和用量详见表 4-11。

3. 宿根竹管理

（1）成竹采收。对预留宿根竹的地块，应在成竹采收时，在根茬上留底芽，留一片青叶。

（2）留芽原则。在剪掉成竹后的根茬上会长出多个底芽，留矮去高，留壮去弱，每株留 1～2 个底芽。

（3）松土。成竹采收 7 d 后，在根茬的行间松土，深度为 2～3 cm。

（4）施肥。成竹采收 8～10 d，松土后每公顷施含硫复合肥（N ：P ：K=15 ：15 ：15）750 kg 左右。当植株长到 25 cm 时开始追肥。第 1 次追肥，每公顷用 15 000 kg 农家肥 +3% 的过磷酸钙一起堆沤腐熟，施前再混入 180～225 kg 的尿素。以后追肥的次数、时间和用量均按表 4-11 的要求执行。

表 4-11　富贵竹追肥参考量

追肥次数	两次追肥间隔的时间	施肥量 /（$kg \cdot hm^{-2}$）	种类
第一次	根长 3～4 cm	180～225	尿素
第二次	15 天	750	复合肥[a]
第三次	60～75 天	900	复合肥[a]
第四次	60～75 天	1 050	复合肥[a]
第五次	60～75 天	1 125	复合肥[a]

a 含硫复合肥（N ：P ：K=15 ：15 ：15）。

四、病虫害防治

病虫害防治坚持预防为主、综合防治的原则，采用农业防治、化学防治相结合的措施，提高防治效果，将病虫害危害程度降至最低。

1. 清除田间病残株

成竹采收后，及时清理田间病残株，集中烧毁。

2. 细菌性茎腐病

（1）插条处理。插条下切口要平滑，自然风干 12h 左右后，除去基部第一片叶，下切口用 72% 农用链霉素 SP300 mg/L 浸泡 12 h 后，再经自然风干 4 ～ 6 h 后栽植。如在 12 月至翌年 3 月栽植，需在农用链霉素药液中加入 IBA30 mg/L。

（2）田间药剂防治。台风或大暴雨过后，使用 72% 农用链霉素 SP300 mg/L，88% 水合霉素 SP 100 mg/ L 喷施。

3. 富贵竹炭疽病

（1）清洁田园。冬春季要剪除田间病叶、清理病残体，撒 1 次生石灰进行土壤消毒。

（2）药剂防治。发病初期可交替喷施 70% 甲基托布津 WP 1 000 mg/L，或 50% 炭疽福美 WP 2 000 mg/L，或 50% 施保功 WP 1 000 mg/L。

4. 富贵竹根腐病

（1）采竹时间。雨后天气干燥时采收富贵竹。

（2）药剂防治。剪竹后 1 ～ 2 d 对宿根竹的切口进行药剂防治，使用 70% 甲基托布津 WP、58% 瑞毒霉锰锌 WP、75% 百菌清 WP，质量浓度 1 000 mg/L 的药液中加入 1.8% 爱多收（Atonik）0.3 mL/L 喷施。

5. 介壳虫（未定种）

（1）减少虫源。及时清除虫株并集中烧毁。

（2）药剂防治。发现虫株使用 40% 速扑杀 EC 1 000 mg/L 液、40% 速扑杀 EC 100 mg/L+25% 喹硫磷和 500 mg/L 混合液喷施。

五、螺旋竹造型

田间植株长到 80 ～ 85 cm 时，在距植株自然顶端 15 ～ 20 cm 处将植株绑在垂直插在地面的小棍子上，与畦的方向垂直，植株与地面的夹角为 15° ～ 25°，10 ～ 15 d 后当植株顶部茎秆长到与地面垂直时，拔出绑着植株的小棍子，顺时针（或逆时针）转动 90° 后再垂直插在地上，植株与地面的夹角仍为 15° ～ 25°。当植株顶部茎秆再长到与地面垂直时，重复上述操作。如此重复转动 10 ～ 14 次，形成 2 周半螺旋以上的顶梢。顶梢茎秆直立部分≥ 25 cm 即可采收。

六、开运塔造型

“开运塔”（开运竹）造型的寓意是给人们带来好运。“开运塔”通常为 3 ～ 18 层，以 3 层与 5 层多见。

制作前将种植在露地里的富贵竹连根拔出，或采购叶片青绿、茎秆粗壮、大小匀称

的材料，去掉叶片、洗净、消毒，按所需长度剪裁，剪裁料时又要根据造型设计的高度和层次，分别进行剪裁。截料时要求每 1 根茎段的上端必须带节，这样可使节上的芽眼长出枝叶，以形成活体宝塔。顶部的剪口应位于茎节上面的 6 mm 处，各根枝干要保持一致，以确保发芽时高度整齐一致。

截好材料后，将枝段按长度分别放入长 2 m、宽 1.2 m 的铁皮盘里，盘里盛满水，使枝段在水中生根发芽。当养出枝芽并生根后，即可用于扎塔。

扎塔时，先截锯 1 段直径 2.5 cm、与最高一层枝段等长的塑料圆筒作塔体的圆芯，或用竹管替代；再用最长的茎段围绕塑料圆筒排列一圈，线绳缚紧，形成最高的一层塔层，然后在外面用次长的枝段围绕第 1 层排列一圈；如此一层一层从高到低逐层排列绑扎，至最低的一层扎紧结束，“开运塔”的制作便完成。要求制作开运塔的枝段粗细一致，排列时枝芽向外，每层的茎段高度整齐划一。

当开运塔的一根根枝条萌生圆锥形的嫩芽时，长出一圈圈绿叶，如同一层层的塔檐，勃勃生机，煞是美观。

开运塔上市或用于摆设时，用金色的纸条粘贴在缚线的外侧，或用金色纸条绕在金属丝外后，在缚线处紧绕 2 ～ 3 圈，可提高观赏价值和增添富贵之气。

如果在塔身中间再装饰一朵用红色丝带扎成的花饰，则红花绿叶相互映衬，更显鲜艳夺目，喜气横溢。

选购开运塔时，要做到三检查：一要检查枝端是否有根系；二要检查是否夹杂枯死的枝段；三要检查顶芽是否损伤和是否整齐。买回的开运塔放入大小适宜的浅容器中，注入清水即可。

另外，市售的还有用不同高度组合成数层呈转盘状的富贵竹“时来运转”造型和外面用等长的枝段围成圆柱，中间装饰数根盘龙状的富贵竹“东方不败”造型等，确有一番情趣。

七、采收

（1）采收要求。采收要求参见表 4-12。

表 4-12　富贵竹采收要求

种类	株龄 / 月	株高 /cm	其他特征
观叶富贵竹	10	80 ～ 100	叶片翠绿（绿色），叶片完整，植株生长健壮，茎秆直立，节间均匀，无病虫害和冻伤
扎作产品	12 ～ 13	100 ～ 110	植株叶色黄绿，叶片完整，节间均匀，植株直立，纤维含量高，生长健壮，无病虫害和冻伤。剪去顶部 30 cm 作插条，上切口直径 10 ～ 16 mm，茎秆上没有不定根，顶梢茎秆直立部分≥ 25 cm
螺旋竹	14	—	—

（2）采收时间。除雨天、雨水未干外，常年均可采收。

（3）采收方法。用锋利的刀具在离地面 15 ～ 2.0 cm 处与地面呈 30° 角剪断。

任务三 棕榈切叶生产

任务描述

棕榈［*Trachycarpus fortunei*（Hook.f.）H.Wendl.］又名棕树、唐棕、山棕等，为棕榈科棕榈属木本单子叶常绿植物（图 4-42），主要分布于我国东南和西南部地区。它是单子叶植物中唯一具有乔木习性，有宽阔的叶片和发达的维管束的植物类群。

棕榈切叶生产主要包括播种育苗、整地、栽植技术、浇水、施肥、中耕除草、防寒、病虫害防治、苗木出圃、运输、包装与标识等。通过本任务的完成，可以了解棕榈的生长习性，掌握棕榈切叶生产栽培管理技术。

图 4-42 棕榈

环保效应

棕榈属浅根性树种，在喀斯特石山地、半石山地区域生长良好，是岩溶石质山地生态脆弱地区植被恢复的优选树种。棕榈抗有毒大气污染能力强。

材料工具

材料：棕榈种子、河砂、腐熟有机肥、普钙、草木灰、尿素、磷酸二氢钾、塑料薄膜、多菌灵、克菌丹、代森铵、嗪氨灵乳油、敌敌畏、马拉硫磷、乙酰甲胺磷、氯丹、乐果乳油、敌百虫等。

工具：铁锹、皮尺等。

任务要求

1. 会适时采收棕榈种子。
2. 会正确实施棕榈播种育苗技术及后期管理技术。
3. 能掌握大田生产中整地、栽植技术及田间管理技术。
4. 能准确识别棕榈病虫害症状，并能进行有效防治。
5. 能掌握苗木出圃时的关键技术及运输和包装技术。

任务流程

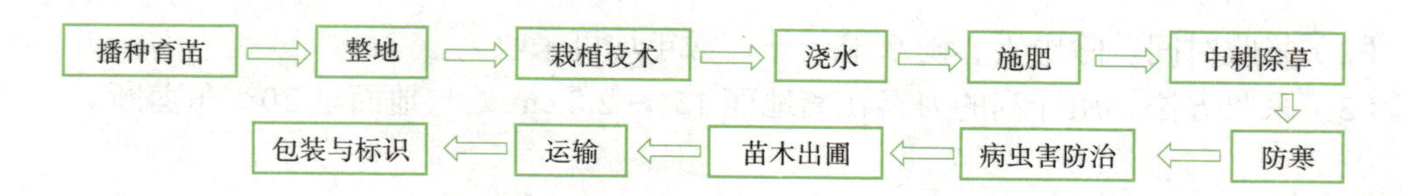

任务实施

一、播种育苗

1. 种子采收

11—12 月初，在果实充分成熟后，剪取果穗，阴干后脱粒。种实除去小枝梗后，放在室内，铺 15 cm 厚，摊晾 15 d 左右，即可播种。若播种时间选择在春季，可用河砂催芽，即把果实洗净，用清水浸泡 24 h，取干净河砂 4 ～ 5 倍，用清水拌湿，加水至河砂手握成团但不滴水为宜，然后将浸过的种子与河砂拌匀，装入花盆或摊放室内，上盖 2 ～ 3 cm 厚纯沙，在 0 ～ 20 ℃条件下，经常保持河砂湿润，2 个月种子露出白色的胚根，最长的可达 0.8 cm。

2. 整地作畦

苗圃地应选择靠近水源的坡地、土壤较肥沃的砂壤土或黏壤土，挖好排水沟，将腐熟人粪尿 62.5 kg/hm^2、普钙 3 kg/m^2 均匀施于土壤表面，耕翻后起垄，宽 1.4 m，要保证土细碎，按 20 ～ 25 cm 挖条形沟，与垄垂直。

3. 播种管理

播种前将种子放在 60 ～ 70 ℃草木灰水中浸泡 24 h，揉去果皮和种子外的蜡质，洗净。棕树种子的发芽率较低，只有 40% 左右，故要播足种子，播种量 750 ～ 1 050 kg/hm^2。用草木灰、粪、细碎肥沃的土混合后盖种，厚 1.5 ～ 2.0 cm。然后上盖一层稻草，以防土壤干燥板结。幼苗出土 80% 以上时，每天傍晚将盖草揭开，喷水使苗床表面湿润，早上再把草盖上。幼苗期要保持土壤湿润，及时拔除杂草。出苗后 1 个月用尿素 1 500 kg/hm^2 兑水喷施 1 次。

4. 幼苗培育

幼苗出土后经常保持土壤湿润，夏季要及时除杂草，待长出 2 片披针形叶时，施入适量复合肥，隔 15 ～ 20 d 可再施入 1 次磷酸二氢钾，经过细致的管理，每粒种子当年即可长出 3 ～ 4 片披针形叶，叶片长可达 18 cm，短叶长也在 5 ～ 6 cm。霜降前搭塑料小拱棚，防寒越冬。第 2 年春季 3 月中旬至 4 月上旬逐渐撤去塑料拱棚，分苗移栽。

二、大田生产

1. 种植地选择

宜选择土层深厚、土质肥沃、地下水位低、排灌方便的场地。

2. 整地

翻耕深 30 cm 以上，晒白半个月后，碎土耙平作畦。畦长不超过 30 m，畦宽 1 ～ 1.5 m，畦高 0.25 ～ 0.30 m，畦沟宽 0.3 m。畦面直而平坦，两端畦沟适当加深。

3. 栽植技术

棕榈苗规格为地径 0.25 cm 以上、苗高 20 cm 以上，移栽时应剪除 1/2 叶子，以减少水分蒸发，提高成活率。株行距为 25 cm × 30 cm，棕榈苗栽植时间以每年 3 月下旬至 5 月中旬，气温稳定在 18 ℃以上时进行。大面积栽植时间最好是下透一两场春雨，出现连阴天时为最好时机。做到“随起、随运、随栽”，提高苗木成活率。首先，起苗前应在苗圃地将容器苗浇透水，使培养基充分吸水，以增强棕榈幼苗的抗旱能力；其次，运苗前将长出容器底部的根全部剪掉，并注意选苗，及时将弱、小、坏苗清除，确保苗木质量；最后，在搬运和运输容器苗时，忌使培养基松散，破坏根系。移栽时，要将容器撕掉，将棕苗定植于整好地的穴内，覆土压实后浇足定根活苗水。有条件的地方，栽植前可在穴底置放一块石片，以防止棕榈须根垂直生长。种植后，随时查看苗木成活情况和人畜破坏损失情况，及时进行补植。

4. 田间管理

（1）浇水。植株定植后要及时浇足定根水，以后每天都要浇水一遍，直至成活后改为正常养护。浇水掌握干湿交替原则，不干不浇，浇必浇透。雨天要及时排水防涝。

（2）施肥。定植时可用复合肥为基肥，按穴施用，每公顷 1 500 ～ 2 000 kg。定植成活后，每年生长期内追肥 3 ～ 4 次，可用腐熟的有机肥，搭配适当浓度的化肥。有条件的地方可每月追肥 1 次。秋末冬初，用 0.1% ～ 0.2% 磷酸二氢钾水溶液进行 1 ～ 2 次根外追肥，提高植株抗寒力。

（3）中耕除草。定植成活后，每隔 2 ～ 3 个月进行一次中耕除草。中耕不宜过深，也不宜结合施肥进行。

（4）防寒。热带棕榈植物冬天要加盖薄膜防寒。

三、病虫害防治

1. 棕榈病害

棕榈的病害有炭疽病、叶斑病、黑斑病、黑点病、腐烂病等。

（1）炭疽病。

1）症状：先在叶片或茎枝上产生褐色小点，后扩大呈圆形、半圆形或不规则形病斑，边缘有黄色晕圈，并逐渐变成黄褐色，中间轮生小黑点，严重时可导致全株枯死。

2）防治方法：发病初期喷洒 800 倍液的 50% 多菌灵可湿性粉剂，每隔 10 d 一次，连续 3 ～ 4 次。

（2）叶斑病。

1）症状：叶斑病依其致病菌种类不同，表现也不一样。或由黄褐色小点渐扩成条纹状，继而发展成不规则大病斑，严重时叶片呈干枯卷缩状；或由绿色小黄点渐扩成圆形或椭圆形斑点，后期病斑中部呈灰色或白色，表面出现稀小黑点，边缘橙红色或红褐色。

2）防治方法：冬季及时清园；苗期适当遮阴，增施钾肥；发病期间定期喷洒 50% 克菌丹可湿性粉剂 300 ～ 500 倍液或 70% 代森铵可湿性粉剂 800 倍液，每周一次，连续 3 ～ 4 次。

（3）黑斑病。

症状：初期病叶多出现褐色小圆斑，后逐渐扩大成黑褐色的圆形大病斑，边缘略隆起，两面散生稀疏小黑点。严重时，多个病斑可扩展成不规则的大斑，甚至整叶枯死。

（4）黑点病。

1）症状：主要危害叶片，先在叶面出现细小黄斑，后扩大成黑褐色圆形斑，边缘明显，边缘有黄晕。病斑两面均散生或群生近圆形黑色小点，多中部开裂，有时还会产生一些黄色粉状物。严重时，叶片变黄干枯。

2）防治方法：加强田间管理，适当修剪下部叶片，保持良好的通风透气状态；及时喷洒 50% 多菌灵可湿性粉剂 1 000 倍液，或 10% 嗪氨灵乳油 500 倍液，每隔 1 ～ 2 周一次，连续 3 ～ 5 次。

（5）腐烂病。

1）症状：先在叶尖处出现黄褐色病斑，叶缘外卷，后全叶干枯，延及枝干，直至全株死亡。或是从叶柄基部内侧开始出现黄褐色不规则病斑，继而导致叶片凋萎干枯。幼龄植株也常烂心。

2）防治方法：及时清除重病株，适时适度剥棕；早春季节定期喷洒 75% 多菌灵可湿性粉剂或 50% 代森铵水剂 500 ～ 1 000 倍液预防，每隔 10 d 一次，连续 3 ～ 4 次。

2. 棕榈虫害

害虫主要有沁茸毒蛾、棉蝗、蛴螬、非洲蝼蛄、介壳虫、白蚁等。

（1）沁茸毒蛾。

1）危害方式：全年均可发生危害，每代 34 ～ 46 d。成虫白天静栖于叶片反面，夜间出来活动。初孵幼虫有群集性，3 龄后分散危害，后结茧于叶片上。

2）防治方法：人工摘除并销毁卵块和虫茧；幼虫发生期及时喷撒敌敌畏乳油 2 000 倍液，或 50% 马拉硫磷乳油 1 000 倍液毒杀。

（2）棉蝗。

1）危害方式：在华南沿海地区一年发生一代。以卵块在土中越冬，翌年 4 月若虫陆续孵出，2 龄前群集取食叶肉，3 龄后上树为害，5 龄后分散取食，大量发生时常将整株叶片及小枝食光。气候温暖湿润、土质疏松的地区，通常危害较重。

2）防治方法：在清晨露水未干，虫体静伏不动时人工扑杀；也可用 50% 马拉硫磷乳油 1 000 倍液，或 40% 乙酰甲胺磷乳油 1 000 倍液喷杀。

（3）蛴螬。

1）危害方式：主要为害植物苗木根部，将根咬断或全部吃光，使苗木枯死，引起严重缺苗。

2）防治方法：播种前每亩用 1 ～ 1.5 kg 的 5% 氯丹粉，混拌细土 20 ～ 30 kg，均匀撒于土表，然后将其翻入土中，杀死土中幼虫；出苗后打洞浇灌 50% 氯丹乳油 600 ～ 1 000 倍液毒杀。

（4）非洲蝼蛄。

1）危害方式：常取食棕榈根部或在苗床内钻挖隧道，致使苗木根部土壤松动，影响根系吸水而死。一年发生一代，以若虫在土中越冬。成虫有较强的趋光性，嗜食有香甜味的腐烂有机质。

2）防治方法：成虫羽化期间可用灯光诱杀，晴朗无风闷热的天气诱杀效果最好；以 50% 氯丹粉剂加适量细土拌匀，随即翻入地下毒杀，每亩用药量 1.5 ～ 2 kg；用 40% 乐果乳油和90%敌百虫原粉与麦麸和谷糠等按1 ∶ 100的比例配制成毒饵撒在苗床上诱杀。

（5）介壳虫。

1）危害方式：多刺吸寄主汁液，形成黄绿色斑点，其排泄物常诱发煤污病，影响光合作用和正常的新陈代谢，轻则导致植株生长衰弱，影响开花结果，重则造成叶片大量枯黄脱落，新梢停止生长，甚至导致整株枯死。

2）防治方法：可用氧化乐果、亚胺硫磷、马拉硫磷、二溴磷、呋喃丹、氰戊菊酯、杀螟松、松脂合剂等喷杀防治，但需根据植物危害情况选择使用。

（6）白蚁。

1）危害方式：多营巢于土中，咬食植株茎部，或在植株上修筑泥被，啮食树皮，亦能从伤口侵入木质部为害，致使苗木枯死。

2）防治方法：播种时用50%氯丹乳剂400倍液浸种或用0.3～0.4 kg的氯丹乳剂兑水1 000 kg淋浇苗地，驱杀白蚁；在苗圃地四周，投放白蚁喜吃的饲料（如蔗茎、蔗皮、桉树皮、木薯茎等）诱杀；在有翅繁殖蚁分飞期，利用灯光诱杀。

3. 棕榈动物性危害

一是来自山鼠和田鼠啃食棕心和棕籽；二是来自吃虫的啄木鸟，因其要啄开树皮食虫，故树干常有孔洞，经雨水浸入，使树干腐朽而枯倒或风折。

四、苗木出圃

1. 起苗

地栽观赏棕榈出圃时应带土球起苗。土球直径应为其地径的3～6倍，土球厚度应为土球直径的3/5以上。

2. 包装

地栽观赏棕榈起苗后应立即用草绳或麻袋片包装，并做到土壤湿润、土球规范、包装结实、不裂不散。

3. 分级

观赏棕榈植物成品出圃应具备生长健壮、枝叶繁茂、冠形完整、色泽正常、根系发达、无生长异常（叶痕分布不均匀、茎秆粗细不匀称）、无病虫害、无机械损伤、无冻害等外观要求，并根据相应的规格指标进行分级。

五、运输

地栽苗木起苗后宜在48 h内起运，超过时间应进行假植。在运输途中应有专人养护，并保持温度18～25 ℃、相对湿度70%左右和良好的通风条件，防止苗木曝晒、强风吹袭、雨淋和二次机械损伤。

成品苗木在装卸过程中要轻拿轻放，保持苗木完好无损、无污染。装卸机具有安全、卫生的技术措施。

六、包装与标识

苗木出圃应带有明显标志，标志内容应包括植物名称（中文名称和拉丁学名）、起苗

日期、批号、数量、植物检验检疫证号和发苗单位。标志牌以株或丛为单位挂设。

任务四　天门冬切叶生产

任务描述

天门冬［*Asparagus cochinchinensis*（Lour.）Merr.］又名玉竹、天冬草、武竹等，为百合科天门冬属多年生常绿半蔓性草本植物（图 4-43）。天门冬原产非洲，在我国分布广泛。天门冬是集药用、食用、观赏于一体的优良植物。

天门冬切叶生产主要包括播种繁殖、分株繁殖、小块根繁殖、定植、中耕除草及搭架、合理施肥、水分管理、病虫害防治、采收等。通过本任务的完成，可以了解天门冬的生长习性，掌握天门冬切叶生产栽培管理技术。

图 4-43　天门冬

环保效应

天门冬可以吸收甲醛，防辐射，净化空气。

材料工具

材料：天门冬、河砂、甲基硫菌灵、敌百虫、腐熟有机肥、饼肥、磷钾肥、硫酸钾型复合肥、百菌清、福尔马林、五氯硝基苯、代森锌、甲霜灵锰锌、扑海因、敌菌丹、速保利、甲基托布津、速扑杀乳油、乐斯本乳油、优得乐、西维因、巴丹粉剂、卫士高、辛硫磷、高效氯氰菊酯、乐果乳剂、三氯杀螨砜、双甲脒乳油、灭蚜灵、塑料薄膜等。

工具：锋利刀具等。

任务要求

1. 会正确实施天门冬播种繁殖。
2. 会正确实施天门冬分株繁殖。
3. 会正确实施天门冬小块根繁殖。
4. 能正确掌握天门冬田间管理技术。
5. 能正确识别天门冬病虫害症状并进行有效防治。
6. 会正确采收天门冬并存储。

任务流程

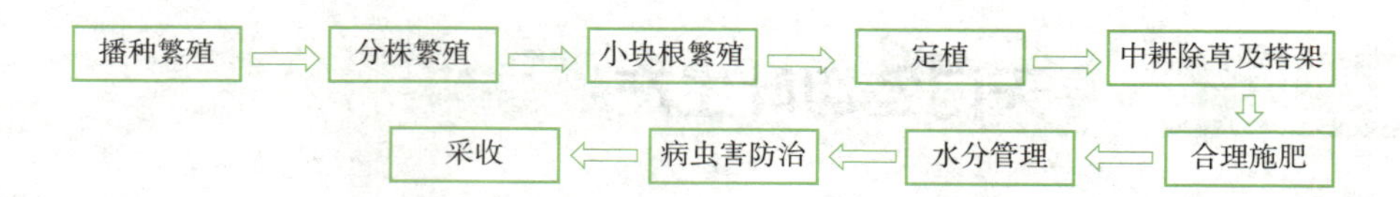

任务实施

一、苗木繁殖

天门冬可采用播种、分株和小块根繁殖方式。

1. 播种繁殖

（1）种子采收时间。首先要选择生长 2 年以上且抗病的天门冬品种，于 10 月前后，果实由绿色变红色、种子发黑时即可采摘，然后堆积发酵 4 ～ 5 d 后将种皮洗干净，选择个头大且饱满的果实留种。采收后的种子不能晒干或者风干，以免影响发芽率，最好随采随播，以提高发芽率；或采用沙藏方法，即一层沙一层种子来保存种子，以免种子失去活力影响发芽。

（2）播种时间。播种分为春播和秋播。春播一般在 3—4 月播种，采用沙藏的种子播种，确保发芽率；秋播一般在 8—9 月播种，用新采收的种子播种，发芽率高。

（3）播种方法。为了减少病害的发生，提高发芽率，土壤（基质）和种子要经过严格的消毒处理。土壤用 70% 甲基硫菌灵消毒，同时用 90% 敌百虫灭虫。消毒后的播种地，可先在畦上开横沟，沟心距为 17 ～ 20 cm，播幅宽为 8 ～ 10 cm，行间距为 30 cm。将种子均匀撒沟中，粒距 2 ～ 3 cm，播后用细碎土杂肥或火灰覆盖，上面再稍覆细土，共厚 1 ～ 2 cm，或盖一层薄草，以利于保湿并促进出苗。

（4）播后管理。春季育苗，播种后要加盖地膜，以增温、保湿；秋季育苗，播种后要覆盖遮阳网，以遮阳、防雨。播后苗床温度保持在 25 ℃，15 d 后可出苗。幼苗期要适当遮阳（尤其是夏天），保持土壤湿润。苗高 3 cm 后要及时除草、松土和施肥。种子育苗，幼苗生长较慢，时间长达一年，所以对肥水的要求较高。当幼苗株高达 3 cm 后，施硫酸钾型复合肥 150 kg/hm^2，同时适量喷施生根剂、多菌灵等药剂。根据天门冬幼苗的生长情况，每年可施肥 2 ～ 3 次。

2. 分株繁殖

3—4 月植株未萌发前分株易成活。分株繁殖时，要在根头大、芽头粗壮的母株上选取种苗。采挖时，摘下粗大的块根后，每株有两个以上和 4 ～ 5 个小块根的才能分株。将植株从根部用刀分割成若干株，分割后保护好须根，切口用草木灰消毒或蘸上石灰粉灭菌或喷洒多菌灵 800 倍液进行消毒，置于阴凉处摊晾 1 d 后即可种植。分株繁殖是天门冬生产中较常用的繁殖方式，但易感染病菌，故务必做好种苗的杀菌消毒。

3. 小块根繁殖

在冬春季收获天门冬时，摘下带根蒂的小块根作繁殖材料，育苗移栽。育苗时，在

整好的畦上，按行距 27 cm 开横沟，深 12 ～ 15 cm，将带蒂小块根斜放在沟中，每隔 6 ～ 8 cm 放一个，盖土与畦面齐平，不现根蒂，保持湿润，春栽 15 ～ 20 d 可长出新根。

二、定植

天门冬种子育苗，幼苗生长较慢，要一年后苗高 12 cm 时才可移栽定植。定植时间选择在春季 3 月或秋季 9 月比较合适。起苗时按大小分级、分类定植。按行距 45 cm、株距 25 cm 挖穴，栽植密度 6.0 万株 /hm^2 左右。最好双行（宽窄行）栽植，宽行距 55 cm ，窄行距 45 cm ，预留间作行距 50 cm。定植时将种苗块根摆匀，并盖细土压紧。栽后要及时浇透定根水，保证成活率。也可先铺一层地膜后再定植，这样既保湿又防止杂草生长，能较好地提高成活率和节省人工喷药除草成本。在预留的行间，前期可间作农作物。用种子繁殖，虽然苗期生长较慢，但育苗量大且发病率较低，有利于大规模生产。

分株繁殖的种苗，其定植方法与种子繁殖的种苗定植方法相同。

三、田间管理

1. 中耕除草及搭架

天门冬生长期间需定期进行中耕、除草、松土，每年可进行 3 次，结合中耕进行培土、施肥。第 1 次除草在 3—4 月苗高 30 cm 时进行，第 2 次在 6—7 月，第 3 次在 9—10 月。最后一次除草结合培土进行，保护植株基部，以利于越冬。中耕宜浅，深度不要超过 5 cm，以免伤到根系，影响天门冬块根生长。

当植株长到 40 ～ 50 cm 时，最好插上竹竿等支架，以便藤蔓缠绕生长，同时也方便田间管理。

2. 合理施肥

因天门冬生长时间长达 3 年以上，为保证整个生长过程的养分供给充足，基肥就显得特别重要。因此，整地时要施足营养成分全的基肥，一般施腐熟农家肥 37.5 t/hm^2、饼肥 1 500 kg/hm^2、磷钾肥 750 kg/hm^2。

每年 3 月抽新苗时第 1 次追肥，可以适量喷施叶面肥磷酸二氢钾，在离苗 10 cm 处施用硫酸钾型复合肥 225 kg/hm^2，也可追施腐熟农家肥 15 t/hm^2。每年 6 月第 2 次追肥，在离苗 10 cm 处施用硫酸钾型复合肥 375 kg/hm^2，也可追施腐熟农家肥 22.5 t/hm^2 ；为满足夏季需求水分多的情况，还可适当喷施硫酸钾型复合液肥。每年 10 月第 3 次追肥，在离苗 10 cm 处施硫酸钾型复合肥 525 kg/hm^2 ，也可追施腐熟农家肥 30 t/hm^2，以利于植株越冬，翌年生长旺盛。

3. 水分管理

整个生育期需保证适当的水分供应。也可通过喷施硫酸钾型复合液肥来保证天门冬对养分和水分的需要。育苗期要保持土壤湿润，并适当遮阴。低畦地要防止积水，遇到暴雨要及时排水。

四、病虫害防治

常见病害有根腐病、立枯病、茎枯病、褐斑病、煤烟病等，害虫主要有地老虎、蛴螨、红蜘蛛、蚜虫、介壳虫等。

1. 病害

（1）根腐病。

1）症状：主要危害根部，从根块尾端烂起，逐渐向根头部发展，最后整条根块内成糨糊状，发病一个多月后，根块变成黑色空泡状。此病多由于土质过于潮湿，根块被地下害虫咬伤或培土施肥碰伤所致。

2）防治方法：做好排水，防止土壤过于潮湿。发病初期可用 50% 甲基托布津 800 ～ 1 000 倍液喷施病株，或用 75% 百菌清 500 ～ 600 倍液灌根。隔 7 ～ 10 d 喷 1 次，连续 3 ～ 5 次，并在病株周围撒生石灰粉。

（2）立枯病。

1）症状：病菌多从表层土侵染幼苗根部和茎基部，受害部位下陷缢缩，呈黑褐色。幼苗刚出土时，病状表现为猝倒，如幼苗组织已木质化，则表现为立枯。潮湿时，病部长有白色菌丝体或粉红色霉层，严重时病苗萎蔫死亡。

2）防治方法：苗床和盆栽用土都须用无病新土或消毒土。土壤消毒可每平方米用 40% 福尔马林 50 mL 兑水 8 ～ 12.5 kg，浇灌土面，塑料薄膜覆盖 5 ～ 7 d 后揭除，经 6 ～ 10 d 后播种；或在栽植、播种前条施 70% 五氯硝基苯粉剂与 80% 代森锌的等量混合物，每平方米土壤用 8 ～ 10 g。播种、种植前灌水，保持土壤水分充足，在幼苗出土后 20 d 内，严格控制灌水。幼苗发病初期，可用 70% 甲基托布津 700 ～ 800 倍液浇灌，起灭菌保苗的作用。

（3）茎枯病。

1）症状：主要危害茎和果实，也危害叶和叶柄。茎部出现伤口易染此病。病斑初为椭圆形，褐色凹陷溃疡状，后沿茎上下扩展到全株，严重时病部干腐变深褐色。果实染病时，初为灰白色小斑块，后随病斑扩大凹陷变褐色，长出黑霉，引起腐烂。该病侵染到植株上部后，可杀死叶脉两侧的叶组织，或叶面形成不规则褐斑，病斑继续扩大时，叶缘卷曲，最后叶片干枯或全株死亡。

2）防治方法：发病初期可用 75% 百菌清可湿性粉剂 600 倍液，或 58% 甲霜灵锰锌可湿性粉剂 500 倍液，或 50% 扑海因可湿性粉剂 800 ～ 1 000 倍液喷施。每隔 7 ～ 10 d 喷一次，连续喷 3 ～ 5 次。

（4）褐斑病。

1）症状：主要危害叶片。初发病时叶面出现褐色斑点，后病斑逐渐扩大，多呈不规则形。外围有一褪色晕圈，边缘呈红褐色，中央灰色，后期病斑中产生黑色小点。被害株叶片易脱落，重者一叶不存，由下而上逐渐全株枯死。

2）防治方法：发病初期可用 80% 敌菌丹 500 倍液、65% 代森锌 800 倍液、12.5% 速保利可湿性粉剂 800 ～ 1 000 倍液、70% 甲基托布津 800 ～ 1 000 倍液等喷施。每隔 7 ～ 10 d 喷 1 次，连续喷 3 ～ 4 次。

（5）煤烟病。

1）症状：被害植株树冠外观部分或大部分呈黑色，有些枝条也变色，患部表面被黑霉覆盖，手摸有黏质感。后期叶面霉部分剥落，致叶片呈黑白斑驳状，受害严重植株长

势不良，提早落叶，观赏价值降低。

2）防治方法：发病初期可喷施 40% 速扑杀乳油 800 ～ 1 000 倍液，或 40% 乐斯本乳油 800 倍液，或 25% 优得乐（扑虱灵）乳油 1 500 倍液。

2. 害虫

（1）地老虎。

1）症状：地老虎咬食嫩茎和幼芽。

2）防治方法：发现虫害可用 5% 西维因或 10% 巴丹粉剂进行土壤处理。幼虫期喷施 20% 卫士高可湿性粉剂 1 000 倍液防治。3 龄幼虫前抗药力低，是药剂防治的关键时期。

（2）蟋蟀。

1）受害部位：受害幼苗会整株枯死，成苗被咬去顶芽，不能正常生长发育。

2）防治方法：若发生密度大，可选用 50% 辛硫磷或高效氯氰菊酯等菊酯类农药 800 ～ 1 000 倍液喷雾。每隔 7 ～ 10 d 喷 1 次，连续喷 3 ～ 4 次。

（3）红蜘蛛。

1）症状：主要危害叶片，叶片呈灰斑色，并枯黄脱落。

2）防治方法：可用 40% 乐果乳剂 800 ～ 1 000 倍液，或 20% 三氯杀螨砜可湿性粉剂 500 ～ 800 倍液，或 20% 双甲脒乳油 1 000 倍液喷施，每周一次，连续喷 3 ～ 4 次。

（4）蚜虫。

1）症状：危害嫩藤及芽芯，使整株萎缩。

2）防治方法：虫害初期可用 40% 乐果 800 ～ 1 000 倍液或灭蚜灵 1 000 ～ 1 200 倍液喷杀。虫害严重时可割除全部藤蔓并施肥，20 d 左右便可发出新芽藤。

（5）介壳虫。

1）症状：主要危害老枝。

2）防治方法：可用 40% 速扑杀乳油 800 ～ 1 000 倍液全株喷洒。喷药时以叶片背面为重点，每周一次，连续喷 3 ～ 4 次。

五、采收

1. 采收时间

门冬种植 3 年后才有较好的药用价值、营养价值和经济效益，所以采收时间最好在种植 3 年后，一般于 11 月至翌年 2 月采挖。

2. 采收方法

先割掉地面上大部分藤蔓，挖出整株天门冬后，将直径 3 cm 以上的天门冬块茎剪下来，加工成干品，以利于存储；小的天门冬块茎则留下和母株一起作种用。干品可作中药，鲜品可煲汤。种植 3 年的天门冬鲜品产量可达 45 ～ 60 t/hm^2。

项目情景

一二年生草花是指生长周期为一至两年的草本花卉。近年来，一二年生草本花卉在园林造景中的应用越来越广泛，其色彩丰富、繁殖率高、造景容易，而且成景后对人的视觉冲击力、感染力也非常大，是其他绿化植物不能比拟的。随着经济的发展和文化水平的提高，人们对居住环境的要求也越来越高。居住环境不仅用树木、草坪装饰，还要用花卉装饰，使人们在绿色中看到各种美丽的鲜花。草、花的应用越来越多，形式也多种多样。除了花坛花境的应用外，还新增了很多组合装饰，如立体花柱、组合盆栽、快速造景等，深受人们喜爱。本项目重点介绍了现在花卉生产企业和市场上主要流行的一二年生草花品种的生产技术，内容包括育苗技术，定植技术，温度、光照和水肥管理技术，病虫害防治技术。本项目重点叙述了草花中应用较多的薰衣草、秋海棠、大花飞燕草、毛地黄、南非万寿菊、鬼针草等的生产栽培技术，目的是使读者掌握重要草花生产技术，并能做到举一反三。

草花项目参照园林园艺行业职业岗位对人才的需求和花卉园艺师国家职业标准，实行“项目引导+任务驱动”教学模式，将草花生产应用的基本知识，如花卉种质资源的收集与保存、草花育苗知识及质量标准、主要花卉常见病虫害的诊断、花坛布置等理论及技能操作，分别与园艺师考试理论及技能两部分内容对接，帮助学生熟练掌握花卉园艺师相关核心技能，最后获取国家花卉园艺师职业资格证书。

学习目标

➢ 知识目标

1. 了解薰衣草、秋海棠、大花飞燕草、毛地黄、南非万寿菊、鬼针草等花卉的生长习性和生长发育规律。

2. 掌握薰衣草、秋海棠、大花飞燕草、毛地黄、南非万寿菊、鬼针草等花卉的周年生产技术规程。

3. 掌握草花周年生产计划制订方法。

4. 掌握草花周年生产管理方案制订方法。

5. 掌握草花生产经济效益分析方法。

6. 熟练掌握花卉园艺师所要求的核心技能，如草种质资源的收集与保存、草花育苗及质量标准、草花常见病虫害的诊断等，应对花卉园艺师理论知识考试。

➢ 能力目标

1. 能指导、组织和实际参与薰衣草、秋海棠、大花飞燕草、毛地黄、南非万寿菊、鬼针草等草花产品周年生产。
2. 能根据市场需求主持制订花卉产品周年生产计划，能根据企业实际情况主持制订花卉生产管理方案，并能结合生产实际进行花卉生产效益分析。
3. 能根据所掌握草花生产相关知识，应对花卉园艺师技能操作考核。

➢ 素质目标

1. 通过实际花卉生产的项目教学，培养学生不怕脏、不怕苦、不怕累的品质。
2. 通过生产计划、方案的编制，培养学生独立学习、分析总结和提升完善的能力。
3. 通过分组完成任务，提高竞争意识，培养学生交流、互助、合作和组织的能力。
4. 通过生产方案的实施，锻炼学生独立发现、分析和解决突发问题的能力。
5. 通过不同的生产方案实施，提高学生的创新意识和创新能力。

草花生产流程图

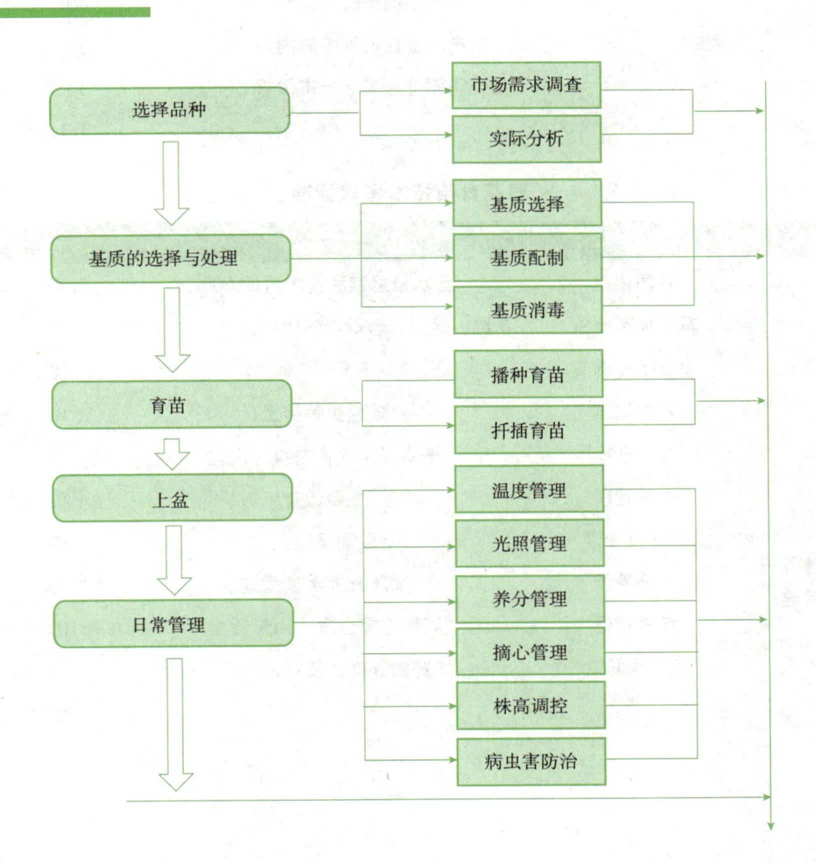

考核标准

草花生产方案制订考核标准

序号	质量要求	赋分	得分
1	方案编制规范	20	
2	相关项目齐全	10	
3	符合植物生态习性	20	
4	注意降低养护成本	10	
5	养护措施技术含量较高	10	
6	具有环保、植保内容	10	
7	专业术语运用恰当	10	
8	方案实用，便于操作	10	
	总 分	100	

部门：　　　　部门经理：　　　　生产副总：

草花生产品种选择考核标准

序号	项目	质量要求	分值	得分
1	品种选择	根据市场前景确定品种	40	
		生产成本在预算控制内	30	
		生长周期符合实际上市需求	30	
总分			100	

草花育苗技术考核标准

序号	项目	项目名称	考核标准	分值	得分
1	育苗	基质湿度	含水量是饱和持水量的 60%	10	
		基质配制比例	草炭、蛭石、珍珠岩的比例为 3 ∶ 1 ∶ 1	10	
		基质 pH 调节	5.5 ～ 5.8	10	
		基质消毒	多菌灵等拌土	10	
		容器选择	干净卫生的育苗盘、穴盘	10	
2	日常养护管理	光照管理	光照适宜	10	
		温湿度管理	温湿度适宜	10	
		水分管理	水质及浇水量适宜	10	
		营养管理	肥料选择合理，用量适当	10	
		病虫害防治	农药的选择、使用方法正确	10	
总分				100	

草花上盆考核标准

序号	项目		质量要求	分值	得分
1	上盆前准备	基质配制	基质量和比例配制准确	10	
			所有基质完全拌匀	10	
2		基质消毒	药剂用量适宜	10	
			药剂与基质完全拌匀	10	
3		容器选择	大小适宜	5	
4	上盆		栽植深度与原根茎部位相同	10	
			幼苗位于盆正中间	10	
			盆土基质轻轻压实	10	
			基质距盆沿 2 ～ 3 cm	10	
5	上盆后管理	水分管理	浇透水，盆底漏水。环境湿度适宜	10	
		光照管理	放于遮阴处	5	
总分				100	

草花日常养护管理考核标准

序号	项目	质量要求	分值	得分
1	光照管理	光照适宜	15	
2	温度管理	温度适宜	10	
3	水分管理	水质及浇水量适宜	15	
4	营养管理	肥料选择合理，用量适当	20	
5	摘心	方法正确	20	
6	松土除草	除草干净，没伤害根系	20	
总分			100	

草花病虫害防治考核标准

序号	项目	质量要求	分值	得分
1	病虫害识别	病虫害种类鉴定	10	
		主要病虫害的形态描述及识别要点	10	
		主要病虫害危害部位	10	
2	病虫害防治	农药种类选择	10	
		农药的稀释	10	
		农药的使用方法	10	
3	完成时间	在规定时间内完成病虫害防治任务	20	
4	成本控制	成本控制没有超过预算	20	
总分			100	

任务一 薰衣草生产

任务描述

薰衣草（*Lavandula angustifolia* Mill.）又名香水植物、灵香草、香草、黄香草，为唇形科薰衣草属多年生草本或半灌木类植物，是一种具有很高经济价值和观赏价值的天然芳香类植物（图 5-1）。薰衣草原产于地中海沿岸、欧洲各地及大洋洲列岛，后被广泛栽种于英国及前南斯拉夫。

薰衣草生产主要包括品种选择、育苗、地块选择、整地、栽植、杂草防除、追肥、灌溉、修剪、越冬防寒、病虫害防治、收割等。

环保效应

薰衣草植株低矮，全株四季都呈灰紫色，生长力强，既能观赏，又能净化空气、治疗疾病。

图 5-1　薰衣草

材料工具

材料：薰衣草、赤霉素、酒精、磷酸二铵、猪粪、鸡粪、除草剂、尿素、磷酸二氢钾、多菌灵、代森锌、氯氰菊酯、三氯杀螨醇等。

工具：枝剪、铁锹、塑料薄膜等。

任务要求

1. 制订薰衣草生产方案、生产计划和资金预算方案，方案和计划应符合实际生产需要，方案应详细、合理，具有可操作性。
2. 在制订方案和计划的过程中，发挥小组成员分工协作、统筹安排的能力。
3. 根据制订的方案和计划进行任务实施。
4. 每次任务结束填写工作日志和成本记录表。
5. 各小组要根据成本记录和销售记录完成该品种的效益分析报告。
6. 配制药品时，要按照使用说明正确进行配制。

任务流程

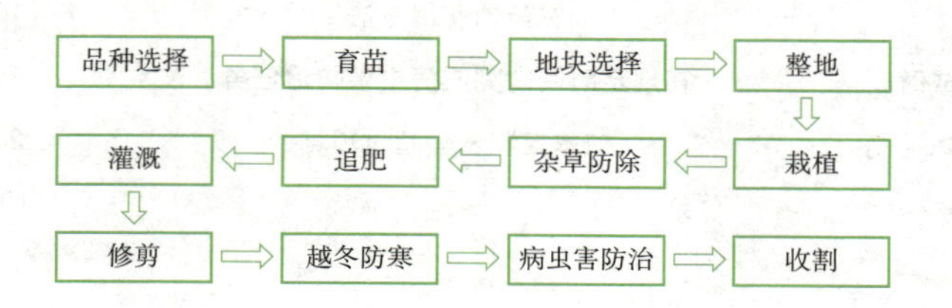

任务实施

一、品种选择

薰衣草种类多样，世界上约有28个原生种和483个栽培品种，主要分为五大类：真薰衣草、杂薰衣草、法国薰衣草、齿叶薰衣草、羽叶薰衣草。前两类为精油类薰衣草，以提炼精油为主，后三类为观赏类薰衣草，以园林景观应用为主。

法国薰衣草（*L. stoechas*）是最漂亮的薰衣草，原产法国南部，因花的苞片像兔子耳朵而闻名。它是花朵最漂亮的薰衣草品种，别称蝴蝶薰衣草，是作为观赏用的优良薰衣草。

齿叶薰衣草（*L. dentata*）是花开得最勤的薰衣草。它在南方可以一开花，四个季节都可以开，而且花朵非常好看，是优良的品系。但齿叶薰衣草耐寒性不好，这一点根据它的分布地点就可知道：主要在非洲北部和西班牙，这两个地区相对比较炎热。齿叶薰衣草主要用来观赏。

羽叶薰衣草（*L. pinnata*）是叶片最美的薰衣草。它的叶子如羽毛般轻柔美丽，是薰衣草中最漂亮的一种。紫色花朵相当艳丽，非常有观赏价值。羽叶薰衣草的特点是耐热，耐我国南方的桑拿天，不耐北方的寒冷。它的花不香，有一点特殊的味道，跟其他薰衣草的味道不一样。

二、育苗

1. 播种育苗

为了增加薰衣草生长时间，加快木质化进程，提高抗寒能力，沈阳地区需要隔年育苗，即于上年的10—11月，在日光温室内作畦育苗。首先做好1.2～1.5 m宽的苗畦，用耙子将畦耙平搂细，浇透水以待撒种。播种前将种子用350 mg/L的赤霉素酒精溶液（酒精浓度为20%）浸泡6 h。将浸泡好的种子控干，与细沙混合后均匀撒到苗畦上，覆土0.2 cm，上面覆盖塑料薄膜。待刚刚看到出苗时揭开塑料薄膜。之后正常管理，待出现7片叶时摘心，之后移入育苗钵中培养、壮苗，直至翌年5月上旬栽入大田。温室内温度要保持在10～28 ℃，适时通风。

2. 扦插育苗

一般在春秋季进行扦插。扦插时选择3～5年生、发育良好的当年生新梢，长度5～7 cm，上端保留2～3叶，基部1 cm蘸生根剂后插入河砂。扦插深度1～1.5 cm，株距为2～3 cm，行距为20～25 cm。注意提高地温；促进根系发育，勤修剪延伸枝，及时摘除花穗，促进分枝，待长出须根1 cm后移入育苗钵中培养、壮苗，直至翌年5月上旬栽入大田。

三、地块选择

坡度小于10° 的任意坡向平原均可。土层厚度大于30 cm，土壤有机质含量0.5%以上，弱酸性至中性。

四、整地

翻地前施磷酸二铵 15 kg，尿素 10 kg 作底肥。有条件的要配施农家肥作底肥，一般每 667 m^2 施用 2 ～ 3 t 猪粪或 1 ～ 2 t 鸡粪。深翻土地 25 ～ 27 cm。起垄，垄距为 55 cm，垄向以能顺利排水为准则。

五、栽植

选择植株粗壮、根系发达无损的大苗栽植。栽前须通风适应外界环境 10 d 以上。垄上栽植，株距为 50 cm，时间在 5 月上旬，栽后立刻浇水。

六、田间管理

1. 杂草防除

在整地起垄结束后栽苗前，喷施封地除草剂（去莠津 + 乙草胺 +2.4-D 丁酯）。为了提高地温、消灭杂草，保持土壤水分和通透性，开花前，要中耕松土除草 1 次，中耕深为 8 ～ 10 cm。收花前人工拔草 1 ～ 2 次，保证田间无杂草。

2. 追肥

第 1 次追肥在分枝期，时间为 6 月上旬，主要是为了增加分枝数。1 亩地追施尿素 15 kg、磷酸二铵 10 kg，施肥深度 8 ～ 10 cm。第 2 次追肥在收花后施抽条肥，时间为 8 月下旬至 9 月上旬，结合灌水 1 亩地追施尿素 5 kg、磷酸二铵 10 kg、钾肥 5 kg，以促进植株后期生长发育。施肥尽量选择在早晨露水干后或傍晚进行。叶面追肥从返青后至开花前进行 2 ～ 3 次，收花后补喷 1 次，1 亩地用磷酸二氢钾 200 g，每隔 10 d 喷一次，可促进花期整齐一致，提高产量。

3. 灌溉

沈阳地区雨量充沛，年平均降雨量为 750 ～ 850 mm，但大部分集中在 7—9 月，因此需要在 5 月、6 月和 10 月根据干旱情况进行灌溉。5 月正当栽苗或返青后生长阶段，要保证有充足的水分，这对植株的生长发育具有重要作用。6 月是分枝和现蕾时期，需要有适当的水分促进分枝和花芽分化，此阶段需要灌溉 1 ～ 2 次。在土壤封冻前，需进行冬灌，以利于植株安全越冬。灌溉方法为垄沟漫灌，灌水量一般每次每 667 m^2 地 50 m^3 左右，冬灌水要适当加量。

4. 修剪

当年栽植的幼苗，要及时进行修剪。一般修剪 3 次：第 1 次在 6 月下旬，第 2 次在 7 月中旬，第 3 次在 8 月下旬。修剪方法是将植株上部的花蕾全部剪除，以促进分枝生长。栽植多年的薰衣草修剪 2 次：第 1 次在 5 月中上旬，剪除老枝、断枝、干枯枝、病枝；第 2 次在 8 月中旬，剪除干枯枝、病虫枝、下垂枝、密生枝，疏除衰老枝，促发新生枝，将植株修剪成馒头形。

5. 越冬防寒

薰衣草成苗一般可耐 −20 ～ −25 ℃的低温。沈阳地区冬季经常出现 −25 ～ −30 ℃的低温，因此需要进行越冬防寒处理。第一，当年新栽植的幼苗要在温室提前育苗，5 月

上旬，在外界温度合适时及早移栽入大田，加快植株木质化进程，以提高抗寒能力。第二，栽植要采取垄作方式，防止雨季因积水致使根部腐烂而减弱抗寒能力。第三，9月以后不可收割或抽取主要枝条（采收花序除外），以免影响营养物质回流根部而减弱抗寒能力。第四，在土壤封冻前和翌年返青前灌水增加土温和空气温度，减少地面辐射，加速底层土温向上传导。灌水应在中午温度较高时进行，力求灌透。第五，在封冻前、冬灌后将薰衣草上面覆盖一层玉米秸秆，厚度为8～10 cm，第2年返青后撤掉覆盖物。

七、病虫害防治

1. 病害

目前，沈阳地区主要发生枯萎病、根腐病和叶斑病。枯萎病、根腐病的防治方法相同：一是及时排涝、通风，防止感染病菌；二是化学药剂防治，用多菌灵可湿性粉剂500倍液或甲基托布津可湿性粉剂400倍液灌根或叶面喷施，每个月施用1次，发病期要3 d施一次。叶斑病的防治：发病前喷波尔多液200倍液预防2～3次或用代森锌600倍液进行防治。

2. 虫害

目前，沈阳地区主要发生红蜘蛛虫害。防治方法：用高效氯氰菊酯或杀螨剂三氯杀螨醇等，进行叶面喷雾。

八、收割

在盛花期，即花穗的小花70%开放时进行收割。多年生薰衣草头茬花一般在6月下旬至7月中旬收割，二茬花在9月下旬至10月上旬收割。收割时严格执行采收标准，在花序的最低花轮以下5 cm左右处割取，应少带花梗，不带青叶、老枝、杂草等。收割应选择晴天上午10：00以后，有露水或阴天不宜收割。

任务二　秋海棠生产

任务描述

秋海棠（*Begonia grandis* Dry），秋海棠科秋海棠属多年生草本植物。根状茎近球形，茎直立，高可达60 cm，有纵棱无毛。茎生叶互生，叶片轮廓宽卵形至卵形两侧不相等，上面褐绿色，常有红晕，下面色淡，带紫红色，托叶长圆形至披针形膜质，花葶有纵棱，无毛；花较多数粉红色，苞片长圆形，先端钝，早落；花药倒卵球形，子房长圆形，蒴果下垂，轮廓长圆形，种子长圆形，较小，淡褐色数极多，温室种植可全年开花（图5-2）。

环保效应

在栽培秋海棠的过程中，要有保护环境和节约能源的意识，减少花卉生产过程中对水源、空气的污染。在防治病虫害的过程中，坚持“预防为主，综合防治”的原则，注重标准化和专业化。

材料工具

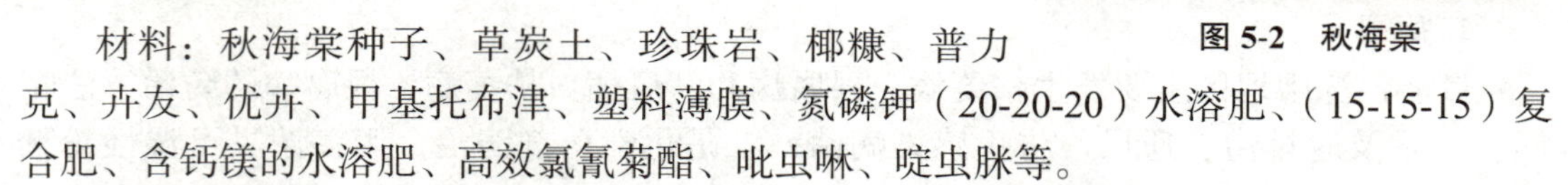

图 5-2　秋海棠

材料：秋海棠种子、草炭土、珍珠岩、椰糠、普力克、卉友、优卉、甲基托布津、塑料薄膜、氮磷钾（20-20-20）水溶肥、（15-15-15）复合肥、含钙镁的水溶肥、高效氯氰菊酯、吡虫啉、啶虫脒等。

工具：镊子、播种机、穴盘（200 穴、128 穴）、育苗钵、花盆、铁锹、花铲、手锄、纸箱、喷雾器、量筒、天平等。

任务要求

1. 制订秋海棠生产方案、生产计划和资金预算方案，方案和计划应符合实际生产需要，方案应详细、合理，具有可操作性。
2. 在制订方案和计划的过程中，发挥小组成员分工协作、统筹安排的能力。
3. 根据制订的方案和计划进行任务实施。
4. 每次任务结束填写工作日志和成本记录表。
5. 各小组要根据成本记录和销售记录完成该品种的效益分析报告。
6. 配制药品时，要按照使用说明正确进行配制。

任务流程

任务实施

一、品种选择

目前，市面上秋海棠品种较多，可根据景观需求选择不同高度的品种。矮生型品种，株高为 15 ～ 20 cm，株型丰满，生长健壮，整齐一致，色彩纯净亮丽，花期长且花色保持时间长。紧凑品种，株高为 20 ～ 30 cm，花穗紧密集中。北方冬季在温室育苗需 180 d 左右。

二、育苗技术

常用播种繁殖。

（1）基质配置及消毒。由于种子萌发要求高，目前规模化生产采用穴盘播种。

基质用草炭、珍珠岩、椰糠以 5 ∶ 1 ∶ 1 混配，pH 为 6.5 ～ 7.0。播种后浇一遍 1 000 倍液普力克。

（2）育苗容器准备。生产上多用穴盘育苗，便于管理，有利于幼苗健壮成长，移植后无缓苗期，成苗率高，可以缩短生产周期。

（3）播种技术与播后管理。

1）适时播种。播种育苗时间根据花期需要和温度、光照条件而定。北方地区五一期间用花多选择在温室里 11—12 月播种，其他时间用花可根据需要提前播种（图 5-3）。

图 5-3　播种

2）播种方法。先将配制好的基质装入播种机基质填充口，然后将种子倒入播种滚筒中，开启全自动滚筒播种机进行播种。最后装上育苗车。

人工播种先将配制好的基质装在 128 或 200 孔穴盘中，用木板刮平，拿出新穴盘对准填充穴盘下压打孔，然后每穴播一粒种子（浇透杀菌剂，切记不要覆土），再覆薄膜。

图 5-4　出芽

发芽适温为 20 ～ 24 ℃，萌芽期需要光照，否则影响芽率，发芽天数 7 ～ 12 d（图 5-4）。

3）播种后的管理。胚根出现后，保持育苗基质的湿润，加强光照。出苗后逐渐撤掉薄膜。当长出茎，子叶展开时，保持适当湿度，防止过湿，可适当施用 10 000 倍液氮磷钾比例为 20-20-20 的水溶肥。当根插入穴盘，出现真叶时，应加大施肥浓度，控制湿度，温度降低至 20 ℃左右，加强光照，防止幼苗徒长。当根系成团，有 2 ～ 3 对真叶时（图 5-5），继续加大施肥浓度，控制温度、湿度与刚出现真叶时相同，加强通风，防止徒长，为移栽做好准备（图 5-6）。

图 5-5　真叶苗

三、上盆后的管理

1. 光温管理

小苗长出 2 ～ 3 片真叶时开始移栽上盆，选择 13 cm×15 cm 的营养钵，基质选择疏松、通气性好的椰糠土，加有机肥或复合肥。上盆后温度降低至 18 ℃，1 个月后降至 15 ℃。如果温度在 15 ℃以下，叶片会出现发红、长势不良的现象，温度在 30 ℃以上时，则会出现叶小、植株停止生长的现象。对日照要求高，否则易徒长。

图 5-6 成品苗

2. 肥水管理

秋海棠需要充足的水分和较高的空气湿度。保持空气相对湿度在56%～60%。肥料以N：P：K为3：1：2或2：1：2为好。

3. 株型整理

植株长出4对真叶时，留2对真叶摘心，促使萌发侧枝，形成丰满株态，多开花，花后要及时剪去开过花的枝条，促使其萌发新枝继续开花。

四、花期调控

为满足市场用花需求，除进行恰当的品种选择和正常的技术管理外，还可以采用摘心、分批播种，调控温度、光照以及化学药剂处理等措施，适当调节花期。可于冬季在温室育苗，进行促成栽培，有望在五一期间开花；可通过分批播种或生长期降低温度进行抑制栽培，适当推迟花期。

五、病虫害防治

1. 病害

（1）叶斑病。细菌性病害，由斑点病菌（Xanthomonascampestris）引起的叶斑病症状：秋海棠非常容易被该种菌所侵染，但是许多生产者对之没有足够的重视，并不认为这是一种病症，因为叶片边缘坏死和叶片斑点是最常见的，几乎所有类型的秋海棠都曾经出现过这种情况。

控制方法：控制该病的最佳方法是在植物上盆之初就尽力避免感染病菌，发现病株后就及时集中销毁；此外要尽量减少采用植株顶部灌溉的方式，这样也会抑制病情的发生和扩散；稍微降料的浓度也可以减少病害的发生。

由漆斑菌（Myrotheciumroridum）引起的秋海棠叶斑病症状：病症一般出现在秋海棠叶片边缘、叶尖和破损叶片的叶脉上。坏死区域呈现黑褐色，然后是水渍状。诊断方法是下部的叶片经常会出现不规则形状的孢子群，中央呈黑色，但边缘为白色。

控制方法：喷洒杀真菌药剂、减少植株受伤和将肥料尽量降低到一个合理的水平都可以减少该病发生。

无论是斑点病菌还是漆斑菌引起的秋海棠叶斑病都可以用1 000倍液甲基托布津喷施，连续施用2次即可。

（2）灰霉病。真菌病害，由葡萄孢菌（Botrytiscinerea）引起的灰霉病症状：秋海棠叶片灰霉病经常发生于植株的下部，尤其是根茎与基质接触的地方更容易感染病菌，被水浸润的病斑很快会扩散到整个叶、整个植株，受害区域呈现坏死斑点，逐渐由褐色转变为黑色。当夜间温度较低、白天温度较高而且湿度高时，病原孢子生长加快，受害的叶片上会长出灰绿色的霉状物。

控制方法：在冬季温度较低的月份控制葡萄孢真菌的扩散成为栽培管理中的重要环节，而降低灰霉病发生和扩散的重要方式是促进叶片加快干燥、降低温室内的空气湿度。

或用 5 000 倍优卉液喷施。

（3）根腐病。由腐霉菌（Pythiumsplendens）引起的秋海棠根腐病症状：感染这种病菌后，植株的根系弱、叶片发黄。诊断方法是茎部和根系出现黑色的糊状物，从植株的基部可以一直蔓延到茎和叶片尖端的部位。

控制方法：首先从源头上控制，即从繁殖之初就使用无菌材料，对上盆基质和栽植床进行消毒处理，在栽种前后用杀真菌药剂进行处理可以很好地防治由腐霉菌引起的根腐病。另外，尽量减少水的灌溉量以减少根腐病的发生，促进根的长势。或用 5 000 倍卉友液喷施。

（4）猝倒病。由立枯丝核菌（Rhizoctoniasolani）引起的猝倒病症状：发病后有褐色的霉状物附着在病感部位。霉状物可以从盆土延伸到植株上。仔细观察，可以看到这是由于植物根茎部长出的霉状物。立枯丝颜色常为红褐色，外形似蜘蛛网。

控制方法：由立枯丝核菌引起的猝倒病可以通过喷洒不同的杀菌剂来控制，大部分用土壤灌溉的方法。用 1 000 倍液普力克倍液喷施即可。

（5）枯萎病。由白绢病病菌（Sclerotiumrolfsii）引起的南方枯萎病症状：白绢病病菌可以侵染植株的一部分，在叶片和茎部最容易观察到。最初，茎段与介质接触的地方有水渍状病斑，另一个症状是叶片表面或基质上长出扇圆形的霉状物，起初是白色的，以后随着发育变成黑褐色。尤其是在温暖的环境中，若植株受了感染，则很容易导致植株的腐烂。

控制方法：所有受到感染的植株及容器均应尽快移出种植区域并将植株销毁。现在还没有对白绢病病菌特别有效的药剂。

2. 虫害

常见害虫有菜青虫、蚜虫、白粉虱、蜗牛。

当菜青虫害发生时，用 30% 高效氯氰菊酯 800 ～ 1 200 倍液进行叶面喷雾防治。

当蚜虫害发生时，用 10% 吡虫啉 1 000 倍液进行叶面喷雾防治。

当白粉虱害发生时，用 25% 啶虫脒 1 000 倍液进行叶面喷雾防治。

当蜗牛害发生时，用四聚乙醛颗粒撒于盆土上。

六、成品苗运输

1. 运输方式

国内花卉运输通常包括航空、公路、铁路运输等方式，航空运输的运费较高，铁路运输必须货量大，运输时间又长，因此只有灵活的公路运输才是首选。

2. 运输要求

（1）温度。温度在 10 ～ 15 ℃最适合，否则叶片枯黄，植株萎蔫，降低移栽后成活率。

（2）水分。一般装车前应淋透水，基质中等湿润时装箱。

（3）其他。保持 70% ～ 75% 的车厢内湿度，防止风吹干燥；近距离也不宜裸露运输。

3. 装车要求

最好使用封闭控温室，能分层摆放，空间利用率高的专用运输车辆，摆放时注意盆和盆之间间隙应尽量小，间隙大的地方一定要用泡沫或其他材料塞进。

4. 到货处理

到达后须立即卸货，将植株放入半阴处喷水，待缓苗后摆放或定植于相应地点，通常运输时间要尽可能缩短。

任务三 大花飞燕草生产

任务描述

大花飞燕草（*Delphinium grandiflorum*）又名鸽子花、翠雀花、百部草、千鸟草，原产于欧洲南部，为毛茛科翠雀属多年生草本植物（图 5-7）。大花飞燕草花型别致，花朵盛开时宛如群鸟飞舞，因而得名“大花飞燕草”，具有较高的观赏价值。

大花飞燕草草花生产主要包括育苗、上盆定植、上盆后管理、病虫害防治等内容。通过本任务的完成，可以了解大花飞燕草的生长习性，掌握大花飞燕草草花生产栽培管理技术。

环保效应

大花飞燕草对环境适应性较强，在许多地方均有栽培，主要适用于园林绿化、绿地点缀、花坛花镜种植，也可以作为切花或盆栽栽培。

大花飞燕草还能净化空气，在生长过程中通过呼吸作用，吸收空气中的有害气体，特别是空气中的甲醛和甲醇，不断释放氧气，减少有害气体对人体的伤害。

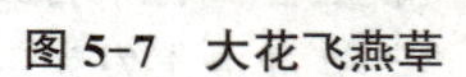

图 5-7 大花飞燕草

材料工具

材料：大花飞燕草种子、草炭、珍珠岩及蛭石、有机肥、复合肥，多菌灵、高锰酸钾等杀菌剂，吡虫啉、溴氰菊酯等杀虫剂。

工具：72 孔或 128 孔穴盘、塑料薄膜、营养钵、剪刀等。

任务要求

1. 能根据市场需求制订大花飞燕草草花生产周年生产计划。
2. 能根据企业实际情况制订大花飞燕草草花生产管理方案。
3. 能根据大花飞燕草生长习性、不同生长发育阶段的特点，采取不同的养护管理措施，并能根据实际情况调整方案，保证产品质量。
4. 能结合生产实际进行大花飞燕草草花生产效益分析。

任务流程

任务实施

一、育苗

1. 播种时间

大花飞燕草的播种时间依据不同品种而定（表 5-1）。一般秋播时，先播入露地苗床，入冬前进入冷床或冷室越冬，春暖定植。

表 5-1　不同品种大花飞燕草的播种时间

不同品种	播种时间
大叶高秆品种	9 月下旬至 10 月上旬
小叶矮生品种	11 月中上旬至 12 月上旬

2. 播种基质

育苗基质常以泥炭、珍珠岩、蛭石、椰糠为主。按照进口泥炭土：广东泥炭：椰糠为 1 ∶ 1 ∶ 1（体积比）的比例混合配制，pH 调整为 6.0 ～ 6.5，EC 值为 0.5 ～ 0.8 mS/cm。基质填充穴盘后，800 倍敌克松液喷淋，对播种基质进行消毒，然后播种。

3. 播种

大花飞燕草采用粒播或撒播。容器可以选择穴盘或苗盒或其他适宜的容器装填基质。播种前盆土进行消毒、压平、浇透水，再将种子均匀撒入，最后覆土厚度约为 0.5 cm。播种后用细喷雾湿润，再用塑料薄膜覆盖，以减少水分蒸发，保持湿润。

4. 苗期管理

胚根萌发阶段，栽培温度保持在 20 ～ 22 ℃，基质湿度保持在 80% 以上，栽培基质中可溶性盐（EC 值）不高于 0.5 mS/cm，pH 值控制在 5.8 ～ 6.5。一般 6 ～ 9 d 萌发，两周左右出苗。

出苗后，要注意光照和通风，同时注意控制好水分，适当降低土壤湿度。在子叶出现及生长阶段，温度保持在 16 ～ 20 ℃，需 9 ～ 10 d。真叶生长、发育阶段及炼苗阶段，需 20 ～ 25 d，温度保持在 13 ～ 17 ℃。出苗后 5 d 即可施肥，以稀薄液肥为主，可以适量补充一些氮肥（50 ～ 100 ppm）或 500 倍水溶性复合肥液体，N、P、K 质量比为 3 ∶ 1 ∶ 2，5 ～ 7 d 施用 1 次。

二、移栽定植

为保证栽植后的应用效果，飞燕草生产用苗要求植株长势、株型、叶型、叶色、花色、花型、花期的一致性。种苗一般在 4 ～ 7 片真叶时可定植，定植苗按 25 ～ 50 cm 株距进行栽植。定植时间以 4 月中下旬为宜。定植时打穴，脱去花盆，穴内放颗粒杀虫剂，定植后灌杀菌剂溶液。

三、田间管理

大花飞燕草喜阳光充足和凉爽的气候，耐半阴环境，怕高温炎热，耐寒，耐旱，忌积水，因此在种苗生产及园林应用中，日常养护管理尤为重要。

1. 水分管理

播种后必须保持土壤湿润，最简单的方法是覆盖一层塑料薄膜，出苗后逐渐揭去覆盖物。保持基质见干见湿，花期土壤保持湿润，可延长观花期。

2. 光照管理

大花飞燕草为中日照植物。若盆栽养殖，在冬季、春季要进行补光，同时结合长日照进行培养，这样可以提高植物的品质，减少栽培时间。若露地栽培，要避免在阳光下暴晒。

3. 温度管理

大花飞燕草的生育适温为 13 ～ 16 ℃。室外栽培需覆盖遮阳网。

4. 养分管理

大花飞燕草对肥料需求较为中等。可施用浓度为 80 ～ 100 ppm 的完全平衡氮肥，每周一次。花前增施 2 ～ 3 次磷钾肥，开花后及 9 月中旬以后不宜施肥。春季可使用浓度为 130 ～ 150 ppm 的完全平衡氮肥。为了防止镁和铁缺乏，可分别喷施浓度为 0.05% 的硫化镁 1 ～ 2 次，以及铁螯合物 1 ～ 2 次。植株根系同样对高盐含量的栽培基质敏感。避免集中喷施高浓度的肥料，合理的施肥方式应该是薄肥勤施。

5. 株高管理

大花飞燕草会因为植株过于高大而出现倒伏或弯曲，栽培时可用木棍支撑。也可使用多效唑控制植株的高度，具体做法是每隔 2 周施一次 0.5% 多效唑。

四、病虫害防治

常见病害有黑斑病、根颈腐烂病、灰霉病、叶斑病等，主要为害叶片、花芽和茎。发生时，应及时清除病株，集中烧毁，并做好温室大棚的通风降湿工作。可用 30% 甲基托布津可湿性粉剂 500 倍液、50% 多菌灵 800 ～ 1 000 倍液、80% 敌菌丹 500 倍液或 80% 代森锰锌 500 倍液喷洒防治。特别是叶片背面也要喷到药液，间隔 7 ～ 15 d 喷 1 次，连续防治 2 ～ 3 次，几种药剂轮换使用防治效果更佳。

常见害虫有蚜虫、夜蛾、菜青虫、潜叶蝇等，可间隔 10 ～ 15 d 用 500 ～ 800 倍菊酯类杀虫剂喷雾防治。日落后密闭大棚，用 10% 乙丙威烟剂、棚虫烟毙等熏蒸。防治根部虫害时，可在初次灌水后在种苗根茎部放 3% 甲拌磷颗粒剂 10 ～ 20 粒，或 5% 呋喃丹颗粒剂 10 ～ 20 粒，30 d 后根据虫情可再次施药。

任务四　毛地黄生产

任务描述

毛地黄（*Digitalis purpurea* L.），为玄参科毛地黄属二年生草本植物。高 80 ～ 100 cm，全株被灰白色短柔毛，茎单生，第一年只长基生叶，叶片长卵形，缘有圆齿。总状

花序成串悬垂似若筒状钟偏生一侧，十分美观（图 5-8）。

毛地黄草花生产主要包括育苗、上盆定植、上盆后管理、病虫害防治等。通过本任务的完成，可以了解毛地黄的生长习性，掌握毛地黄草花生产栽培管理技术。

图 5-8　毛地黄

环保效应

目前，在园林应用中，毛地黄主要用作花坛花镜、花箱种植等，起到美化城市和净化空气的作用。

材料工具

材料：毛地黄种子、草炭、珍珠岩及蛭石、有机肥、复合肥，多菌灵、高锰酸钾等杀菌剂，吡虫啉、溴氰菊酯等杀虫剂。

工具：72 孔或 128 孔穴盘、塑料薄膜、营养钵、剪刀等。

任务要求

1. 能根据市场需求制订毛地黄草花生产周年生产计划。
2. 能根据企业实际情况制订毛地黄草花生产管理方案。
3. 能根据毛地黄生长习性、不同生长发育阶段的特点，采取不同的养护管理措施，并能根据实际情况调整方案，保证产品质量。
4. 能结合生产实际进行毛地黄草花生产效益分析。

任务流程

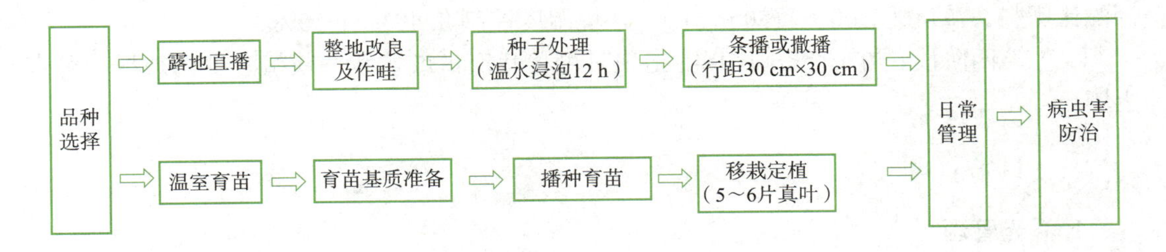

任务实施

一、种苗生产

1. 露地直播

露地直播较省工，植株生长健壮，产量和质量都不亚于育苗移栽。

（1）播种前准备。整地改良。先施足基肥，每 667 m^2 施用腐熟厩肥或堆肥 2 500 ～ 5 000 kg 和过磷酸钙 25 ～ 50 kg，深耕细耙，将肥料与床土充分拌匀后整平。

（2）整地作畦。土壤耙平后，准备作畦，并开好排水沟。南方采用平畦或高畦育苗。北方多采用阳畦育苗。播种前先浇透水，待水渗下后，畦面稍干，再进行播种。

（3）播种时间。北方一般在 4 月下旬至 5 月上旬，土壤解冻后播种。南方宜晚秋播种。

（4）种子处理。育苗应选择健康的、完整的、圆润的、饱满的种子。种子可直接播种，亦可在春播前将种子用 20 ℃温水浸泡 12 h，可软化种皮利于发芽，当个别种子萌芽时，即可播种，可使种子提前 4 ～ 5 d 出苗。

（5）播种方法。毛地黄种子细小，播种时宜用细沙混合拌均匀，再进行播种。播种时，按行距 30 cm 开沟条播或撒播，沟深 1 cm 左右，播后覆土 0.6 ～ 0.8 cm，畦上盖薄席保温保湿。每 667 m^2 播种量 200 ～ 250 g。

（6）播后管理。播后保持土壤湿润，等苗出齐后适当减少浇水次数，还要注意松土除草和间苗。一般播后 10 d 左右开始出苗。刚出土的幼苗不耐干旱，可用喷壶淋水，经常保持畦内湿润，避免用冷凉水猛浇。当幼苗长 3 ～ 5 片叶时，即 5 月下旬，可出圃定植，按株行距 30 cm × 20 cm 定植，栽后及时浇水。

2. 温室育苗

大棚或温室育苗方法同上。毛地黄在肥沃疏松、排水良好的壤土中生长较好。生产中，常以草炭、蛭石、珍珠岩等为育苗基质。

（1）第一阶段：播后不覆土，轻压即可，发芽适温为 15 ～ 18 ℃。播种后 3 ～ 4 d，胚根开始出现，保持基质湿度在 70% 左右，EC 值保持在 0.5 ～ 0.75 mS/cm，环境湿度控制在 90% ～ 95%，发芽过程中要给予一定光照。

（2）第二阶段：从胚根出现到子叶伸展 10 d 左右，此时主根形成，可以施用含钙的氮肥，浓度为 50 ～ 75 mg/kg，一周一次即可。

（3）第三阶段：从第一片真叶出现到开始移栽前，一周施肥一次，一般采用氮、磷、钾配比肥料，浓度为 100 ～ 150 mg/kg，环境湿度控制在 40% ～ 50%。

（4）第四阶段：在 5 ～ 6 片真叶出现时可移栽定植或盆栽，栽植时少伤须根，稍带土壤。

二、日常管理

1. 温光管理

毛地黄喜温暖湿润和阳光充足的环境，耐寒，生长适温为 13 ～ 15 ℃。毛地黄也耐半阴，植于向阳地或散射光充足的半阴处都可以。在开花时节，考虑到花的质量和数量，可适当增加光照。日照长度不会影响开花。如果种植在强光照和夜温超过 19 ℃的温室里，会使植株出现徒长和开花稀少的现象。

2. 水肥管理

毛地黄喜半湿，稍耐旱，怕涝，浇水要适量，生长期见干即浇透，冬季以稍干微润为好。露地栽植，梅雨季节应防止积水受涝而烂根。

毛地黄性喜肥，生长期 20 d 左右施一次全效有机液肥，100 ～ 150 mg/kg 氮磷钾复合肥（15 ： 5 ： 15 或 15 ： 10 ： 15）。抽花时增施 1 次磷、钾肥。

三、病虫害防治

1. 主要病害

（1）花叶病和枯萎病。危害范围很广，常引起毛地黄叶片发生病理变化，花叶褶皱和植株枯萎。防治方法：病害发生时，应及时清除病株，用石灰进行消毒，也可以使用多菌灵等杀菌剂进行防治。

（2）茎腐病。茎腐病是毛地黄常见病害之一，会导致叶色变浅，腐烂变湿，茎节变软，汁液流出，严重时茎节腐烂并逐渐蔓延，使整株腐烂、枯萎，甚至死亡。防治方法：切断感染部位，撒石灰粉，也可以药剂防治。

2. 主要虫害

（1）蚜虫。蚜虫刺吸叶片，还会传播病毒，导致花叶病。防治方法：发生虫害时，可用 40% 乐果乳油 2 000 倍液喷杀，同时也能减少花叶病发生。

（2）地老虎、蛴螬。二者为地下害虫，危害根系。防治方法：应及时发现及时处理，人工捕捉或喷洒杀虫剂。

任务五　南非万寿菊生产

任务描述

南非万寿菊［学名：*Osteospermum ecklonis*（DC.）Norl.］是菊科、骨子菊属花卉。矮生种株高 20 ～ 30 cm，高生种株高 60 cm，亚灌木。茎绿色，分枝多，开花早，花期长。头状花序，多数簇生成伞房状，有白、粉、红、蓝、紫、复色等色，花分为单瓣、半重瓣、重瓣、异形瓣。花期可从 2 月持续到 7 月。

原产南非，中国引进栽培。性喜冷凉、通风的环境。不耐严寒，忌酷热，喜光照。要求土壤排水性良好，在富含有机质的砂壤土中种植较好。

南非万寿菊株形紧凑密矮，花色缤纷，赏心悦目，花期持续数月，是园林中新型的观花地被植物。群植适合各类阳性条件的城市绿地，与灌木草坪、景石等配植均宜，也是花坛、花境的重要材料。

掌握南非万寿菊的生产技术，重点学会南非万寿菊在生产中常用的播种繁殖技术及养护管理技术，最终培育出合格的产品。

环保效应

在栽培南非万寿菊的过程中，要有保护环境和节约能源的意识，减少花卉生产过程中对环境的污染。在防治病虫害的过程中，坚持“预防为主，综合防治”的原则，注重标准化和专业化。

材料工具

材料：南非万寿菊种子、草炭土、珍珠岩、蛭石、椰糠、百菌清、甲基托布津、氮磷钾（20-20-20）水溶肥、园土、含钙镁的水溶肥、高效氯氰菊酯、吡虫啉、四聚乙醛等。

工具：镊子、播种机、穴盘（200 穴）、育苗钵、花盆、铁锹、花铲、手锄、纸箱、喷雾器、量筒、天平等。

任务要求

1. 制订南非万寿菊生产方案、生产计划和资金预算方案，方案和计划应符合实际生产需要，方案应详细、合理、具有可操作性。
2. 在制订方案和计划的过程中，发挥小组成员分工协作、统筹安排的能力。
3. 根据制订的方案和计划进行任务实施。
4. 每次任务结束填写工作日志和成本记录表。
5. 各小组要根据成本记录和销售记录完成该品种效益分析报告。
6. 配制药品时，要按照使用说明正确进行配制。

任务流程

任务实施

一、品种选择

目前南非万寿菊的商业品种较多，可根据用途分为家庭园艺版、景观工程版，根据需求选择不同的品种。冬季从育苗到开花需要 120 d 左右。夏季从育苗到开花需要 90 d 左右。

二、育苗技术

常用育苗技术有播种育苗和扦插育苗。其中，扦插育苗成本高，很少使用。

1. 播种育苗

（1）基质配置及消毒。可采用设施穴盘育苗或露地直播育苗。由于直播育苗用种量大，出苗不整齐，成苗率低，因此，目前多采用穴盘育苗。

基质用草炭、珍珠岩以 5 ∶ 1 混配，pH 值为 6.5 ～ 7.0，并加入 50% 百菌清可湿性粉剂搅拌均匀备用。

（2）育苗容器准备。生产上多用穴盘育苗，便于管理，有利于幼苗健壮成长，移植后无缓苗期，成苗率高，可以缩短生产周期。

（3）播种技术与播后管理。

1）适时播种。播种育苗时间根据花期需要和温度、光照条件而定。北方地区五一期

间用花多选择在温室里 1—2 月播种，其他时间用花可根据需要提前播种。

2）播种方法。

①机器播种：将拌好的基质填充到播种机至基质填充处，然后将种子倒入播种滚筒处，随后开启机器，进行自动播种，并覆盖蛭石，过水，然后放置育苗架车，推入种子催芽室。

②人工播种：一般选择 200 或 128 穴盘。先将配制好的基质装在穴盘中，用木板刮平，每穴播一粒种子，然后覆一层薄薄的蛭石，再覆薄膜。发芽适温为 20 ～ 23 ℃，萌芽不需要光照，发芽天数 2 ～ 3 d。

3）播种后的管理。播种后将育苗架车推入智能催芽室内，调整催芽室温度至 24 ℃左右，湿度 95% 左右，打开补光灯，2 d 左右培根出现，这时将催芽室温度控制在 22 ℃左右，湿度降至 60% 左右，第二天就可以出苗了。当长出茎、子叶展开时，保持适当湿度，防止过湿，可适当施用氮磷钾比例为 20 ∶ 10 ∶ 20 的水溶肥。当根插入穴盘，出现真叶时，应加大施肥浓度，控制湿度，温度降低至 20 ℃左右，加强光照，防止幼苗徒长。当根系成团，有 2 ～ 3 对真叶时，继续加大施肥浓度，控制温度、湿度与刚出现真叶时相同，加强通风，防止徒长，为移栽做好准备。

2. 扦插育苗

扦插可结合实生苗摘心进行。扦插时间一般在 5—8 月，这时扦插成活率较高。

（1）基质准备。将草炭、珍珠岩按 2 ∶ 1 的比例混配，用 50% 多菌灵粉剂以 50 g/m^3 消毒后待用。

（2）插穗准备及扦插管理。在生长健壮、无病虫害的植株上，选取顶端嫩枝 3 ～ 4 cm 做插穗，剪去基部叶片，保留上部叶片，下剪口靠近叶芽。插穗点下生根粉，然后插于穴盘中，扦插深度 1 cm，插后喷透水，保持湿润，做好日常管理。扦插后 15 d 左右生根。生根后逐渐增加光照、通风，炼苗后移栽到 13 cm × 15 cm 的盆内。

三、上盆后的管理

1. 光温管理

小苗长出 2 ～ 3 片真叶时开始移栽上盆，选择 13 cm × 15 cm 的营养钵，基质选择疏松、通气性好的园土，加有机肥或复合肥。上盆后温度降低至 18 ℃，1 个月后降至 15 ℃。喜阳，中等耐寒，可忍耐 -3 ～ 5 ℃的低温。耐干旱。喜疏松肥沃的砂质壤土。在湿润、通风良好的环境中表现更为优异。温度在 30 ℃以上时，则会出现叶小、植株停止生长的现象。对日照要求高，否则易徒长。

2. 肥水管理

南非万寿菊适生性强，施肥能促进其植株生产，增加其生物产量。氮肥、磷肥和钾肥搭配施用，能获得最高的生物产量，其最优组合为氮肥 25 kg/667 m^2、磷肥 17 kg/667 m^2、钾肥 15 kg/667 m^2。南非万寿菊喜肥生长期可施用稀释 1 000 倍的磷酸二氢钾，改变叶色效果较好。

3. 株型整理

植株长出 4 对真叶时，留 2 对真叶摘心，促使萌发侧枝，形成丰满株态，多开花，花后要及时剪去开过花的枝条，促使其萌发新枝继续开花。

四、花期调控

为满足市场用花需求，除了进行恰当的品种选择和正常的技术管理外，还可以采用摘心、分批播种，调控温度、光照以及化学药剂处理等措施，适当调节花期。可于冬季在温室育苗，进行促成栽培，在 4 月大量上市；可通过分批播种或生长期降低温度进行抑制栽培，适当推迟花期。

五、病虫害防治

1. 病害

常见病害有猝倒病、立枯病、叶斑病等。

猝倒病、立枯病属于真菌性病害，多发生在幼苗期，在土壤消毒和药剂拌种时可有效防治，或在出苗后用普力克水剂 2 000 倍液喷雾防治，叶斑病用 50% 甲基托布津可湿性粉剂 600 倍液喷洒植株。

2. 虫害

常见害虫有菜青虫、蚜虫等。

菜青虫用 30% 的高效氯氰菊酯 800 ～ 1 200 倍液叶面喷雾防治。

蚜虫用 10% 吡虫啉 1 000 倍液喷杀。

六、成品苗运输

1. 运输方式

国内花卉运输通常包括航空、公路、铁路运输等方式，航空运输的运费较高，铁路运输必须货量大，运输时间又长，因此只有灵活的公路运输才是首选。

2. 运输要求

（1）温度。温度在 12 ～ 15 ℃ 最适合，否则叶片枯黄，植株萎蔫，降低移栽后成活率。

（2）水分。一般装车前应淋透水，基质中等湿润时装箱。

（3）其他。保持 50% ～ 60% 的车厢内湿度，防止风吹干燥；近距离也不宜裸露运输。

3. 装车要求

最好使用封闭控温室，能分层摆放，空间利用率高的专用运输车辆，摆放时注意盆和盆之间间隙应尽量小，间隙大的地方一定要用泡沫或其他材料塞进。

4. 到货处理

到达后须立即卸货，将植株放入半阴处喷水，待缓苗后摆放或定植于相应地点，通常运输时间要尽可能缩短。

任务六 鬼针草生产

任务描述

鬼针草（学名：*Bidens pilosa* L.），一年生草本，茎直立，钝四棱形。茎下部叶较小，很

少为具小叶的羽状复叶，两侧小叶椭圆形或卵状椭圆形。头状花序直径 2 ～ 3 cm。总苞基部被短柔毛，条状匙形，上部稍宽。无舌状花，盘花筒状，冠檐 5 齿裂。瘦果黑色，条形，略扁，具棱，上部具稀疏瘤状突起及刚毛，顶端芒刺 3 ～ 4 枚，具倒刺毛。现在大部分园艺品种不结果实，开花性状良好（图 5-9）。

图 5-9　鬼针草

环保效应

在栽培鬼针草的过程中，要有保护环境和节约能源的意识，减少花卉生产过程中对水源、空气的污染。在防治病虫害的过程中，坚持“预防为主，综合防治”的原则，注重标准化和专业化。

材料工具

材料：鬼针草、草炭土、珍珠岩、椰糠、普力克、卉友、优卉、甲基托布津、塑料薄膜、氮磷钾（20-20-20）水溶肥、（15-15-15）复合肥、（13-2-13）水溶肥、高效氯氰菊酯、吡虫啉等。

工具：剪刀、穴盘（128 穴）、花盆、铁锹、花铲、手锄、纸箱、喷雾器、量筒、天平等。

任务要求

1. 制订鬼针草生产方案、生产计划和资金预算方案，方案和计划应符合实际生产需要，方案应详细、合理，具有可操作性。
2. 在制订方案和计划的过程中，发挥小组成员分工协作、统筹安排的能力。
3. 根据制订的方案和计划进行任务实施。
4. 每次任务结束填写工作日志和成本记录表。
5. 各小组要根据成本记录和销售记录完成该品种的效益分析报告。
6. 配制药品时，要按照使用说明正确进行配制。

任务流程

任务实施

一、品种选择

目前市面上鬼针草品种较少，可根据景观需求选择不同的品种。常见品种分为垂吊型、紧凑型。北方冬季在温室育苗需 120 d 左右。夏季需要 90 d 左右。

二、育苗技术

常用扦插繁殖。

插穗取上部枝条的 2 ～ 2.5 cm 处为最好。扦插时间一般在 5—8 月，这时扦插成活率较高。

1. 基质准备

将草炭、珍珠岩按 3 ：1 混配，用 50% 多菌灵粉剂以 50 g/m^3 消毒后待用。

2. 插穗准备及扦插管理

在生长健壮、无病虫害的植株上，选取顶端嫩枝 4 ～ 5 cm 作插穗，剪去基部叶片，保留上部叶片，下剪口靠近叶芽。直接蘸取生根剂，用育苗盘进行扦插，扦插深度 1 cm，插后喷透水，保持湿润，做好日常管理。扦插后 8 ～ 10 d 生根。生根后逐渐增加光照、通风，炼苗后移栽到 13 cm × 15 cm 的盆内。

三、上盆后的管理

1. 光温管理

小苗长出 2 ～ 3 片真叶时开始移栽上盆，选择 13 cm × 15 cm 的营养钵，基质选择疏松、通气性好的椰糠土，加有机肥或复合肥。上盆后温度降低至 18 ℃，1 个月后降至 15 ℃。如果温度在 15 ℃以下，叶片会出现发红、长势不良的现象，温度在 30 ℃以上时，则会出现叶小、植株停止生长的现象。对日照要求高，否则易徒长。

2. 肥水管理

鬼针草适生性强，施肥能促进其植株生产，增加其生物产量。氮肥、磷肥和钾肥搭配施用，能获得最高的生物产量，其最优组合为氮肥 25 kg/667 m^2、磷肥 17 kg/667 m^2、钾肥 15 kg/667 m^2。鬼针草喜肥生长期可施用稀释 1 500 倍的磷酸二氢钾溶液，改变叶色效果较好。低温下不要施用尿素，为使植株根系健壮和枝叶茂盛，生长期每半月可用含钙镁的复合肥料 100 千克 / 公顷喷施。

3. 株型整理

植株长出 4 对真叶时，留 2 对真叶摘心，促使萌发侧枝，形成丰满株态，多开花，花后要及时剪去开过花的枝条，促使其萌发新枝继续开花。

四、花期调控

为满足市场用花需求，除进行恰当的品种选择和正常的技术管理外，还可以采用摘心、分批播种，调控温度、光照以及化学药剂处理等措施，适当调节花期。可于冬季在温室育苗，进行促成栽培，有望在五一期间开花；可通过分批播种或生长期降低温度进行抑制栽培，适当推迟花期。

五、病虫害防治

1. 病害

（1）灰霉病。真菌病害，由葡萄孢菌（Botrytiscinerea）引起的灰霉病症状：秋海棠叶片灰霉病经常发生于植株的下部，尤其是根茎与基质接触的地方更容易感染病菌，被水浸润的病斑很快会扩散到整个叶、整个植株，受害区域呈现坏死斑点，逐渐由褐色转变为黑色。当夜间温度较低、白天温度较高而且湿度高时，病原孢子生长加快，受害的叶片上会长出灰绿色的霉状物。

控制方法：在冬季温度较低的月份控制葡萄孢真菌的扩散成为栽培管理中的重要环节，而降低灰霉病发生和扩散的重要方式是促进叶片加快干燥、降低温室内的空气湿度。或用 5 000 倍优卉液喷施即可。

（2）根腐病。由腐霉菌（Pythiumsplendens）引起的根腐病症状：感染这种病菌后，植株的根系弱、叶片发黄。诊断方法是茎部和根系出现黑色的糊状物，从植株的基部可以一直蔓延到茎和叶片的尖端部位。

控制方法：首先从源头上控制，即从繁殖之初就使用无菌材料，对上盆基质和栽植床进行消毒处理。在栽种前后用杀真菌药剂进行处理，可以很好地防治由腐霉菌引起的根腐病。另外，尽量减少水的灌溉量，以减少根腐病的发生，促进根的长势。或用 5 000 倍卉友喷施即可。

（3）猝倒病。由立枯丝核菌（Rhizoctoniasolani）引起的猝倒病症状：发病后有褐色的霉状物附着在病感部位。霉状物可以从盆土延伸到植株上。仔细观察，可以看到这是由植物根茎部长出的霉状物。立枯丝颜色常为红褐色，外形似蜘蛛网。

控制方法：由立枯丝核菌引起的猝倒病可以通过喷洒不同的杀菌剂来控制，大部分用土壤灌溉的方法。用 1 000 倍液普力克倍液喷施即可。

2. 虫害

常见害虫有菜青虫、蚜虫、白粉虱、蜗牛。

当菜青虫害发生时，用 30% 高效氯氰菊酯 800 ～ 1 200 倍液进行叶面喷雾防治。

当蚜虫害发生时，用 10% 吡虫啉 1 000 倍液进行叶面喷雾防治。

当白粉虱害发生时，用 25% 啶虫脒 1 000 倍液进行叶面喷雾防治。

当蜗牛害发生时，用四聚乙醛颗粒撒于盆土上。

六、成品苗运输

1. 运输方式

国内花卉运输通常包括航空、公路、铁路运输等方式，航空运输的运费较高，铁路运输必须货量大，运输时间又长，因此只有灵活的公路运输才是首选。

2. 运输要求

同南非万寿菊。

项目六　花卉生产经营与销售

项目情景

花卉产品销售直接关系到企业的生存与发展，受地域、季节、物流、国家政策、市场竞争、科技进步、人力资源、制度管理等多种因素影响和制约。通过完成项目，能够运用现代营销基本理论，分析营销环境，选择营销方式，灵活运用营销策略。

学习目标

1. 能科学地进行花卉市场调查。
2. 能针对企业现状，采用适宜的销售方式。
3. 能结合本企业生产销售实际，选择并实施恰当的营销策略。

理论知识

产品销售指花卉生产者和经营者通过商品交换的形式，使产品经过流通领域进入消费领域的一切经济活动。产品的主要销售渠道是花卉市场、网络店铺、直播平台和实体花店。

产品销售的主要内容包括市场调查、销售渠道、销售策略等。

一、市场调查

市场调查主要以花卉网络店铺、直播平台、线下批发与零售市场、花店、大中型企业单位、城建系统的相关部门、花卉协会、市场管理部门等为调查对象，通过人员走访、电话询问、问卷调查和到花卉市场现场观察等形式开展调查。一是进行花卉需求调查，了解现实需求量、潜在需求量和变化趋势、消费需求结构等情况。二是市场供应调查，了解市场花卉资源情况，包括花卉品种、花卉质量、包装形式、价格等。三是消费者（用户）状况调查，了解消费类型（团体、个人）购买花卉的偏好、用途、档次、购买

时间等。四是竞争对手调查，了解竞争对手数量、竞争对手产品价格和特征、产品销售量与市场占有率及覆盖面、竞争对手销售方式及策略。同时要将市场调查收集到的信息进行整理、分析，得出准确结论，并对市场的未来发展趋势做出判断，及时调整花卉生产计划。

二、销售方式或渠道

花卉产品从生产者手中到最终消费者手中所经过的途径称为销售渠道，一般情况下需要有中间商介入。中间商介入生产者和消费者之间并独立于生产者之外的商业环节，在间接渠道中是不可或缺的。中间商按其在流通过程中所起的作用又分为批发商、零售商。按其是否拥有商品所有权可分为经销商、代理商。经销商是指将商品直接供应给最终消费者的中间商。代理商是指不具有商品所有权，接受生产者委托，从事商品交易业务的中间商。经纪人（又称经纪商）是为买卖双方洽谈购销业务起媒介作用的中间商。

1. 产品销售渠道类型与方式

（1）以销售渠道中是否有中间商划分。

1）直接渠道：是指生产者不通过中间商直接将产品销售给消费者，即生产者→消费者。这是一种古老的销售方式，其优点：生产者与消费者直接见面，生产者能及时了解市场行情，控制商品价格，不经过中间环节，既节省流通费用，又能及时将花卉等鲜活产品销售出去。其缺点：生产者将承担繁重的销售任务，如经营不善，会造成产销失衡。

2）间接渠道：是指生产者利用中间商将产品销售给消费者，中间商介入交换活动。典型形式：生产者→批发商→零售商→消费者。其优点：运用众多中间商，能促进产品销售；生产者不从事产品经销，能集中人力、物力和财力组织产品生产。其缺点：间接销售将生产者与消费者分开，不利于沟通，环节多，流通费用增加；需求信息反馈较慢，易造成产销脱节。

3）网络营销：是建立在互联网或直播平台基础之上，借助网络特性来实现营销目标的一种花卉产品销售方式。其优势在于企业、中间商或代理商可以在网上或直播平台直接面向消费者，这不仅降低了销售成本，突出了产品销售过程的价格优势，缩短了产品与消费者之间流通的时间，而且便于消费者根据自己的喜好对产品进行个性化定制、装饰或包装。

（2）以销售渠道中经过环节多少划分。

1）长渠道：是指经过两个或两个以上中间商环节的渠道。典型形式：生产者→批发商（代理商）→零售商→消费者。其优点：能有效覆盖市场，扩大产品销售，生产者能把流通风险转嫁给销售商承担，集中精力搞产品生产。其缺点：渠道长、环节多，销售费用增加，降低竞争能力，还会因运输距离远、时间长增加产品变质、损毁的可能性。因此，长渠道一般只适用于大批量生产的、需求面广的、需求量多的商品销售。

2）短渠道：是指没有经过或只经过一个中间商环节的渠道，一般有以下两种形式：生产者→消费者；生产者→零售商（代理商）→消费者。其优点：中间环节少，商品流通时间短，能节约流通费用。其缺点：由于渠道短，生产者承担的商业职能多，不利于集中精力搞生产。短渠道适用于销售小批量生产的产品，也较适合销售花卉等鲜活商品。

目前网络或直播平台的花卉产品销售多属于短渠道类型。

（3）以销售渠道每个环节中使用同类型中间商数目的多少划分。

1）宽渠道：是指生产者通过两个或两个以上中间商来销售产品。销售模式：一是使用多个零售商，二是使用多个批发商。其优点：有利于扩大商品销售；有利于选择销售业绩高的中间商，有利于提高营销效益。其缺点：生产者与中间商之间关系松散，不够稳定。

2）窄渠道：是指生产者只选用一个中间商销售产品。销售模式：一是使用一两个零售商，二是使用一两个批发商。其优点：双方相依，共求发展，正常情况下双方产销关系稳定。其缺点：一旦有一方发生变故，双方都受损失，适用于技术性强、价格高、小批量生产的产品。

3）网络渠道：是宽渠道和窄渠道两种方式兼而有之。一个企业、中间商或代理商开设一个或多个网络店铺、做一个或多个直播营销账号。网络渠道多以视频、图片或文字展示为主，消费者不能第一时间见到实物产品。

2. 花卉产品常用的销售渠道

（1）生产者→本花场→消费者。

（2）生产者→批发市场→一般市场→消费者。

（3）生产者→本花场或批发市场→批发商或零售商→消费者。

（4）生产者→经销商→消费者。

（5）生产者→ 经销商→ 批发商或零售商→消费者。

（6）生产者→网店或直播平台→消费者。

3. 常用的直接销售方式

直接销售虽然会牵涉生产者较多的人力、物力和财力，但其因生产者与消费者直接见面，利于沟通，方便议价，双方成交速度快，而在花卉产品销售中被经常使用。常用的直接销售方式如下。

（1）人员推销。花卉企业、花农派出推销人员上门与用户、消费者直接面谈业务，向购买者推介花卉产品，解答疑义，成交后签订购销协议。

（2）花卉展销。参加有关部门组织的花卉展销会、花卉节，树立本企业形象，发放介绍本企业及花卉产品的相关资料，为花卉业务联系提供方便。

（3）网络销售。利用网店和直播平台，构建花卉购销的快速联系通道。

三、销售策略

销售策略是指在市场经济条件下，为实现销售目标与任务而采取的一种销售行动方案，主要是针对市场变化和竞争对手，调整变动销售方案的具体内容，以最少的销售费用占领市场，取得较好的经济效益。销售策略主要包括产品策略、市场策略、价格策略、人员推销策略等。

1. 产品策略

在市场上企业产品的竞争不仅表现在产品价格、促销手段方面，还表现在产品质量和包装等方面。外观质量好、观赏价值高、观赏寿命长等花卉产品的质量都是消费者关注的。

（1）生产出新、奇、特品种，个性化品种和反季节花卉产品更具竞争力。

（2）花卉被赋予一定的文化内涵和价值，如玫瑰、康乃馨、百合等。

（3）花卉产品包装倾向于实用型、礼品型、高档型等多种需求。

（4）办公桌花卉，多配以自吸式水盆，方便管理，多以精致、小巧花卉品种为主，近年受到白领消费者欢迎。

（5）功能性花卉，根据用途将花卉进行分类销售，比如有驱蚊功能的芳香类花卉，可以观赏和食用的厨房盆栽（如薄荷），可以吸附甲醛的花卉等。

2. 市场策略

市场策略包括市场细分策略、市场占有策略、市场竞争策略、进入市场策略。

（1）市场细分策略。花卉企业和花农根据消费者需求、购买目的、习惯、爱好，把整个市场划分成多个细分市场，再选择其中一个作为自己的目标市场。例如，以家庭养花为例，在消费者中，有的喜欢购买容易管理的，有的喜欢能净化居室空气的，有的要求价格便宜的，有的喜欢高档名贵的等。据此可将花卉划分为多个细分市场，再结合本企业的实际，从中选择一个作为目标市场，进行市场定位后就要想方设法占领所定位的目标市场。

（2）市场占有策略。市场占有策略是指花卉生产企业和花农占有目标市场的途径、方式、方法和所采取措施等工作的总称。它是企业和花农在保持原来拥有的用户及消费者的同时，通过采取市场渗透策略、市场开拓策略和经营多元化策略，并实行新的销售方式和进一步提高产品质量，开发新项目等措施，开拓新市场，争取新的用户和消费者，以至占领更多的新市场。

（3）市场竞争策略。市场竞争策略是指花卉企业和花农在市场竞争中筹划如何战胜竞争对手的策略，具体可概括为“新、优、快、廉”四个字。

1）新：市场摆放新产品，用新的销售方式或新包装，给消费者新的感觉。

2）优：提供优质产品、优质服务，在市场竞争中扬长避短，发挥自身优势。

3）快：应对市场变化反应灵敏，及时抓住商机，快速开发新产品，以最短渠道进入，抢占市场。

4）廉：为使产品靠质优价廉取胜，花卉企业和花农应尽可能降低花卉生产成本和销售费用。

（4）进入市场策略。由于不少花卉产品在市场销售都有旺季、淡季之分，因此不失时机地选择上市时间就显得尤为重要。

3. 价格策略

产品价格是市场营销组合中的一个重要组成部分。企业和花农要在激烈的竞争中取得成功，就要在营销活动中按照价值规律和供求规律灵活运用价格策略，合理制定产品价格，以取得较大的经济效益。

常用的几种定价策略如下。

（1）高额定价策略。高额定价策略是以获取最大利润为目标，将价格定得较高一些，但随着产品和销量增加，逐渐降价。高额定价策略适用于市场短缺花卉或培育的新、奇、特的品种。

（2）低额定价策略。低额定价策略是以追求市场占有率为目标，将产品价格定得较低，薄利多销让产品迅速占领市场。如在购买力较低的市场上，名贵花卉、盆景等较为适宜采用这种策略。

（3）平价销售策略。平价销售策略是考虑市场购买力的情况及参照竞争对手的产品价格确定的高低适当的价格。平价销售策略一般适用于常规生产的花卉产品。

（4）随行就市价格策略。随行就市价格策略是根据生产季节、货源供应及产品质量等状况，随行就市定价。如生产旺季，花卉产品大量上市，价格就低一些；淡季时因产量减少，价格就适当高一些。

（5）前期高后期低定价策略。在春节花市，销售年宵花卉较为常见。节前采取高额定价，到除夕或花市即将结束时，价格就开始大幅下降。凭借这种赚头蚀尾的方法，销售者仍然可获得丰厚的利润。

4. 人员推销策略

人员推销是指花卉生产企业、花农、个体花店经销户，通过销售人员与可能购买者直接洽谈、定价、介绍产品，以促进销售的活动过程。人员推销是促销中普遍采用的一种形式，包含人员推销技巧与人员推销策略两个方面。

（1）人员推销技巧。人员推销技巧主要有与客户见面的技巧、交换名片的技巧、交谈气氛融洽的技巧、产品介绍的技巧等。

（2）人员推销策略。人员推销策略要视交谈对象确定。一般有以下几种。

1）对批发商推销，要针对他们主要关心的产品差价与利润问题，尽力满足他们市场利润较高的要求。

2）对代理商、经纪商推销，由于他们最关心的是产品市场前景，因此应重点向他们介绍产品质量、货架寿命、观赏寿命、发展前景。

3）对超市、连锁店推销，由于顾客最关心的是花卉产品的质量及是否好养护等问题，因此推销时要有针对性地做好相应准备，组织交谈内容，还可提供有关养护知识的小册子等售后服务，使其放心采购进货，让顾客也买得放心。

4）对单位团体推销，因团购花卉都是用于绿化、美化、装饰，并且购买的都是成批量的，因此，在推销时除以批发价对待外，还可在售后服务方面做些承诺，如免费技术咨询和定期派专人技术指导等。

附　录

附表 A.1　种子批和样品的质量

种名		种子批的最大质量 /kg	样品最低质量 /g	
学名	中文名		送验样品	净度分析试验样品
Alcea rosea L.	蜀葵	5 000	80	20
Amaranthus tricolor L.	三色苋（雁来红）	5 000	40	10
Anemone coronaria L.	冠状银莲花	5 000	10	3
Anemone sylvestris L.	林生银莲花	5 000	10	3
Antirrhinum majus L.	金鱼草	5 000	5	0.5
Aquilegia vulgaris L.	普通耧斗菜	5 000	20	4
Asparagus setaceus（Kunth）Jessop	文竹	10 000	200	50
Aster alpinus L.	高山紫菀	5 000	20	5
Aster amellus L.	意大利紫菀	5 000	20	5
Arbrieta deltoidea（L.）DC.［incl. A graeca Griseb.］	三角南庭芥	5 000	5	1
Begonia semper florens Hort. *	四季秋海棠	5 000	5	0.1
Begonis × *tuberhybrida* Voss	球根海棠	5 000	5	0.1
Bellis perennis L.	雏菊	5 000	5	0.5
Briza maxima L.	大凌风草	5 000	40	10
Calendula officinalis L.	金盏花	5 000	80	20
Callistephus chinensis（L.）Nees.	翠菊	5 000	20	6
Campanula mediun L.	风铃草	5 000	5	0.6
Celosia argentea L.	青葙	5 000	10	2
Centaurea cyanus L.	矢车菊	5 000	40	10
Chrysanthemum coronarium L.	茼蒿	5 000	30	8
Clarkia pulchella Pursh	美丽春再来	5 000	5	1
Coreopsis drummondii（Don）Torrey et Gray *	金鸡菊	5 000	20	5
Cosmos bipinratus Cav.［incl. *Bidens formosa*（Bonato）Schultz. Bip.］	大波斯菊	5 000	80	20
Cosmos sulphureus Cav.	硫黄菊	5 000	80	20
Cyclamen persicum Miller	仙客来	5 000	100	30
Dahlia pinnata Cav.	大丽花	5 000	80	20

续表

种名		种子批的最大质量/kg	样品最低质量/g	
学名	中文名		送验样品	净度分析试验样品
Datura stramonium L.	曼陀罗	5 000	100	25
Dianthus barbatus L.	美国石竹	5 000	10	3
Dinathus caryophyllus L.	香石竹	5 000	20	5
Dianthus chinensis L. [=*D.heddewigii* Reg.]	石竹	5 000	10	3
Digitalis prpurea L.	毛地黄	5 000	5	0.2
Echinops ritro L.	小蓝刺头	5 000	80	20
Eschscholtzia cali fornica Charm.	花菱草	5 000	20	5
Fatsia japonica (Thunb. *ex.* Murray) Decne. et Planchon	八角金盘	5 000	60	15
Freesia refracta (Jacq.) Klatt	香雪兰	5 000	100	25
Gaillardia pulchella Foug.	天人菊	5 000	20	6
Geranium hybridum Hort. *	勋章菊	5 000	40	10
Gerbera jamesonii Bolus *ex* Hook. f.	非洲菊	5 000	40	10
Godetia grandi flora Lindley	大花高代华	5 000	5	2
Gomphrena globosa L.	千日红	5 000	40	10
Gypsophila paniculata L.	锥花丝石竹	5 000	10	2
Helichrysum bracteatum (Vent.) Andrews	蜡菊	5 000	10	2
Helipterum roseum (Hook.) Benth.	小麦秆菊	5 000	30	8
Ipomoea tricolor Cav.	三色牵牛	10 000	400	100
Lathyrus latifolirs L.	宿根香豌豆	10 000	400	100
Lathyrus odoratus L.	香豌豆	10 000	600	150
Lavandula angusti folia Miller	薰衣草	5 000	10	2
Lavatera trimestris L.	裂叶花葵	5 000	40	10
Leucanthemum maxirmum (Ram.) DC.	大滨菊	5 000	20	5
Liatris spicata (L.) Willd.	蛇鞭菊	5 000	30	8
Limonium sinuatum (L.) Miller (Heads)	深波叶补血草(头状花序)	5 000	200	50
Lobularia maritime (L.) Desv.	香雪球	5 000	5	1
Lupinus hybridus Hort. *	杂交羽扇豆	10 000	200	60
Matthiola incana (L.) R. Br.	紫罗兰	5 000	20	4
Mimosa pudica L.	含羞草	5 000	40	10
Mirabilis jalapa L.	紫茉莉	10 000	800	200
Myosotis sylvatica Ehrh. *ex* Hoffm.	勿忘我	5 000	10	2

续表

种名		种子批的最大质量 /kg	样品最低质量 /g	
学名	中文名		送验样品	净度分析试验样品
Papaver alpinum L.*	高山罂粟	5 000	5	0.5
Papaver rhoeas L.	虞美人	5 000	5	0.5
Pelargonium zonale Hort. *	马蹄纹天竺葵	5 000	80	20
Petunia × hybrida Vilm.*	矮牵牛	5 000	5	0.2
Phlox drummondii Hook	福禄考	5 000	20	5
Plantago lanceolata L.	长叶车前	5 000	20	6
Portulaca grandiflora Hook	大花马齿苋	5 000	5	0.3
Primula malacoides Franch. *	报春花	5 000	5	0.5
Primula abconica Hance.	四季樱草	5 000	5	0.5
Primula vulgaris Hudson	欧洲报春	5 000	5	1
Ranunculus asiaticus L.	花毛茛	5 000	5	1
Rudbeckia hirta L. ［incl. R. Bicolor Nutt. ］	黑心金光菊	5 000	5	1
Salvia splendens Buc’hoz *ex* Etlinger	一串红	5 000	30	8
Sanvitalia procumbens Lam.	蛇目菊	5 000	10	2
Senecio cruentus DC.	瓜叶菊	5 000	5	0.5
Sinningia speciosa（Lodd. ）Hiern	大岩桐	5 000	5	0.2
Tagetes erecta L	万寿菊	5 000	40	10
Tagetes patula L.	孔雀草	5 000	40	10
Torenia fournieri Linden	蓝猪耳	5 000	5	0.2
Tropaeolum majus L.	旱金莲	10 000	1 000	350
Verbena Canadensis（L. ）Britton	加拿大美女樱	5 000	20	6
*Verbena × hybrida Voss.**	美女樱	5 000	20	6
Viola tricolor L.	三色堇	5 000	10	3
Zinnia elegans Jacq.	百日草	5 000	80	20

附表 A.2　发芽方法

种名		规定				
学名	中文名	发芽床	温度 /℃	初次计数 /d	末次记数 /d	附加说明，包括破除休眠的建议
Alcea rosea	蜀葵	TP；BP	20～30；20	4～7	14	刺穿种子，削去或挫去子叶末端种皮一小片
Amaranthus tricolor .	三色苋	TP	20～30；20	4～5	14	预先冷冻；KNO_3
Anemone coronaria	冠状银莲花	TP	20；15	7～14	28	预先冷冻
Antirrhinum majus	金鱼草	TP	20～30；20	5～7	21	预先冷冻；KNO_3

续表

种名		规定				
学名	中文名	发芽床	温度 /℃	初次计数 /d	末次记数 /d	附加说明，包括破除休眠的建议
Aquilegia vulgaris	普通楼斗菜	TP；BP	20～30；15	7～14	88	光照；预先冷冻
Asparagus setaceus	文竹	TP；BP；S	20～30；20	7～14	35	在水中浸渍 24h
Aster alpinus	高山紫菀	TP	20～30；20	3～5	14	预先冷冻
Arbrieta deltoidea	三角南庭芥	TP	20；15；10	7	21	预先冷冻
Begonia semper florens	四季秋海棠	TP	20～30；20	7～14	21	预先冷冻
Begonis × tuberhybrida	球根海棠	TP	20～30；20	7～14	21	预先冷冻
Bellis perennis	雏菊	TP	20～30；20	4～7	14	预先冷冻
Briza maxima	大凌风草	TP	20～30	4～7	21	预先冷冻
Calendula officinalis	金盏花	TP；BP	20～30；20	4～7	14	光照；预先冷冻；KNO_3
Callistephus chinensis	翠菊	TP	20～30；20	4～7	14	光照
Campanula mediun	风铃草	TP；BP	20～30；20	4～7	21	光照；预先冷冻
Celosia argentea	青葙	TP	20～30；20	3～5	14	预先冷冻
Centaurea cyanus	矢车菊	TP；BP	20～30；20	4～7	21	光照；预先冷冻
Clarkia pulchella	美丽春再来	TP	20～30；15	3～5	14	光照；预先冷冻
Coreopsis drummondii	金鸡菊	TP；BP	20～30；20	4～7	14	光照；预先冷冻；KNO_3
Cosmos bipinratus	大波斯菊	TP；BP	20～30；20	3～5	14	光照；预先冷冻；KNO_3
Cosmos sulphureus	硫黄菊	TP；BP	20～30；20	3～5	14	光照；预先冷冻；KNO_3
Cyclamen persicum	仙客来	TP；BP；S	20；15	14～21	35	KNO_3 在水中浸渍 24 h
Dahlia pinnata .	大丽花	TP；BP	20～30；20；15	4～7	21	预先冷冻
Datura stramonium	曼陀罗	TP；BP；S	20～30；20	5～7	21	预先冷冻；擦伤硬实
Dianthus barbatus	美国石竹	TP；BP	20～30；20	4～7	14	预先冷冻
Dinathus caryophyllus.	香石竹	TP；BP	20～30；20	4～7	14	预先冷冻
Dianthus chinensis	石竹	TP；BP	20～30；20	4～7	14	预先冷冻
Digitalis prpurea	毛地黄	TP	20～30；20	4～7	14	预先冷冻
Echinops ritro	小蓝刺头	TP；BP	20～30	7～14	21	
Eschscholtzia cali fornica.	花菱草	TP；BP	15；20	4～7	14	KNO_3
Fatsia japonica	八角金盘	TP	20～30；20	7～14	28	
Freesia refracta	香雪兰	TP；BP	20；15	7～10	35	刺穿种子，削去或挫去一小片种皮；预先冷冻

续表

种名		规定				
学名	中文名	发芽床	温度 /℃	初次计数 /d	末次记数 /d	附加说明，包括破除休眠的建议
Gaillardia pulchella	天人菊	TP；BP	20～30；20	4～7	21	光照；预先冷冻
Gentiana acaulis	无茎龙胆	TP	20～30；20	7～14	28	预先冷冻
Gerbera jamesonii	非洲菊	TP	20～30；20	4～7	14	
Godetia grandi flora	大花高代华	TP；BP	20～30；20；15	4	14	
Gomphrena globosa	千日红	TP；BP	20～30；20	4～7	14	KNO_3
Gypsophila paniculata	锥花丝石竹	TP；BP	20；15	4～7	14	光照
Helichrysum bracteatum	蜡菊	TP；BP	20～30；15	4～7	14	光照；预先冷冻；KNO_3
Helipterum roseum	小麦秆菊	TP；BP	20～30；15	7～14	21	预先冷冻
Impatiens balsamina	凤仙花	TP；BP	20～30；20	4～7	21	光照；预先冷冻；KNO_3
Impomoea tricolor	霍耳斯特氏凤仙花	TP；BP	20～30；20	4～7	21	预先冷冻；KNO_3
Ipomoea tricolor	三色牵牛	TP；BP；S	20～30；20	4～7	21	刺穿种子，削去或挫去子叶末端种皮一小片
Lathyrus latifolirs	宿根香豌豆	TP；BP；S	20	7～10	21	刺穿种皮，削去或挫去一小片种皮；预先冷冻
Lathyrus odoratus	香豌豆	TP；BP；S	20	5～7	14	预先冷冻
Lavandula angusti folia	薰衣草	TP；BP；S	20～30；20	7～10	21	预先冷冻；GA_3
Lavatera trimestris	裂叶花葵	TP；BP	20～30；20	4～7	21	预先冷冻
Leucanthemum maxirmum	大滨菊	TP；BP	20～30；20	4～7	21	光照；预先冷冻
Liatris spicata	蛇鞭菊	TP	20～30	5～7	28	
Limonium sinuatum	深波叶补血草	TP；BP；S	15；20	5～7	21	在水中浸渍 24 h
Lobularia maritime .	香雪球	TP	20～30；20；15	4～7	21	预先冷冻；KNO_3
Matthiola incana	紫罗兰	TP	20～30；20	4～7	14	预先冷冻；KNO_3
Mimosa pudica	含羞草	TP；BP	20～30；20	4～7	28	在水中浸渍 24 h
Mirabilis jalapa	紫茉莉	TP；BP；S	20～30；20	4～7	14	光照；预先冷冻
Myosotis sylvatica	勿忘我	TP；BP	20～30；20；15	5～7	21	光照；预先冷冻
Papaver alpinum	高山罂粟	TP	15；10	4～7	14	KNO_3

续表

种名		规定				
学名	中文名	发芽床	温度 /℃	初次计数 /d	末次记数 /d	附加说明，包括破除休眠的建议
Papaver rhoeas	虞美人	TP	20～30；15	4～7	14	光照；预先冷冻；KNO_3
Pelargonium zonale	马蹄纹天竺葵	TP；BP	20～30；20	7	28	刺穿种子，削去或挫去一小片种皮
Petunia × hybrida	矮牵牛	TP	20～30；20	5～7	14	预先冷冻；KNO_3
Phlox drummondii	福禄考	TP；BP	20～30；20	5～7	21	预先冷冻；KNO_3
Plantago lanceolata	长叶车前	TP；BP	20～30；20	4～7	21	
Portulaca grandiflora	大花马齿苋	TP；BP	20～30；20	4～7	14	预先冷冻；KNO_3
Primula malacoides	报春花	TP	20～30；20；15	7～14	28	预先冷冻；KNO_3
Ranunculus asiaticus	花毛茛	TP；S	20；15	7～14	28	
Rudbeckia hirta	黑心金光菊	TP；BP	20～30；20	4～7	21	光照；预先冷冻
Salvia splendens	一串红	TP	20～30；20	4～7	21	预先冷冻
Sanvitalia procumbens	蛇目菊	TP；BP	20～30；20	3～5	14	预先冷冻
Senecio cruentus	瓜叶菊	TP	20～30；20	4～7	21	预先冷冻
Sinningia speciosa	大岩桐	TP	20～30；20	7～14	28	预先冷冻
Tagetes erecta	万寿菊	TP；BP	20～30；20	3～5	14	光照
Tagetes patula	孔雀草	TP；BP	20～30；20	3～5	14	光照
Torenia fournieri	蓝猪耳	TP	20～30	5～7	14	KNO_3
Tropaeolum majus	旱金莲	TP；BP；S	20；15	4～7	21	预先冷冻
Verbena Canadensis	加拿大美女樱	TP	20～30；15	7～10	28	预先冷冻；KNO_3
Verbena × hybrida	美女樱	TP	20～30；20；15	7～10	28	预先冷冻；KNO_3
Viola tricolor	三色堇	TP	20～30；20	4～7	21	预先冷冻；KNO_3
Zinnia elegans	百日菊	TP；BP	20～30；20	3～5	10	光照；预先冷冻

参考文献

［1］ 李春华，李柯澄 . 猪笼草温室生产与繁殖［J］. 中国花卉园艺，2020（24）：19-23.

［2］ 余同兵 . 佛手繁殖与盆栽管理［J］. 安徽林业，2008（5）：38.

［3］ 张晓凤 . 盆栽佛手日常管理技术［J］. 现代化农业，2018（1）：42-43.

［4］ 侯景涛 . 情人草鲜切花栽培技术［J］. 农村实用技术，2006（10）：43.

［5］ 唐东芹，秦文英，林源祥 . 切花小苍兰栽培技术［J］. 中国花卉园艺，2005（14）：39-41.

［6］ 陈晶 . 紫罗兰保护地栽培及病害防治［J］. 农业工程技术（温室园艺），2013（5）：80-81.

［7］ 吴天宇，张惠华，张艳秋，等 . 沈阳地区郁金香露地栽培技术［J］. 辽宁林业科技，2021（3）：70-72.

［8］ 曹轩峰，陈红武 . 肾蕨栽培管理技术［J］. 北方园艺，2004（4）：48-49.

［9］ 华新 . 国家花卉标准之九［J］. 中国花卉园艺，2014（20）：44-45.

［10］ 李悦，郭文场 . 巴西木的养护繁殖与管理［J］. 特种经济动植物，2014，17（6）：36-39.

［11］ 林文洪，罗丽霞，叶志文，等 . 天门冬无公害生产技术［J］. 现代农业科技，2023（11）：60-63.

［12］ 车玉芹，黄桂海 . 一叶兰的栽培技术［J］. 现代园艺，2009（11）：28.

［13］ 谢树云，邹水平，赵福群 . 三色堇穴盘播种及育苗技术［J］. 中国园艺文摘，2017，33（7）：156-160.

［14］ 倪攀攀，谭雪红，琚淑明 . 薰衣草的栽培技术浅析［J］. 现代园艺，2018（7）：68-69.

［15］ 沈汉国，陈少萍 . 美女樱的繁殖与病虫害防治［J］. 中国花卉园艺，2007（14）：40-41.

［16］ 中华人民共和国农业部 . 花卉检验技术规范　第 5 部分：花卉种子检验　NY/T 1656.5—2008［S］. 北京：中国标准出版社，2008.

［17］ 邹存艳，宋阳 . 花卉生产与经营［M］. 北京：机械工业出版社，2017.

［18］ 夏春芝 . 金琥的繁育［J］. 安徽林业，2005（4）：38.

［19］ 邹新群 . 金琥的栽培方法［J］. 农家科技，2002（7）：25.

［20］ 庄卫东，汤红玲，傅子照，等 . 金琥优质高效栽培技术研究初报［J］. 福建农业学报，2010，25（1）：61-66.

［21］ 李春华，李柯澄 . 蟹爪兰常见品种与温室生产［J］. 中国花卉园艺，2018（10）：42-47.

［22］屯妮萨罕·阿巴拜科日．蟹爪兰栽培管理及扦插繁殖技术的探讨［J］．现代园艺，2017（22）：24.
［23］陈少萍．虎刺梅栽培管理［J］．中国花卉园艺，2018（16）：37-39.
［24］于世彬．揭密虎刺梅［J］．中国花卉盆景，2010（2）：14-15.
［25］杨丽霞．景观树红瑞木的扦插繁殖技术研究［J］．花卉，2018（10）：14-15.
［26］林云甲，张晓如．红瑞木的观赏应用及栽培［J］．中国花卉盆景，1998（10）：25.
［27］黄怡弘，王春，吴根良．天堂鸟优质高产栽培技术［J］．中国花卉园艺，2001（12）：30.
［28］朱玉宝，王涛．金鱼草人工栽培技术［J］．中国林副特产，2012（2）：61-62.
［29］侯洪浩，魏耀东，胡建新，等．常见花卉的栽培管理与应用［J］．现代农村科技，2015（5）：40-41.
［30］龚衍熙，陈少萍．百日草花期控制与病虫害防治［J］．中国花卉园艺，2008（6）：22-24.
［31］苟明华，陈华．百日草的栽培管理技术［J］．农村科技，2007（2）：45.
［32］邵小斌，赵统利，朱朋波，等．唐菖蒲高效栽培技术研究［J］．江苏农业科学，2013，41（1）：184，213.
［33］韦有照，刘炜，王丽．非洲菊切花日光温室栽培技术［J］．农业科技通讯，2011：208-210.
［34］毕晓颖，雷家军．花卉栽培技术［M］．沈阳：东北大学出版社，2010.
［35］桂松龄．北方日光温室非洲菊切花高产高效栽培实用技术［J］．北方园艺，2020（16）：168-170.
［36］王力，刘冰，李禹尧，等．棚室康乃馨鲜切花生产技术规程［J］．黑龙江农业科学，2017（6）：161-162.
［37］成仿云牡丹产业化发展的生产栽培技术［J］．北京林业大学学报，2001，23（8）：120-123.
［38］李飞，沈迎春，张敏．北美冬青引种栽培与病虫害防治研究进展［J］．江苏林业科技，2020，47（3）：46-50.